Arithmetik für Gymnasien

Bearbeitet

von

Dr. Hermann Schubert
Professor

und

Adolf Schumpelick
Oberlehrer

beide an der Gelehrtenschule des Johanneums in Hamburg

Zugleich fünfte Auflage von
Schuberts Sammlung von Aufgaben usw.

Zweites Heft: Für obere Klassen

Leipzig
G. J. Göschen'sche Verlagshandlung
1908

Spamersche Buchdruckerei in Leipzig.

Vorwort zum zweiten Heft.

Auch im zweiten Heft betreffen ebenso wie im ersten Heft (s. Vorwort des ersten Heftes) die Veränderungen in den jedem Paragraphen vorausgesetzten theoretischen Erörterungen im allgemeinen nur die Form. Vollständig neu bearbeitet ist jedoch die Wahrscheinlichkeitsrechnung (§ 44) und der ganze Abschnitt VIII (Funktionen und Potenzreihen), der sich den Reformbestrebungen, wie sie besonders von F. Klein vertreten werden, anpaßt, soweit es am Gymnasium möglich ist.

Was die Aufgaben anbetrifft, so sind besonders die eingekleideten Gleichungen (§§ 30 und 32), die Aufgaben aus der Lehre von den Potenzen (§ 33) und Wurzeln (§ 34), aus der Zinseszins- und Rentenrechnung (§ 37) und aus der Wahrscheinlichkeitsrechnung (§ 44) ganz bedeutend vermehrt worden. Ferner sind, entsprechend der Neubearbeitung des theoretischen Teils im Abschnitt VIII, auch die zugehörigen Aufgaben fast sämtlich neu.

Im Resultatheft, das die Resultate aller derjenigen Aufgaben enthält, bei welchen eine Beruhigung des Schülers über die Richtigkeit der gefundenen Lösung wünschenswert erscheint, bei denen jedoch die Kenntnis des Resultats ihm die Denkarbeit nicht abnimmt, sind sämtliche Resultate der §§ 36 und 37 (Logarithmen, Zinseszins- und Rentenrechnung) sowohl für fünfstellige, wie auch für vierstellige Rechnung angegeben*).

Hamburg, im Juni 1908.

Hermann Schubert. **Adolf Schumpelick.**

---

*) Dieses Resultatheft kann durch jede Buchhandlung bezogen werden.

Die Verlagshandlung.

Inhalts-Verzeichnis.

Fünfter Abschnitt: Quadratisches.

Seite

§ 25. Das Quadrieren und seine Umkehrung 1
§ 26. Einfache quadratische Gleichungen 12
§ 27. Dritte Erweiterung des Zahlengebiets (irrationale Zahlen), Rechnen mit irrationalen Quadratwurzeln 22
§ 28. Vierte Erweiterung des Zahlengebiets (imaginäre Zahlen) 36
§ 29. Quadratische Gleichungen mit einer Unbekannten in arithmetischer Sprache, teilweise mit irrationalen und imaginären Wurzeln 46
§ 30. Eingekleidete quadratische Gleichungen mit einer Unbekannten . . . 57
§ 31. Quadratische Gleichungen mit mehreren Unbekannten in arithmetischer Sprache 64
§ 32. Eingekleidete quadratische Gleichungen mit mehreren Unbekannten . 75
Historisches zu Abschnitt V 80

Sechster Abschnitt: Die drei Operationen dritter Stufe.

§ 33. Potenzen mit ganzzahligen Exponenten 83
§ 34. Wurzeln 93
§ 35. Potenzen mit gebrochenen und irrationalen Exponenten 105
§ 36. Logarithmen 111
§ 37. Geometrische Reihen und ihre Anwendung, insbesondere auf die Zinseszins- und Rentenrechnung 127
Historisches zu Abschnitt VI 147

Siebenter Abschnitt: Kombinatorik und Wahrscheinlichkeitsrechnung.

§ 38. Permutationen 148
§ 39. Variationen 152
§ 40. Kombinationen 156
§ 41. Eigenschaften der Kombinationszahlen 159
§ 42. Der binomische Lehrsatz 165
§ 43. Der polynomische Lehrsatz 168
§ 44. Wahrscheinlichkeitsrechnung 178
Historisches zu Abschnitt VII 189

Achter Abschnitt: Funktionen und Potenzreihen.

§ 45. Funktionen 190
§ 46. Grenzwerte 194
§ 47. Maxima und Minima 200
§ 48. Konvergenz der Reihen 207

Seite

§ 49. Die Methode der noch unbestimmten Koeffizienten 212
§ 50. Die Exponentialreihen 215
§ 51. Die trigonometrischen Reihen 219
§ 52. Die logarithmischen Reihen 223
§ 53. Die Arcustangensreihe und die Berechnung der Zahl π 232
§ 54. Der binomische Lehrsatz für beliebige reelle Exponenten 236
Historisches zu Abschnitt VIII 239

Anhang: Diophantische Gleichungen.

§ 55. Diophantische Gleichungen ersten Grades 241
§ 56. Die pythagoreische Gleichung 251

Fünfter Abschnitt.

Quadratisches.

§ 25.

Das Quadrieren und seine Umkehrung.

Theorie.

$(a \cdot b)^2 = a^2 \cdot b^2$; $(a : b)^2 = a^2 : b^2$;

$(a + b)^2 = a^2 + 2ab + b^2$; $(a - b)^2 = a^2 - 2ab + b^2$;

$(a + b + c)^2 = (a^2 + 2ab + b^2) + 2(a + b) \cdot c + c^2$.

Definition der Quadratwurzel: $(\sqrt{q})^2 = q$; $\sqrt{q^2} = q$; $\sqrt{a \cdot b} = \sqrt{a} \cdot \sqrt{b}$;

$\sqrt{a : b} = \sqrt{a} : \sqrt{b}$.

A. Das Quadrieren.

Die Geometrie lehrt, daß man den Inhalt eines Quadrats findet, indem man die Zahl, welche angibt, wieviel Längeneinheiten die Seite des Quadrats hat, mit sich selbst multipliziert und dem erhaltenen Produkte die entsprechende Flächeneinheit als Benennung gibt, also z. B. Meterquadrate oder Quadratmeter sagt, wenn die Längeneinheit das Meter war. Deshalb nennt man auch in der Arithmetik $a \cdot a$ oder a^2 das Quadrat von a, und die Operation, welche darin besteht, daß man eine Zahl oder einen Ausdruck mit sich selbst multipliziert, Quadrieren. Es ist z. B. das Quadrat von 16 gleich 256, von $\frac{3}{4}$ gleich $\frac{9}{16}$, von $1\frac{3}{4}$ gleich $3\frac{1}{16}$. Das Quadrieren kann auch als ein Potenzieren mit dem Exponenten 2 aufgefaßt werden (§ 8 H, § 33), z. B. $16^2 = 256$, $(\frac{3}{4})^2 = \frac{9}{16}$, $(1\frac{3}{4})^2 = 3\frac{1}{16}$.

Die Gesetze über das Quadrieren folgen unmittelbar aus den Gesetzen der Multiplikation. Namentlich beachte man:

1) Eine zweigliedrige Summe wird quadriert, indem man zur Summe der Quadrate ihrer Summanden **das doppelte Produkt dieser Summanden addiert.**

2) Eine Differenz wird quadriert, indem man Minuendus und Subtrahendus quadriert und von der Summe der erhaltenen Quadrate **das doppelte Produkt aus dem Minuendus und Subtrahendus subtrahiert.**

3) Eine mehrgliedrige Summe wird quadriert, indem man eine algebraische Summe aus den Quadraten aller Glieder **und aus allen möglichen doppelten Produkten je zweier Glieder bildet,** so daß jedes Quadrat positiv wird, jedes doppelte Produkt aber positiv oder negativ wird, je nachdem die Glieder, aus denen es hervorgeht, gleiche oder ungleiche Vorzeichen hatten. Z. B.:

$$(a-b+c-d)^2 = a^2+b^2+c^2+d^2-2ab+2ac-2ad-2bc+2bd-2cd.$$

B. Das Radizieren.

Wenn man in $a^2 = q$ nicht wie bei dem Quadrieren a als gegeben und q als gesucht, sondern umgekehrt q als gegeben und a als gesucht betrachtet, so entsteht die zur Quadrierung umgekehrte Operation, welche man Quadratwurzelausziehung oder kurz Wurzelausziehung (Radizierung) nennt. Man versteht also unter Quadratwurzel aus q, geschrieben: $\sqrt{q}$, die Zahl, welche, mit sich selbst multipliziert, q gibt. Demnach ist $a = \sqrt{q}$ nur eine andere Ausdrucksweise für $a^2 = q$. Hieraus ergibt sich die

Definitionsformel der Quadratwurzel: $(\sqrt{q})^2 = q$.

Ebenso erkennt man auch die Richtigkeit der Formel $\sqrt{q^2} = q$. Beide Formeln geben den Satz: Quadrierung und Quadratwurzelausziehung heben sich auf. Die Zahl, aus welcher die Wurzel gezogen werden soll, heißt Radikand. Z. B. in $\sqrt{25}$ ist 25 der Radikand. Das Zeichen $\sqrt{\ }$ ist entstanden aus dem kleinen lateinischen r, dem Anfangsbuchstaben des Wortes radix.

Die Formeln für das Radizieren ergeben sich aus den entsprechenden Formeln für das Quadrieren. Man beachte:

1) $\sqrt{ab} = \sqrt{a} \cdot \sqrt{b}$, weil $(\sqrt{a} \cdot \sqrt{b})^2 = (\sqrt{a})^2 \cdot (\sqrt{b})^2 = a \cdot b$ ist;

2) $\sqrt{a : b} = \sqrt{a} : \sqrt{b}$, weil $(\sqrt{a} : \sqrt{b})^2 = (\sqrt{a})^2 : (\sqrt{b})^2 = a : b$ ist;

3) $\sqrt{a^2 + 2ab + b^2} = a + b$, weil $(a + b)^2 = a^2 + 2ab + b^2$ ist;

4) $\sqrt{a^2 - 2ab + b^2} = a - b$, weil $(a - b)^2 = a^2 - 2ab + b^2$ ist.

Daß $\sqrt{a+b}$ **nicht** gleich $\sqrt{a} + \sqrt{b}$ ist, erkennt man daraus, daß $(\sqrt{a} + \sqrt{b})^2$ nicht gleich $a+b$, sondern gleich $(\sqrt{a})^2 + 2 \cdot \sqrt{a} \cdot \sqrt{b} + (\sqrt{b})^2 = a + b + 2\sqrt{ab}$ ist.

C. Numerisches Quadrieren.

Die Quadrate der natürlichen Zahlen heißen Quadratzahlen. Die ersten 30 Quadratzahlen enthält die folgende Tabelle.

Tabelle der Quadratzahlen.

$1^2 = 1$	$6^2 = 36$	$11^2 = 121$	$16^2 = 256$	$21^2 = 441$	$26^2 = 676$
$2^2 = 4$	$7^2 = 49$	$12^2 = 144$	$17^2 = 289$	$22^2 = 484$	$27^2 = 729$
$3^2 = 9$	$8^2 = 64$	$13^2 = 169$	$18^2 = 324$	$23^2 = 529$	$28^2 = 784$
$4^2 = 16$	$9^2 = 81$	$14^2 = 196$	$19^2 = 361$	$24^2 = 576$	$29^2 = 841$
$5^2 = 25$	$10^2 = 100$	$15^2 = 225$	$20^2 = 400$	$25^2 = 625$	$30^2 = 900$

Da $\left(\frac{a}{b}\right)^2 = \frac{a^2}{b^2}$ ist, so ist jedes Quadrat entweder eine Quadratzahl oder der Quotient zweier Quadratzahlen. Deshalb hat $\sqrt{q}$ vorläufig (§ 27) nur Sinn, wenn q eine Quadratzahl oder der Quotient zweier Quadratzahlen oder endlich ein Quotient ist, der sich durch Heben in den Quotienten zweier Quadratzahlen verwandeln läßt.

Daraus, daß 10^2 die erste dreiziffrige, 10^4 die erste fünfziffrige Zahl usw. darstellt, ergibt sich leicht, daß das Quadrat einer natürlichen Zahl entweder doppelt so viel Ziffern hat als diese, oder nur eine Ziffer weniger. Umgekehrt ist also die Quadratwurzel aus einer

1ziffrigen oder 2ziffrigen Zahl: 1ziffrig,
3ziffrigen oder 4ziffrigen Zahl: 2ziffrig,
5ziffrigen oder 6ziffrigen Zahl: 3ziffrig usw.

Das Quadrieren einer mehrziffrigen Zahl kann man dadurch bewerkstelligen, daß man dieselbe als Summe von Vielfachen ihrer dekadischen Einheiten (§ 21) darstellt und dann die Formel $(a + b)^2 = a^2 + 2ab + b^2$ anwendet, oder die aus dieser hervorgehenden Formeln:

$$(a + b + c)^2 = (a^2 + 2ab + b^2) + 2(a + b) \cdot c + c^2;$$

$$(a + b + c + d)^2 = [(a^2 + 2ab + b^2) + 2(a + b)c + c^2] + 2(a + b + c)d + d^2$$

usw.

Beispiel für das Quadrieren.

Ausführlich:

$479^2 = (a + b + c)^2$, wo $a = 4 \cdot 100$, $b = 7 \cdot 10$, $c = 9 \cdot 1$ ist.

$$\begin{aligned} a^2 &= 160000 \\ 2ab &= 56000 \\ b^2 &= 4900 \\ 2(a+b)c &= 8460 \\ c^2 &= 81 \\ \hline 479^2 &= 229441 \end{aligned}$$

Abgekürzt:

$$479^2 = \left\{\begin{array}{l} 16 \\ \ \ 56 \\ \ \ \ \ 49 \\ \ \ \ \ 846 \\ \ \ \ \ \ \ 81 \end{array}\right. = 229441.$$

D. Numerisches Radizieren.

Durch Umkehrung des eben besprochenen Verfahrens erhält man das Verfahren der **Quadratwurzelausziehung.** Man erkennt die Richtigkeit desselben, wenn man das folgende Beispiel mit dem Beispiel in C vergleicht.

Beispiel für die Ausziehung der Quadratwurzel.

Ausführlich:		Abgekürzt:	Noch kürzer, da
$\sqrt{229441} = a + b + c$, wo		$\sqrt{22'94'41} = 479.$	$2ab + b^2 = (2a + b)b$ ist:
$160000 = a^2$	$a = 400$	16	$\sqrt{22'94'41} = 479.$
69441	$b = 70$	69'4	16
$2a = 800)\ 56000 = 2ab$	$c = 9$	8) 56	6 94
13441	wird.	49	87) 6 09
$4900 = b^2$		609	85 41
8541		854'1	949) 85 41
$2(a+b) = 940)\ 8460 = 2(a+b)c$		94) 846	
81		81	
$81 = c^2$		8541	

Nach derselben Methode findet man auch zu jeder beliebigen natürlichen Zahl die Quadratwurzel aus der nächstkleineren Quadratzahl. Z. B.:

$(a + b + c)^2 < 229400 < [a + b + (c + 1)]^2$, wo $a = 400$, $b = 70$, $c = 8$ ist.

	$160000 = a^2$		
	69400		
$2a = 800)$	$56000 = 2ab$		
	13400		
	$4900 = b^2$		
	8500		
$2(a + b) = 940)$	$7520 = 2(a + b)c$	und	$8460 = 2(a + b)(c + 1)$
	980		40
	$64 = c^2$		$81 = (c + 1)^2$
Rest:	$+916$;	Rest:	$-41.$

Also ist:

$$478^2 < 229400 < 479^2.$$

Hieraus folgt noch:

$$(47,8)^2 < 2294 < (47,9)^2$$

$$(4,78)^2 < 22,94 < (4,79)^2$$

$$(0,478)^2 < 0,2294 < (0,479)^2.$$

Man kann also jede ganze oder gebrochene Zahl, die kein Quadrat ist, in zwei Grenzen einschließen, welche Quadrate von zwei gebrochenen Zahlen sind, die sich nur um $\frac{1}{10}$, um $\frac{1}{100}$, $\frac{1}{1000}$ usw. oder überhaupt um einen **beliebig kleinen** Bruch unterscheiden. Soll dieser Bruch z. B. $\frac{1}{4000}$ und 2 die gegebene Zahl sein, so hat man, wenn x die untere der beiden gesuchten Grenzen bedeutet:

$$x^2 < 2 < (x + \tfrac{1}{4000})^2,$$

also auch: $(4000\,x)^2 < 2 \cdot (4000)^2 < (4000\,x + 1)^2$.

Man hat also die Wurzel aus der nächstkleineren Quadratzahl unter 32′000000 aufzusuchen. Hierfür findet man nach der obigen Methode 5656, d. h. es ist:

$$5656^2 < 32'000000 < 5657^2,$$

also auch: $(\frac{5656}{4000})^2 < 2 < (\frac{5656}{4000} + \frac{1}{4000})^2$.

Die Zahl 2 ist auf diese Weise in zwei Grenzen eingeschlossen, welche Quadrate von Brüchen sind, die sich nur um $\frac{1}{4000}$ unterscheiden.

E. Das Quadrieren und Radizieren von Buchstabenausdrücken.

Das Quadrieren und Radizieren von Buchstabenausdrücken, die algebraische Summen sind, lehren folgende Beispiele:

1) $$(3p + 4q - r)^2 = 9p^2 + 2 \cdot 3p \cdot 4q + 16q^2 + 2 \cdot (3p + 4q)(-r) + r^2$$
$$= 9p^2 + 24pq + 16q^2 - 6pr - 8qr + r^2;$$

1_1) $$\sqrt{9p^2 + 24pq + 16q^2 - 6pr - 8qr + r^2} = 3p + 4q - r.$$

$$\begin{array}{rl}
 & 9p^2 = a^2 \\
\hline
 & 24pq + 16q^2 \\
2a = 6p) & 24pq + 16q^2 = 2ab + b^2 \\
\hline
 & -6pr - 8qr + r^2 \\
2(a + b) = 6p + 8q) & -6pr - 8qr + r^2 = 2(a + b)c + c^2.
\end{array}$$

2) $$(x^3 + 2x^2 - 5x + \tfrac{1}{2})^2 = (x^6 + 4x^5 + 4x^4) - 2(x^3 + 2x^2) \cdot 5x + 25x^2$$
$$+ 2(x^3 + 2x^2 - 5x) \cdot \tfrac{1}{2} + \tfrac{1}{4}$$
$$= x^6 + 4x^5 - 6x^4 - 19x^3 + 27x^2 - 5x + \tfrac{1}{4};$$

2_1) $$\sqrt{x^6 + 4x^5 - 6x^4 - 19x^3 + 27x^2 - 5x + \tfrac{1}{4}} = x^3 + 2x^2 - 5x + \tfrac{1}{2}.$$

$$\begin{array}{rl}
2x^3) & x^6 + 4x^5 + 4x^4 \\
\hline
 & -10x^4 - 19x^3 + 27x^2 \\
2x^3 + 4x^2) & -10x^4 - 20x^3 + 25x^2 \\
\hline
 & x^3 + 2x^2 - 5x + \tfrac{1}{4} \\
2x^3 + 4x^2 - 10x) & x^3 + 2x^2 - 5x + \tfrac{1}{4}.
\end{array}$$

F. Das Radizieren von Produkten, Quotienten und Dezimalbrüchen.

Das Radizieren von Produkten und Quotienten geschieht nach den in B besprochenen Formeln, z. B.: $\sqrt{1156 \cdot 229441} = \sqrt{1156} \cdot \sqrt{229441} = 34 \cdot 479 = 16286$, $\sqrt{1156 : 229441} = \sqrt{1156} : \sqrt{229441} = 34 : 479$.

Häufig kann man sich das Ausziehen der Quadratwurzel dadurch wesentlich vereinfachen, daß man die zu radizierende Zahl in Faktoren zerlegt, die als Quadrate leicht erkennbar sind, z. B.: $\sqrt{129600} = \sqrt{100 \cdot 36 \cdot 36} = 10 \cdot 6 \cdot 6 = 360$, $\sqrt{213444} = \sqrt{2^2 \cdot 3^2 \cdot 7^2 \cdot 11^2} = 2 \cdot 3 \cdot 7 \cdot 11 = 462$, $\sqrt{18225} = \sqrt{3^6 \cdot 5^2} = 3^3 \cdot 5 = 135$.

Ein Dezimalbruch kann nur dann ein Quadrat sein, wenn er eine gerade Zahl von Dezimalstellen hat. Aus einem solchen Dezimalbruch zieht man die Quadratwurzel ebenso wie aus einer ganzen Zahl und setzt das Komma, sobald die Einerstelle des Radikandus in den Rest gezogen ist. Z. B.:

$$\sqrt{1{,}21} = 1{,}1, \quad \text{weil} \quad \sqrt{1{,}21} = \sqrt{\frac{121}{10^2}} = \frac{11}{10} = 1{,}1;$$

$$\sqrt{22{,}9441} = 4{,}79, \quad \text{weil} \quad \sqrt{22{,}9441} = \sqrt{\frac{229441}{10^4}} = \frac{479}{10^2} = 4{,}79;$$

$$\sqrt{0{,}229441} = 0{,}479; \quad \text{und} \quad \sqrt{0{,}000169} = 0{,}013.$$

G. Die Quadratwurzel-Ausziehung als doppeldeutige Operation.

Da das Produkt $+9$ nicht nur aus $+3$ mal $+3$, sondern auch aus -3 mal -3 entsteht, so gibt es zwei Zahlen, deren Quadrate die Zahl $+9$ geben. Deshalb hat die Quadratwurzel aus 9 zwei Werte, nämlich $+3$ und -3. Ebenso ist:

$$\sqrt{16} = \begin{cases} +4 \\ -4 \end{cases}; \quad \sqrt{\tfrac{4}{9}} = \begin{cases} +\frac{2}{3} \\ -\frac{2}{3} \end{cases}; \quad \sqrt{a^2 - 2ab + b^2} = \begin{cases} a-b \\ b-a \end{cases};$$

$$\sqrt{c^2 d^2} = \begin{cases} +cd \\ -cd \end{cases}, \quad \text{und überhaupt:}$$

$$\sqrt{a^2} \text{ sowohl gleich } +a \text{ wie auch gleich } -a.$$

Wenn deshalb, wie es oben bisher geschehen ist, aus der Gleichung $x^2 = a^2$ der Schluß gezogen wird, daß $x = a$ sein muß, so ist dieser Schluß ungenau. Man muß sagen: Wenn $x^2 = a^2$ ist, so kann x sowohl gleich $+a$ als auch gleich $-a$ sein. Welcher von diesen Werten gemeint ist, kann aus $x^2 = a^2$ allein nicht entschieden werden. Wenn man nun trotzdem aus der Gleichung $x^2 = 9$ die Gleichung $x = 3$ schließt, so führt man einen neuen Gebrauch des Gleichheitszeichens ein, indem man dann $x = 3$ eigentlich lesen muß:

„x ist **unter anderm** auch gleich 3."

Um die beiden Werte, welche bei einer Quadratwurzelausziehung entstehen, recht deutlich hervortreten zu lassen, setzt man vor das Wurzelzeichen $\sqrt{\ }$ das Doppelzeichen $\pm$ (gelesen: „plus oder minus"), so daß das Wurzelzeichen an sich (ohne daß $\pm$ vorgesetzt ist) immer nur den absoluten Betrag der beiden Werte oder, was hier dasselbe ist, den positiven Wert bedeutet. Z. B.:

Aus $x^2 = 289$ folgt $x = \pm\sqrt{289} = \pm 17$;

es ist $20 \pm \sqrt{289} = 20 \pm 17$, also sowohl 37 wie auch 3;

es soll aber $20 + \sqrt{289}$ nur gleich 37 und $20 - \sqrt{289}$ nur gleich 3 sein.

Da die Operation der Quadratwurzelausziehung immer zwei Werte liefert, so nennt man diese Operation doppeldeutig. Im Gegensatz hierzu bezeichnet man die im zweiten und dritten Abschnitt behandelten Operationen als eindeutig. Es gibt nämlich immer nur eine einzige Zahl, welche gleich $a + b$, gleich $a - b$, gleich $a \cdot b$, gleich $a : b$ ist. (Ausgenommen die in § 11 besprochenen vieldeutigen Zeichen $\frac{0}{0}$, $\frac{\infty}{\infty}$, $\infty - \infty$.) Aus dieser Eindeutigkeit entsprangen die Sätze, welche aussprechen, daß die Verknüpfung zweier Gleichungen durch Addition, Subtraktion, Multiplikation, Division immer wieder Gleiches liefern muß. Da die Quadratwurzelausziehung aber doppeldeutig ist, so muß für diese Operation der jenen Sätzen entsprechende Satz folgendermaßen lauten:

Die Quadratwurzelausziehung zweier gleicher Zahlen liefert **entweder** zwei gleiche Zahlen **oder** zwei Zahlen, die sich nur durch das Vorzeichen unterscheiden.

II. Unausführbare Quadratwurzelausziehung.

Jede von den bisher definierten Zahlen ist

entweder positiv-ganz (natürliche Zahl) (§ 4),
oder Null oder negativ-ganz (§ 7),
oder positiv-gebrochen oder negativ-gebrochen (§ 11).

Jede solche Zahl gibt aber durch Quadrieren eine Zahl, welche entweder eine positive Quadratzahl oder Null oder der positive Quotient zweier Quadratzahlen ist. Sollte also der Radikand einer Wurzel eine Zahl sein, die keine dieser drei Eigenschaften besitzt, so muß die Radizierung zunächst als unausführbar erklärt werden, gerade so, wie in § 5 eine Subtraktion, bei der der Minuendus kleiner als der Subtrahendus ist, und in § 9 eine Division, bei der der Dividendus kein Vielfaches des Divisors ist, zunächst für unausführbar gelten mußte. Es ist z. B. unausführbar: $\sqrt{2}$, $\sqrt{26}$, $\sqrt{\frac{5}{4}}$, $\sqrt{\frac{16}{27}}$, $\sqrt{0,1}$, $\sqrt{-5}$, $\sqrt{-\frac{2}{9}}$. Namentlich beachte man, daß auch die Quadratwurzel aus einer negativen Quadratzahl unausführbar ist, daß also z. B. $\sqrt{-9}$ **nicht** gleich -3 ist.

Aufgaben.

Die in den folgenden Aufgaben angedeuteten Quadrierungen sollen ausgeführt werden:

1) 9^2 2) 15^2 3) $(-9)^2$ 4) $(\frac{3}{4})^2$ 5) $(-\frac{1}{2})^2$

6) $(\frac{7}{8})^2$ 7) $(1\frac{1}{2})^2$ 8) $(a\,p)^2$ 9) $(-a\,p)^2$ 10) $\left(\frac{p}{q}\right)^2$

11) $\left(\frac{3\,a}{4\,b}\right)^2$ 12) $(7\,a\,b\,c)^2$ 13) $\left(\frac{4\,a\,b}{5\,p\,q}\right)^2$ 14) $(7 \cdot 5\,a : 4\,b\,c\,d)^2$

15) $\left(\frac{-3}{ab}\right)^2$ 16) $\left(\frac{-a}{-b}\right)^2$ 17) $\left(\frac{4 : ab}{c}\right)^2$ 18) $(3a^2)^2$ 19) $(p + q)^2$
20) $(p + 2q)^2$ 21) $(p - 2q)^2$ 22) $(4a - b)^2$
23) $(\frac{1}{2}a - e)^2$ 24) $(a + b - c)^2$ 25) $(3 + a + \frac{1}{3}b)^2$
26) $(-4 + a - b)^2$ 27) $(\frac{1}{2}a - \frac{1}{2}cd)^2$ 28) $(x^2 - a)^2$
29) $(3ab - 2ac)^2$ 30) $(2x^2 + 1)^2$ 31) $(x^2 + x + 1)^2$
32) $(a - b + c + d)^2$ 33) $(2a + b + c - d)^2$.

34) Was kann man über x^2 behaupten, wenn man weiß, daß $x > 3$ ist?
35) a liegt zwischen den Grenzen 3 und 10, also $3 < a < 10$. Zwischen welchen Grenzen liegt a^2?
36) Wird ein positiver, echter Bruch durch Quadrieren größer oder kleiner?
37) Warum ist der Ausdruck „Meterquadrat" zutreffender als der gebräuchliche „Quadratmeter"?
38) Wie kann man $1^2 + 2^2 + 3^2 + 4^2 + 2 \cdot 1 \cdot 2 + 2 \cdot 1 \cdot 3 + 2 \cdot 1 \cdot 4 + 2 \cdot 2 \cdot 3 + 2 \cdot 2 \cdot 4 + 2 \cdot 3 \cdot 4$ finden, ohne die einzelnen Glieder dieser Summe zu berechnen?
39) Schreibe mit Hilfe des Wurzelzeichens folgende Gleichungen: a) $7^2 = 49$, b) $16^2 = 256$, c) $x^2 = 441$, d) $a^2 = b$, e) $a^2 = b + c$, f) $(a + 2b)^2 = c$, g) $4a^2 = b$, h) $\frac{9}{16}x^2 = y$, i) $(-5)^2 = 25$.
40) Schreibe ohne Wurzelzeichen die Gleichungen: a) $15 = \sqrt{225}$, b) $25 = \sqrt{625}$, c) $x = \sqrt{361}$, d) $m = \sqrt{p}$, e) $a = \sqrt{b - c}$, f) $x + 2y = \sqrt{z}$, g) $3x = \sqrt{y}$, h) $\frac{2}{3}a = \sqrt{b}$.
41) Berechne auf kürzeste Weise: a) $\sqrt{(4a + b)^2}$, b) $(\sqrt{1331})^2$, c) $(\sqrt{4x^2 + 12xy + 9y^2})^2$, d) $\sqrt{\left(\frac{3xy}{a - b + c}\right)^2}$.
42) Wie kann man die Quadratzahl a als Produkt zweier gleicher Faktoren schreiben?
43) Vereinfache: a) $\sqrt{p} \cdot \sqrt{p}$, b) $\sqrt{p - q} \cdot \sqrt{p - q}$, c) $\sqrt{a} \cdot \sqrt{a} \cdot \sqrt{a} \cdot \sqrt{a}$, d) $\sqrt{3ab} \cdot \sqrt{3ab}$, e) $\sqrt{p : q} \cdot \sqrt{p : q}$.

Folgende Ausdrücke sollen vereinfacht oder auf kürzeste Weise berechnet werden:

44) $\sqrt{a^2 b^2}$ 45) $\sqrt{(a + b)^2 : c^2}$ 46) $\sqrt{9a^2 : 16}$

47) $\sqrt{49^2 \cdot (a - bc)^2}$ 48) $\sqrt{\frac{16^2 \cdot 9^2}{12^2}}$ 49) $\sqrt{\frac{a^2 b^2 c^2}{p^2 q^2}}$

50) $\sqrt{\frac{b^2 c^2 (100 e^2)}{7258^2 (a^2)^2}}$ 51) $\sqrt{\frac{b^5 c^5 d^3}{b^3 c^3 d}}$ 52) $\frac{\sqrt{a^3 b}}{\sqrt{ab}}$

53) $\sqrt{\frac{100}{a^2 + 2ab + b^2}}$ 54) $\sqrt{\frac{a^3}{a}}$ 55) $\sqrt{13^2 - 12^2}$

56) $\sqrt{16 + 9}$ 57) $\sqrt{\frac{1}{9} - \frac{1}{25}}$.

58) Warum ist: a) $a\sqrt{b} = \sqrt{a^2 b}$? b) $\frac{\sqrt{b}}{a} = \sqrt{\frac{b}{a^2}}$?

59) Mit Benutzung von Nr. 58 soll vereinfacht werden:

a) $\frac{a}{b}\sqrt{\frac{b^2 c^2}{a^2}}$, b) $\frac{a b}{p}\sqrt{\frac{q^2 p^2}{25 a^4 b^4}}$, c) $\frac{4 a}{5 b}\sqrt{\frac{25 b^2 c}{16 a^2 d}}$.

60) Beweise die Formel $(a + 1)^2 = a^2 + [(a + 1) + a]$.

61) Berechne mit Hilfe von Nr. 60, um wieviel 37^2 größer als 36^2 sein muß.

62) Die in C befindliche Tabelle der Quadratzahlen soll durch Anwendung der in Nr. 60 genannten Formel bis 50^2 fortgesetzt werden, z. B. $31^2 = 30^2 + (31 + 30) = 900 + 61 = 961$; $32^2 = 31^2 + 63 = 1024$ usw.

63) Die Differenzen der aufeinanderfolgenden Quadratzahlen bilden eine arithmetische Reihe mit der konstanten Differenz 2. Warum?

64) Berechne mit Hilfe der Quadratzahlentabelle: a) $(\frac{16}{25})^2$, b) $(1\frac{9}{16})^2$, c) $(3\frac{3}{4})^2$, d) $(7\frac{1}{3})^2$, e) $(-4\frac{1}{5})^2$.

65) Wieviel drei- oder vierziffrige Quadratzahlen muß es geben?

66) Welche von den folgenden Zahlen sind Quadrate: a) 625, b) $\frac{216}{289}$, c) $\frac{841}{289}$, d) 1000, e) $\frac{256}{10}$, f) 25,6, g) 0,256, h) 2,56, i) 160000, k) $\frac{8}{18}$, l) $\frac{725}{116}$, m) $\frac{726}{116}$?

67) Um wieviel ist $(50 + 4)^2$ größer als $(50 - 4)^2$?

68) Substituiere in die Formel für $(a + b)^2$: a) $a = 60$, $b = 3$; b) $a = 80$, $b = 9$.

69) Substituiere in die Formel für $(a + b + c)^2$: a) $a = 200$, $b = 30$, $c = 4$; b) $a = 700$, $b = 80$, $c = 6$; c) $a = 800$, $b = 80$, $c = 8$.

70) Wenn eine Quadratzahl gleich dem Produkte zweier Faktoren ist, welche keinen gemeinsamen Teiler haben (§ 20 A), so muß jeder Faktor selbst eine Quadratzahl sein. Warum?

Die folgenden Zahlen sollen nach den Formeln für $(a + b)^2$, $(a + b + c)^2$ usw. a) ausführlich, b) abgekürzt quadriert werden:

71) 83	72) 69	73) 214	74) 337	75) 489
76) 866	77) 885	78) 4236	79) 1027	80) 12346.

Die folgenden Ausdrücke sollen quadriert werden:

81) $3 a - 25 b$	82) $a - b + 2 c$
83) $3 a - 4 b + 15 c$	84) $\frac{1}{2} a - \frac{1}{4} b + 4 c$
85) $p + \frac{3}{4} q + \frac{1}{9} r$	86) $-a + \frac{1}{2} b + 0{,}1 c$
87) $a - b + 2 c + 3 d$	88) $3 a + 4 b - \frac{1}{2} c + d$
89) $a + 2 b + 3 c + 1$	90) $a^2 - b^2 + a b$
91) $a^2 - 3 a b + 5 b^2$	92) $a^2 - a - 1$
93) $a^3 + 3 a^2 + 3 a + 1$	94) $x^3 - 2 x^2 - x - 1$
95) $1 + \frac{1}{2} x - \frac{1}{8} x^2 + \frac{1}{16} x^3$	96) $1 - \frac{1}{2} x - \frac{1}{8} x^2 - \frac{1}{16} x^3$.

Die folgenden Quadratwurzeln sollen a) ausführlich, b) abgekürzt, c) noch kürzer berechnet werden (vgl. D):

97) $\sqrt{324}$	98) $\sqrt{1849}$	99) $\sqrt{5476}$	100) $\sqrt{7921}$
101) $\sqrt{8649}$	102) $\sqrt{17956}$	103) $\sqrt{24336}$	104) $\sqrt{136161}$.

Berechne:

105) $\sqrt{207936}$ 106) $\sqrt{5'602689}$ 107) $\sqrt{7'365796}$
108) $\sqrt{61'795321}$ 109) $\sqrt{5'593225}$ 110) $\sqrt{99'980001}$
111) $\sqrt{866'595844}$ 112) $\sqrt{455789'714884}$
113) $\sqrt{223967'455504}$ 114) $\sqrt{4835''547351'610000}$
115) $\sqrt{2503'901521}$ 116) $\sqrt{1'006009}$
117) $\sqrt{90063'011025}$.

Berechne:

118) $\sqrt{\frac{324}{49}}$ 119) $\sqrt{\frac{1849}{2500}}$ 120) $\sqrt{\frac{1369}{6889}}$ 121) $\sqrt{\frac{4761}{45796}}$
122) $\sqrt{3,24}$ 123) $\sqrt{1,7956}$ 124) $\sqrt{179,56}$ 125) $\sqrt{1135,69}$
126) $\sqrt{11,3569}$ 127) $\sqrt{17,943696}$ 128) $\sqrt{0,1849}$ 129) $\sqrt{0,113569}$
130) $\sqrt{7921 \cdot 1849}$ 131) $\sqrt{0,007921}$ 132) $\sqrt{0,00001369}$
133) $\sqrt{\frac{20,7936}{0,25 \cdot 0,0324}}$ 134) $\sqrt{\frac{644809}{11,3569}}$ 135) $\sqrt{\frac{3'240000}{2\frac{1}{4} \cdot (2 - \frac{1}{25})}}$
136) $\sqrt{1\frac{651}{1849}}$ 137) $\sqrt{9\frac{2947}{4761}}$ 138) $\sqrt{49\frac{5135}{5329}}$.

139) Berechne: $\sqrt{0,0064} \cdot \sqrt{102,01} \cdot \sqrt{\frac{10}{6,4}} \cdot \sqrt{14042\frac{1}{4}}$.

140) Berechne die mittlere Proportionale (§ 14) zu: a) 4 und 9, b) 20 und 45, c) 108 und 147, d) 1000 und 810, e) 972 und 5547, f) 35912 und 392, g) $\frac{14}{27}$ und $\frac{24}{7}$, h) $\frac{343}{432}$ und $\frac{7}{12}$.

141) Zwischen welchen Quadratzahlen liegt: a) 290, b) 1000, c) 329, d) 444, e) 797?

142) Schließe die Zahlen: a) 823, b) 930, c) 413 in zwei nahe Grenzen ein, deren jede eine Quadratzahl ist.

143) Wie heißt die nächstkleinere Quadratzahl zu 900?

144) Berechne die nächstkleinere Quadratzahl zu: a) 7583, b) 479872, c) 5783478, d) 435670707.

Schließe jede der folgenden Zahlen in zwei Grenzen ein, welche Quadrate von Zahlen sind, die sich a) um 1, b) um $\frac{1}{10}$ unterscheiden:

145) 7583 146) 478358 147) 6'673002 148) 445000
149) 223,5 150) 4279,18.

Schließe jede der folgenden Zahlen in zwei Grenzen ein, welche Quadrate von Zahlen sind, die sich nur a) um $\frac{1}{100}$, b) um $\frac{1}{1000}$, c) um $\frac{1}{700}$ unterscheiden:

151) 2 152) 3 153) 5 154) 39 155) 83 156) 222
157) 4723 158) 2,34 159) 0,42 160) $4\frac{1}{4}$ 161) $70\frac{7}{9}$.

Verwandle die folgenden Wurzeln in algebraische Summen:

162) $\sqrt{81 x^2 + 72 x y + 16 y^2}$ 163) $\sqrt{49 a^2 - 266 a b + 361 b^2}$

164) $\sqrt{4 a^4 + 12 a b + \frac{9 b^2}{a^2}}$ 165) $\sqrt{\frac{a^2}{9} - \frac{a b}{2} + \frac{9 b^2}{16}}$

166) $\sqrt{0{,}0625 \cdot a^2 + 0{,}2 \cdot a\,b + 0{,}16 \cdot b^2}$

167) $\sqrt{a^2 - 2\,a\,c + c^2 + 2\,a\,x - 2\,cx + x^2}$

168) $\sqrt{100\,a^2 + 100\,a\,b + 25\,b^2 + 60\,a\,c + 30\,b\,c + 9\,c^2}$

169) $\sqrt{-12\,x^3 + 9\,x^4 + 46\,x^2 + 49 - 28\,x}$

170) $\sqrt{4\,x^6 + x^2 + 9 - 4\,x^4 + 12\,x^3 - 6\,x}$

171) $\sqrt{x^6 + 2\,x^5 y + 3\,x^4 y^2 + 4\,x^3 y^3 + 3\,x^2 y^4 + 2\,x\,y^5 + y^6}$

172) $\sqrt{9\,a^2 b^2 + 24\,a^2 b\,c + 16\,a^2 c^2 + 30\,a\,b^2 c + 40\,a\,b\,c^2 + 25\,b^2 c^2}$

173) $\sqrt{9\,a^4 b^2 - 6\,a^3 b\,c^2 + a^2 c^4 + 6\,a^2 b^2 c^2 - 2\,a\,b\,c^4 + b^2 c^4}$

174) $\sqrt{16\,x^6 + 4\,x^5 + 16\tfrac{1}{4}\,x^4 - 38\,x^3 - x^2 - 20\,x + 25}$

175) $\sqrt{x^8 - 6\,x^7 + 9\,x^6 - 14\,x^5 + 44\,x^4 - 6\,x^3 + 49\,x^2 - 14\,x + 1}$

176) $\sqrt{4 + 121\,x^6 + 114\,x^3 + 154\,x^5 + 159\,x^4 + 53\,x^2 + 20\,x}$

177) $\sqrt{4\,p^2 q^2 - 40\,p\,q^2 s + 56\,p^2 q\,s + 100\,q^2 s^2 - 280\,p\,q\,s^2 + 196\,p^2 s^2}$

178) $\sqrt{\frac{16}{9}\,a^2 - \frac{40\,a\,b}{3} + 25\,b^2 - 8\,a\,c + 30\,b\,c + 9\,c^2}$

179) $\sqrt{\frac{a^2}{25\,p^2} - \frac{a}{5} + \frac{1}{4}\,p^2 + 1{,}2 - \frac{3\,p^2}{a} + \frac{9\,p^2}{a^2}}$

180) $\sqrt{p^4 + 2\,p^3 + p^2 + 2\,p + 4 + \frac{2}{p} + \frac{1}{p^2} + \frac{2}{p^3} + \frac{1}{p^4}}$

181) $\sqrt{\sqrt{x^4 + 4\,x^3 + 6\,x^2 + 4\,x + 1}}$

182) $\sqrt{\sqrt{x^4 - 4\,x^3 + 6\,x^2 - 4\,x + 1}}$.

Berechne durch Zerlegung in Faktoren:

183) $\sqrt{1296}$ 184) $\sqrt{2025}$ 185) $\sqrt{5625}$ 186) $\sqrt{9216}$

187) $\sqrt{270400}$ 188) $\sqrt{58564}$ 189) $\sqrt{11025}$ 190) $\sqrt{104976}$

191) $\sqrt{3 \cdot 8748}$ 192) $\sqrt{77 \cdot 1925}$ 193) $\sqrt{3 \cdot 31 \cdot 2 \cdot 9114}$

194) $\sqrt{5^3 \cdot 81920}$ 195) $\sqrt{2^4 \cdot 3^3 \cdot 7 \cdot 1029}$ 196) $\sqrt{\frac{2187 \cdot 13{,}31 \cdot 11}{3 \cdot 7^2 \cdot 256}}$.

---

197) Welches sind die beiden Zahlen, die durch Quadrierung a) 16, b) 289, c) 2,89, d) $\frac{4}{9}$, e) $2\frac{1}{4}$, f) $\frac{27}{300}$ liefern?

198) Man weiß sicher, daß $a^2 = b^2$ ist. Weiß man dann auch sicher, daß $a = b$ ist?

199) Man weiß, daß x eine negative Zahl ist, und daß $x^2 = 100$ ist. Wie groß ist x?

200) Kann man aus $a^2 < 100$ schließen: $-10 < a < +10$?

201) Was kann man aus $a^2 > 100$ schließen?

202) Warum ist die Behauptung, daß Größeres radiziert Größeres gibt, nicht unbedingt richtig?

203) Wie muß man das Gleichheitszeichen lesen, wenn man aus $x^2 = a^2 - 2\,a\,b + b^2$ den Schluß zieht $x = a - b$?

204) Wo macht man einen Fehlschluß in dem folgenden Beweise, daß $9 = 5$ ist? „Es ist $9 + 5 = 2 \cdot 7$, also auch, wenn man mit $9 - 5$

beiderseits multipliziert, $9^2 - 5^2 = 2 \cdot 7 \cdot 9 - 2 \cdot 7 \cdot 5$ oder $9^2 - 2 \cdot 9 \cdot 7 = 5^2 - 2 \cdot 5 \cdot 7$, woraus folgt: $9^2 - 2 \cdot 9 \cdot 7 + 7^2 = 5^2 - 2 \cdot 5 \cdot 7 + 7^2$. Nun steht links das Quadrat von $9 - 7$, rechts das von $5 - 7$. Also ist $9 - 7 = 5 - 7$ oder $9 = 5$."

205) Wie liest man: „Aus $x^2 = 16$ folgt $x = \pm\sqrt{16} = \pm 4$"?

206) Was folgt aus $x^2 = p$: a) für x, b) für $-x$?

207) Aus $a = b$ folgt $\pm\sqrt{a} = \pm\sqrt{b}$. Dies sind der Form nach vier verschiedene Gleichungen, doch dem Inhalt nach nur wieviel?

Bei der Berechnung der folgenden Ausdrücke beachte, daß das Wurzelzeichen eindeutig aufzufassen ist: (z. B. $\sqrt{4} = 2$, $-\sqrt{4} = -2$).

208) $50 + \sqrt{1849}$ 209) $50 - \sqrt{18,49}$ 210) $7\frac{1}{2} - \sqrt{36}$

211) $7\frac{1}{2} + \sqrt{36}$ 212) $10 - \frac{1}{10}\sqrt{24336}$ 213) $10 + \frac{1}{10}\sqrt{24336}$

214) $\sqrt{243,36} - \sqrt{225}$ 215) $\sqrt{7921} - \sqrt{6400} + 3 \cdot \sqrt{4900}$

216) $\frac{3}{4} + \frac{1}{2}\sqrt{361} - \frac{1}{5}\sqrt{400}$.

217) Welche von den folgenden Quadratwurzeln haben vorläufig keinen Sinn: $\sqrt{25}$, $\sqrt{-25}$, $\sqrt{26}$, $\sqrt{10}$, $\sqrt{16-25}$, $\sqrt{\frac{4}{9}}$, $\sqrt{\frac{72}{7+43}}$, $\sqrt{0,4}$, $\sqrt{-(-4)}$, $\sqrt{-4+29}$?

§ 26.

Einfache quadratische Gleichungen.

Theorie.

A. Rein-quadratische Gleichungen.

Rein-quadratisch heißt jede Gleichung, welche sich durch Umformung schließlich auf die Form $x^2 = d$ bringen läßt. Bei dieser Umformung hat man dieselben Operationen vorzunehmen, wie bei den in § 15 f. behandelten Gleichungen, namentlich also Brüche fortzuschaffen, in deren Nenner x vorkommt, Klammern zu lösen, welche x enthalten, usw. Ist man so auf eine Gleichung von der Form $e x^2 = f$ gestoßen, so dividiere man durch e, den Koeffizienten von x^2. Dadurch erhält man $x^2 = \frac{f}{e}$. Stellt nun $\frac{f}{e}$ eine positive Quadratzahl oder den positiven Quotienten zweier Quadratzahlen dar, so erhält man nach § 25 G. zwei Werte für x, nämlich $+\sqrt{\frac{f}{e}}$ und $-\sqrt{\frac{f}{e}}$. Z. B.:

Aus $x + \frac{1}{8} = \frac{x+2}{8x} + \frac{6}{x}$ erhält man durch Umformung zunächst $8x^2 = 50$, also $x^2 = \frac{50}{8} = \frac{25}{4}$, woraus sich für x die beiden Werte $+\sqrt{\frac{25}{4}} = +\frac{5}{2}$ und $-\sqrt{\frac{25}{4}} = -\frac{5}{2}$ ergeben.

Wenn in der Gleichung $e x^2 = f$ der Koeffizient e von x^2 selbst schon eine Quadratzahl ist, so kann man unmittelbar die Quadratwurzel ziehen, z. B.: $9x^2 = 110\frac{1}{4}$ gibt $3x = \pm\sqrt{\frac{441}{4}} = \pm\frac{21}{2}$, also $x = \begin{cases} +3\frac{1}{2} \\ -3\frac{1}{2} \end{cases}$.

B. Lösung gemischt-quadratischer Gleichungen.

Gemischt-quadratisch, allgemein-quadratisch, oder auch nur quadratisch heißt jede Gleichung, welche sich schließlich auf die geordnete Form:

$$x^2 + ax + b = 0$$

bringen läßt, wo a und b, die Koeffizienten der Gleichung, bekannte Zahlen sind. Gibt es dann eine Zahl, welche, für x gesetzt, die Gleichung befriedigt, so gibt es auch noch eine zweite solche Zahl. Diese beiden Zahlen, die beiden Wurzeln der gegebenen Gleichung, lassen sich mit Hilfe der Formeln:

$$\sqrt{x^2 + ax + \left(\frac{a}{2}\right)^2} = x + \frac{a}{2} \quad \text{und} \quad \sqrt{x^2 - ax + \left(\frac{a}{2}\right)^2} = x - \frac{a}{2}$$

durch Radizierung leicht bestimmen, wie folgende Beispiele zeigen:

1) $x^2 - 8x + 15 = 0$
$x^2 - 8x = -15$
$x^2 - 2\cdot 4\cdot x = -15$
$x^2 - 2\cdot 4\cdot x + 4^2 = 16 - 15$
$(x-4)^2 = 1$, also
$x - 4 = \pm\sqrt{1} = \begin{cases} +1 \\ -1 \end{cases}$
folglich $x = 4 + 1 = 5$,
aber auch $x = 4 - 1 = 3$.

2) $x^2 + 23x + 60 = 0$
$x^2 + 23x = -60$
$x^2 + 2\cdot\frac{23}{2}\cdot x = -60$
$x^2 + 2\cdot\frac{23}{2}\cdot x + \left(\frac{23}{2}\right)^2 = \frac{529}{4} - 60$
$\left(x + \frac{23}{2}\right)^2 = \frac{289}{4}$, also
$x + \frac{23}{2} = \pm\sqrt{\frac{289}{4}} = \begin{cases} +\frac{17}{2} \\ -\frac{17}{2} \end{cases}$
folglich $x = -\frac{23}{2} + \frac{17}{2} = -3$,
aber auch $x = -\frac{23}{2} - \frac{17}{2} = -20$.

3) $(4x+3)(2x-1) + (4x-5)(x+2)$
$= 4(x^2 - 13x - 5)$
gibt durch Vereinfachung:
$8x^2 + 57x + 7 = 0$
und deshalb die geordnete Form:
$x^2 + \frac{57}{8}x + \frac{7}{8} = 0$.
Hieraus folgt nacheinander:
$x^2 + \frac{57}{8}x = -\frac{7}{8}$
$x^2 + 2\cdot\frac{57}{16}\cdot x = -\frac{7}{8}$
$x^2 + 2\cdot\frac{57}{16}\cdot x + \frac{57^2}{16^2}$
$= \frac{57^2 - 7\cdot 2\cdot 16}{16^2}$
$\left(x + \frac{57}{26}\right)^2 = \frac{3249 - 224}{16^2}$
$x + \frac{57}{16} = \pm\sqrt{\frac{3025}{16^2}} = \begin{cases} +\frac{55}{16} \\ -\frac{55}{16} \end{cases}$
also $x = \begin{cases} -\frac{57}{16} + \frac{55}{16} = -\frac{1}{8} \\ -\frac{57}{16} - \frac{55}{16} = -7 \end{cases}$.

4) $\frac{11x - 19}{x - 1} - \frac{7 - x}{x + 1} = 6$
gibt durch Vereinfachung:
$6x^2 - 16x - 6 = 0$,
und deshalb die geordnete Form:
$x^2 - \frac{8}{3}x - 1 = 0$.
Hieraus folgt nacheinander:
$x^2 - \frac{8}{3}x = 1$
$x^2 - 2\cdot\frac{4}{3}\cdot x = 1$
$x^2 - 2\cdot\frac{4}{3}\cdot x + \frac{16}{9} = \frac{16}{9} + 1$
$\left(x - \frac{4}{3}\right)^2 = \frac{25}{9}$
$x - \frac{4}{3} = \pm\sqrt{\frac{25}{9}} = \begin{cases} +\frac{5}{3} \\ -\frac{5}{3} \end{cases}$
also $x = \begin{cases} \frac{4}{3} + \frac{5}{3} = 3 \\ \frac{4}{3} - \frac{5}{3} = -\frac{1}{3} \end{cases}$.

C. Allgemeine Formel zur Lösung gemischt-quadratischer Gleichungen.

Das aus den obigen vier Beispielen ersichtliche Verfahren der Auflösung der quadratischen Gleichung beruht im wesentlichen auf der Ergänzung der linken Seite zu einem vollständigen Quadrate, d. h. zu dem Quadrate einer Summe oder einer Differenz. Um die Wiederholung dieses Verfahrens an jedem neuen Beispiel zu vermeiden, gestaltet man dasselbe allgemein, indem man in derselben Weise die Buchstaben-Gleichung $x^2 + ax + b = 0$ behandelt. Dann erhält man nach und nach:

$$x^2 + ax = -b, \quad x^2 + 2 \cdot \frac{a}{2} \cdot x = -b, \quad x^2 + 2 \cdot \frac{a}{2} \cdot x + \left(\frac{a}{2}\right)^2 = \left(\frac{a}{2}\right)^2 - b,$$

$$\left(x + \frac{a}{2}\right)^2 = \left(\frac{a}{2}\right)^2 - b, \quad \text{also } x + \frac{a}{2} = \pm\sqrt{\left(\frac{a}{2}\right)^2 - b}, \quad \text{also:}$$

$$x = -\frac{a}{2} \pm \sqrt{\left(\frac{a}{2}\right)^2 - b}.$$

Die beiden Werte, welche sich bei der Auflösung jeder quadratischen Gleichung für x ergeben müssen, pflegt man mit x_1 und x_2 zu bezeichnen. Es folgt also aus:

$$x^2 + ax + b = 0: \begin{cases} x_1 = -\frac{a}{2} + \sqrt{\left(\frac{a}{2}\right)^2 - b} \\ x_2 = -\frac{a}{2} - \sqrt{\left(\frac{a}{2}\right)^2 - b}. \end{cases}$$

Natürlich darf man diese Formeln erst dann anwenden, wenn man die gegebene Gleichung auf die geordnete Form gebracht hat. Beispiele:

1) $x^2 - 8x + 15 = 0$. Hier ist $a = -8$, $b = +15$. Also:
$x = +4 \pm \sqrt{4^2 - 15} = 4 \pm 1$, d. h. $x_1 = +5$ und $x_2 = +3$.

2) $x^2 - 23x + 60 = 0$. Hier ist $a = -23$, $b = +60$. Also:

$$x = \frac{23}{2} \pm \sqrt{\frac{23^2}{4} - 60} = \frac{23}{2} \pm \frac{1}{2}\sqrt{23^2 - 240} = \frac{23}{2} \pm \frac{1}{2}\sqrt{289}$$

$$= \begin{cases} \frac{23}{2} + \frac{17}{2} = 20 \\ \frac{23}{2} - \frac{17}{2} = 3. \end{cases}$$

3) $5x^2 + 16x - 144 = 0$. Die Gleichung gewinnt erst dadurch die geordnete Form, daß man durch 5 dividiert. Also: $x^2 + \frac{16}{5}x - \frac{144}{5} = 0$. Hier ist $a = +\frac{16}{5}$, $b = -\frac{144}{5}$, folglich:

$$x = -\frac{8}{5} \pm \sqrt{\frac{8^2}{5^2} + \frac{144}{5}} = -\frac{8}{5} \pm \sqrt{\frac{64 + 720}{5^2}} = \frac{-8 \pm \sqrt{784}}{5}$$

$$= \frac{-8 \pm 28}{5} = \begin{cases} +4 \\ -7\frac{1}{5} \end{cases}$$

In derselben Weise lassen sich auch quadratische Buchstabengleichungen lösen, z. B.:

4) $x^2 + 2(p+q)^2 = 9pq + 3px - 3qx$ gibt die geordnete Form: $x^2 - 3x \cdot (p-q) - (5pq - 2p^2 - 2q^2) = 0$. Hier ist $a = -3(p-q)$, $b = -(5pq - 2p^2 - 2q^2)$.

Folglich ist

$$x = \frac{3(p-q)}{2} \pm \sqrt{\frac{9(p-q)^2}{4} + 5pq - 2p^2 - 2q^2}$$

$$= \frac{3(p-q)}{2} \pm \frac{\sqrt{p^2 + 2pq + q^2}}{2}.$$

Daraus ergibt sich $x = \frac{3(p-q) \pm (p+q)}{2}$, also $x_1 = 2p - q$ und $x_2 = p - 2q$.

D. Beziehungen zwischen den Wurzeln und den Koeffizienten einer quadratischen Gleichung.

Aus $x^2 + ax + b = 0$ folgte:

$$x_1 = -\frac{a}{2} + \sqrt{\left(\frac{a}{2}\right)^2 - b} \text{ und } x_2 = -\frac{a}{2} - \sqrt{\left(\frac{a}{2}\right)^2 - b}.$$

Addiert man diese beiden Werte, so erhält man:

$$x_1 + x_2 = -\frac{a}{2} - \frac{a}{2} = -a.$$

Multipliziert man sie, so erhält man:

$$x_1 \cdot x_2 = \left(-\frac{a}{2}\right)^2 - \left(\sqrt{\left(\frac{a}{2}\right)^2 - b}\right)^2 = \frac{a^2}{4} - \left(\frac{a^2}{4} - b\right) = +b.$$

Diese Resultate heißen in Worten:

1) Die Summe der beiden Wurzeln einer quadratischen Gleichung ist gleich dem negativen Koeffizienten von x in ihrer geordneten Form.
2) Das Produkt der beiden Wurzeln einer quadratischen Gleichung ist gleich dem positiven, von x freien Gliede in ihrer geordneten Form.

Es hatte z. B. die Gleichung $x^2 - 8x + 15 = 0$ die Wurzeln 5 und 3, und es ist $5 + 3 = -(-8)$, sowie $5 \cdot 3 = +(+15)$.

Hiernach läßt sich die geordnete Form einer quadratischen Gleichung leicht angeben, wenn man ihre beiden Wurzeln kennt. Sind z. B. 7 und 4 die Wurzeln, so heißt die zugehörige Gleichung $x^2 - (7+4)x + 7 \cdot 4 = 0$ oder $x^2 - 11x + 28 = 0$.

E. Zerlegung quadratischer Ausdrücke in lineare Faktoren.

Wegen der beiden in D bewiesenen Sätze kann man, wenn x_1 und x_2 die beiden Wurzeln der Gleichung $x^2 + ax + b = 0$ bedeuten, auch setzen:

$$x^2 + ax + b = (x - x_1)(x - x_2).$$

An dem rechts stehenden Produkte erkennt man unmittelbar, daß der quadratische Ausdruck $x^2 + ax + b$ in zwei Fällen Null wird: erstens, wenn $x = x_1$, zweitens, wenn $x = x_2$ gesetzt wird; denn im ersten Falle wird der erste Faktor $x - x_1$, im zweiten Falle der zweite Faktor $x - x_2$ gleich Null. Man kann deshalb die Wurzeln einer quadratischen Gleichung unmittelbar erkennen, sobald es gelingt, ihre linke Seite in ein Produkt von der Form $(x - x_1)(x - x_2)$ zu verwandeln, während ihre rechte Seite Null ist. Auf diese Methode, die Wurzeln der Gleichungen zu bestimmen, ist schon in § 15 G aufmerksam gemacht.

Umgekehrt kann man auch durch Auflösen einer quadratischen Gleichung Ausdrücke von der Form $x^2 + ax + b$ in solche Produkte verwandeln oder, wie man sagt, in lineare Faktoren zerlegen. Soll man z. B. den Ausdruck $x^2 - 15x + 56$ in lineare Faktoren zerlegen, so setzt man $x^2 - 15x + 56$ gleich Null und sucht die Wurzeln der entstandenen quadratischen Gleichung. Diese sind 8 und 7. Also ist $x^2 - 15x + 56 = (x - 8)(x - 7)$.

Ebenso findet man $x^2 + 29x + 168 = (x + 21)(x + 8)$, weil $x^2 + 29x + 168 = 0$ die Wurzeln -21 und -8 hat.

Auch Ausdrücke von der Form $cx^2 + dx + e$ können derartig zerlegt werden. Man hat nur den Faktor c vorher abzusondern. Z. B.: $3x^2 - 22x + 35 = 3(x^2 - \frac{22}{3}x + \frac{35}{3}) = 3(x - \frac{7}{3})(x - 5) = (3x - 7)(x - 5)$, ferner $6x^2 - x - 70 = 6\left(x^2 - \frac{x}{6} - \frac{70}{6}\right) = 6\left(x + \frac{10}{3}\right)\left(x - \frac{7}{2}\right) = 3\left(x + \frac{10}{3}\right)2\left(x - \frac{7}{2}\right) = (3x + 10)(2x - 7)$.

F. Eingekleidete quadratische Gleichungen.

Bei den eingekleideten quadratischen Gleichungen hat man zu beachten, daß von den beiden Werten, welche man stets aus der arithmetisch ausgesprochenen Gleichung für die Unbekannte erhält, nicht immer jeder eine Antwort auf die in Worten ausgesprochene Frage erteilt. Wenn z. B. eine Anzahl von Personen als Unbekannte betrachtet ist, und nur eine der beiden Wurzeln eine positive ganze Zahl ist, so kann auch nur diese die Frage nach der Personenzahl beantworten. Sind beide Werte der Unbekannten mit der in Worten gestellten Frage unvereinbar, so müssen die in der Aufgabe gemachten Angaben einen inneren Widerspruch enthalten. Eine negative Wurzel läßt sich bisweilen in der § 16 B 7 angegebenen Weise deuten.

Aufgaben.

Rein-quadratisch.

1) $x^2 = 25$	2) $\frac{x}{7} = \frac{7}{x}$	3) $x^2 - \frac{49}{25} = 0$
4) $x^2 - \frac{0,16}{0,25} = 0$	5) $2x^2 = 72$	6) $3x^2 = 1\frac{1}{3}$
7) $1,44 = (2x)^2$	8) $0,64 = 16x^2$	9) $0,5 \cdot x = \frac{40,5}{x}$
10) $\frac{x^2}{5} - 9\frac{4}{5} = 0$	11) $x \cdot \frac{x}{11} = 26\frac{3}{11}$	12) $(x + \frac{1}{4})(x - \frac{1}{4}) = 0$

13) $x(x+5) = 5(x+20)$ 14) $18(x+32) = 2x(9+2x)$
15) $(x-4)(x-5) = 9(4-x)$ 16) $(x+3)(x-4) = 52-x$
17) $2x(x+1) + 3(x-12) = x(x+5)$
18) $4\left(\frac{3}{x} - \frac{1}{x}\right) - \frac{x}{2} = 0$ 19) $\frac{x+1}{x-1} + \frac{x-1}{x+1} = \frac{3x^2-2}{x^2-1}$
20) $(2x+3)^2 + (3x-2)^2 = (3x+1)(3x-1) + 30$
21) $x^2 = 7{,}84$ 22) $x^2 = 37636$ 23) $4284900 = x^2$
24) $3x(x+1) = 3x + 2478843$ 25) $x + 3 = \frac{2x + 499846}{x-1}$
26) $x^2 = a^2$ 27) $x^2 - a^2 = b^2 + 2ab$ 28) $x^2 - 3a^2b^2 = (ab)^2$
29) $4(x^2 - c^2 - d^2) - 8cd = 0$ 30) $px^2 = p^2(p+4q) + pq^2$.

Gemischt-quadratisch.

31) $x^2 - 4x = 12$ 32) $x^2 - 6x = 7$ 33) $x^2 + 8x - 33 = 0$
34) $x^2 - 5x - 14 = 0$ 35) $x(x-7) = 78$ 36) $x^2 - 6x + 5 = 0$
37) $x^2 - 11x + 24 = 0$ 38) $x^2 - 20x + 64 = 0$ 39) $x^2 - 16x = -39$
40) $x^2 + 8x + 15 = 0$ 41) $x^2 + 29x + 210 = 0$ 42) $x^2 + 73x + 210 = 0$
43) $x^2 + 25x + 84 = 0$ 44) $x^2 - 25x + 84 = 0$ 45) $x^2 + 25x - 84 = 0$
46) $x^2 - 25x - 84 = 0$ 47) $x^2 - 30x + 221 = 0$ 48) $x^2 + 30x + 221 = 0$
49) $x^2 - 145x + 1224 = 0$ 50) $x^2 + 145x + 1224 = 0$
51) $x^2 - 145x - 1224 = 0$ 52) $x^2 + 145x - 1224 = 0$
53) $x^2 \pm 73x \pm 1320 = 0$ 54) $x^2 \pm 122x \pm 1320 = 0$.

---

55) $x(x+1) = 5x + 5$ 56) $(x-5)(x-8) + 2 = 0$
57) $(x-4)(x-15) + 30 = 0$ 58) $(x-13)(x-14) = 2$
59) $x^2 - \frac{2}{3}x - \frac{1}{3} = 0$ 59_1) $x^2 - \frac{1}{5}x = 24$ 60) $4x^2 - 5x = 21$
61) $5x^2 + 12x = 17$ 62) $7x^2 - \frac{3}{2}x = 5\frac{1}{2}$ 63) $x^2 + \frac{x}{6} = \frac{1}{3}$
64) $(x-4)^2 + 2(x+3) = 17$ 65) $14x^2 - \frac{11}{2}x + \frac{1}{2} = 0$
66) $3x^2 - 0{,}75x + \frac{1}{24} = 0$ 67) $4x^2 + 1{,}5x + 0{,}125 = 0$
68) $8x^2 = \frac{4}{3}(x+1)$ 69) $\left(\frac{x}{2} + 1\right)^2 - \frac{5}{4} = \frac{5}{8}x$
70) $(x+1)^2 + (x+2)^2 = 41$ 71) $(2x-1)^2 + (4-x)^2 = 10$
72) $(x+4)(x-3) + (x-1)(x-2) = 14$
73) $(4x-1)^2 + (3x-2)^2 + (5x)^2 = 35$ 74) $x^2 \cdot 0{,}75 + \frac{x}{4} = \frac{1}{6}$
75) $(2x-7)(8x-1) = 0$ 76) $\left(\frac{11}{2}x + \frac{11}{4}\right)\left(\frac{17}{3}x - 3\frac{4}{27}\right) = 0$
77) $x(5x-2) + \frac{3}{8} = \frac{x+53}{16}$ 78) $\frac{2x+5}{3-x} + \frac{4x-3}{3+x} = 10$
79) $\frac{2x-1}{x+2} + \frac{22-7x}{x-2} = \frac{4x-2}{x^2-4}$ 80) $\frac{4x-21}{2x-11} - \frac{8-x}{x-5} = 1$
81) $\frac{3}{x} + \frac{5-3x}{x+1} - 4$ 82) $\frac{1}{2x+1} + \frac{1}{3-x} = \frac{6}{5}$

83) $\dfrac{5 - \dfrac{3}{x+2}}{4} = \dfrac{7x+6}{12x+1}$ 84) $x^2 + 2ax = b^2 + 2ab$

85) $x(x+1)(x+2) = (x-2)(x-1)(x+27)$

86) $(2x+3)(3x+1)(x+2) = x(6x-1)(x+11)$

87) $x^2 - 6ax = (4a+1)(4a-1) - 2(5a-1)$

88) $x^2 + ab = ax + bx$ 89) $pq + px = x(x+q)$

90) $\dfrac{x+2b}{a} + \dfrac{2b}{a-x} = 2$ 91) $\dfrac{4ax+2an}{x+\frac{1}{2}n} = \dfrac{16a^2-2an}{x+2a}$

92) $\left(\dfrac{ax}{b} - c\right)\left(\dfrac{bx}{a} + c\right) = 0$ 93) $c(ax-b)(2ax+3b) = 0$.

---

94) Gib Summe und Produkt der beiden Wurzeln jeder der folgenden Gleichungen an, ohne dieselben aufzulösen: a) $x^2 - 8x + 7 = 0$, b) $x^2 - 15x + 56 = 0$, c) $x^2 + 16x + 48 = 0$, d) $x^2 - 30x - 31 = 0$, e) $x^2 + 28x + 75 = 0$, f) $2x^2 - 16x + 30 = 0$.

95) Wie lautet die geordnete Form derjenigen Gleichung, welche die Wurzeln besitzt: a) 1 und 2, b) 3 und 5, c) 7 und 3, d) —7 und 3, e) —7 und —3, f) 7 und —3, g) 11 und —100?

Die Wurzeln der folgenden Gleichungen sind ganze Zahlen. Rate dieselben mit Anwendung der beiden in D ausgesprochenen Sätze:

96) $x^2 - (2x + 6x) + 2 \cdot 6 = 0$ 97) $x^2 - 15x + 44 = 0$

98) $x^2 - 17x + 70 = 0$ 99) $x^2 + 17x + 70 = 0$

100) $x^2 - 11x - 26 = 0$ 101) $x^2 + 11x - 26 = 0$

102) $x^2 - 16x + 63 = 0$ 103) $x^2 - 5x + 6 = 0$

104) $x^2 + 5x + 6 = 0$ 105) $x^2 + 5x - 6 = 0$

106) $x^2 - 5x - 6 = 0$ 107) $x^2 + 24x + 143 = 0$

108) $x^2 - (p+q)x + pq = 0$ 109) $x^2 - (p-q)x - pq = 0$

110) $x^2 - (2a - 3b)x + 6ab = 0$ 111) $x^2 = 2ab + 2ax - bx$

112) $x^2 - (a^2 - b^2)x = a^2b^2$ 113) $x(x + c + 5d) + 5cd = 0$.

Bestimme die Wurzeln der folgenden Gleichungen durch „Faktorenzerlegung":

114) $(x-3)(x-10) = 0$ 115) $(x+3)(x-10) = 0$

116) $(2x-5)(x+13) = 0$ 117) $(4x+3)(7x-\frac{1}{2}) = 0$

118) $(2x+\frac{1}{16})(x-0{,}1) = 0$ 119) $5x(x+3) = 0$

120) $\left(1 - \dfrac{x}{3}\right)(2 + 16x) = 0$ 121) $\left(4 - \dfrac{1}{x}\right)(7 + 3x) = 0$

122) $(4-x)\left(\dfrac{7}{2} + \dfrac{3}{x}\right) = 0$ 123) $5(4-x) = \frac{3}{4}x(x-4)$

124) $(4-x)(x+1) = (8-2x)(5x-9)$

125) $(3x+1)(4x-7) = (2x-\frac{7}{2})(5x-1)$

126) $\left(\dfrac{3}{x} + 4\right)(7-x) = 3 + 4x$ 127) $\dfrac{x+5}{3x+1} = \dfrac{x+5}{4x-2}$

128) $\frac{(x+2)(x+0{,}24)}{x-4} = 9(x+2)$ 129) $\frac{(x+\frac{1}{2})(4x-1)}{2-x} = (2x+1)\cdot 0{,}3$

130) $3\frac{3}{4} - x = (15-4x)\frac{5x+1}{x-1}$ 131) $(x-3a)(x+b) = 0$

132) $\left(2x - \frac{a}{5}\right)(b - 3\frac{3}{4}x) + \left(2x - \frac{a}{5}\right)(x-b) = 0$

133) $\left(4 - \frac{3}{ax}\right) = \left(4a - \frac{3}{x}\right)(7x-6)$

134) $x + 2ab + 2b^2 = 3[x + 2b(a+b)]x$.

Die folgenden quadratischen Ausdrücke sollen durch Auflösung einer quadratischen Gleichung in lineare Faktoren zerlegt werden (vgl. E):

135) $x^2 + 8x + 15$ 136) $x^2 - 8x + 15$ 137) $x^2 + x - 20$
138) $x^2 - x - 20$ 139) $x^2 + 32x + 60$ 140) $x^2 - 20x + 51$
141) $x^2 + 2x - 360$ 142) $x^2 - 5x - 500$ 143) $2x^2 + 33x - 54$
144) $5x^2 + 8x - 21$ 145) $12x^2 - 32x + 21$ 146) $15x^2 - 4x - 35$
147) $12x^2 + x - 221$ 148) $80x^2 + 818x + 551$
149) $x^2 - x + \frac{1}{4}$ 150) $x^2 - \frac{7}{12}x + \frac{1}{12}$ 151) $x^2 + 2\frac{1}{12}x + 1$
152) $x^2 + (e+f)x + ef$ 153) $x^2 - 2ax - 3bx + 6ab$.

---

154) Die Gleichung $x^2 + ax = 0$ soll sowohl durch Zerlegung in Faktoren, wie auch dadurch gelöst werden, daß in der Formel $x = -\frac{a}{2} \pm \sqrt{\left(\frac{a}{2}\right)^2 - b}$ die Zahl b gleich Null gesetzt wird.

155) Können bei einer rein-quadratischen Gleichung die beiden Wurzeln von Null verschieden und doch gleich sein?

156) Beweise, daß die beiden Wurzeln der Gleichung $x^2 + ax + b = 0$ einander gleich sind, wenn $b = \left(\frac{a}{2}\right)^2$ ist.

157) Wenn die beiden Wurzeln der Gleichung $x^2 + ax + b = 0$ einander gleich sind, so muß $b = \left(\frac{a}{2}\right)^2$ sein. Beweise dies: a) durch Gleichsetzung der Formeln für x_1 und x_2, b) durch Zerlegung von $x^2 + ax + \left(\frac{a}{2}\right)^2$ in zwei Faktoren.

158) Man weiß, daß die beiden Wurzeln der Gleichung $x^2 + 10x + b = 0$ einander gleich sind. Wie groß muß b sein?

159) Warum muß man vorläufig sagen, daß die Gleichung $x^2 + ax + b = 0$ überhaupt keine Wurzel hat, sobald $\left(\frac{a}{2}\right)^2 < b$ ist? (Vierte Erweiterung des Zahlengebiets in § 28.)

160) Bei einer quadratischen Gleichung ist das von x freie Glied gleich b, die eine Wurzel gleich 1; wie heißt die andere Wurzel?

161) Jemand multipliziert eine gegebene Gleichung ersten Grades mit x, um dadurch eine Gleichung zweiten Grades zu erhalten. Dann wird die erhaltene Gleichung durch denselben Wert von x befriedigt, wie die ursprüngliche Gleichung. Außerdem noch durch welchen Wert von x?

162) Gleichungen, die sich auf die Form $x^2 + ax + b = 0$ bringen lassen, nennt man auch Gleichungen „zweiten Grades“. Wie nennt man wohl Gleichungen, welche man auf die Form: a) $x^3 + cx^2 + dx + e = 0$, b) $x^4 + fx^3 + gx^2 + hx + k = 0$ bringen kann?

Löse die folgenden Gleichungen:

163) $x^2 = x$ 164) $x^2 - 6x + 9 = 0$ 165) $x^2 + 3x = 3(x + 27)$

166) $\frac{1}{x-3} - \frac{1}{x-2} = \frac{1}{x+6}$ 167) $\frac{3}{3+x} + \frac{3+x}{3} = 2$

168) $\frac{x-5}{6} + \frac{3x+4}{6} = -\frac{1}{6+x}$ 169) $x^2 + ax + \frac{a^2}{4} = 0$.

Eingekleidet.

(Die übrigen eingekleideten quadratischen Gleichungen befinden sich in § 30 und in § 32.)

170) Multipliziert man den dritten Teil einer gesuchten Zahl mit ihrem vierten Teil, so erhält man 12.

171) Welche Zahlen sind gleich ihren reziproken Werten?

172) Wie heißt die Zahl, deren Quadrat um 11 größer ist als ihr Zehnfaches?

173) Das Produkt zweier aufeinanderfolgender ganzer Zahlen ist um 55 größer als ihre Summe. Welches sind die beiden Zahlen?

174) Das doppelte Produkt zweier aufeinanderfolgender Zahlen übertrifft das Quadrat der kleineren um 99. Wie heißen die Zahlen?

175) Die Summe der reziproken Werte zweier aufeinanderfolgender Zahlen ist $\frac{17}{72}$. Welches sind die Zahlen?

176) Die Zahl 45 in zwei Summanden zu zerlegen, deren Produkt 464 beträgt.

177) Multipliziert man eine zweizifferige Zahl von der Quersumme 12 mit ihrer ersten Ziffer, so erhält man 525. Wie heißt die Zahl?

178) Multipliziert man eine zweizifferige Zahl, deren erste Ziffer um 2 größer ist als die zweite, mit der durch Vertauschung der Ziffern erhaltenen Zahl, so erhält man 403. Wie heißt die ursprüngliche Zahl?

---

179) Ein Antiquar kauft unter sehr billigen Bedingungen einen Kupferstich. Denselben verkauft er bald darauf für 32 ℳ. Dabei gewinnt er dreimal so viel Prozente, als ihm der Kupferstich an Mark gekostet hatte. Was gab er dafür?

180) Nach einem Diner wünscht jeder Teilnehmer jedem andern Teilnehmer „Gesegnete Mahlzeit!“ Ein Beobachter konstatierte, daß dieser Wunsch 380 mal geäußert ist. Wieviel Personen nahmen an dem Diner teil?

181) Nachdem in einer Gesellschaft ein Toast gehalten ist, stößt jeder mit jedem an. Man hört 190 mal Gläser zusammenklingen. Wieviel Personen waren in der Gesellschaft?

182) Jemand kaufte für 675 ℳ Wein. Für dasselbe Geld hätte er 30 Flaschen Wein weniger erhalten, wenn jede Flasche Wein 25 ₰ teurer gerechnet wäre. Wie viele Flaschen Wein kaufte er?

---

183) Ein Quadrat, dessen Seite viermal so lang ist wie die eines anderen, hat 540 *qm* Inhalt mehr als das zweite. Wie groß sind die Seiten der beiden Quadrate?

184) Der Inhalt eines Rechtecks, dessen eine Seite um 4 *cm* größer ist als die andere, ist gleich 285 *qcm*. Wie groß sind die beiden Seiten?

185) In einem rechtwinkligen Dreieck ist die Hypotenuse um 8 *m* größer und die kleinere Kathete um 1 *m* kleiner als die größere Kathete. Wie groß ist die letztere?

186) In einem Kreise liegt eine Sehne, welche 7 *m* vom Zentrum entfernt und dabei 23 *m* länger als der Radius ist. Wie groß ist der Radius?

187) Wie groß ist die Diagonale eines Rechtecks, wenn sie um 1 *cm* länger ist als die größere und um 18 *cm* länger als die kleinere Seite?

188) Der Inhalt eines Rechtecks, dessen eine Seite um 5 *cm* länger ist als die andere, wächst um 10 *qcm*, wenn man die größere Seite verdoppelt und die kleinere um 2 *cm* verkürzt. Wie groß sind die beiden Seiten?

Arithmetische Reihen (§ 19).

189) In einer arithmetischen Reihe ist:
a) das erste Glied $a = 4$, die konstante Differenz $d = 6$ und die Summe aller Glieder $s = 2730$;
b) $a = 11$, $d = 8$, $s = 4061$;
c) $a = 6$, $d = 14$, $s = 23490$;
d) $a = 85$, $d = -\frac{4}{7}$, $s = 4914$.
Berechne zunächst die Anzahl n der Glieder, dann das letzte Glied z.

190) In einer arithmetischen Reihe ist:
a) das letzte Glied $z = 243$, die konstante Differenz $d = 7$ und die Summe aller Glieder $s = 4340$;
b) $z = 304$, $d = 9$, $s = 5287$;
c) $z = 349$, $d = 11$, $s = 5712$;
d) $z = 23\frac{1}{2}$, $d = -1\frac{1}{2}$, $s = 2110$.
Berechne zunächst die Gliederanzahl n, dann das Anfangsglied a.

191) Drücke bei einer arithmetischen Reihe aus: a) n durch a, d, s; b) n durch z, d, s; c) a durch z, d, s; d) z durch a, d, s.

192) Ein Diener, welcher mit einem anfänglichen Jahreslohn von 200 ℳ engagiert ist und in jedem Jahre 25 ℳ mehr erhält als im vorhergehenden, hat während einer Reihe von Jahren im ganzen 6200 ℳ Lohn erhalten. a) Wie lange stand er in Diensten? b) Wieviel bekam er im letzten Jahre?

193) Eine Kugel, welche auf einer 50 *m* langen schiefen Ebene herabrollt, legt in der ersten Sekunde 2 *m*, in der zweiten 6 *m*, in der dritten 10 *m* usw. zurück. Wie lange hat sie zu rollen, um die ganze Länge der schiefen Ebene zu durchlaufen?

194) Wenn a, d und s als positive ganze Zahlen gegeben sind, so ist von den beiden Wurzeln der quadratischen Gleichung für n stets nur die eine zugleich positiv und ganzzahlig, also brauchbar. Sind dagegen z, d, s als positive ganze Zahlen gegeben, so kann der Fall eintreten, daß die quadratische Gleichung für n zwei positive ganzzahlige Werte liefert. Die Bedingung dafür ist, daß z durch $\frac{d}{2}$, oder, was dasselbe ist, daß 2 z durch d teilbar ist. Für a ergibt sich dann aber stets nur ein positiver Wert, während der zweite, zum größeren n gehörige Wert Null oder negativ ist.

Diese Behauptungen sollen an folgenden Beispielen bestätigt und veranschaulicht werden:

a) $z = 75$, $d = 3$, $s = 972$;
b) $z = 245$, $d = 14$, $s = 2016$.

§ 27.

Dritte Erweiterung des Zahlengebiets (irrationale Zahlen). Rechnen mit irrationalen Quadratwurzeln.

Theorie.

Definition: $(\sqrt{a})^2 = a$, **wo a positiv, aber kein Quadrat ist,**

z. B. $(\sqrt{3})^2 = 3, \quad \left(\sqrt{\frac{7}{5}}\right)^2 = \frac{7}{5}$.

A. Begriff der unausführbaren Quadratwurzeln.

In § 7 wurde die Definitionsformel der Subtraktion auf solche Differenzen ausgedehnt, bei denen der Minuendus nicht größer als der Subtrahendus ist, und damit ein neues Zahlengebiet erschlossen. In § 11 wurde die Definitionsformel der Division auf solche Quotienten ausgedehnt, bei denen der Dividendus kein Vielfaches des Divisors ist, und damit eine zweite Erweiterung des Zahlengebietes geschaffen. Hier soll die Definition der Radizierung (§ 25) auf solche Quadratwurzeln ausgedehnt werden, bei denen der Radikandus zwar positiv, aber kein Quadrat ist. Wir erklären deshalb, daß das Zeichen $\sqrt{a}$ die Definitionsformel $(\sqrt{a})^2 = a$ auch dann erfüllen soll, wenn a kein Quadrat, aber positiv ist. Z. B.: $(\sqrt{7})^2 = 7$, $(\sqrt{\tfrac{3}{4}})^2 = \tfrac{3}{4}$, $(\sqrt{0,1})^2 = 0,1$.

Derartige Quadratwurzel-Formen sollen der Kürze wegen auch Zahlen heißen.

Wenn man auf die neugewonnene Zahlform die Erörterungen überträgt, welche in den Abschnitten II und III zu den Rechengesetzen der vier Spezies führen, so gelangt man dazu, dem Zeichen $-\sqrt{a}$ den Sinn: $-\sqrt{a} + \sqrt{a} = 0$ und dem Zeichen $1 : \sqrt{a}$ den Sinn: $(1 : \sqrt{a})\sqrt{a} = 1$ beizulegen, und auch die Zeichen $-\sqrt{a}$ und $1 : \sqrt{a}$ als Zahlen zu bezeichnen.

Da die in § 25 für ausführbare Quadratwurzeln aufgestellten Gesetze auf die Definitionsformel $(\sqrt{a})^2 = a$ gestützt sind, so gelten diese Gesetze auch für eigentliche Quadratwurzeln. Z. B.: $\sqrt{7} \cdot \sqrt{3} = \sqrt{21}$, $\sqrt{8} \cdot \sqrt{2} = \sqrt{16} = 4$, $\sqrt{700} = \sqrt{100} \cdot \sqrt{7} = 10\sqrt{7}$, $\sqrt{375} : \sqrt{5} = \sqrt{75} = 5\sqrt{3}$.

B. Definition der irrationalen Zahlen.

In § 11 ist gezeigt, daß jede eigentlich-gebrochene Zahl in zwei Grenzen eingeschlossen werden kann, welche aufeinanderfolgende ganze Zahlen sind, z. B.: $3 < \frac{29}{9} < 4$. Dasselbe ist bei jeder unausführbaren Quadratwurzel der Fall. Es ist z. B. $\sqrt{11}$ nach der Definition eine Wurzel der Gleichung $x^2 = 11$. Setzt man in dieser Gleichung für x die Zahl 3, so kommt links $+9$, also zu wenig, setzt man aber $x = 4$, so kommt $+16$, also schon zu viel. Man pflegt deshalb zu sagen, daß $\sqrt{11}$ zwischen 3 und 4 liegt, und demgemäß statt $3^2 < 11 < 4^2$ auch zu schreiben:

$$3 < \sqrt{11} < 4,$$

obwohl man weiß, daß $\sqrt{11}$ nicht etwa um eine gebrochene Zahl größer als 3 bzw. kleiner als 4 ist.

Nun ist aber in § 25 D gezeigt, wie jede positive ganze oder gebrochene Zahl, die kein Quadrat ist, in zwei Grenzen eingeschlossen werden kann, welche Quadrate von zwei gebrochenen Zahlen sind, die sich nur um einen beliebig kleinen Bruch unterscheiden. Folglich lassen sich für eine unausführbare Quadratwurzel die Grenzen beliebig nahe bringen. Soll z. B. bei $\sqrt{11}$ der Unterschied der Grenzen $\frac{1}{1000}$ betragen, so sucht man nach § 25 D die Zahl x, welche die Bedingung $x^2 < 11 < (x + \frac{1}{1000})^2$ erfüllt, findet $x = 3{,}316$ und schreibt deshalb:

$$3{,}316 < \sqrt{11} < 3{,}317.$$

Ebenso erhält man aus $(0{,}632455)^2 < 0{,}4 < (0{,}632456)^2$:

$$0{,}632455 < \sqrt{0{,}4} < 0{,}632456.$$

Hieraus ergibt sich der Satz:

Eine unausführbare Quadratwurzel läßt sich zwar nicht gleich einer gebrochenen Zahl setzen, wohl aber in zwei Grenzen einschließen, die gebrochene Zahlen sind, und deren Unterschied beliebig klein gemacht werden kann.

Zahlformen, welche diese Eigenschaft besitzen, nennt man **irrationale** Zahlen zum Unterschied von den ganzen und eigentlich-gebrochenen Zahlen, welche **rational** heißen. Den Charakter der irrationalen Zahlen haben nicht nur die unausführbaren Quadratwurzeln, sondern auch noch manche andere Zahlformen (§ 34, § 36). Auch die Zahl π, welche für jeden Kreis angibt, wievielmal so lang seine Peripherie ist als sein Durchmesser, ist irrational, ohne gleich einer Quadratwurzel zu sein.

C. Angenäherte numerische Berechnung der irrationalen Quadratwurzeln.

Eine unausführbare Quadratwurzel kann man wie jede irrationale Zahl auf doppelte Weise angeben, entweder nach der Art ihrer Entstehung, also in Wurzelform, z. B. $\sqrt{11}$, $\sqrt{\frac{2}{3}}$, $3 - \sqrt{2}$ usw., oder numerisch, indem man statt ihrer eine rationale Grenze angibt, die sich von ihr nur wenig unterscheidet. Bei der numerischen Angabe begeht man der Kürze wegen die Ungenauigkeit, die irrationale Zahl **gleich** einer rationalen Zahl zu setzen. Man wählt dabei meist die Dezimalbruchform und macht dann oft die Ungenauigkeit des Gleichheitszeichens in ähnlicher Weise sichtbar, wie bei abgekürzt geschriebenen Dezimalbrüchen. (Vgl. § 22, D.) Es ist z. B. $\sqrt{2} = 1{,}4142\ldots$ oder $\sqrt{2} = 1{,}414\underline{3}$ eine kürzere Schreibweise für $1{,}4142 < \sqrt{2} < 1{,}4143$.

In der folgenden Wurzeltafel der Zahlen von 2 bis 10 ist jede irrationale Quadratwurzel auf 5 Stellen genau angegeben, d. h. sie ist in zwei Grenzen eingeschlossen gedacht, die sich um $\frac{1}{100000}$ unterscheiden, und dann gleich derjenigen Grenze gesetzt, von der sie sich am wenigsten unterscheidet, so daß der Genauigkeitsfehler weniger als $\frac{1}{200000}$ beträgt:

$$\sqrt{2} = 1{,}41421\ldots \qquad \sqrt{3} = 1{,}73205\ldots \qquad \sqrt{4} = 2{,}00000$$
$$\sqrt{5} = 2{,}2360\underline{7} \qquad \sqrt{6} = 2{,}4494\underline{9} \qquad \sqrt{7} = 2{,}64575\ldots$$
$$\sqrt{8} = 2{,}8284\underline{3} \qquad \sqrt{9} = 3{,}00000 \qquad \sqrt{10} = 3{,}1622\underline{8}$$

D. Positive und negative irrationale Zahlen.

Die Gleichung $x^2 = a$, wo a positiv, aber kein Quadrat ist, wird nicht allein durch den oben besprochenen, zwischen positive Grenzen einschließbaren Wert $\sqrt{a}$ erfüllt, sondern auch noch durch einen zweiten Wert, den man mit $-\sqrt{a}$ zu bezeichnen hat, wenn man im Einklang mit § 25 G an der Eindeutigkeit des Wurzelzeichens auch für irrationale Quadratwurzeln festhalten will. Da dieser zweite Wert sich in negative rationale Grenzen einschließen läßt, so bezeichnet man ihn selbst als negativ und im Gegensatz hierzu den zuerst besprochenen Wert als positiv. Man überträgt also die Begriffe positiv und negativ auch auf irrationale Zahlen, indem man dieselben positiv oder negativ nennt, je nachdem sie sich in positive oder negative Grenzen einschließen lassen. Hat man zwei Grenzen für $+\sqrt{a}$, so erhält man ohne weiteres durch Umkehrung der Vorzeichen zwei Grenzen für $-\sqrt{a}$. Z. B.:

Aus $+1{,}4142 < +\sqrt{2} < 1{,}4143$ folgt $-1{,}4142 > -\sqrt{2} > -1{,}4143$.

Man beachte immer (§ 25 G), daß der aus $x^2 = c$ gezogene Schluß $x = \sqrt{c}$ nur dann richtig ist, wenn man weiß, daß x positiv sein muß.

Bisher war vorausgesetzt, daß bei $\sqrt{c}$ der Radikand c eine rationale Zahl ist. Man kann jedoch nun, nachdem die Irrationalzahl eingeführt ist, den Radikandus c selbst als positiv und irrational voraussetzen, also z. B. von $\sqrt{\sqrt{3400}}$, von $\sqrt{2 - \sqrt{2}}$, von $\sqrt{\frac{7 + 9\sqrt{6} - \sqrt{5}}{13 - \sqrt{17}}}$ usw. sprechen. Auch für derartige Wurzelausdrücke läßt sich nach § 25 D die Berechnung rationaler Grenzen leicht bewerkstelligen. Es ist z. B. $7{,}63 < \sqrt{\sqrt{3400}} < 7{,}64$; $0{,}765 < \sqrt{2 - \sqrt{2}} < 0{,}766$.

E. Irrationale Quadratwurzeln in Produkten und Quotienten.

Schon in A ist gezeigt, wie irrationale Quadratwurzeln den Operationen der Multiplikation und der Division zu unterwerfen sind. Man beachte in dieser Beziehung namentlich noch folgendes:

1) Bei $\sqrt{c}$ läßt sich jeder mehr als einmal in der ganzen Zahl c enthaltene Primfaktor vor das Wurzelzeichen setzen, z. B.: $\sqrt{18} = \sqrt{9 \cdot 2} = 3\sqrt{2}$, $\sqrt{108} = \sqrt{2^2 \cdot 3^3} = 2 \cdot 3\sqrt{3} = 6\sqrt{3}$.
2) Umgekehrt läßt sich der Koeffizient einer Wurzel unter das Wurzelzeichen bringen, z. B.: $4\sqrt{11} = \sqrt{176}$, $14\sqrt{3} = \sqrt{588}$.
3) Einen Quotienten, dessen Divisor eine irrationale Wurzel ist, pflegt man so umzugestalten, daß die Wurzel aus dem Divisor verschwindet, indem man mit dieser Wurzel Dividendus und Divisor multipliziert. Z. B.:

$$\frac{3}{\sqrt{2}} = \frac{3\sqrt{2}}{(\sqrt{2})^2} = \frac{3}{2}\sqrt{2}, \quad \frac{1}{16\sqrt{3}} = \frac{1}{48}\sqrt{3},$$

$$\frac{2\sqrt{6}}{\sqrt{14}} = \frac{2\sqrt{6}\sqrt{14}}{14} = \frac{2 \cdot 2\sqrt{21}}{14} = \frac{2}{7}\sqrt{21}.$$

4) Man sucht also immer ein Produkt zu bilden, dessen erster Faktor eine rationale Zahl, und dessen zweiter Faktor die Quadratwurzel aus einer ganzen Zahl ist, die keinen Primfaktor mehr als einmal enthält.

$$\text{Z. B.:}\ \frac{5}{18}\sqrt{\frac{108}{175}} = \frac{5}{18}\sqrt{\frac{36 \cdot 3}{25 \cdot 7}} = \frac{5}{18} \cdot \frac{6}{5}\sqrt{\frac{3}{7}} = \frac{1}{3}\sqrt{\frac{3}{7}} = \frac{1}{21}\sqrt{21}.$$

F. Irrationale Zahlen in Summen und Differenzen.

Hinsichtlich der Addition und Subtraktion von irrationalen Quadratwurzeln gelten folgende Sätze:

1) Die Summe oder Differenz zweier irrationaler Quadratwurzeln aus rationalen Zahlen ist entweder irrational oder Null. Denn wäre $\sqrt{a} \pm \sqrt{b}$ gleich einer rationalen Zahl r, so würde folgen: $\sqrt{a} = r \mp \sqrt{b}$ oder $a = r^2 \mp 2r\sqrt{b} + b$, also $\pm 2r\sqrt{b} = r^2 + b - a$, eine Gleichung, die, wenn $\sqrt{b}$ irrational ist, nur dadurch möglich wird, daß r gleich Null ist.
2) Die Summe oder Differenz einer von Null verschiedenen rationalen Zahl und einer irrationalen Quadratwurzel aus einer rationalen Zahl ist weder rational, noch auch die Quadratwurzel aus einer rationalen Zahl. Denn wäre $a \pm \sqrt{b}$

gleich einer rationalen Zahl r, so müßte $\pm\sqrt{b} = r - a$ sein, was unmöglich ist, da b kein Quadrat sein soll. Wäre ferner $a \pm \sqrt{b} = \sqrt{c}$, wo c rational ist, so müßte $a = \sqrt{c} \mp \sqrt{b}$ sein, was nach Satz 1) unmöglich ist. In den beiden Zahlformen $a + \sqrt{b}$ und $a - \sqrt{b}$ lernt man also Irrationalzahlen kennen, die nicht Quadratwurzeln aus rationalen Zahlen sind. Man nennt solche Zahlformen irrational-komplex. Zwei irrational-komplexe Zahlen, welche sich durch nichts weiter als durch das Vorzeichen vor der Quadratwurzel unterscheiden, heißen konjugiert-irrational, z. B.: $3 + \sqrt{5}$ und $3 - \sqrt{5}$; $-1 + \sqrt{2}$ und $-1 - \sqrt{2}$; $-\frac{1}{2} + \frac{1}{2}\sqrt{3}$ und $-\frac{1}{2} - \frac{1}{2}\sqrt{3}$. Von zwei konjugiert-irrationalen Zahlen ist sowohl die Summe, wie auch das Produkt rational; denn es ist: $(a + \sqrt{b}) + (a - \sqrt{b}) = 2a$ und $(a + \sqrt{b})(a - \sqrt{b}) = a^2 - (\sqrt{b})^2 = a^2 - b$.

3) Wenn zwei irrational-komplexe Zahlen gleich sind, so müssen sowohl ihre rationalen Bestandteile, wie auch ihre irrationalen Bestandteile unter sich gleich sein; denn aus $a + \sqrt{b} = c + \sqrt{d}$ folgt $a - c = \sqrt{d} - \sqrt{b}$, was nach Satz 1) nur möglich ist, wenn $a - c$ Null ist, woraus sowohl $a = c$, wie auch $b = d$ folgt.

G. Das Rechnen mit irrationalen Quadratwurzeln.

Wie mit algebraischen Summen, deren Glieder sämtlich oder teilweise irrationale Quadratwurzeln sind, gerechnet wird, zeigen die folgenden Beispiele:

1) $\sqrt{5} + \sqrt{50} + \sqrt{45} - \sqrt{18} = \sqrt{5} + 5\sqrt{2} + 3\sqrt{5} - 3\sqrt{2} = 4\sqrt{5} + 2\sqrt{2}$,

2) $(4 + \sqrt{6})(2 - \sqrt{3}) = 8 + 2\sqrt{6} - 4\sqrt{3} - \sqrt{6}\sqrt{3} = 8 + 2\sqrt{6} - 4\sqrt{3} - 3\sqrt{2}$,

3) $(\sqrt{2} - 1)^2 = 2 - 2\sqrt{2} + 1 = 3 - 2\sqrt{2}$,

4) $\sqrt{5 - \sqrt{5}}\,\sqrt{\frac{3}{2} + \frac{1}{2}\sqrt{5}} = \sqrt{(\frac{15}{2} - \frac{5}{2}) + (\frac{5}{2} - \frac{3}{2})\sqrt{5}} = \sqrt{5 + \sqrt{5}}$.

Häufig gelangt man zu einer Vereinfachung dadurch, daß man für eine Summe oder Differenz, die Quadratwurzeln enthält, die Wurzel aus ihrem Quadrate schreibt, z. B.:

5) $(\sqrt{5} - 1)\sqrt{3 + \sqrt{5}} = \sqrt{6 - 2\sqrt{5}}\sqrt{3 + \sqrt{5}} = \sqrt{8} = 2\sqrt{2}$,

6) $(\sqrt{6} + \sqrt{14})\sqrt{5 - \sqrt{21}} = \sqrt{20 + 4\sqrt{21}}\sqrt{5 - \sqrt{21}} = \sqrt{16} = 4$.

Bisweilen kann man einen Ausdruck von der Form $\sqrt{a \pm \sqrt{b}}$, wo a und b rational sind, in der Form $c \pm \sqrt{d}$ oder $\sqrt{c} \pm \sqrt{d}$, wo c und d rational sind, darstellen. Man benutzt dazu die Formel:

$$\sqrt{a \pm \sqrt{a^2 - q^2}} = \sqrt{\frac{a + q}{2}} \pm \sqrt{\frac{a - q}{2}},$$

von deren Richtigkeit man sich überzeugt, wenn man beiderseits quadriert und beachtet, daß $q < a$ sein muß, damit $\sqrt{\frac{a-q}{2}}$ Sinn hat. Z. B.:

$$7)\quad \sqrt{9+\sqrt{65}} = \sqrt{9+\sqrt{9^2-4^2}} = \sqrt{\tfrac{13}{2}} + \sqrt{\tfrac{5}{2}} = \tfrac{1}{2}\sqrt{26} + \tfrac{1}{2}\sqrt{10},$$

$$8)\quad \sqrt{7-4\sqrt{3}} = \sqrt{7-\sqrt{7^2-1^2}} = \sqrt{\frac{7+1}{2}} - \sqrt{\frac{7-1}{2}} = \sqrt{4} - \sqrt{3} = 2 - \sqrt{3},$$

$$9)\quad \sqrt{\tfrac{61}{36} - \tfrac{2}{3}\sqrt{5}} = \tfrac{1}{6}\sqrt{61-\sqrt{61^2-841}} = \tfrac{1}{6}\sqrt{\frac{61+29}{2}} - \tfrac{1}{6}\sqrt{\frac{61-29}{2}} = \tfrac{1}{2}\sqrt{5} - \tfrac{2}{3}.$$

Aus dem Nenner eines Bruches pflegt man Quadratwurzeln auch dann fortzuschaffen (vgl. E, 3), **wenn dieselben Teile einer Summe oder einer Differenz sind.** Es gelingt dies immer vermittels der Formeln $(a+\sqrt{b})(a-\sqrt{b}) = a^2 - b$ oder $(\sqrt{b}+\sqrt{c})(\sqrt{b}-\sqrt{c}) = b - c$. Z. B.:

$$10)\quad \frac{11}{5-\sqrt{3}} = \frac{11(5+\sqrt{3})}{5^2-(\sqrt{3})^2} = \frac{11(5+\sqrt{3})}{22} = \frac{5}{2} + \frac{1}{2}\sqrt{3},$$

$$11)\quad \frac{3\sqrt{15}-\sqrt{3}}{4\sqrt{3}-\sqrt{15}} = \frac{(3\sqrt{15}-\sqrt{3})(4\sqrt{3}+\sqrt{15})}{(4\sqrt{3})^2-(\sqrt{15})^2} = \frac{12\cdot 3\sqrt{5} - 4\cdot 3 + 3\cdot 15 - 3\sqrt{5}}{48-15} = 1 + \sqrt{5}.$$

H. Lösung von Wurzel-Gleichungen.

Um **Gleichungen** zu lösen, bei denen Quadratwurzeln vorkommen, welche die Unbekannte unter dem Wurzelzeichen enthalten, hat man vor dem Quadrieren die **Wurzeln** möglichst zu **isolieren**, d. h. so zu transponieren, daß durch das Quadrieren die Wurzelzeichen verschwinden oder wenigstens in geringerer Anzahl erscheinen. Z. B.:

$$7 - \sqrt{x} = 17 - \sqrt{9x}$$
$$3\sqrt{x} - \sqrt{x} = 17 - 7$$
$$2\sqrt{x} = 10$$
$$\sqrt{x} = 5, \text{ also } x = 25.$$

$$\sqrt{(x-1)(x+6)} - x = 2$$
$$\sqrt{(x-1)(x+6)} = x + 2$$
$$(x-1)(x+6) = x^2 + 4x + 4$$
$$5x - 6 = 4x + 4, \text{ also } x = 10.$$

Da $(+\sqrt{a})^2 = +a$, aber auch $(-\sqrt{a})^2 = +a$ ist, so ist es nicht notwendig, daß ein Wert von x, welcher die quadrierte Gleichung erfüllt, auch die noch nicht quadrierte Gleichung befriedigt. Man muß immer erst den für x gefundenen Wert in die ursprüngliche Gleichung einsetzen, um sich zu überzeugen, ob dieser Wert sich auf $+\sqrt{\ldots}$ oder $-\sqrt{\ldots}$ bezieht. Z. B. $\frac{5+\sqrt{3x+1}}{3} = \frac{6+\sqrt{3x+1}}{6}$ liefert $x = 5$. Dieser Wert erfüllt aber nicht die gegebene

Gleichung, sondern die Gleichung $\frac{5-\sqrt{3x+1}}{3}=\frac{6-\sqrt{3x+1}}{6}$. Aus der Gleichung $4+\sqrt{\frac{x}{4}+3}=\frac{x}{2}$ erhält man durch Lösung der quadratischen Gleichung $x^2-17x+52=0$ zwei Werte, nämlich $x_1=13$, $x_2=4$. Nur der eine dieser beiden Werte, nämlich 13, erfüllt die gegebene Gleichung. Dagegen erfüllt $x=4$ die Gleichung $4-\sqrt{\frac{x}{4}+3}=\frac{x}{2}$.

I. Graphische Darstellung der irrationalen Zahlen.

In § 4 und § 7 ist die Reihe der ganzen Zahlen durch Punkte veranschaulicht, welche auf einer geraden Linie in gleichen Abständen nebeneinander liegen. In § 11 sind zwischen diese Punkte andere Punkte eingeschaltet, welche die gebrochenen Zahlen darstellen. Jetzt kann man sich auch noch jede irrationale Zahl eingeschaltet denken, und zwar dadurch, daß man zwei rationale Grenzwerte abbildet, zwischen denen die irrationale Zahl liegt, und daß man diese Grenzwerte, also auch die ihnen entsprechenden Punkte, näher und näher aneinander rückt, um so dem wahren Punkte, welcher die Irrationalzahl darstellt, beliebig nahe zu kommen. Die Planimetrie ermöglicht es sogar, für diejenigen Irrationalzahlen, welche Quadratwurzeln sind, die entsprechenden Punkte durch Zirkel und Lineal genau zu konstruieren. Auf der folgenden geraden Linie sind einige Irrationalzahlen graphisch abgebildet:

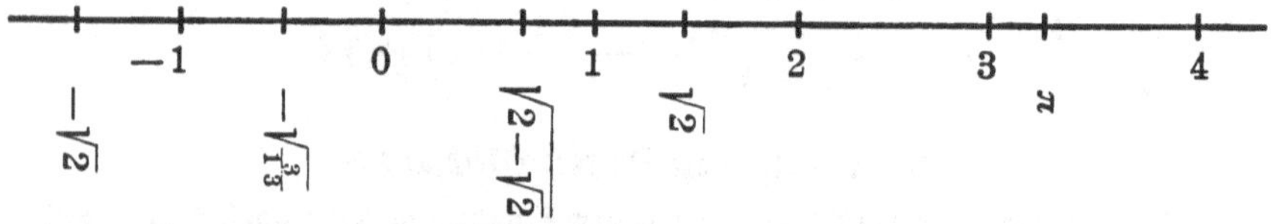

Erst nach Einführung der irrationalen Zahlen kann man sagen, daß jedem beliebigen Punkte der Zahlen-Achse eine Zahl zugeordnet ist. Wenn sich also ein Punkt etwa von der mit 1 bezeichneten Stelle nach der mit 2 bezeichneten Stelle derartig bewegt, daß er nacheinander die Lagen aller zwischenliegenden Punkte einnimmt, so stellt jede solche Lage eine zwischen 1 und 2 liegende rationale oder irrationale Zahl dar, und zwar so, daß man sich keine zwischen 1 und 2 liegende Zahl denken kann, deren Bild der wandernde Punkt nicht passiert hätte. Man sagt dann, der Punkt habe seinen Ort stetig geändert, und überträgt diesen Begriff in die Arithmetik, indem man sagt, eine variable Zahl x habe alle Zahlenwerte zwischen 1 und 2 stetig durchlaufen, wenn man meint, daß x nacheinander jeden zwischen 1 und 2 denkbaren rationalen oder irrationalen Zahlenwert angenommen habe.

K. Graphische Darstellung einer Funktion.

Wenn die variable Zahl x alle Zahlen eines bestimmten „Intervalls", d. h. zwischen zwei gegebenen Grenzen, stetig durchläuft, wird auch eine von der variablen Zahl x abhängige variable Zahl y (eine Funktion von x, s. § 14 K) im allgemeinen eine stetige Folge von Zahlen durchlaufen. Z. B.:

1) Wenn x von 1 bis 2 stetig wächst, so wächst x^2 stetig von 1 bis 4.
2) Wenn x sich stetig von 0 bis 100 ändert, so ändert sich $4x - 5$ stetig von -5 bis 395.
3) Wenn x von 1 bis 0 stetig abnimmt, so nimmt $\frac{1}{x}$ von 1 bis ∞ stetig zu (§ 11 H).

Um die Art der Abhängigkeit genauer zu erfahren, kann man Tabellen aufstellen, in denen zu möglichst vielen Werten der Variablen x die zugehörigen Werte von y angegeben sind. Noch besser übersieht man die Abhängigkeit, wenn man sie unter Benutzung einer solchen Tabelle graphisch darstellt. Zu diesem Zweck errichtet man in allen Punkten der Zahlengeraden, die den angenommenen Werten des x entsprechen, Lote, trägt auf ihnen die zugehörigen Werte von y (die „Ordinaten") ab und verbindet alle so erhaltenen Punkte durch eine Kurve (krumme Linie) von möglichst gleichmäßiger Krümmung. Je größer die Anzahl der benutzten Punkte besonders an Stellen stärkerer Krümmung ist, ein um so besseres Bild der Abhängigkeit stellt die Kurve dar. Durch Verwendung karierten Papiers (am besten sogenannten Millimeterpapiers) wird die Anfertigung der Zeichnung wesentlich erleichtert und die Genauigkeit erhöht.

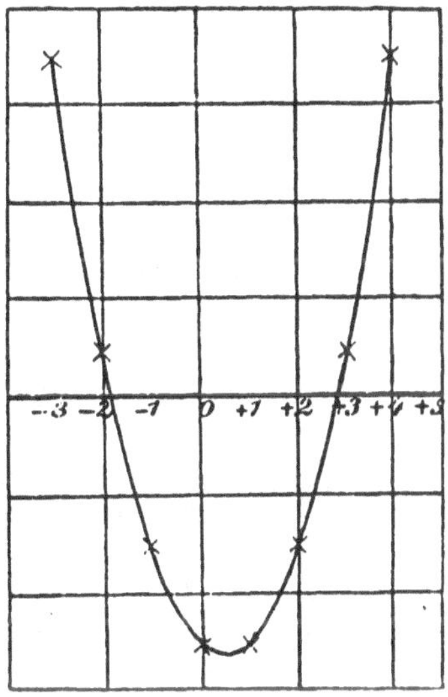

Fig. 1.

Beispiel: Um die Funktion $y = x^2 - x - 5$ in dem Intervall von $x = -3$ bis $x = +4$ graphisch darzustellen, berechnen wir zunächst für eine Anzahl von Werten des x die zugehörigen Werte des y:

x	-3	-2	-1	0	$+\frac{1}{2}$	$+1$	$+2$	$+3$	$+4$
y	$+7$	$+1$	-3	-5	$-5\frac{1}{4}$	-5	-3	$+1$	$+7$

und erhalten dadurch die in Fig. 1 gegebene graphische Darstellung.

Aus der graphischen Darstellung der Funktion $y = x^2 - x - 5$ ergibt sich gleichzeitig, für welche Werte von x die Funktion y gleich Null wird, d. h. für welche Werte von x die Gleichung $x^2 - x - 5 = 0$ erfüllt ist. Die graphische Abbildung gibt also zugleich die Möglichkeit, die Wurzeln der quadratischen Gleichung angenähert durch Zeichnung zu finden. Aus obiger Zeichnung würde man etwa entnehmen: $x_1 = +2{,}8$, $x_2 = -1{,}8$. Die Rechnung ergibt für die irrationalen Wurzeln die angenäherten Werte: $x_1 = +2{,}79$, $x_2 = -1{,}79$.

Aufgaben.

1) Was bedeutet: a) $\sqrt{3}$, b) $\sqrt{\frac{1}{2}}$, c) $\sqrt{0{,}24}$, d) $\sqrt{a}$, e) $\sqrt{a^2 + b^2}$?
2) Berechne: a) $(\sqrt{3})^2$, b) $(\sqrt{3})^4$, c) $(\sqrt{\frac{1}{2}} \cdot \sqrt{2})^2$, d) $(\sqrt{35} \cdot \sqrt{7} : \sqrt{5})^2$.

3) Verwandle in eine einzige Quadratwurzel: a) $\sqrt{3}\cdot\sqrt{5}$, b) $\sqrt{\frac{4}{7}}\cdot\sqrt{\frac{7}{2}}$, c) $\sqrt{3\frac{3}{4}}\cdot\sqrt{\frac{4}{15}}:\sqrt{2}$, d) $(\sqrt{363}:\sqrt{3})(\sqrt{7}:\sqrt{11})$, e) $\sqrt{ab}\cdot\sqrt{ac}$.

4) Zwischen welchen aufeinanderfolgenden ganzen Zahlen liegt: a) $\sqrt{10}$, b) $\sqrt{200}$, c) $\sqrt{20{,}3}$, d) $\sqrt{\frac{1}{2}}$, e) $\sqrt{\frac{431}{5}}$, f) $\sqrt{25+36}$?

Berechne die folgenden Quadratwurzeln auf drei Dezimalstellen, d. h. schließe sie in zwei Grenzen ein, die sich nur um $\frac{1}{1000}$ unterscheiden:

5) $\sqrt{3}$ 6) $\sqrt{5}$ 7) $\sqrt{19}$ 8) $\sqrt{300}$ 9) $\sqrt{1000}$ 10) $\sqrt{2{,}5}$ 11) $\sqrt{0{,}144}$
12) $\sqrt{\frac{11}{9}}$ 13) $\sqrt{17\cdot 19}$ 14) $\sqrt{\frac{1}{5}}$ 15) $\sqrt{25+36}$.

16) Schließe in zwei Grenzen ein, die sich nur um $\frac{1}{400}$ unterscheiden: a) $\sqrt{5}$, b) $\sqrt{11}$, c) $\sqrt{11{,}3}$, d) $\sqrt{122}$.

Berechne die besten vierstelligen Dezimalbrüche, die man annäherungsweise für die folgenden Quadratwurzeln setzen darf:

17) $\sqrt{5}$ 18) $\sqrt{5{,}278}$ 19) $\sqrt{3{,}1416}$ 20) $\sqrt{27{,}5102}$ 21) $\sqrt{3\frac{3}{4}}$.

Berechne nach dem Vorbild von $\sqrt{\frac{2}{3}}=\sqrt{\frac{6}{9}}=\frac{1}{3}\sqrt{6}=\frac{1}{3}\cdot 2{,}4494\underline{9}=0{,}8164\underline{9}$ die folgenden Quadratwurzeln mit Benutzung der Wurzeltafel in C:

22) $\sqrt{\frac{1}{2}}$ 23) $\sqrt{18}$ 24) $\sqrt{162}$ 25) $\sqrt{125}$ 26) $\sqrt{\frac{1}{7}}$ 27) $\sqrt{2\frac{2}{3}}$
28) $\sqrt{1\frac{1}{16}}$ 29) $\sqrt{5}:\sqrt{8}$ 30) $\sqrt{\frac{3}{7}}\cdot\sqrt{4\frac{2}{3}}$ 31) $\sqrt{0{,}0006}$.

32) Schließe jede der beiden Wurzeln der Gleichung a) $x^2=2$, b) $x^2-7=0$, c) $3x^2=15$, d) $x=5:x$ in zwei Grenzen ein, die sich um ein Zehntausendstel unterscheiden.

33) Berechne auf 3 Dezimalstellen: a) $-\sqrt{11}$, b) $-\sqrt{\frac{2}{3}}$, c) $-\sqrt{\frac{24}{25}}$.

34) Suche auf 3 Stellen die mittlere Proportionale zu a) 1 und 2, b) 2 und 3, c) 5 und 25, d) 10 und 100, e) 432 und 433, f) 1 und 501, g) $\frac{2}{3}$ und $\frac{3}{4}$, h) $\frac{4}{11}$ und 0,3, i) -4 und -3.

35) Warum gibt es, genau genommen, zwei mittlere Proportionalen zwischen zwei Zahlen?

36) Was kann man über x behaupten, wenn man weiß, daß x negativ und daß a) $x^2=3$, b) $x^2>3$, c) $x^2<1000$ ist?

37) Man weiß, daß a größer als b ist, und daß $b^2-2ab+a^2=7$ ist. Um wieviel ist a größer als b?

Berechne auf zwei Dezimalstellen:

38) $\frac{1}{2}\sqrt{12}-1$ 39) $\sqrt{3}-\sqrt{2}$ 40) $\sqrt{17}-4$ 41) $\sqrt{3}+\sqrt{2}-\sqrt{6}$
42) $\sqrt{\sqrt{3}}$ 43) $\sqrt{3-2\sqrt{2}}$ 44) $\sqrt{33-8\sqrt{17}}$
45) $\sqrt{11-6\sqrt{2}-4\sqrt{3}+2\sqrt{6}}$.

46) Beweise durch Quadrieren, daß, wenn x positiv und kleiner als 1 ist, $\sqrt{1+x}>1$, $\sqrt{1+x}<1+\frac{1}{2}x$, $\sqrt{1+x}>1+\frac{1}{2}x-\frac{1}{8}x^2$, $\sqrt{1+x}<1+\frac{1}{2}x-\frac{1}{8}x^2+\frac{1}{16}x^3$ ist, und daß sich $\sqrt{1+x}$ von den rechten Seiten dieser Ungleichungen um so weniger unterscheidet, je kleiner das positive x gewählt wird.

47) Berechne mit Hilfe der in Nr. 46) aufgestellten Ungleichungen zwei Grenzen: a) für $\sqrt{\frac{11}{10}}=\sqrt{1+\frac{1}{10}}$, b) für $\sqrt{110}=10\sqrt{1+\frac{1}{10}}$, c) für $\sqrt{2}=\frac{4}{3}\sqrt{1+\frac{1}{8}}$, d) für $\sqrt{2}=\frac{7}{5}\sqrt{1+\frac{1}{49}}$.

48) Durch das Verfahren der Quadratwurzelausziehung aus Buchstabenausdrücken (§ 25 E) findet man $\sqrt{1+x}=1+\frac{1}{2}x-\frac{1}{8}x^2+\frac{1}{16}x^3-\frac{5}{128}x^4+\ldots$ und $\sqrt{1-x}=1-\frac{1}{2}x-\frac{1}{8}x^2-\frac{1}{16}x^3-\frac{5}{128}x^4-\ldots$. Beweise durch Quadrieren, daß diese Näherungsformeln für $x<1$ anwendbar sind.

Verändere mit Rücksicht auf E, 1:

49) $\sqrt{50}$ 50) $\sqrt{32}$ 51) $\sqrt{48}$ 52) $\sqrt{240}$ 53) $\sqrt{1728}$ 54) $\sqrt{10240}$
55) $\frac{4}{3}\sqrt{63}$ 56) $0{,}12\cdot\sqrt{70000}$ 57) $\frac{7}{16}\sqrt{3\frac{29}{49}}$.

Verwandle in eine Wurzel (E, 2):

58) $5\sqrt{2}$ 59) $\frac{7}{2}\sqrt{12}$ 60) $3\frac{3}{4}\sqrt{\frac{7}{15}}$ 61) $\frac{4}{9}\sqrt{\frac{243}{0{,}16}}$.

Vereinfache durch Beachtung von E, 1:

62) $\sqrt{5}+2\sqrt{20}$ 63) $7\sqrt{11}-\sqrt{11}+18\sqrt{11}+2\sqrt{44}$ 64) $\sqrt{8}+\sqrt{18}$
65) $\sqrt{27}+3\sqrt{3}-\sqrt{75}$ 66) $4\sqrt{8}-\sqrt{98}+\sqrt{242}-\sqrt{200}-\frac{2}{5}\sqrt{50}$
67) $3\sqrt{6}-\sqrt{24}+\sqrt{486}-3\sqrt{600}+1{,}2\sqrt{2400}+\sqrt{294}$
68) $3\sqrt{a}-\sqrt{a}+7\sqrt{4a}-\sqrt{9a}+\sqrt{81a}+\sqrt{144\cdot a}$
69) $\sqrt{a+b}+\sqrt{16a+16b}+\sqrt{25a+25b}-\sqrt{52a-b-(3a-50b)}$.

Verändere nach Vorschrift von E, 3:

70) $\sqrt{\frac{2}{3}}$ 71) $\sqrt{\frac{11}{24}}$ 72) $\sqrt{1\frac{1}{8}}$ 73) $\sqrt{\frac{27}{98}}$ 74) $\sqrt{\frac{71}{2}}$ 75) $\sqrt{1\frac{19}{125}}$
76) $\sqrt{1{,}4}$ 77) $\sqrt{0{,}289}$ 78) $\frac{91}{3}\sqrt{\frac{1}{13}}$ 79) $\frac{18}{11}\sqrt{\frac{11}{12}}$.

Verändere die folgenden Wurzelausdrücke so, daß das Resultat die in E, 4 gewünschte Form erhält oder eine algebraische Summe von solchen Formen wird:

80) $\frac{5}{8}\sqrt{40}$ 81) $\frac{1}{3}\sqrt{2{,}7:2{,}5}$ 82) $\sqrt{1-\frac{1}{81}}\cdot\sqrt{243}$
83) $\sqrt{\frac{0{,}34}{4{,}32}}\cdot\sqrt{\frac{0{,}01}{8{,}5}}$ 84) $\sqrt{12}+\sqrt{75}-\sqrt{108}$ 85) $\sqrt{12}+\sqrt{125}$
86) $4\sqrt{72}-3\frac{3}{4}\sqrt{32}-\sqrt{288}$ 87) $\frac{3}{4}\sqrt{176}+\frac{2}{5}\sqrt{275}+\frac{7}{3}\sqrt{999}$
88) $3\sqrt{63}+2\sqrt{96}-\sqrt{28}-\sqrt{343}+\sqrt{24}$
89) $\sqrt{10}\sqrt{40}-\sqrt{1728}\sqrt{50}+3\sqrt{243}$ 90) $\sqrt{\frac{5}{8}}:\frac{5}{8}+\sqrt{\frac{27}{16}}:\frac{27}{16}$
91) $27:\sqrt{0{,}3}\cdot\sqrt{0{,}1}:\sqrt{2187}$ 92) $\sqrt{\frac{3}{7}}\sqrt{\frac{343}{27}}+\sqrt{5}\sqrt{\frac{120}{13}}\sqrt{26}$
93) $\frac{3}{4}\sqrt{\frac{5}{27}}\sqrt{\frac{8}{15}}+3:\sqrt{2}$ 94) $\sqrt{\frac{7}{3}}\sqrt{\frac{11}{196}}\sqrt{\frac{8}{33}}+\sqrt{\frac{1}{2}}\sqrt{\frac{1}{3}}\sqrt{\frac{1}{5}}$.

Führe die angedeutete Multiplikation aus (G, 2) und vereinfache dabei möglichst:

95) $(4\sqrt{8}-\sqrt{32}+2\sqrt{50})\sqrt{2}$ 96) $(\frac{3}{4}\sqrt{2}+\frac{7}{8}\sqrt{\frac{8}{49}}-\frac{1}{2}\sqrt{288})\sqrt{50}$
97) $(7\sqrt{75}-3\sqrt{150}+2\sqrt{243})\sqrt{3}$
98) $\frac{2}{5}(4\sqrt{7}-\frac{1}{9}\sqrt{243}+\sqrt{112})\sqrt{63}$ 99) $(\sqrt{6}-\sqrt{2})(\sqrt{3}-\sqrt{2})$
100) $(\sqrt{19}-\sqrt{11})(\sqrt{11}-\sqrt{2})$ 101) $(\sqrt{11}-\sqrt{2})(\sqrt{5}-\sqrt{7})$
102) $(2\sqrt{7}-\sqrt{3})(3\sqrt{14}-\sqrt{2})$ 103) $(5-4\sqrt{3})(\sqrt{3}+\sqrt{6})$
104) $(2-\sqrt{2})(9\sqrt{5}-1)$ 105) $(\sqrt{11}+\sqrt{7})(\sqrt{11}-\sqrt{7})$
106) $(\frac{8}{3}-\sqrt{7})(\frac{8}{3}+\sqrt{7})$ 107) $(\frac{4}{7}\sqrt{77}+5)(5-\frac{4}{7}\sqrt{77})$

108) $(\frac{1}{2}\sqrt{35} + \frac{1}{4}\sqrt{40})(\frac{1}{2}\sqrt{35} - \frac{1}{4}\sqrt{40})$
109) $(12 - \sqrt{11}\sqrt{13})(12 + \sqrt{11}\sqrt{13})$
110) $(3\sqrt{\frac{3}{4}} - \frac{1}{2}\sqrt{13})(3\sqrt{\frac{3}{4}} - \frac{1}{2}\sqrt{13})$ 111) $(2 + \sqrt{2} + \sqrt{3})(\sqrt{6} - \sqrt{3})$
112) $(\sqrt{30} - \sqrt{5} - \sqrt{6})(2\sqrt{12} - \sqrt{15})$
113) $(6 + \sqrt{24} + \sqrt{60})(2 + \sqrt{6} - \sqrt{10})$
114) $(\sqrt{\frac{5}{2}} - 1 - \sqrt{\frac{3}{2}})(2\sqrt{15} + 6 - 2\sqrt{6})$
115) $(4\sqrt{75} - \sqrt{242} - \frac{1}{3}\sqrt{33})(\sqrt{11} - \frac{1}{4}\sqrt{3} + \sqrt{33})$
116) $(\sqrt{\frac{1}{5}} + \sqrt{\frac{1}{6}} + \sqrt{\frac{1}{8}})(\sqrt{5} + \sqrt{6} + \sqrt{8})$.

Bei der Vereinfachung der folgenden Ausdrücke sind auch Formeln aus § 12 zu beachten:

117) $(7 - \sqrt{7}\sqrt{3} + 3)(\sqrt{7} + \sqrt{3})$ 118) $(\sqrt{5} - 2)(5 + 2\sqrt{5} + 4)$
119) $(\sqrt{5} - \sqrt{3})(5\sqrt{5} + 5\sqrt{3} + 3\sqrt{5} + 3\sqrt{3})$ 120) $(1 + \sqrt{2})^2$
121) $(\sqrt{5} - 1)(5\sqrt{5} + 5 + \sqrt{5} + 1)$ 122) $(\sqrt{0{,}2} - \sqrt{0{,}1})^2$
123) $(\sqrt{5} + 2\sqrt{3})^2$ 124) $(\sqrt{2} - 3)^2$ 125) $(\sqrt{3} - \sqrt{2})^2$
126) $(\sqrt{6} - 2 - \sqrt{2})^2$ 127) $(3\sqrt{6} - 2\sqrt{3})^2$ 128) $(7 + \sqrt{2} + \sqrt{3})^2$
129) $(\sqrt{3} - 1)^3$ 130) $(2\sqrt{5} + \sqrt{2})^3$ 130_1) $(3\sqrt{7} - \sqrt{21})^3$.

Verwandle nach dem Vorbilde von G, 4 in eine Wurzel:

131) $\sqrt{4 + \sqrt{5}}\,\sqrt{3 - \sqrt{5}}$ 132) $\sqrt{\sqrt{11} - 2}\,\sqrt{14 - \sqrt{22}}$
133) $\sqrt{9 - \frac{1}{2}\sqrt{3}}\,\sqrt{9 + \frac{1}{2}\sqrt{3}}$ 134) $\sqrt{4\sqrt{5} + \sqrt{31}}\,\sqrt{4\sqrt{5} - \sqrt{31}}$
135) $\sqrt{9 + 2\sqrt{6}}\,\sqrt{9\sqrt{3} - 6\sqrt{2}}$ 136) $\sqrt{4 + 2\sqrt{2} - \sqrt{3}}\,\sqrt{7 - \sqrt{2}}$
137) $\sqrt{\sqrt{5} + \sqrt{3} + \sqrt{2}}\,\sqrt{\sqrt{5} + \sqrt{3} - \sqrt{2}}$
138) $\sqrt{2\sqrt{7} - \sqrt{3} + \sqrt{21}}\,\sqrt{4 - \sqrt{3}}\,\sqrt{2\sqrt{21} - \sqrt{7}}\,\sqrt{3\sqrt{7} - \sqrt{3}}$.

Verwandle nach dem Vorbilde von G, 5 und G, 6 in eine Wurzel:

139) $(\sqrt{5} + 1)\sqrt{5 - \sqrt{5}}$ 140) $(\sqrt{3} + 2\sqrt{2})\sqrt{17 + 4\sqrt{6}}$
141) $(\sqrt{7} - 3)\sqrt{8 + 3\sqrt{7}}$ 142) $(3\sqrt{15} - \sqrt{65})\sqrt{9\sqrt{13} + 20\sqrt{3}}$
143) $(1 + \frac{1}{2}\sqrt{3})\sqrt{1\frac{3}{4} + \sqrt{3} - \frac{1}{28}}$.

Wende auf die folgenden Wurzelausdrücke die Formel:

$$\sqrt{a \pm \sqrt{a^2 - q^2}} = \sqrt{\frac{a + q}{2}} \pm \sqrt{\frac{a - q}{2}}$$ (G, 7, 8, 9) an:

144) $\sqrt{7 + \sqrt{40}}$ 145) $\sqrt{16 + \sqrt{231}}$ 146) $\sqrt{20 - 6\sqrt{11}}$
147) $\sqrt{21 - \sqrt{80}}$ 148) $\sqrt{17 + \sqrt{280}}$ 149) $\sqrt{1 - \frac{4}{9}\sqrt{5}}$
150) $\sqrt{\frac{51}{4} - 9\sqrt{2}}$ 151) $\sqrt{30\frac{3}{4} + 3\sqrt{66}}$
152) $\sqrt{0{,}1 + 0{,}04 \cdot \sqrt{6}}$ 153) $\sqrt{29\frac{1}{2} - \sqrt{199\frac{1}{2}}}$.

Schaffe die Wurzelzeichen aus dem Nenner (G, 10, 11):

154) $\frac{2}{2 + \sqrt{2}}$ 155) $\frac{6}{\sqrt{7} + 1}$ 156) $\frac{8}{\sqrt{11} - \sqrt{7}}$ 157) $\frac{2}{\sqrt{13} - 3}$

158) $\frac{2\sqrt{13}}{\sqrt{13}+3}$ 159) $\frac{\sqrt{3}}{\sqrt{3}-\sqrt{2}}$ 160) $\frac{\sqrt{3}+\sqrt{2}}{\sqrt{3}-\sqrt{2}}$ 161) $\frac{7-4\sqrt{3}}{7+4\sqrt{3}}$

162) $\frac{3+\sqrt{2}}{7-4\sqrt{3}}$ 163) $\frac{47}{4\sqrt{3}-1}$ 164) $\frac{86}{4\sqrt{3}+\sqrt{5}}$ 165) $\frac{1}{\frac{3}{4}\sqrt{2}-1}$

166) $\frac{79}{4-\sqrt{\frac{1}{5}}}$ 167) $\frac{7\sqrt{5}-\sqrt{3}}{\sqrt{5}+\sqrt{3}}$ 168) $\frac{(\sqrt{3}+\sqrt{15})\,13}{2\sqrt{15}-\sqrt{21}}$

169) $\frac{4+\sqrt{7}-\sqrt{2}}{\sqrt{7}-2\sqrt{2}}$ 170) $\frac{4\sqrt{15}+6\sqrt{5}-10\sqrt{3}-20}{4\sqrt{5}+2\sqrt{15}}$

171) $\frac{23}{2+\sqrt{2}+\sqrt{3}}$ 172) $\frac{28}{\sqrt{5}+\sqrt{6}-\sqrt{3}}$ 173) $\frac{6\frac{1}{2}\sqrt{3}-7\sqrt{2}+\sqrt{7}}{\sqrt{21}+\frac{1}{2}\sqrt{6}-\sqrt{14}}$

174) $\frac{36\sqrt{2}-9\sqrt{10}+4\sqrt{6}-2\sqrt{3}-\sqrt{30}}{4\sqrt{3}-\sqrt{6}-\sqrt{15}}$ 175) $\frac{5}{\sqrt{7}+\sqrt{5}-\sqrt{2}-\sqrt{10}}$

176) $\frac{\sqrt{5}+\sqrt{3}}{\sqrt{15}+\sqrt{10}+\sqrt{6}+3}$ 177) $\frac{1+3\sqrt{2}-2\sqrt{3}-3\sqrt{14}+2\sqrt{21}}{\sqrt{2}+\sqrt{3}+\sqrt{6}-\sqrt{42}}$

---

178) Entscheide, ob rational oder irrational ist: a) $\sqrt{27}:\sqrt{3}$, b) $\sqrt{18{,}49}$, c) $\sqrt{7}\sqrt{0{,}63}$, d) $(\sqrt{3}+1)(\sqrt{3}-1)$, e) $2\sqrt{5}-\sqrt{20}$, f) $2-\sqrt{2}$, g) $2\sqrt{24}+\sqrt{216}-\sqrt{600}$, h) $11+\sqrt{363}\sqrt{3}$.

179) Welche von den folgenden Zahlen sind zwar irrational, aber nicht gleich Quadratwurzeln aus rationalen Zahlen: a) $\sqrt{3}+\sqrt{2}$, b) $\sqrt{3}+\sqrt{12}$, c) $\sqrt{(3+\sqrt{21})(\sqrt{21}-3)}$, d) $\sqrt{3+\sqrt{21}}$, e) $4\sqrt{\frac{2}{3}}-\sqrt{6}$, f) $(\sqrt{2}+\sqrt{3})^2-5$, g) $\frac{\sqrt{10}-2}{\sqrt{5}-\sqrt{2}}$, h) $\frac{\sqrt{7}-1}{\sqrt{7}+1}$?

180) Beweise, daß $b \cdot c$ ein Quadrat sein muß, wenn $\sqrt{b}+\sqrt{c}=\sqrt{a}$ ist und a, b, c rational sind.

181) Welche Zahl ist konjugiert-irrational zu: a) $1+\sqrt{3}$, b) $3-\sqrt{11}$, c) $13-2\sqrt{5}$, d) $\frac{3}{4}+\frac{1}{4}\sqrt{23}$, e) $\sqrt{5}+1$, f) $3\sqrt{7}-2$?

182) Addiere und multipliziere jede der in 181) genannten Zahlen mit der ihr konjugiert-irrationalen.

183) Bestimme die rationalen Zahlen x und y aus der einen Gleichung: a) $x+\sqrt{y}=3+\sqrt{7}$, b) $x+\sqrt{y}=5\frac{1}{2}+2\sqrt{3}$, c) $x-\sqrt{x+y}=11-\sqrt{13}$, d) $x-\sqrt{y}=(1+\sqrt{2})^2$, e) $3x+4y-\sqrt{y}=86-2\sqrt{5}$.

184) Beweise aus der identischen Gleichung $\left(\sqrt{\frac{b}{2}}-\sqrt{\frac{c}{2}}\right)^2=\frac{b+c}{2}-\sqrt{bc}$, daß das arithmetische Mittel zweier positiver Zahlen nie kleiner als ihr geometrisches Mittel ist.

185) Wenn a, r, a′, r′ rationale Zahlen sind und r und r′ keinen Primfaktor öfter als einmal enthalten, so folgen aus $a\sqrt{r} = a'\sqrt{r'}$ zwei Gleichungen, nämlich $a = a'$ und $r = r'$. Warum?

Die folgenden Buchstabenausdrücke zu vereinfachen:

186) $(\sqrt{a+b} + \sqrt{a-b})(\sqrt{a+b} - \sqrt{a-b})$

187) $\sqrt{a}\,\sqrt{abc}\,\sqrt{bd}\,\sqrt{cd}$
188) $(\sqrt{a^2 b} + \sqrt{bc^2}) : (a + c)$

189) $(ab : c)\sqrt{c : (a^2 b^2)}$
190) $(\sqrt{a} + \sqrt{b})^2 - \sqrt{4ab}$

191) $\dfrac{a+b}{c}\sqrt{\dfrac{c^3}{a^2 + 2ab + b^2}}$
192) $\dfrac{\sqrt{9a^2c + 6abc + b^2c}}{\sqrt{36a^2 + 24ab + 4b^2}}$

193) $(\sqrt{18a} + 5\sqrt{32a} - 3\sqrt{72a})\sqrt{2a}$
194) $\left(\sqrt{\dfrac{p+1}{2}} + \sqrt{\dfrac{p-1}{2}}\right)^2$

195) $\sqrt{p + \sqrt{p^2 - q}}\,\sqrt{p - \sqrt{p^2 - q}}$
196) $(\sqrt{p}+\sqrt{q})^2+(\sqrt{p}-\sqrt{q})^2$

197) $\sqrt{a^2 - b^2}\,\sqrt{(a+b) : (a-b)}$
198) $(1 - x) : (1 - \sqrt{x})$

199) $(p - q) : (\sqrt{p} - \sqrt{q})$
200) $\sqrt{a + 2 + \dfrac{1}{a}}$

201) $\left(\dfrac{a}{\sqrt{b}} - \dfrac{b}{\sqrt{a}}\right)(\sqrt{a} + \sqrt{b})$
202) $\dfrac{a\sqrt{a} + b\sqrt{b}}{\sqrt{a} + \sqrt{b}}$

203) $\dfrac{\sqrt{b}}{a + \sqrt{b}}$
204) $\dfrac{\sqrt{a} + \sqrt{b}}{\sqrt{a} - \sqrt{b}}$
205) $\dfrac{1}{\sqrt{a+1} - \sqrt{a}}$

206) $\dfrac{2y\sqrt{x-y}}{\sqrt{x+y} - \sqrt{x-y}}$
207) $\sqrt{\dfrac{\sqrt{a} - b}{\sqrt{a} + b}}$
208) $\dfrac{\sqrt{a} + \sqrt{b} + \sqrt{c}}{\sqrt{a} + \sqrt{b} - \sqrt{c}}$

209) $\dfrac{a - 2b}{\sqrt{a} + \sqrt{b} - \sqrt{\dfrac{a}{2} - \sqrt{2b}}}$.

Bestimme x aus den folgenden Proportionen:

210) $\sqrt{3} : \sqrt{6} = \sqrt{2} : x$
211) $7 : \sqrt{14} = \sqrt{14} : x$

212) $\sqrt{2} : x = x : \sqrt{8}$
213) $-\sqrt{11} : \sqrt{3} = x : -\sqrt{22 : 3}$

214) $\sqrt{\tfrac{1}{2}} : \sqrt{2} = (\sqrt{2} + \sqrt{7}) : x$
215) $(\sqrt{2} + 1) : (\sqrt{2} - 1) = x : \sqrt{2}$

216) $(\sqrt{2} + \sqrt{3}) : x = (7 + 3\sqrt{6}) : (1 - \sqrt{6})$

217) $1 : (\tfrac{1}{2}\sqrt{5} - \tfrac{1}{2}) = (\tfrac{1}{2}\sqrt{5} - \tfrac{1}{2}) : x$.

Berechne x aus den Gleichungen:

218) $4x - 2 = \sqrt{15}(x - \tfrac{1}{2})$
219) $x\sqrt{7} : 2 = \sqrt{28} + x : 2$

219_1) $x\sqrt{3} + x\sqrt{2} = 2 + \sqrt{6}$

220) $3 - \tfrac{3}{2}\sqrt{2} - \tfrac{1}{3}\sqrt{3} = (3x - \sqrt{2}) : (x + \sqrt{3})$.

Wurzelgleichungen.

I. Ersten Grades, einmal quadrieren.

221) $\sqrt{x} + 15 = 19$ 222) $3 - \sqrt{x} = \frac{3}{2}$ 223) $\frac{4}{7} + \frac{2}{3}\sqrt{x} = \frac{40}{21}$

224) $\frac{3\sqrt{x} - \frac{1}{2}\sqrt{x}}{5} = \frac{-7 + 5\sqrt{x}}{6}$ 225) $\frac{\sqrt{3x} - 1}{\sqrt{3x} + 1} = \frac{2}{3}$

226) $7 + \sqrt{3x - 2} = 12$ 227) $4 + \frac{1}{2}\sqrt{9x + 1} = 9$

228) $\frac{1}{2}\sqrt{3x+13} + \frac{1}{3}\sqrt{3x+13} = 3\frac{1}{3}$ 229) $\sqrt{4+\frac{1}{2}x} + 7 = 10\sqrt{4+\frac{1}{2}x} - 2$

230) $1 + \sqrt{x^2 - 3x + 5} = x$ 231) $\sqrt{x^2 + 9x + 6} - 3 = x$

232) $2x = \sqrt{4x^2 + \frac{1}{2}x - 2}$ 233) $\sqrt{4x^2 + \frac{1}{2}x - 26} = 1 - 2x$

234) $\sqrt{(x + 1)(x + 8)} - x = 4$ 235) $\sqrt{(x + 3)(2x - 7)} = x\sqrt{2}$

236) $(3+\sqrt{x})(2-\sqrt{x}) = 1 - x$ 237) $(3\sqrt{2x} - 5)(4 - \sqrt{2x}) = 10 - 6x$

238) $\frac{x + 5}{\sqrt{x + 2}} = \sqrt{x + 9}$ 239) $\sqrt{3x + 495} = (6x + 6) : \sqrt{12x}$.

II. Ersten Grades, zweimal quadrieren.

240) $\sqrt{10 + 3\sqrt{x - 1}} = 4$ 241) $\sqrt{50 - \sqrt{7x - 6}} = 7$

242) $\sqrt{x + 11} = \sqrt{x} + 1$ 243) $\sqrt{4x + 7} = 1 + 2\sqrt{x}$

244) $\sqrt{3x - 5} + \sqrt{12x + 1} = \sqrt{27x - 14}$

245) $\sqrt{9x + 10} - \sqrt{x - 1} = \sqrt{4x + 9}$

246) $\sqrt{27x - 2} - \sqrt{3x - 2} = \sqrt{12x + 4}$

247) $\sqrt{ax + b} + \sqrt{ax + c} = \sqrt{4ax + d}$.

III. Zweiten Grades (§ 26).

(Weitere Beispiele hierzu in § 29, Nr. 138 bis 167.)

248) $\sqrt{x + 9} = x - 11$ 249) $4\sqrt{1 + 2x} - 8 = x$

250) $\sqrt{3x + \frac{3}{4}} + 1 = 5x$ 251) $\sqrt{4 + 3x} + x = 22$

252) $\sqrt{5x - 34} + \sqrt{2x + 16} = \sqrt{3x + 70}$

253) $\sqrt{35 + x} - 2\sqrt{14 + x} = \sqrt{31 + 3x}$

254) $\sqrt{x^2 - a^2} = \sqrt{b}\sqrt{b + 2a}$

255) $\sqrt{a + x} + \sqrt{x - \frac{1}{2}a} = \sqrt{x + \frac{27}{16}a}$.

256) Die Gleichung $x + 2\sqrt{x} = 15$ soll auf zweifache Weise gelöst werden: erstens dadurch, daß man dieselbe als eine quadratische Gleichung für $\sqrt{x}$ als Unbekannte auffaßt, zweitens dadurch, daß man $\sqrt{x}$ isoliert, dann quadriert und endlich die entstandene quadratische Gleichung löst.

257) Beweise, daß $\sqrt{12x + 1} - \sqrt{3x - 5} = \sqrt{27x - 14}$ durch keinen Wert von x befriedigt wird.

258) Welches Vorzeichen muß man bei der Gleichung: $\sqrt{50 + \sqrt{7x - 6}} = 7$ in das entgegengesetzte verwandeln, damit eine Gleichung entsteht, die eine Wurzel hat?

---

259) Um den Punkt, welcher bei der geometrischen Abbildung der Zahlen $\sqrt{n} = \sqrt{1 \cdot n}$ darstellt, mit Zirkel und Lineal konstruieren zu können, wendet man den Satz an, daß die Kathete eines rechtwinkligen Dreiecks mittlere Proportionale zwischen der Hypotenuse und der Projektion dieser Kathete ist. Konstruiere hiernach mit Zirkel und Lineal die Punkte, welche darstellen: a) $\sqrt{5}$, b) $\sqrt{\frac{1}{3}}$, c) $\sqrt{2} - 1$, d) $\sqrt{3} + \sqrt{2}$, e) $\sqrt{1 + \sqrt{2}}$, f) $\sqrt{\sqrt{2} - 1}$.

260) Berechne auf 3 Stellen und konstruiere graphisch die Zahlen: a) $4\sqrt{2 - \sqrt{2}}$, b) $8\sqrt{2 - \sqrt{2 + \sqrt{2}}}$, c) $\frac{5}{2}(\sqrt{5} - 1)$, d) $5\sqrt{8 - 2\sqrt{10 + 2\sqrt{5}}}$. (Jede dieser Zahlen gibt das Verhältnis des Umfangs eines regulären n-Ecks zum Durchmesser des ihm umbeschriebenen Kreises an, und zwar a) für $n = 8$, b) für $n = 16$, c) für $n = 10$, d) für $n = 20$.)

261) Warum nennt man zwei Strecken, deren Verhältnis irrational ist, *inkommensurabel*?

262) Warum sind inkommensurabel (Nr. 261): a) Seite und Diagonale eines Quadrats, b) Höhe und Seite eines gleichseitigen Dreiecks?

263) Wie liegt der Nullpunkt der Zahlenachse zu den Bildern der beiden Wurzeln der Gleichung $x^2 = a^2$?

---

264) Untersuche nach der in K gegebenen Anleitung für die folgenden Funktionen die Art der Abhängigkeit, schätze nach der graphischen Darstellung die Nullwerte und bestätige die Richtigkeit durch Auflösung der Gleichung $y = 0$:

a) $y = x^2$ in dem Intervall von $x = -3$ bis $x = +3$;
b) $y = x^2 - 8x + 15$ „ „ „ „ $x = 0$ „ $x = +8$;
c) $y = x^2 + x + 1$ „ „ „ „ $x = -3$ „ $x = +3$;
d) $y = 2x^2 - x - 9$ „ „ „ „ $x = -3$ „ $x = +3$;
e) $y = \sqrt{x + 5} - x$ „ „ „ „ $x = -5$ „ $x = +10$;
f) $y = \sqrt{2x} + \sqrt{x} - x$ „ „ „ „ $x = 0$ „ $x = 16$.

§ 28.

Vierte Erweiterung des Zahlengebiets. (Imaginäre Zahlen.)

Theorie.

Definition: $(\sqrt{a})^2 = a$, wo a negativ ist, z. B. $(\sqrt{-3})^2 = -3$.

$$\sqrt{-b} = \sqrt{-1}\sqrt{b} = i\sqrt{b}; \quad -\sqrt{-b} = -\sqrt{-1}\sqrt{b} = -i\sqrt{b};$$

$$i^2 = -1 \quad \text{und} \quad (-i)^2 = -1.$$

A. Definition der imaginären Zahlen.

In § 27 erhielten nur solche Quadratwurzeln Sinn, deren Radikand positiv ist. Hier soll nun auch denjenigen Quadratwurzeln Sinn verliehen werden, deren Radikand eine beliebige *negative* Zahl ist. Wir erklären deshalb, unter Hinweis auf die bei allen Erweiterungen des Zahlengebiets (§ 7, § 11, § 27) angestellten Erörterungen, für den Fall, daß a irgend eine rationale oder irrationale negative Zahl ist, $\sqrt{a}$ als ein Zeichen, welches der Definitionsformel $(\sqrt{a})^2 = a$ gehorchen soll. Z. B.: $(\sqrt{-7})^2 = -7$, $(\sqrt{-\frac{3}{4}})^2 = -\frac{3}{4}$, $(\sqrt{-\sqrt{2}})^2 = -\sqrt{2}$. Da die meisten arithmetischen Gesetze auch auf derartige Quadratwurzelformen anwendbar sind, so nennt man diese, der Kürze wegen, auch Zahlen, und zwar imaginäre Zahlen im Gegensatz zu allen bisher definierten Zahlen, welche reelle heißen; wobei zu beachten ist, daß die Zulassung der imaginären Zahlen in die Sprache der Arithmetik ebenso berechtigt ist, wie die Zulassung der negativen, der gebrochenen und der irrationalen Zahlen. Um deutlicher hervortreten zu lassen, daß der Radikand negativ ist, bezeichnen wir ihn mit $-b$, wo nun b positiv zu denken ist. Da $\sqrt{-b}$ eine Zahl ist, für deren Quadrat man $-b$ setzen soll, so ist $\sqrt{-b}$ eine Wurzel der Gleichung $x^2 = -b$. Diese Gleichung bleibt aber unverändert, wenn man $-x$ statt x setzt. Deshalb hat man die zweite Wurzel der Gleichung $x^2 = -b$ mit $-\sqrt{-b}$ zu bezeichnen, wenn man die erste mit $+\sqrt{-b}$ bezeichnet hat.

B. Eindeutigkeit der Multiplikation bei imaginären Zahlen.

Die neu eingeführten Zahlen kann man allen Operationen und Gesetzen der Arithmetik unterwerfen, solange man nicht gegen die Vorschrift verstößt, daß man $-b$ für $(+\sqrt{-b})^2$ und für $(-\sqrt{-b})^2$ setzen soll. Namentlich beachte man in dieser Hinsicht die beiden folgenden Formeln, in denen b und c positiv zu denken sind:

$$\text{I)}\quad (+\sqrt{-b})\cdot(+\sqrt{+c}) = +\sqrt{-bc};$$
$$\text{II)}\quad (+\sqrt{-b})\cdot(+\sqrt{-c}) = -\sqrt{+bc}.$$

In beiden Formeln erkennt man durch Quadrieren sofort, daß sie, abgesehen vom Vorzeichen, richtig sind. Daß das Vorzeichen auf der rechten Seite der Definition entspricht, erkennt man, indem man für c spezielle Werte einsetzt. Substituiert man in I) $c = 1$, so ergibt sich: $+\sqrt{-b} = +\sqrt{-b}$. Setzt man in II) $c = b$, so erhält man: $\sqrt{-b}\cdot\sqrt{-b} = -\sqrt{b^2}$ oder nach der Definition: $-b = -b$.

C. Die imaginäre Einheit und das Rechnen mit imaginären Zahlen.

Aus der umgekehrt gelesenen Formel I) unter B ergibt sich für $b = 1$, daß $+\sqrt{-c} = (+\sqrt{-1})\cdot(+\sqrt{c})$ ist. Hieraus folgt dann auch, daß $-\sqrt{-c} = (-\sqrt{-1})\cdot(+\sqrt{c})$ gesetzt werden muß. Hiernach ist jede imaginäre Zahl gleich dem Produkte einer reellen und zwar positiven Zahl mit der Zahl $+\sqrt{-1}$ oder mit der Zahl $-\sqrt{-1}$. Deshalb nennt man $+\sqrt{-1}$ und $-\sqrt{-1}$ die beiden imaginären Einheiten und gebraucht für dieselben besondere Zeichen, nämlich $+i$ und $-i$. Man setzt also z. B.: $\sqrt{-4} = \sqrt{-1} \cdot \sqrt{4} = i \cdot \sqrt{4} = 2i$, $\sqrt{-7} = i\sqrt{7}$, $\sqrt{-\frac{4}{9}} = \frac{2}{3}i$, $\sqrt{-0,1} = i\sqrt{0,1} = \frac{i}{10}\sqrt{10}$, $-\sqrt{-\frac{1}{2}} = -i\sqrt{\frac{1}{2}} = -\frac{1}{2}i\sqrt{2}$.

Das Rechnen mit imaginären Zahlen bietet gar keine Schwierigkeit, wenn man jede derselben als positives oder negatives Produkt von i und einer reellen Zahl auffaßt, mit i wie mit einem beliebigen Buchstaben rechnet, aber immerwährend beachtet, daß $(+i)^2 = -1$ und auch $(-i)^2 = -1$ zu setzen ist. Z. B.:

1) $(3\sqrt{-2})(5\sqrt{-8}) = (3i\sqrt{2})(5i\sqrt{8}) = 15i^2\sqrt{16} = 60i^2 = -60$;

2) $(-3\sqrt{-2})(5\sqrt{-8}) = (-3i\sqrt{2})(5i\sqrt{8}) = -15i^2\sqrt{16} = -60i^2 = +60$;

3) $(\sqrt{-1})^3 = i^3 = i^2 \cdot i = (-1)i = -i$;

4) $(\sqrt{-9} + \sqrt{-25} - \sqrt{-11} = 3i + 5i - i\sqrt{11} = (8 - \sqrt{11})i$;

5) $\frac{1}{\sqrt{-9}} = \frac{1}{i\sqrt{9}} = \frac{1}{3i} = \frac{i}{3i^2} = \frac{i}{-3} = -\frac{1}{3}i$.

Namentlich merke man:

$i = +i$, $i^2 = -1$, $i^3 = -i$, $i^4 = +1$,
$i^5 = +i$, $i^6 = -1$, $i^7 = -i$, $i^8 = +1$

usw., also allgemein:

$i^{4n+1} = +i$, $i^{4n+2} = -1$, $i^{4n+3} = -i$, $i^{4n+4} = +1$.

D. Die Null als einzige gleichzeitig reelle und imaginäre Zahl.

Sind a und b reell, so ist die Gleichung $ia = b$ nur möglich, wenn a und b Null sind. Denn aus $ia = b$ folgt durch Quadrieren $i^2a^2 = b^2$ oder $-a^2 = b^2$, eine Gleichung, auf deren rechter Seite eine reelle Zahl steht, die nicht negativ sein kann, und auf deren linker Seite eine reelle Zahl steht, die nicht positiv sein kann. Diese Gleichung enthält aber nur dann keinen Widerspruch, wenn beide Seiten Null sind, d. h. wenn a und b Null sind. Folglich gilt der Satz:

Das reelle Zahlengebiet und das imaginäre Zahlengebiet haben nur die Zahl Null gemeinsam.

E. Komplexe Zahlen.

Wenn man Zahlen, die reell oder imaginär sind, durch Multiplikation oder Division verknüpft, so gelangt man immer wieder zu Zahlen, die reell oder imaginär sind. Denn man erhält, wenn a und b reelle Zahlen bedeuten: $a(ib) = i(ab)$, $(ia)(ib) = -ab$, $(ia:b) = i(a:b)$, $a:(ib) = (ia):(i^2b) = (ia):(-b) = -i(a:b)$, $ia:ib = a:b$.

Ebenso führt die Addition und Subtraktion von zwei Zahlen, die beide imaginär sind, stets zu einer imaginären Zahl, nämlich: $ia + ib = i(a+b)$ und $ia - ib = i(a-b)$.

Wenn man dagegen zwei von Null verschiedene Zahlen, von denen die eine reell, die andere imaginär ist, durch Addition und Subtraktion miteinander verknüpft, so gelangt man zu einer Zahlform, von der sich nachweisen läßt, daß sie weder reell, noch imaginär ist. Denn wäre $a + ib = r$, wo r reell ist, so müßte $ib = r - a$ sein, was dem Satze in D widerspricht. Mit demselben Satze kommt man in Widerspruch, wenn man $a + ib = ir$ annimmt, weil hieraus $a = i(r - b)$ folgen würde.

Die gewonnene neue Zahlform $a + ib$ nennt man imaginär-komplex oder kürzer komplex. Oft nennt man die komplexen Zahlen imaginär und bezeichnet dann wohl die oben imaginär genannten Zahlen als rein-imaginär. Die Zahlform $a + ib$, wo a und b beliebige positive oder negative, rationale oder irrationale Zahlen oder auch Null bedeuten können, ist die allgemeinste Zahlform, auf welche die Gesetze der Arithmetik führen. Für $b = 0$ bezeichnet $a + ib$ alle reellen Zahlen, für $a = 0$ alle rein-imaginären Zahlen. Für komplexe Zahlen gilt der Satz:

Wenn zwei komplexe Zahlen $a + ib$ und $a' + ib'$ einander gleich sind, so fließen daraus zwei Gleichheiten zwischen reellen Zahlen, nämlich sowohl $a = a'$, wie auch $b = b'$. Denn aus $a + ib = a' + ib'$ folgt $a - a' = i(b' - b)$, eine Gleichung, die nach D nur dadurch möglich wird, daß $a - a' = 0$ und $b - b' = 0$ ist, woraus $a = a'$ und $b = b'$ hervorgeht.

Zwei komplexe Zahlen, die sich nur durch das Vorzeichen von i unterscheiden, z. B. $3 + 4i$ und $3 - 4i$, heißen konjugiert-komplex oder konjugiert-imaginär oder auch wohl kurz konjugiert. Bemerkenswert ist, daß sowohl die Summe, wie auch das Produkt konjugiert-imaginärer Zahlen reell ist; denn es ist $(a + ib) + (a - ib) = 2a$ und $(a + ib) \cdot (a - ib) = a^2 - i^2 b^2 = a^2 + b^2$.

Der Ausdruck $\sqrt{a^2 + b^2}$ hat in der Theorie der komplexen Zahlen eine ähnliche Bedeutung wie der absolute Betrag der positiven und negativen reellen Zahlen (§ 7 D). Man nennt daher $\sqrt{a^2 + b^2}$ den „absoluten Betrag" der komplexen Größe $a + ib$. Die konjugiert-komplexe Größe $a - ib$ hat denselben absoluten Betrag, außerdem aber noch — und darin liegt der Unterschied gegenüber den reellen Zahlen — unendlich viele andere komplexe Zahlen. (G, graphische Darstellung.)

F. Das Rechnen mit komplexen Zahlen.

Beim Rechnen mit komplexen Zahlen suche man das Resultat in der Form $a + ib$ oder $a + bi$ herzustellen, so daß a und b reell sind. Z. B.: $(7 + 2i)(3 + 4i) = (21 - 8) + i(6 + 28) = 13 + 34i$; $(1 + i)^2 = 2i$; $3i(4 - i\sqrt{6})\sqrt{3}(2 + i\sqrt{2}) = (18\sqrt{2} - 12\sqrt{6}) + i(24\sqrt{3} + 18)$. Um einen Quotienten, dessen Divisor eine komplexe Zahl ist, auf die Form $a + ib$ zu bringen, hat man Dividendus und Divisor mit der zum Divisor konjugierten Zahl zu multiplizieren (§ 27, G, 10), z. B.:

$$\frac{10}{1 + 3i} = \frac{10(1 - 3i)}{1^2 - 3^2 i^2} = \frac{10(1 - 3i)}{10} = 1 - 3i$$

$$\frac{4 + i}{7 - i\sqrt{2}} = \frac{(4 + i)(7 + i\sqrt{2})}{7^2 - i^2 \cdot 2} = \frac{28 - \sqrt{2}}{51} + i\,\frac{7 + 4\sqrt{2}}{51}.$$

Also überhaupt:

Addition: $(a + i\,b) + (c + i\,d) = (a + c) + i(b + d)$,

Subtraktion: $(a + i\,b) - (c + i\,d) = (a - c) + i(b - d)$,

Multiplikation: $(a + i\,b) \cdot (c + i\,d) = (a\,c - b\,d) + i(b\,c + a\,d)$,

Division: $\frac{a + i\,b}{c + i\,d} = \frac{a\,c + b\,d}{c^2 + d^2} + i\,\frac{b\,c - a\,d}{c^2 + d^2}$,

Quadrierung: $(a + i\,b)^2 = (a^2 - b^2) + i(2\,a\,b)$.

Um auch die Quadratwurzel aus einer komplexen Zahl in der Form $a + i\,b$ darzustellen, mache man den Ansatz:

$$\sqrt{a + i\,b} = x + i\,y\,.$$

Durch Quadrieren erhält man:

$$a + i\,b = (x^2 - y^2) + i \cdot (2\,x\,y)\,.$$

Aus dieser Gleichung ergeben sich nach E folgende zwei Gleichungen:

$$\begin{cases} x^2 - y^2 = a \\ 2\,x\,y = b\,. \end{cases}$$

Substituiert man aus der zweiten Gleichung $y = \frac{b}{2\,x}$ in die erste Gleichung, so erhält man nach Multiplikation mit x^2:

$$x^4 - a\,x^2 = \frac{b^2}{4}\,,$$

also:

$$x^2 = \frac{a}{2} \pm \frac{1}{2}\sqrt{a^2 + b^2}$$

und daher:

$$\begin{cases} x = \pm\sqrt{\frac{a}{2} \pm \frac{1}{2}\sqrt{a^2 + b^2}}\,. \quad \text{Ebenso ergibt sich:} \\ y = \pm\sqrt{-\frac{a}{2} \pm \frac{1}{2}\sqrt{a^2 + b^2}}\,. \end{cases}$$

Da nur reelle Werte von x und y einen Sinn haben, kann unter dem Wurzelzeichen nur das Pluszeichen gelten. Wegen der Gleichung $2\,x\,y = b$ müssen x und y gleiches Vorzeichen haben. Da für $b = 0$ sich $+\sqrt{a}$ ergeben soll, muß bei x und daher auch bei y vor der Wurzel das Pluszeichen stehen, falls man an der Bestimmung festhält, daß das Wurzelzeichen an sich nur positiv zu deuten ist.

Wenn man in derselben Weise ansetzt: $\sqrt{a - b\,i} = x - y\,i$, so erhält man genau dieselben Gleichungen; auch sämtliche Überlegungen bleiben dieselben. Daher ergibt sich die allgemeine Formel:

$$\sqrt{a \pm i\,b} = \sqrt{\frac{a}{2} + \frac{1}{2}\sqrt{a^2 + b^2}} \pm i \cdot \sqrt{-\frac{a}{2} + \frac{1}{2}\sqrt{a^2 + b^2}} \,.$$

Z. B. $\sqrt{7 \pm 24\,i} = \sqrt{\frac{7}{2} + \frac{25}{2}} \pm i\sqrt{-\frac{7}{2} + \frac{25}{2}} = 4 \pm 3\,i$;

ferner: Aus $x^2 = -\frac{1}{2} - \frac{1}{2}i\sqrt{3}$ folgt: $x_1 = +\frac{1}{2} - \frac{1}{2}i\sqrt{3}$ und $x_2 = -\frac{1}{2} + \frac{1}{2}i\sqrt{3}$.

G. Graphische Darstellung der komplexen Zahlen.

In § 4, § 7, § 11, § 27 ist gezeigt, wie die Gesamtheit der reellen Zahlen durch die sämtlichen Punkte einer geraden Linie darzustellen ist. Nun kann man aber allen reellen Zahlen alle rein-imaginären Zahlen dadurch zuordnen, daß man erstere sämtlich mit der imaginären Einheit i multipliziert. Es liegt daher nahe, die Gesamtheit der rein-imaginären Zahlen ebenso durch die sämtlichen Punkte einer anderen geraden Linie darzustellen und auf dieser die Strecke zwischen $a\,i$ und $(a + 1)i$ ebenso lang zu machen, wie die Strecke zwischen a und $a + 1$. Tut man dies und legt man dann die beiden geraden Linien — die reelle Achse und die imaginäre Achse — in dieselbe Ebene, so muß man dafür sorgen, daß ihr Schnittpunkt die Zahl 0 darstellt, weil das reelle und das imaginäre Zahlengebiet die Zahl 0 und nur diese gemeinsam haben (vgl. D). So gelangt man weiter zu der von Gauß vorgeschlagenen graphischen Darstellung aller komplexen Zahlen, bei der man die beiden Achsen senkrecht zueinander legt und als Bild von $a + i\,b$ denjenigen Punkt der Ebene wählt, in welchem das im Punkte a auf der reellen Achse errichtete Lot das im Punkte $i\,b$ auf der imaginären Achse errichtete Lot schneidet. Auf diese Weise ist jeder Zahl ein einziger Punkt der Ebene und umgekehrt jedem Punkte der Ebene eine einzige Zahl zugeordnet, wie Fig. 2 auf der folgenden Seite verdeutlicht.

Man beachte noch besonders folgendes:

1) Durch die beiden Achsen wird die Zahlenebene in vier Teile (Quadranten) zerlegt. Die Zahlen des ersten Quadranten (rechts oben) haben die Form $+a + i\,b$, die des zweiten $-a + i\,b$, die des dritten $-a - i\,b$, die des vierten $+a - i\,b$.
2) Die Bilder von Zahlen, die in ihrem reellen Bestandteil übereinstimmen, liegen auf einer Parallelen zur imaginären Achse; Zahlen, die in ihrem imaginären Bestandteil übereinstimmen, liegen auf einer Parallelen zur reellen Achse (z. B. $-4 + i$, $-2 + i$, $+i$, $+2 + i$, $+4 + i$).
3) Die Bilder konjugiert-komplexer Zahlen liegen symmetrisch zur reellen Achse (z. B. $+3 + 4\,i$ und $+3 - 4\,i$).
4) Die Bilder aller Zahlen von gleichem absoluten Betrage haben vom Nullpunkt denselben Abstand $\sqrt{a^2 + b^2}$, liegen daher auf einem Kreise um den Nullpunkt (z. B.: 5, $+4 + 3\,i$, $+3 + 4\,i$, $+5\,i$, $-3 + 4\,i$, ... usw. haben alle den absoluten Betrag 5).

Gaußsche Zahlenebene.

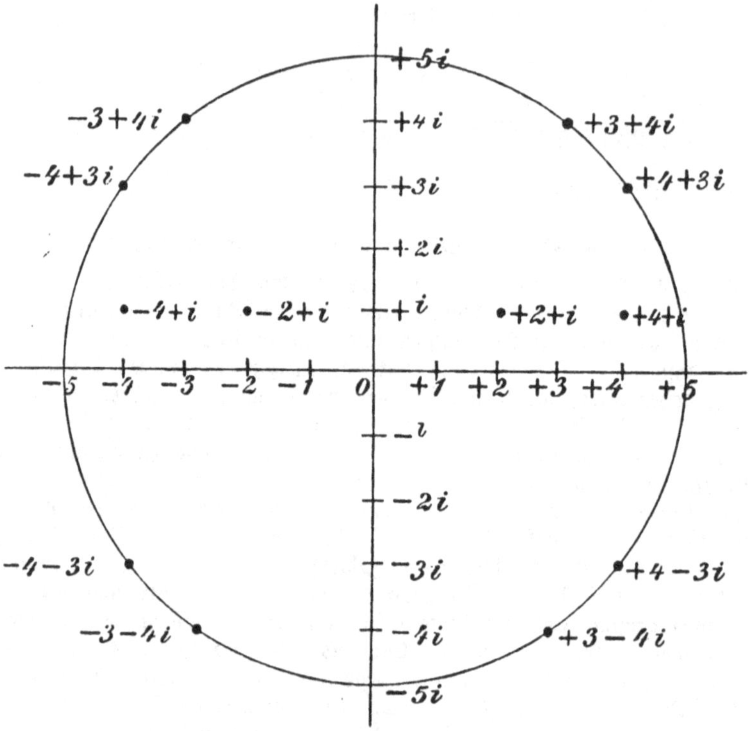

Fig. 2.

Aufgaben.

1) Was bedeutet: a) $\sqrt{-3}$, b) $\sqrt{-a}$, c) $\sqrt{-\pi}$?

2) Berechne: a) $(\sqrt{-11})^2$, b) $(\sqrt{-16})^2$, c) $(\sqrt{-\frac{4}{5}})^2$, d) $\left(\sqrt{1-\sqrt{2}}\right)^2$, e) $\sqrt{-2}\,\sqrt{-2}$.

3) Welche von den folgenden Zahlen sind imaginär: a) $\sqrt{-5}$, b) $-\sqrt{5}$, c) $-\sqrt{-5}$, d) $\sqrt{1-\sqrt{3}}$, e) $\sqrt{0{,}14-\frac{1}{7}}$, f) $\sqrt{-1}\,\sqrt{-1}$?

4) Nenne die Ungleichung, welche bedingt, daß a) $\sqrt{1-x}$, b) $\sqrt{-x}$, c) $\sqrt{3-2x}$, d) $\sqrt{1+9x}$, e) $\sqrt{x\sqrt{2}-2}$ imaginär wird.

5) Wie heißen die beiden Wurzeln der Gleichung: a) $x^2 = -4$, b) $x^2 = -\frac{9}{16}$, c) $x = -\dfrac{1}{x}$, d) $x(x-7) + 7(x+7) = 0$?

6) Ist $\sqrt{-5}\,\sqrt{-7}$ gleich $+\sqrt{35}$ oder gleich $-\sqrt{35}$?

7) Schreibe als Produkt von $\sqrt{-1}$ oder $-\sqrt{-1}$ mit einer reellen Zahl:
a) $\sqrt{-4}$, b) $-\sqrt{-7}$, c) $\sqrt{-0{,}01}$, d) $\sqrt{1-\sqrt{2}}$.

8) Schreibe die in Nr. 7 genannten Zahlen mit Benutzung der Zeichen $+i$ für $\sqrt{-1}$ und $-i$ für $-\sqrt{-1}$.

Bringe auf die Form $+a$, $-a$, $+ia$, oder $-ia$, wo a reell ist:

9) $\sqrt{-12}\sqrt{-108}$ 9₁) $\sqrt{-21}\sqrt{7}$ 10) $(3\sqrt{-5})(\frac{1}{5}\sqrt{-10})$

10₁) $\sqrt{-1}\sqrt{-2}\sqrt{-3}$ 11) $\dfrac{\sqrt{-10}}{\sqrt{-5}}$ 11₁) $\dfrac{(-\sqrt{3})(-\sqrt{-6})\sqrt{32}}{4\sqrt{-1}}$

12) $\dfrac{1}{\sqrt{-16}}$ 13) $\dfrac{i\sqrt{7}}{\sqrt{-7}}$ 14) $(3\sqrt{-2})^2$ 15) $(3\sqrt{-2})^3$

16) $4i^3\sqrt{-2}$ 17) i^{12} 18) $-i^{16}$ 19) i^{13} 20) i^{15}

21) $i^{4\cdot 23}$ 22) $i^{4\cdot 23+1}$ 23) $i^{4\cdot 23+2}$ 24) $i^{4\cdot 23+3}$ 25) $1:i^3$

26) $1:i^4$ 27) $1:i^{10}$ 28) $1:i^{19}$ 29) $(-1):i^{21}$.

30) Was folgt für die reellen Zahlen x und y aus: a) $x = iy$, b) $(3x + y - 7)i = y - 4$, c) $\frac{1}{2}x - \frac{1}{3}y = i(x + y - \frac{5}{6})$?

31) Schreibe als Produkt von $+i$ oder $-i$ mit einer reellen Zahl:
a) $3i+15i-8i$, b) $5i+\sqrt{-9}$, c) $\sqrt{-12}+\sqrt{-3}$, d) $\sqrt{-3}+\sqrt{-\frac{1}{2}}$.

32) In welchen Fällen ist die Summe aus a) einer natürlichen und einer negativen Zahl gleich einer negativen Zahl? b) einer ganzen und einer gebrochenen Zahl gleich einer gebrochenen Zahl? c) einer rationalen Zahl und einer irrationalen Quadratwurzel gleich einer irrationalen Quadratwurzel? d) einer reellen Zahl und einer rein-imaginären Zahl gleich einer rein-imaginären Zahl?

33) Beantworte die Fragen, welche aus Nr. 32 entstehen, wenn man Produkt statt Summe sagt.

34) Gib die Fälle an, in welchen die Summe oder Differenz a) zweier negativer Zahlen nicht negativ, b) zweier gebrochener Zahlen nicht gebrochen, c) zweier Quadratwurzeln nicht eine Quadratwurzel, d) zweier rein-imaginärer Zahlen nicht rein-imaginär ist.

35) Wie müssen die als ganz, endlich und nicht negativ vorausgesetzten Zahlen m, n, p, q beschaffen sein, damit der Ausdruck $\sqrt{\frac{m}{n}} + i\sqrt{\frac{p}{q}}$ a) eine natürliche Zahl, b) eine gebrochene Zahl, c) eine Quadratwurzel, d) eine reelle Zahl, e) eine rein-imaginäre Zahl, f) eine komplexe Zahl darstellt?

36) Warum ist der Ausdruck „unmögliche Zahlen" für imaginäre Zahlen entweder zu verwerfen, oder für alle Zahlen außer den natürlichen zuzulassen?

37) Welcher Satz aus § 27 entspricht dem Satze, daß aus $a + ib = a' + ib'$ sowohl $a = a'$ wie auch $b = b'$ folgt?

38) Was folgt für die reellen Zahlen x und y aus: a) $x + iy = 7 + 3i$, b) $x - iy = 11 + i$, c) $\frac{4}{5}(x - y) + 3iy = 4$, d) $\sqrt{2} - i\sqrt{3} = 2x + i(\sqrt{3} + y\sqrt{2})$?

39) Wie groß muß x sein, damit $3x - 7 + 4i - 9ix$: a) reell wird, b) rein imaginär wird?

40) Welche Bedingung muß a erfüllen, damit a) $-\frac{a}{2} + \sqrt{\left(\frac{a}{2}\right)^2 - b}$, b) $\sqrt{p^2 - a} + p$, c) $\frac{a + p}{2} - \sqrt{a^2 - p^2}$ eine komplexe Zahl darstellt, wenn a, b und p positiv sind?

41) Hat es Sinn, zu fragen, ob i größer oder kleiner als -1 ist?

42) Welches ist die konjugierte Zahl zu a) $2 + 5i$, b) $\frac{1}{2} - 3i$, c) $3 + i\sqrt{3}$, d) $0{,}25 - \frac{i}{2}\sqrt{3}$, e) $-i\sqrt{\frac{1}{2}}$, f) -19?

43) Gib eine Zahl an, welche, mit a) $3 - 2i$, b) $7 + i$, c) $-\frac{1}{2} - \frac{1}{2}i\sqrt{3}$ addiert und auch multipliziert, eine reelle Zahl liefert.

Die Ausdrücke von Nr. 44 bis Nr. 118 sollen in der Form $a + ib$, wo a und b reell sind, dargestellt und dabei möglichst vereinfacht werden. Die Buchstaben, welche außer dem Zeichen i auftreten, bezeichnen hier immer positive Zahlen:

44) $(1 + 2i) + (3 - i) - (5 - 7i)$ 45) $(\frac{1}{2} + i) + (\frac{1}{2} - i) + (3 + 2i)$

46) $i\sqrt{2} + (3 - i) - (3 + i\sqrt{8})$ 47) $\sqrt{-6} + i\sqrt{24} - (\sqrt{-54} + 3)$

48) $(4 + 2i)(3 - 5i)$ 49) $(2 - 3i)(7 - 5i)$

50) $(4 - 7\sqrt{-1})(8 + \sqrt{-196})$ 51) $(5\frac{1}{2} + 2i)(\frac{1}{11} - 2i)$

52) $(0{,}4i + 1)(3i)$ 53) $(0{,}\overline{3}i - \frac{1}{3})(3 + 0{,}\overline{3}i)$

54) $(\frac{1}{2}\sqrt{3} + 2i)(-\frac{1}{2}\sqrt{3} + 2i)$ 55) $(4\sqrt{2} - i\sqrt{3})(3\sqrt{6} - 24i)$

56) $\left(-\frac{1}{2} + \frac{i}{2}\sqrt{3}\right)\left(\frac{1}{2} + \frac{i}{2}\sqrt{3}\right)$ 57) $\left(-\frac{1}{2} - \frac{i}{2}\sqrt{3}\right)\left(-\frac{1}{2} + \frac{i}{2}\sqrt{3}\right)$

58) $(\sqrt{37} + 3i\sqrt{7})(-3i\sqrt{7} + \sqrt{37})$

59) $(1 + \sqrt{2} - 3i\sqrt{5} - 2i)(1 + \sqrt{2} + 3i\sqrt{5} + 2i)$

60) $(1 + i)^2$ 61) $(2 + i\sqrt{6})^2$ 62) $(1 + 2i)^3$ 63) $(-1 + i\sqrt{3})^3$

64) $(\frac{1}{2} + 11i\sqrt{6})^2 - (\frac{3}{2}\sqrt{347})^2$ 65) $(3 + i\sqrt{2})(5 + i\sqrt{6})(3 - i\sqrt{2})$

66) $(7 + i\sqrt{5})^2 + (7 - i\sqrt{5})^2 + (-7 + i\sqrt{5})^2 + (-7 - i\sqrt{5})^2$

67) $(a + ib)(c + id)$ 68) $(\sqrt{p} + i\sqrt{q})(\sqrt{p} - i\sqrt{q})$

69) $(\sqrt{m} - \sqrt{-m})^2$ 70) $(a + ib)^2 + (a - ib)^2$ 71) $(p + iq)^3 - (p - iq)^3$

72) $[(a + ib)^3 + (a - ib)^3] : 2a$ 73) $(1 + i)^4$ 74) $(1 - i)^4$.

---

75) $\frac{2}{1 + i}$ 76) $\frac{50}{3 - 4i}$ 77) $\frac{53}{7 + 2i}$ 78) $\frac{4}{1 + i\sqrt{3}}$

79) $\frac{15}{\sqrt{2} - i\sqrt{3}}$ 80) $\frac{28}{\sqrt{-5} - 3}$ 81) $\frac{1 - 3i\sqrt{5}}{7 + i\sqrt{5}}$

82) $\dfrac{\sqrt{35}+i}{\sqrt{7}-3i\sqrt{5}}$ 83) $\dfrac{1-i\sqrt{3}}{1+i\sqrt{3}}$ 84) $\dfrac{(2+i)^2}{3-4i}$

85) $\dfrac{(1+i)^2}{-1+i}$ 86) $\dfrac{1}{\sqrt{3}+\sqrt{2}+i\sqrt{5}}$ 87) $\dfrac{1-i^3}{(1-i)^3}$

88) $\dfrac{17}{4-i}+\dfrac{15}{2-i}-\dfrac{10}{2+i}$ 89) $\dfrac{p+2iq}{p-2iq}$

90) $\dfrac{\sqrt{a}-i\sqrt{b}}{\sqrt{a}+i\sqrt{b}}$ 91) $\dfrac{a+ib}{b-ia}$ 92) $\dfrac{(a+ib)^2}{a^2-b^2-2iab}$

93) $\dfrac{\sqrt{2-a}+\sqrt{2+a}}{\sqrt{2-a}-\sqrt{2+a}}$, wo $a > 2$ ist

94) $1:\sqrt{\left(\dfrac{a}{2}\right)^2-bc}$, wo $\sqrt{bc} > \dfrac{a}{2}$ ist.

---

95) $\sqrt{5+12i}$ 96) $\sqrt{-32-126i}$ 97) $\sqrt{2i}$ 98) $\sqrt{-2i}$ 99) $\sqrt{pi}$

100) $\sqrt{\frac{5}{36}+\frac{1}{3}i}$ 101) $\sqrt{48\frac{15}{16}-3\frac{1}{2}i}$ 102) $\sqrt{-8+\sqrt{-36}}$

103) $\sqrt{1+2i\sqrt{2}}$ 104) $\sqrt{-\dfrac{1}{2}+\dfrac{i}{2}\sqrt{3}}$ 105) $-\sqrt{-\dfrac{1}{2}-\dfrac{i}{2}\sqrt{3}}$

106) $-\sqrt{\frac{15}{4}-2i}$ 107) $\sqrt{\sqrt{-2}}$ 108) $\sqrt{-\frac{3}{4}+i}+\sqrt{-\frac{3}{4}-i}$

109) $(7-i\sqrt{2})(5+9i\sqrt{2}):\sqrt{i}$ 110) $\sqrt{7+6i\sqrt{2}}:\sqrt{7-6i\sqrt{2}}$

111) $\sqrt{2+64i}:\sqrt{4+5i}$ 112) $\sqrt{\dfrac{2(13-9i)}{1-3i}}$

113) $\sqrt{\dfrac{144+17i}{4-3i}}$ 114) $\sqrt{\dfrac{203-71i}{5+7i}}$

115) $\sqrt{\dfrac{\sqrt{117-44i}}{1-2i}}$ 116) $\sqrt{\dfrac{154+72i}{\sqrt{7-24i}}}$

117) $\sqrt{\dfrac{12+34i}{\sqrt{5+12i}}}$ 118) $\left[\dfrac{4+3i}{7-1}+\sqrt{8i\sqrt{3}-8}\right](5i-1)^2$.

---

119) Konstruiere in der Gaußschen Zahlenebene die Bilder von: a) $+3i$, b) $-3i$, c) $1+3i$, d) $1-3i$, e) $-1+3i$, f) $-1-3i$, g) $-2\frac{1}{4}+1\frac{3}{5}i$, h) $1+i\sqrt{2}$, i) $\sqrt{2}+\sqrt{5}+i$, k) $-\dfrac{1}{2}+\dfrac{i}{2}\sqrt{3}$, l) $-\dfrac{1}{2}-\dfrac{i}{2}\sqrt{3}$, m) $\sqrt{\frac{1}{2}}-i\sqrt{\frac{1}{3}}$.

120) In welchen Quadranten liegen die Bilder folgender Zahlen: a) $-\frac{3}{2}+2i$, b) $-\frac{1}{2}+0{,}5i$, c) $(1+i):(1-i)$, d) $(7+i)^2\;(5+0:i)$, e) $\sqrt{-3+4i}$?

121) Auf was für einer Linie liegen die Bilder aller Zahlen, die dargestellt sind durch: a) $p+2i$, b) $3+iq$, c) $-4+i\cdot q$, d) $p-3i$?

122) Was für eine Linie liefern die Bilder aller Zahlen von der Form: a) $q + iq$, b) $-q + iq$, c) $q - iq$, d) $-q - iq$?
123) a) Welche Eigenschaft haben die Zahlen, deren Bilder auf einer beliebigen durch den Nullpunkt gehenden geraden Linie liegen? b) In welcher Form kann man die Zahlen darstellen?
124) Welchen Abstand vom Nullpunkt haben die Bilder von a) $3 + 4i$, b) $3 - 4i$, c) $-3 + 4i$, d) $1 + 2i\sqrt{6}$, e) $-2 - i\sqrt{21}$?
125) Was für eine Linie liefern die Bilder aller Zahlen von der Form $q + i\sqrt{1 - q^2}$, wo q alle reellen Werte von -1 bis $+1$ durchläuft?
126) Was für ein Viereck liefern die Bilder der vier Zahlen 0, p, iq und $p + iq$?
127) Was für ein Viereck entsteht durch die Bilder der vier Zahlen 0, $a + ib$, $c + id$, $(a + c) + i(b + d)$?
128) Was für ein Viereck entsteht durch die Bilder der vier Zahlen 0, $a + ib$, $-c - id$, $(a - c) + i(b - d)$?
129) Leite aus den Resultaten der Aufgaben 127) und 128) eine graphische Darstellung der Addition und Subtraktion komplexer Zahlen her.

§ 29.

Quadratische Gleichungen mit einer Unbekannten in arithmetischer Sprache, teilweise mit irrationalen und imaginären Wurzeln.

Theorie.

A. Beispiele für quadratische Gleichungen mit irrationalen und imaginären Wurzeln.

In § 26 konnten nur solche quadratische Gleichungen behandelt werden, bei deren Lösung die Quadratwurzel aus einem Quadrate zu ziehen war. Die dritte und vierte Erweiterung des Zahlengebietes (§ 27 und § 28) ermöglichen nun die Lösung aller Gleichungen zweiten Grades, gleichviel, ob die unter der Quadratwurzel erscheinende Zahl ein Quadrat ist oder nicht, gleichviel auch, ob diese Zahl positiv oder negativ ist. Z. B.:

1) $x^2 = 7$ gibt: $x = \pm\sqrt{7}$ oder $x_1 = 2{,}64575\ldots$ und $x_2 = -2{,}64575\ldots$;

2) $x^2 = \frac{3}{4}$ gibt: $x_1 = +\frac{1}{2}\sqrt{3}$ und $x_2 = -\frac{1}{2}\sqrt{3}$;

3) $x = \frac{3 + 2\sqrt{2}}{x}$ gibt: $x = \pm\sqrt{3 + 2\sqrt{2}} = \pm(1 + \sqrt{2})$, also $x_1 = 2{,}41421$, $x_2 = -2{,}41421$;

4) $x^2 = -9$ gibt: $x = \pm\sqrt{-9} = \pm 3\sqrt{-1}$ oder $x_1 = +3i$, $x_2 = -3i$;

5) $\frac{12x - 9}{4x - 25} + \frac{x + 2}{\frac{2}{3} - x} = 0$ gibt: $x = \pm i\sqrt{7}$, also $x_1 = +i \cdot 2{,}64\underline{6}$, $x_2 = -i \cdot 2{,}64\underline{6}$;

6) $x^2 = a^2 - b^2$, wo $a < b$ ist, gibt: $x = \pm i\sqrt{b^2 - a^2}$;

7) $x^2 - 6x + 7 = 0$ gibt: $x = 3 \pm \sqrt{3^2 - 7} = 3 \pm \sqrt{2}$ oder $x_1 = 3 + \sqrt{2}$, $x_2 = 3 - \sqrt{2}$;

8) $x^2 + 10x + 30 = 0$ gibt: $x = -5 \pm \sqrt{-5} = -5 \pm i\sqrt{5}$;

9) $\frac{3}{2} = \frac{2x+5}{1+x} + \frac{x}{1-x}$ gibt: $x^2 - 4x + 7 = 0$ oder $x = 2 \pm \sqrt{-3}$ $= 2 \pm i\sqrt{3}$;

10) $x^2 + ax + b = 0$, wo $\left(\frac{a}{2}\right)^2 < b$ ist, gibt: $x = -\frac{a}{2} \pm i\sqrt{b - \left(\frac{a}{2}\right)^2}$.

Die in § 26 bewiesene Formel $x = -\frac{a}{2} \pm \sqrt{\left(\frac{a}{2}\right)^2 - b}$ liefert die beiden Wurzeln der quadratischen Gleichung auch dann, wenn die Koeffizienten a und b selbst irrational oder imaginär sind, z. B.:

11) $x^2 + x\sqrt{2} - \frac{1}{2} = 0$ gibt: $x = -\frac{1}{2}\sqrt{2} \pm \sqrt{(\frac{1}{2}\sqrt{2})^2 + \frac{1}{2}} = -\frac{1}{2}\sqrt{2} \pm 1$.

12) $x^2 + (\frac{1}{2} - 3i)x + 13 + \frac{39}{2}i = 0$ gibt:
$x = -\frac{1}{4} + \frac{3}{2}i \pm \sqrt{-\frac{35}{16} - \frac{3}{4}i - 13 - \frac{39}{2}i} = -\frac{1}{1} + \frac{2}{3}i \pm \sqrt{-\frac{243}{16} - \frac{81}{4}i}$
$= -\frac{1}{4} + \frac{3}{2}i \pm \frac{9}{1}\sqrt{-3 - 4i} = -\frac{1}{4} + \frac{3}{2}i \pm \frac{9}{4}(1 - 2i)$, also
$x_1 = 2 - 3i$ und $x_2 = -\frac{5}{2} + 6i$.

B. Beziehungen zwischen Koeffizienten und Wurzeln einer quadratischen Gleichung.

Aus der Gestalt der Formel $x_1 = -\frac{a}{2} + \sqrt{\left(\frac{a}{2}\right)^2 - b}$ und $x_2 = -\frac{a}{2} - \sqrt{\left(\frac{a}{2}\right)^2 - b}$ kann man folgende Sätze entnehmen:

1) Sind a und b rational, so sind x_1 und x_2 nur dann rational, wenn $\left(\frac{a}{2}\right)^2 - b$ Quadrat einer rationalen Zahl ist.

2) Sind a und b rational, und ist $\sqrt{\left(\frac{a}{2}\right)^2 - b}$ irrational, so sind x_1 und x_2 konjugiert-irrational (§ 27, F).

3) Sind a und b rational, und ist x_1 rational, so ist auch x_2 rational, ist aber x_1 irrational, so ist auch x_2 irrational, und zwar zu x_1 konjugiert.

4) Sind x_1 und x_2 konjugiert-irrational, so sind a und b rational. Denn es ist $a = -(x_1 + x_2)$, $b = x_1 \cdot x_2$ (§ 27, F).

1′) Sind a und b reell, so sind x_1 und x_2 nur dann reell, wenn $\left(\frac{a}{2}\right)^2 - b$ nicht negativ ist.

2′) Sind a und b reell, und ist $\left(\frac{a}{2}\right)^2 - b$ negativ, also $\sqrt{\left(\frac{a}{2}\right)^2 - b}$ imaginär, so sind x_1 und x_2 konjugiert-komplex.

3′) Sind a und b reell, und ist x_1 reell, so ist auch x_2 reell, ist aber x_1 komplex, so ist auch x_2 komplex, und zwar zu x_1 konjugiert.

4′) Sind x_1 und x_2 konjugiert-komplex, so sind a und b reell. Denn es ist $a = -(x_1 + x_2)$, $b = x_1 x_2$ (§ 28, E).

C. Regel über das Vorzeichen reeller Wurzeln.

Für den Fall, daß a, b, x_1 und x_2 reell sind, kann man wegen $b = x_1 x_2$ und $a = -(x_1 + x_2)$ über die Vorzeichen von x_1 und x_2 aus den Vorzeichen von a und b in folgender Weise entscheiden:

1) Ist b negativ, so ist von den beiden Wurzeln x_1 und x_2 die eine positiv, die andere negativ.

2) Ist b positiv, so sind x_1 und x_2 entweder beide positiv oder beide negativ, je nachdem a negativ oder positiv ist.

D. Vereinfachung der Rechnung bei quadratischen Gleichungen.

Für die praktische Lösung von Gleichungen, die entweder quadratisch sind oder sich auf quadratische Gleichungen zurückführen lassen, beachte man namentlich noch folgendes:

1) Die Einführung einer neuen Unbekannten erleichtert oft die Rechnung. Beispiele:

a) $16x^2 - 4ax = b(a + b)$. Man betrachtet $4x$ als Unbekannte. Dann kommt: $4x = \frac{a}{2} \pm \sqrt{\frac{a^2}{4} + ab + b^2} = \frac{a}{2} \pm \left(\frac{a}{2} + b\right) = \begin{cases} a + b \\ -b, \end{cases}$ also $x_1 = \frac{1}{4}(a + b)$ und $x_2 = -\frac{b}{4}$.

b) $x^4 - 3x^2 = 54$. Man betrachtet x^2 als Unbekannte und erhält $x^2 = \frac{3}{2} \pm \frac{15}{2} = \begin{cases} +9 \\ -6 \end{cases}$. Also sind die 4 Wurzeln der gegebenen Gleichung: $x_1 = +3$, $x_2 = -3$, $x_3 = +i\sqrt{6}$, $x_4 = -i\sqrt{6}$.

c) $x^2 + 5x - 35 = \frac{36}{x(x + 5)}$. Man setzt $x^2 + 5x = y$. Dann kommt $y - 35 = \frac{36}{y}$ oder $y^2 - 35y - 36 = 0$, woraus $y_1 = 36$, $y_2 = -1$ folgt. Durch Substitution dieser Werte in $x^2 + 5x = y$ erhält man zwei Gleichungen, welche die 4 Wurzeln $x_1 = 4$, $x_2 = -9$, $x_3 = -\frac{5}{2} + \frac{1}{2}\sqrt{21}$, $x_4 = -\frac{5}{2} - \frac{1}{2}\sqrt{21}$ liefern.

d) $x^4 - 3x^3 + \frac{13}{4}x^2 - 3x + 1 = 0$. (Symmetrische Gleichung vierten Grades.) Man schreibt dafür zunächst $x^4 + 1 - 3x(x^2 + 1) + \frac{13}{4}x^2 = 0$, und dann $\left(x^2 + \frac{1}{x^2}\right) - 3\left(x + \frac{1}{x}\right) + \frac{13}{4} = 0$. Nun setzt man $x + \frac{1}{x} = y$, also $x^2 + \frac{1}{x^2} + 2 = y^2$ oder

$x^2 + \frac{1}{x^2} = y^2 - 2$. Dann kommt $(y^2 - 2) - 3y + \frac{13}{4} = 0$ oder $y^2 - 3y + \frac{5}{4} = 0$, woraus folgt: $y = \frac{3}{2} \pm 1 = \begin{cases} \frac{5}{2} \\ \frac{1}{2} \end{cases}$. Also ist noch $x + \frac{1}{x} = \frac{5}{2}$ und $x + \frac{1}{x} = \frac{1}{2}$ zu lösen. Daraus ergeben sich schließlich die 4 Werte: $x_1 = +2$, $x_2 = \frac{1}{2}$, $x_3 = \frac{1}{4} + i \cdot \frac{1}{4}\sqrt{15}$, $x_4 = \frac{1}{4} - i \cdot \frac{1}{4}\sqrt{15}$.

2) **Wurzelzeichen entfernt man durch passende Transposition und Quadrieren, wie schon in § 27, H gezeigt ist.** Z. B.:

a) $x + \sqrt{x + 13} = 2x + 1$. Isoliert man das Wurzelzeichen, so kommt $\sqrt{x+13} = x + 1$, also durch Quadrieren $x + 13 = (x + 1)^2$, woraus $x_1 = +3$, $x_2 = -4$ hervorgeht. Die ursprüngliche Gleichung hat aber nur die Wurzel $+3$. Die zweite Wurzel -4 erfüllt die Gleichung $x - \sqrt{x + 13} = 2x + 1$.

b) $\sqrt{7 - \frac{3}{2}x} + \sqrt{5x - 1} = \sqrt{6x + 13}$. Durch Quadrieren kommt zunächst $7 - \frac{3}{2}x + 5x - 1 + 2\sqrt{(7 - \frac{3}{2}x)(5x - 1)} = 6x + 13$. Wenn man dann das Wurzelzeichen isoliert und darauf quadriert, erhält man schließlich $x^2 - \frac{444}{145}x + \frac{308}{145}$, also

$$x = \frac{222 \pm \sqrt{49284 - 44660}}{145} = \frac{222 \pm 68}{145} = \begin{cases} 2 \\ \frac{154}{145} \end{cases}.$$

Beide Werte erfüllen die ursprüngliche Gleichung.

c) $\sqrt{3x + 9 - \sqrt{x^2 + 4x + 4}} = 3$. Man erhält zuerst $3x + 9 - \sqrt{x^2 + 4x + 4} = 9$ oder $3x = \sqrt{x^2 + 4x + 4}$, woraus $x^2 - \frac{x}{2} - \frac{1}{2} = 0$ hervorgeht. Von den beiden Wurzeln dieser Gleichung $x_1 = +1$ und $x_2 = -\frac{1}{2}$ erfüllt nur $+1$ die ursprüngliche Gleichung. Die zweite Wurzel $-\frac{1}{2}$ erfüllt die Gleichung $\sqrt{3x + 9 + \sqrt{x^2 + 4x + 4}} = 3$.

3) **Oft erkennt man ohne Rechnung eine Wurzel der vorgelegten Gleichung. Namentlich ist dies der Fall, wenn die beiden Seiten der Gleichung einen gemeinsamen Faktor enthalten, wodurch man eine Wurzel aussondern und die übrigen Wurzeln aus einer Gleichung niederen Grades berechnen kann.**

a) $3(x - \frac{1}{2})(x^2 + 2) = (x - \frac{1}{2})(7x + 4)$ gibt $x - \frac{1}{2} = 0$ oder $x_1 = \frac{1}{2}$. Die beiden andern Wurzeln $x_2 = 2$, $x_3 = \frac{1}{3}$ erhält man aus $3(x^2 + 2) = 7x + 4$.

b) $x^5 - 2x^4 + \frac{1}{4}x^3 + \frac{1}{4}x^2 - 2x + 1 = 0$ gibt $(x^5 + 1) - 2x(x^3 + 1) + \frac{1}{4}x^2(x + 1) = 0$. (Symmetrische Gleichung fünften Grades.) Man erkennt $x + 1$ als Faktor, erhält deshalb $x_1 = -1$ und die übrigen Wurzeln aus $(x^4 - x^3 + x^2 - x + 1) - 2x(x^2 - x + 1) + \frac{1}{4}x^2 = 0$, oder $x^4 - 3x^3 + \frac{13}{4}x^2 - 3x + 1 = 0$. Diese Gleichung, welche mit dem Beispiel in 1d) übereinstimmt, gibt: $x_2 = 2$, $x_3 = \frac{1}{2}$, $x_4 = \frac{1}{4} + i \cdot \frac{1}{4}\sqrt{15}$, $x_5 = \frac{1}{4} - i \cdot \frac{1}{4}\sqrt{15}$.

c) $\frac{x^2 + 3x + 2}{x - 3} = \frac{a^2 + 3a + 2}{a - 3}$. Da die rechte Seite sich von der linken nur dadurch unterscheidet, daß a statt x gesetzt ist, so muß $x_1 = a$ die eine Wurzel sein. Dies benutzt man, um aus der geordneten Form $x^2 - \frac{11 + a^2}{a - 3} \cdot x + \frac{3a^2 + 11a}{a - 3} = 0$ die zweite Wurzel x_2 direkt abzulesen. Denn es muß das von x freie Glied $\frac{3a^2 + 11a}{a - 3} = x_1 \cdot x_2 = a \cdot x_2$, also $x_2 = \frac{3a + 11}{a - 3}$ sein.

Aufgaben.

Die Wurzeln sind reell, aber irrational.

1) $x^2 = 15$ 2) $x(x + 5) = 5(x + 7)$ 3) $\frac{31}{x} = x$

4) $(x + \sqrt{3})(x - \sqrt{3}) = 0$ 5) $3x^2 = 5$

6) $5x^2 - 7 = 0$ 7) $x^2 - 4x - 1 = 0$ 8) $x^2 - 8x + 9 = 0$

9) $x^2 + 20x + 90 = 0$ 10) $x^2 + 22x + 110 = 0$

11) $x^2 - 2x - 67 = 0$ 12) $x^2 + 34x = 289$

13) $x^2 - 3x + 1\frac{1}{2} = 0$ 14) $25x^2 - 20x = 41$

15) $12x^2 + 12x = \frac{103}{3}$ 16) $1600x^2 - 400x - 359 = 0$

17) $\frac{1}{4}x^2 - 8x + 48 = 0$ 18) $1\frac{1}{2}x^2 - 2x - \frac{19}{12} = 0$

19) $2x^2 + \frac{9}{2}x - \frac{285}{2} = 0$ 20) $x^2 + \frac{2x}{11} - 2056\frac{120}{121} = 0$

21) $\frac{x^2}{2} - 2x - 1\frac{5}{16} = 0$ 22) $13x^2 + 2x - 168\frac{12}{13} = 0$

22₁) $\frac{(x - 5)x}{x - 1} - \frac{2}{x - 2} = 3$ 22₂) $\frac{4}{5x(x - 2)} = 1 + \frac{2 - \frac{5}{x}}{1 - \frac{2}{x}}$.

Die Wurzeln sind imaginär.

23) $x^2 = -9$ 24) $x^2 = -\frac{16}{25}$ 25) $x^2 + 16 = 0$

26) $(x + 4)^2 = 8x$ 27) $x = \frac{-25}{x}$ 28) $x = -\frac{1}{x}$

29) $9x^2 = -2$ 30) $4x^2 = -\frac{5}{9}$ 31) $x^2 + \frac{7}{15} = 0$

32) $x\left(x + \frac{3}{2}\right) = \frac{3(x - 5)}{2}$ 33) $\frac{x - 5}{x} = x + 1$

34) $x^2 + x + 1 = 0$ 35) $x^2 - 4x + 5 = 0$ 36) $x^2 + 6x + 34 = 0$

37) $x^2 + 6x + 14 = 0$ 38) $x^2 + \frac{2}{3}x + \frac{1}{3} = 0$

39) $x^2 - \frac{2}{7}x + 343\frac{1}{49} = 0$ 40) $1089x^2 + 726x + 274 = 0$

41) $9x^2 + 3x + 5 = 0$ 42) $x^2 - 74x + 1369\frac{1}{37} = 0$

43) $x^2 + 82x + 1738\frac{16}{49} = 0$

$43_1)$ $\dfrac{3x+5}{x-7} + x = 1$

$43_2)$ $\dfrac{x-13}{x-1} : \dfrac{x}{7} = 1$

$43_3)$ $\dfrac{2 - \frac{5}{x}}{1 + \frac{2}{x}} - \dfrac{116}{x(x+2)} = 3.$

Die Koeffizienten sind zum Teil irrational, imaginär oder Buchstabenausdrücke.

44) $x^2 - \sqrt{2}\,x + 1 = 0$

45) $x^2 + x\sqrt{2} + \sqrt{2} = 0$

46) $x(x + \frac{1}{2}\sqrt{3}) = \frac{13}{16}$

47) $9x^2 = 4 + 2\sqrt{3}$

48) $x^2 - 2x(\sqrt{5} + \sqrt{3}) = 45 - 10\sqrt{15}$

49) $x^2 - 2\sqrt{-9} \cdot x = 25$

50) $x(x + 8 - 2i) - 8i = 0$

51) $\dfrac{x - \sqrt{3}}{x - \sqrt{2}} = \dfrac{3x}{2}$

52) $\dfrac{x + 3i}{5} + \dfrac{12}{ix} = i - 6$

53) $(x^2 - 2x - 4ix\sqrt{3}) : 15 + 1\frac{1}{16} + \frac{1}{6} i\sqrt{3} = 0$

54) $x^2 + 5i = x(\sqrt{2} + \sqrt{3})(1 + i)$

$54_1)$ $x^2 + 16 + 5i = 10x + 2\frac{1}{2} ix$

$54_2)$ $x^2 + 3x + 2ix\sqrt{3} + 3i\sqrt{3} = 1$

55) $x^2 - 2ax + a^2 + 1 = 0$

56) $x^2 - ax + \dfrac{a^2}{4} - b^2 = 0$

57) $x^2 - ax + \dfrac{a^2}{4} + b^2 = 0$

58) $x^2 + \dfrac{34}{\sqrt{17}}(a - b)x + 28(a^2 + b^2) = 12ab$

59) $x^2 - 4x + 4 - 9i = 0$

60) $x^2 + 2a\sqrt{2} \cdot x + 2a^2 = 3ib^2$

61) $x^2 - 2x\sqrt{\pi} + \pi - \sqrt{i\pi} = 0$

62) $\dfrac{x^2 + q}{\sqrt{3p}} = 2x - \sqrt{3p}$

63) $x^2 + 7a\sqrt{b} = 4ax + 3\sqrt{bx^2} - x^2$

64) $x^2 + a + b - c = x\sqrt{a + b + 2\sqrt{ab}} - 2\sqrt{ab}$

65) $x(x - \sqrt{p + q + 5}) = x\sqrt{p + q - 5} + \sqrt{(p + q)^2 - 25}.$

Theoretisches.

66) Wie hat man die beiden Wurzeln der Gleichung: $x^2 - 2ax + (a^2 - a + b) = 0$ zu schreiben, a) wenn $a > b$ ist, b) wenn $a < b$ ist?

67) Welcher von den rationalen Zahlen a und b abhängige Ausdruck entscheidet darüber, ob die beiden Wurzeln der Gleichung $x^2 + 2ax + 2a - b = 0$ rational oder irrational werden?

68) Bei einer Gleichung mit rationalen Koeffizienten heißt die eine Wurzel a) $5 - \sqrt{3}$, b) $-\frac{1}{2} + \sqrt{2}$, c) $3{,}1 - \sqrt{1{,}2}$, d) $-5 + \sqrt{\frac{6}{7}}$, e) $\frac{1}{4}\sqrt{7} - 1$. Wie heißt die andere Wurzel?

69) Bei einer Gleichung mit rationalen Koeffizienten ist die eine Wurzel rational, und zwar gleich 10. a) Kann man hieraus die zweite Wurzel

finden? b) Kann man die zweite Wurzel finden, wenn man weiß, daß die Formel $x_1 = -\frac{a}{2} + \sqrt{\left(\frac{a}{2}\right)^2 - b}$ die erste Wurzel in der Form $-3 + 13$ geliefert hat?

70) Wie lautet die geordnete Form einer Gleichung mit rationalen Koeffizienten, wenn ihre eine Wurzel ist: a) $5 - \sqrt{2}$, b) $-1 + \sqrt{3}$, c) $\frac{3}{4} - \sqrt{\frac{1}{6}}$, d) $4{,}02 + \sqrt{1{,}23}$?

71) Wie lautet die geordnete Form einer Gleichung, wenn ihre Wurzeln sind: a) $x_1 = \sqrt{2} + \sqrt{3}$, $x_2 = \sqrt{2} - \sqrt{3}$, b) $x_1 = -7 + \sqrt{15}$, $x_2 = -8 + \sqrt{15}$, c) $x_1 = -\frac{1}{4} + \sqrt{2}$, $x_2 = \frac{3}{4} + 2\sqrt{2}$?

72) Welche Ungleichung muß zwischen den reellen Zahlen c und d bestehen, damit die Wurzeln der Gleichung a) $x^2 + 3cx - 5cd = 0$, b) $3x^2 - 4cx + c^2 - cd + d^2 = 0$, c) $(x - c)^2 + (x - d)^2 = (c - d)^2$ reell sind?

73) Diskriminante der Gleichung $x^2 + ax + b = 0$ nennt man den Ausdruck $\left(\frac{a}{2}\right)^2 - b$. Begründe die Wahl des Wortes Diskriminante.

74) Eine Gleichung hat reelle Koeffizienten, und ihre eine Wurzel ist: a) $3 - 2i$, b) $\frac{1}{2} + \frac{i}{2}\sqrt{3}$, c) $\sqrt{5} + i\sqrt{13}$, d) $\sqrt{0{,}1} + i\sqrt{2}$. Wie heißt die andere Wurzel?

74_1) Wie lautet die geordnete Form einer Gleichung mit reellen Koeffizienten, wenn ihre eine Wurzel ist: a) $-1 + \frac{1}{2}i$, b) $\frac{3}{4} + i\sqrt{3}$, c) $-2i$, d) $\sqrt{5} - i\sqrt{3}$, e) $\sqrt{2} - \sqrt{-2}$?

75) Zeichne in der Gaußschen Zahlenebene die Bilder der beiden Wurzeln der Gleichung: a) $x^2 - 4x + 3 = 0$, b) $x^2 - 10x + 16 = 0$, c) $x^2 + 6x + 9\frac{1}{4} = 0$, d) $x^2 + 4x + 6 = 0$.

75_1) Wenn man die beiden Punkte, welche in der Gaußschen Zahlenebene die beiden komplexen Wurzeln einer quadratischen Gleichung mit reellen Koeffizienten darstellen, miteinander verbindet, so erhält man eine Strecke, welche von der reellen Achse senkrecht geschnitten und auch halbiert wird. Warum?

76) Beweise, daß die Gleichung $Ax^2 + 2Bx + C = 0$, wo A, B, C reell sind, zwei verschiedene reelle Wurzeln hat, wenn $B^2 > AC$ ist, zwei gleiche reelle Wurzeln hat, wenn $B^2 = AC$ ist, und zwei konjugiert-komplexe Wurzeln hat, wenn $B^2 < AC$ ist.

76_1) Entscheide nach Nr. 76), ob die folgenden Gleichungen reelle oder imaginäre Wurzeln haben:
a) $5x^2 - 16x + 13 = 0$, b) $11x^2 - 10x + 2 = 0$,
c) $11x^2 - 10x - 2 = 0$, d) $47\frac{1}{2}x - 8x - 900 = 0$,
e) $x^2 + 19x + 4 = 0$, f) $10\frac{3}{7}x^2 - 5\frac{1}{2}x + 1 = 0$,
g) $-7x^2 + 72x + 40 = 0$.

77) Gib an, wie man aus der graphischen Darstellung der Funktion $y = Ax^2 + 2Bx + C$ (s. § 27 K) mit einem Blick erkennen kann,

ob die Gleichung $Ax^2 + 2Bx + C = 0$ zwei verschiedene reelle, zwei gleiche reelle oder keine reelle (also zwei konjugiert-komplexe) Wurzeln hat.

77_1) Entscheide durch graphische Darstellung, ob die in 76_1) angegebenen Gleichungen reelle oder imaginäre Wurzeln haben.

78) Man weiß von einer Gleichung, daß ihre eine Wurzel reell und ihre andere Wurzel imaginär ist. Was kann man hieraus über die Koeffizienten schließen?

79) Beweise, daß die Gleichung $x^2 + (c + id)x + e + if = 0$ reelle Wurzeln besitzt, sobald zwischen den reellen Zahlen c, d, e, f die Relation $cdf = ed^2 + f^2$ besteht.

80) Die Gleichung $x^2 - 15x + b = 0$ hat die Zahl $4i$ als Wurzel. Wie groß ist b, und wie heißt die andere Wurzel?

81) Warum können die Wurzeln einer gemischt-quadratischen Gleichung mit reellen Koeffizienten nicht imaginär sein, wenn in der geordneten Form das von x freie Glied negativ ist?

Entscheide über die Vorzeichen der Wurzeln bei den folgenden Gleichungen:

82) $x^2 + 9x - 16 = 0$ 83) $7x^2 - 20x - 103 = 0$

84) $-x^2 + 5x + 33 = 0$ 85) $2x^2 - 30x + 3 = 0$

86) $11x^2 + 11x + 2 = 0$ 87) $34x^2 - 53\frac{3}{4}x + 1 = 0$

88) $x^2 + 0{,}125x - 33{,}1 = 0$ 89) $x^2 + x\sqrt{2} + \frac{1}{6}\sqrt{3} = 0$

90) $-x^2 + 2x\sqrt{2 - \sqrt{2}} - \frac{1}{10} = 0$.

91) In den vier Gleichungen $Ax^2 + 2Bx + C = 0$, $Ax^2 - 2Bx + C = 0$, $Ax^2 + 2Bx - C = 0$, $Ax^2 - 2Bx - C = 0$ sind A, B, C als positiv und die Wurzeln als reell zu betrachten. Entscheide über die Vorzeichen derselben.

92) Leite die beiden Regeln in C daraus ab, daß $\sqrt{\left(\frac{a}{2}\right)^2 - b}$ größer als $\frac{a}{2}$ ist, wenn b negativ ist, und kleiner als $\frac{a}{2}$ ist, wenn b positiv ist.

92_1) Leite die zweite Regel in C direkt aus der Betrachtung des Ausdrucks $x^2 + ax + b$ ab, mit Benutzung des Satzes, daß eine Summe von drei positiven Zahlen nicht Null sein kann.

93) Sind x_1 und x_2 die Wurzeln der Gleichung $x^2 + ax + b = 0$, so ist $x_1 + x_2 = -a$, $x_1 x_2 = b$, also $x_1^2 + x_2^2 = a^2 - 2b$ und $x_1^2 x_2^2 = b^2$. Folglich sind die Wurzeln von $x^2 - (a^2 - 2b)x + b^2 = 0$ die Quadrate der Wurzeln von $x^2 + ax + b = 0$. Leite in ähnlicher Weise die geordnete Form derjenigen Gleichung ab, deren beide Wurzeln sind:

a) x_1^3 und x_2^3, b) x_1^4 und x_2^4, c) $\frac{1}{x_1}$ und $\frac{1}{x_2}$, d) $\frac{x_1}{x_2}$ und $\frac{x_2}{x_1}$.

94) Löse die Gleichung $x^2 + xy + y^2 = 0$ sowohl für x wie für y als Unbekannte.

95) Es ist $a^2 + 4ab + 9b^2 = 1$. Drücke sowohl a durch b, wie auch b durch a aus.

96) Was folgt aus $\varrho^2 = h(2r - h)$ für h?

97) Es ist $a^2 + b^2 + c^2 = ab + ac + bc$. Drücke jede der drei Zahlen a, b, c durch die beiden anderen aus.

98) Wenn bei einem Dreiecke die Längen der drei Seiten a, b, c Längeneinheiten betragen und der Winkel α sechzig Grad beträgt, so ist $a^2 = b^2 + c^2 - bc$. Wie findet man b, wenn a und c, und wie c, wenn a und b begeben sind?

Beispiele zu D 1:

99) $(4x)^2 - 2\cdot(4x) = 3$ 100) $25x^2 - 15x + 2 = 0$

101) $\frac{4}{x^2} - \frac{8}{x} = 5$ 102) $\frac{1}{(x+3)^2} = \frac{7}{x+3} + 18$

103) $\frac{1}{x^2 + 6x + 9} + \frac{3}{x+3} = 70$ 104) $\frac{x-3}{x+3} + \frac{x+3}{x-3} = 5\frac{1}{5}$

105) $(2x-5)^2 + 3(2x-5) = 4$ 106) $(x\sqrt{2} - \sqrt{6})^2 = 2 + \sqrt{2}(x - \sqrt{3})$

107) $(x^2 + 3x)^2 + x(x+3) = 12$ 108) $(x+1)(x+2) = x^2(x+3)^2 - 10$

109) $\frac{(x+2)(x+3)}{x^2+5x+1} = x^2 + 5x - 4\frac{2}{7}$ 110) $\left(x + \frac{1}{x}\right)^2 + 3x = 10 - \frac{3}{x}$

111) $\frac{x^2-1}{4x} = \frac{(x+1)^2}{16x^2:(x-1)^2} - \frac{3}{4}$ 112) $\frac{x^2 - x + 6}{x^2 - x + 7} = \frac{2x^2 - 2x + 12}{x^2 - x + 16}$

---

113) $x^4 - 9x^2 + 20 = 0$ 114) $x^2(x^2 - 58) = -(21)^2$

115) $(x^2 - 3)^2 + (2x^2 + 1)^2 = 82$ 116) $(x^2 + 13)(x^2 + 1) = 85$

117) $(x^2+3)^2 + (x^2+4)^2 = (x^2+5)^2$ 118) $(x+1)^4 + (x-1)^4 = 82$

119) $(x^2 + 12)^2 - 49x^2 = 0$ 120) $x^4 = 20(x^2 - 5) + (3x)^2$

121) $\frac{10}{x^2} = (x + i\sqrt{3})(x - i\sqrt{3})$ 122) $\frac{3x^2 - 17}{x^2 + 5} = (x + 2\sqrt{5})(x - 2\sqrt{5})$

123) $\frac{x^2+1}{x^2-1} + \frac{x^2-1}{x^2+1} = 4$ 124) $x^4 - p^2x^2 + q^4 = 0$

125) $x^4 - 2(p^2 + 4p - 1)x^2 + (p-1)^4 = 0$;

126) $(x-a)^4 + (x+a)^4 = b$.

---

127) $4x^4 - 25x^3 + 42x^2 - 25x + 4 = 0$

128) $x^4 - 5\frac{5}{6}x^3 + 10\frac{1}{3}x^2 - 5\frac{5}{6}x + 1 = 0$

129) $x^4 + 7x^3 - 16x^2 + 7x + 1 = 0$ 130) $(x^2+1)^2 + 5x(x^2+1) = \frac{75}{4}x^2$

131) $3x^4 + 11x^3 - 6x^2 - 11x + 3 = 0$

132) $x^4 + x^3 + x^2 + x + 1 = 0$ 133) $x^4 - x^3 + x^2 - x + 1 = 0$

134) $x^4 - 1\frac{1}{2}x^3 + x^2 - 1\frac{1}{2}x + 1 = 0$

135) $x^4 - 3x^2 + 1 = \frac{x}{2}(x^2 + 1)$ 136) $(x^2+1)^2 = \frac{25x^2}{6}\left(x - \frac{1}{x}\right)$

137) $x^4 - \frac{5 + 3\sqrt{2}}{2}x^3 + \left(\frac{5\sqrt{2}}{2} + \frac{5}{2\sqrt{2}}\right)x^2 - \frac{5 + 3\sqrt{2}}{2}x + 1 = 0$.

Beispiele zu D 2:

138) $5x + 3\sqrt{x} = 26$

139) $x = 8\sqrt{x} - 15$

140) $\frac{30}{\sqrt{x}} = \sqrt{x} - 29$

141) $\sqrt{x - 7} = x - 19$

142) $x + \sqrt{x + 5} = 2x - 1$

143) $x = \sqrt{3x + 16} - 2$

144) $x - \sqrt{3 - 1\frac{5}{6}x} = 2$

145) $\sqrt{2x - 2} + \sqrt{x + 16} = 9$

146) $\sqrt{2x - 2} + \sqrt{34 - x} = 9$

147) $\sqrt{4x + 13} - \sqrt{7x - 5} = 1$

148) $\sqrt{9x + 5} - \sqrt{6x} = \sqrt{2}$

149) $\sqrt{3x - 2} = \sqrt{12x + 13} - 6$

150) $\sqrt{x + a} + \sqrt{2x + b} = \sqrt{c}$

151) $\sqrt{10 - x} + \sqrt{x - 5} = \sqrt{x}$

152) $\sqrt{3x + 4} - \sqrt{x + 2} = \sqrt{x - 3}$

153) $\sqrt{2x - 4} + \sqrt{x + 5} = \sqrt{6x + 1}$

154) $\sqrt{2x + 13} - \sqrt{15 - x} = \sqrt{3x - 14}$

155) $\sqrt{\frac{3}{2}x - 8} + \sqrt{5x + 9} = \sqrt{10x + 1}$

156) $\sqrt{ax + 1} + \sqrt{bx + 1} = \sqrt{cx + 1}$

157) $2\sqrt{2x - 6} - 3\sqrt{x - 10} = \sqrt{x + 6}$

158) $3\sqrt{x - 1} - 2\sqrt{x - 4} = \sqrt{3x + 1}$

159) $3\sqrt{4x + 5} - 2\sqrt{6x - 5} = 5\sqrt{2x - 9}$

160) $\sqrt{2x - 5 + \sqrt{x - 9}} = 4$

161) $\sqrt{1\frac{1}{4}x - 3 - \sqrt{x + 1}} = \sqrt{2}\sqrt{x}$

162) $\frac{\sqrt{1 + x} + \sqrt{1 - x}}{\sqrt{1 + x} - \sqrt{1 - x}} = \frac{1}{x}$

163) $\sqrt{\frac{3 - x}{3 + x}} + \sqrt{\frac{3 + x}{3 - x}} = \sqrt{5}$

164) $\frac{(9 - x)\sqrt{9 - x} + (x - 8)\sqrt{x - 8}}{\sqrt{9 - x} + \sqrt{x - 8}} = 1$

165) $\frac{\sqrt{x - a} + \sqrt{b - x}}{\sqrt{x - a} - \sqrt{b - x}} = \sqrt{\frac{a - x}{x - b}}$

166) $\sqrt{5x + 11 + \sqrt{x^2 + 25x + 50}} = 9$

167) $\sqrt{11x + 5 - \sqrt{20x^2 + 20x + 9}} = 3.$

Beispiele zu D 3:

168) $(3 - x)(x^2 - 5x) = 14(3 - x)$

169) $(3 - x)(x - 19)x = 90(x - 3)$

170) $(2x + 5)(x - 1)(x - 2) = (x + \frac{5}{2})(x^2 + 19x + 12)$

171) $(x^2 - 1)(x^2 + x + 1)(x - 5) = 0$

172) $\left(x + \frac{1}{x}\right)(4x^2 - 3x) = \frac{10(x^2 + 1)}{x}$

173) $(x - \sqrt{a})(\sqrt{x + 7} + \sqrt{3x - 2}) = x\sqrt{9x} - \sqrt{a}\sqrt{9x}.$

Es ist $+1$ oder -1 Wurzel, also $x - 1$ oder $x + 1$ Faktor.

174) $x^3 + x^2 + x + 1 = 0$

175) $x^3 - 6x^2 - 45x + 50 = 0$

176) $x^3 = 21x - 20$

177) $3x^3 + 4x^2 - 6x = 7$

178) $3x^3 - 8x^2 + x + 2(x+1) = 0$

179) $(x-5)x^2 + 9(x-1) = -4x$

180) $x^3 = \frac{x^2 + 122x}{3} - 40$ 181) $\frac{4x^3 + 57x}{x - \sqrt{62}} = x + \sqrt{62}$.

Es sind $+1$ und -1 Wurzeln, also ist $x^2 - 1$ Faktor.

182) $7x^4 - 5x^3 - 157x^2 + 5(x+30) = 0$

183) $\frac{5x^4 - 5x^2}{39 + 2x} = x^2 - 1$ 184) $\frac{x^2}{x + \frac{1}{x}} - \frac{1}{x + \frac{1}{x}} = x^2 - 1$

185) $x^4 - 1 = \frac{a^2 + b^2}{ab} x^3 - \frac{a^2 + b^2}{ab} x$.

Die Aussonderung der Faktoren $x - 1$ oder $x + 1$ oder $x^2 - 1$ führt auf symmetrische Gleichungen.

186) $2x^5 - 3x^4 - x^3 - x^2 - 3x + 2 = 0$

187) $2x^5 - 11x^4 + 23x^3 - 23x^2 + 11x - 2 = 0$

188) $12x^5 + 8x^4 - 45x^3 - 45x^2 + 8x + 12 = 0$

189) $2x^6 - 3x^5 - 6x^4 + 6x^3 + 6x^2 - 3x - 2 = 0$

190) $x^5 + qx^4 + rx^3 = rx^2 + qx + 1$

191) $x^5 = 1$ 192) $x^5 = -1$

193) $x^{10} - 1\,[= (x^5 + 1)(x^5 - 1)] = 0$

194) $x^8 - 1\,[= (x^4 + 1)(x^4 - 1)] = 0$.

195) Die 12 Zahlen, welche, in die zwölfte Potenz erhoben, die Zahl 1 geben, sollen durch Zerlegung von $x^{12} - 1$ in $(x^6 - 1)(x^6 + 1)$ $= (x^2 - 1)(x^4 + x^2 + 1)(x^2 + 1)(x^4 - x^2 + 1)$ bestimmt werden.

196) Bestimme die Wurzeln von: a) $x^3 = 1$, b) $x^4 = 1$, c) $x^5 = 1$, d) $x^6 = 1$, e) $x^8 = 1$, f) $x^{10} = 1$, g) $x^{12} = 1$, bilde dieselben in der Gaußschen Zahlenebene ab, und gib an, was für ein Polygon die Bildpunkte liefern.

---

197) $x^2 + 2x - 3 = a^2 + 2a - 3$

198) $x^3 + 5x^2 - 6 = a^3 + 5a^2 - 6$

199) $\frac{3a^2 - 2a + 1}{5a^2 - 4} = \frac{3x^2 - 2x + 1}{5x^2 - 4}$

200) $\frac{a^3 - a^2 + a - 1}{a + 2} = \frac{x^3 - x^2 + x - 1}{x + 2}$.

201) Was muß man in dem Ausdruck $\frac{2a^2 + 1}{a + 2}$ für a substituieren, damit der entstehende Ausdruck wieder gleich $\frac{2a^2 + 1}{a + 2}$ wird?

202) Der Ausdruck $\frac{a^2 + 2}{a + 4}$ erhält für $a = 2$ den Wert 1. Für welchen Wert von a erhält dieser Ausdruck außerdem noch den Wert 1?

---

203) Bestimme α und β so, daß $(x-\alpha)(x-\beta) = x^2 - 14x - 1$ wird.

204) Zerlege in zwei lineare Faktoren: a) $x^2 - 20x + 98$, b) $x^2 + 16x - 8$, c) $3x^2 - 5x\sqrt{2} - 16$, d) $a^2 + 2ab - 8b^2$, e) $3a^2 - 5ab + 2b^2$, f) $10p^2 + 7pq - 33q^2$.

205) Welches ist die Bedingung dafür, daß $x^2 + ax + b$ in der Form $(x-\alpha)(x-\beta)$ dargestellt werden kann, a) wo α und β rational, b) wo α und β reell sind?

206) Zerlege in zwei lineare Faktoren: a) $x^2 + 25$, b) $x^2 + a^2$, c) $x^2 + 8x + 17$, d) $3x^2 + 6x + 10$.

Buchstabengleichungen.

207) $(x + a)^2 + (x + 2a)^2 = 13a^2$

208) $2(x - a)(x - 2b) = x^2 - a^2 - 4b^2$

209) $9x(x - 1) = 8x(b - 1) + 2 + (b + 1)(b - 2)$

210) $x^4 - 2x^2(a^2 + b^2) + a^4 + b^4 = 2a^2b^2$

211) $x^2(x + 2a)^2 + (x + a)^2 = a^2(9a^2 + 4)$

212) $\sqrt{x - 3p + 13q} + \sqrt{x + 10q} = \sqrt{x + 5(p + q)}$

213) $\sqrt{x+1}\sqrt{x-1} = \sqrt{p+1}\sqrt{p-1} + p - x$

214) $\dfrac{\sqrt{x+2a}\sqrt{x+3a} + \sqrt{2a-x}\sqrt{x-3a}}{\sqrt{x+2a}\sqrt{x+3a} - \sqrt{2a-x}\sqrt{x-3a}} = \sqrt{\dfrac{2}{3}}$

215) $(x^2 - 5a^2)^2 - (4a^2)^2 + 4bx^2(a - b) = 36a^2b(a - b)$

216) $x^4 + \dfrac{x^2}{ab}(a^2 + 2ab + b^2 + a^2b^2 + 1) + 1 = \left(a + \dfrac{1}{a} + b + \dfrac{1}{b}\right)x(x^2 + 1)$.

Mehrstellige Dezimalbrüche.

217) $x^2 + 0{,}1234 \cdot x - 5{,}678 = 0$

218) $x^2 - 3{,}1892 + 42{,}3812 \cdot x = 0$

219) $\sqrt{x - 0{,}12378} = 0{,}98734 \cdot x$

220) $3{,}47008\,x^2 + 2{,}0038\,x = 56{,}1237$.

§ 30.

Eingekleidete quadratische Gleichungen mit einer Unbekannten.

Zahleigenschaften.

1) Dividiert man 320 durch eine gesuchte irrationale Zahl, so kommt die gesuchte Zahl selbst heraus.

2) Multipliziert man eine gesuchte Zahl mit ihrem Sechsfachen, so ergibt sich die negative Zahl -864.

3) Die Zahl 4 in zwei Faktoren zu zerlegen, deren Summe: a) 4, b) 1, c) 0,1, d) $1 + \sqrt{2}$, e) $-3 + 2i$ beträgt.

4) Die Zahl 3 in zwei Summanden zu zerlegen, deren Produkt: a) $2\frac{1}{2}$, b) $-2\frac{1}{2}$, c) $-3{,}142$ ist.

5) Welche Zahl ist um $1\frac{29}{36}$ größer als ihr reziproker Wert?

6) Den Bruch $\frac{1}{2002}$ in zwei Faktoren zu zerlegen, deren Summe um $\frac{8}{143}$ größer ist als $\frac{1}{2002}$.

7) Welche irrationale Zahl ist um 1 kleiner als ihr Quadrat?

8) Eine Zahl a so in zwei Summanden zu zerlegen, daß der größere Summand mittlere Proportionale zwischen a und dem kleineren Summanden wird. (Stetige Teilung, Goldener Schnitt.)

9) Vermehrt man das Quadrat einer gesuchten Zahl um das Quadrat der um 1 größeren Zahl, so erhält man: a) 25, b) 2, c) -2, d) $\frac{1}{2}$, e) $\frac{5}{8}$, f) $-1{,}5$.

10) Welche Zahl übertrifft ihre Quadratwurzel: a) um $3\frac{3}{4}$, b) um 1, c) um 2,18, d) um $a^2 + 3a + 2$?

11) Welche Zahl muß man bei der falschen Proportion $36 : 10 = 15 : 14$ zu den drei ersten Gliedern addieren und von dem vierten Gliede subtrahieren, damit eine richtige Proportion entsteht?

12) Bei einer in einer Aufgaben-Sammlung enthaltenen Gleichung zweiten Grades waren durch Schuld des Korrektors zwei Lücken gelassen, so daß dieselbe hieß: „$x^2 + 8x = \quad$; Resultat: $x_1 = 11$, $x_2 = \quad$." Wie lautete das Manuskript des Autors?

13) Beweise durch Auflösung der Gleichung $x - x^2 = a$, daß ein echter Bruch sein Quadrat höchstens um $\frac{1}{4}$ übertreffen kann.

---

14) Multipliziert man eine gesuchte zweiziffrige Zahl, deren erste Ziffer um 5 größer ist als die zweite, mit der ersten Ziffer, so erhält man die Zahl 504.

15) Multipliziert man eine gesuchte zweiziffrige Zahl, deren Quersumme 11 ist, mit der Differenz ihrer Ziffern, so erhält man die Zahl 415.

16) Dividiert man eine gesuchte zweiziffrige Zahl, deren zweite Ziffer um 7 größer ist als die erste, durch ihre Quersumme, so erhält man das Doppelte der ersten Ziffer.

17) Welche zweiziffrige Zahl, deren zweite Ziffer um 7 kleiner ist als die erste, ist gleich dem Quadrat ihrer Quersumme?

18) Multipliziert man eine gesuchte zweiziffrige Zahl von der Quersumme s mit der durch Umkehrung der Ziffern entstehenden Zahl, so erhält man die Zahl n. Beispiele:
a) $s = 8$, $n = 1855$;
b) $s = 12$, $n = 3627$;
c) $s = 12$, $n = 4356$.

19) Dividiert man eine gesuchte zweiziffrige Zahl, deren Quersumme 12 ist, durch die durch Umkehrung der Ziffern entstehende Zahl, so erhält man durch Kürzen einen Bruch, dessen Zähler gleich 7 und dessen Nenner gleich der zweiten Ziffer der ursprünglichen Zahl ist.

20) Das Quadrat einer gesuchten zweiziffrigen Zahl von der Quersumme 9 ist gleich dem Vierfachen der durch Umkehrnng der Ziffern entstehenden Zahl.

21) Multipliziert man eine zweiziffrige Zahl, deren zweite Ziffer um 2 größer ist als die erste, mit der ersten Ziffer und subtrahiert von dem erhaltenen Produkt die Quersumme der ursprünglichen Zahl, so erhält man die durch Vertauschung der Ziffern entstehende Zahl. Wie heißt die ursprüngliche Zahl?

Aufgaben mit geometrischer Einkleidung.

22) Ein Schüler hatte eine gewisse Anzahl gerader Linien gezogen und den Schnittpunkt je zweier dieser Linien aufgesucht. Wieviel gerade Linien hatte er gezogen, wenn er a) 136, b) p Schnittpunkte zählte? c) Was läßt sich annehmen, wenn er 188 Schnittpunkte zählte?

23) Zwischen wie vielen in einer Ebene liegenden Punkten, von denen nicht mehr als zwei in einer geraden Linie liegen, lassen sich 231 Verbindungslinien ziehen?

24) Wieviel Ecken hat ein Polygon, in welchem sich: a) 90, b) 4850, c) d Diagonalen ziehen lassen?

25) Warum muß $8 + 9a$ eine ungerade Quadratzahl sein, wenn sich in einem Polygon a Diagonalen ziehen lassen?

26) In welchem Polygon ist die Anzahl sämtlicher Diagonalen ebenso groß wie die Anzahl der Ecken?

27) Wieviel Ecken hat ein Polygon, in welchem die Anzahl sämtlicher Diagonalen um n größer ist als die Anzahl der Ecken? Beispiele: a) $n = 3$, b) $n = 7$, c) $n = 12$, d) $n = 150$.

---

28) Die Hypotenuse eines rechtwinkligen Dreiecks ist 10 *cm* lang, und die eine Kathete ist gleich der Projektion der andern Kathete auf die Hypotenuse. Wie lang ist die erste Kathete?

29) Eine Kathete eines rechtwinkligen Dreiecks ist 6 *cm* lang, die Projektion der andern Kathete auf die Hypotenuse ist 9 *cm* lang. Wie lang ist die Hypotenuse?

30) Die Hypotenuse eines rechtwinkligen Dreiecks ist 26 *cm*, die Höhe 12 *cm* lang. Wie lang sind die beiden Kathetenprojektionen?

31) Die kleinere Kathete eines rechtwinkligen Dreiecks ist gleich 60 *cm*, die Projektionen der Katheten unterscheiden sich um 28 *cm*. Wie groß sind sie?

32) Die Hypotenuse eines rechtwinkligen Dreiecks ist um 18 *cm* größer als die eine Kathete und diese wieder um 7 *cm* größer als die andere Kathete. Wie lang sind die drei Seiten des Dreiecks?

---

33) Wie groß ist der Inhalt eines Quadrats, bei welchem die Diagonale um a *cm* länger ist als die Seite?

34) Der Inhalt eines Rechtecks, dessen eine Seite um 6 *cm* größer ist als die andere, übertrifft den doppelten Inhalt des Quadrats über der kleineren Rechteckseite um 5 *qcm*. Wie groß ist die kleinere Rechteckseite?

35) Wie groß ist die Seite eines gleichseitigen Dreiecks, dessen Inhalt: a) 1 *qm*, b) $\sqrt{3}$ *qm*, c) f *qm* beträgt?

36) Der Inhalt eines Dreiecks, dessen eine Höhe um 5 *cm* länger ist als die zu ihr senkrechte Seite, beträgt 42 *qcm*. Wie groß sind Seite und Höhe?

37) Wenn man in einem rechtwinkligen Dreieck, dessen eine Kathete um 11 *cm* größer ist als die andere, die kleinere Kathete um 4 *cm*, die größere um 9 *cm* verkürzt, so ist der Inhalt des entstehenden Dreiecks nur halb so groß wie der des ursprünglichen. Wie groß ist die kleinere Kathete?

38) Vergrößert man in einem Dreieck, in dem zwei Seiten sich zur Summe 11 *cm* ergänzen, diese beiden Seiten um je 1 *cm*, ohne den von den Seiten eingeschlossenen Winkel zu ändern, so verhält sich der Inhalt des neuen Dreiecks zu dem des alten wie 5 : 3. Wie groß sind die beiden Seiten?

39) In einem Trapez ist die eine Grundlinie um a *cm* länger als die andere, die Höhe um b *cm* kürzer als die kleinere Grundlinie. Der Inhalt ist gleich c *qcm*. Wie groß ist die kleinere Grundlinie? Beispiele:
a) $a = 3, \; b = 1, \; c = 9;$
b) $a = 22, \; b = 10, \; c = 100;$
c) $a = 76, \; b = 39, \; c = 324.$

40) Der Inhalt eines Rhombus, dessen eine Diagonale um 8 *cm* länger ist als die andere, ist um 24 *qcm* größer als das halbe Quadrat über der Rhombusseite. Wie groß sind die Diagonalen?

41) Der Inhalt eines Tangentenpolygons, dessen Umfang um 8 *cm* größer ist als der sechsfache Radius, ist gleich 20 *qcm*. Wie groß ist der Radius?

---

42) Zwei Sehnen eines Kreises von der Länge 24 *cm* und 25 *cm* schneiden sich. Wie groß sind die Abschnitte der zweiten Sehne, wenn die erste Sehne im Schnittpunkt halbiert wird?

43) Eine Sehne ist um 2 *cm* kürzer als der Durchmesser eines Kreises; ihr Zentralabstand ist $\frac{5}{13}$ des Radius. Wie groß ist der Durchmesser?

44) Zwei Sekanten eines Kreises schneiden sich außerhalb. Die eine Sehne ist doppelt so groß wie die andere. Der zur größeren Sehne gehörige äußere Abschnitt ist um 8 *cm* kleiner als diese, der zur kleineren Sehne gehörige äußere Abschnitt um 1 *cm* größer als die kleinere Sehne. Wie groß ist die kleinere Sehne?

45) In einem Kreise ist eine Sehne gezogen und um 8 *cm* verlängert. Die Tangente, die vom Endpunkt dieser Verlängerung aus an den Kreis gezogen werden kann, ist um 2 *cm* größer als die Sehne. Wie groß ist die Sehne?

---

46) Die Maßzahlen der Radien dreier Kreise sind drei aufeinanderfolgende Zahlen. Der Inhalt des größten der drei Kreise ist gleich der Summe der Inhalte der beiden anderen. Welches ist die Maßzahl des kleinsten Radius?

47) Der Inhalt eines Kreisringes, dessen äußerer Radius um 9 *cm* größer ist als der innere, ist ebenso groß wie der eines Vollkreises, dessen Radius um 2 *cm* kleiner ist als der äußere Radius des Kreisringes. Wie groß ist letzterer?

48) Ein Sektor mit dem Zentriwinkel $\alpha = 40^{0}$ ist gleich einem Vollkreise, dessen Radius um 6 *cm* kleiner ist als der Radius des Sektors. Wie groß ist dieser?

49) Ein Sektor mit dem Bogen $b = 84$ *cm* ist an Flächeninhalt um 400 *qcm* kleiner als das Quadrat des Radius. Wie groß ist der Radius?

50) Ein Sektor mit dem Zentriwinkel 72^{0} ist flächengleich einem Kreisring, dessen Radien um 4 *cm* bzw. 6 *cm* kleiner sind als der Radius des Sektors. Wie groß ist dieser?

---

51) Ein Einrahmer soll den Rahmen eines Bildes überall gleich breit machen und es einrichten, daß derselbe etwa $\frac{1}{10}$ des eingerahmten Bildes beträgt. Welche Breite hat er dem Rahmen zu geben, da das ihm eingehändigte Bild 48 *cm* breit und 32 *cm* hoch ist? (Die resultierende Irrationalzahl ist so abzurunden, daß der Fehler kleiner als 1 *mm* wird.)

52) Eine Kaserne von 70 *m* Länge und 21 *m* Tiefe ist allerseits von einem Gitter umgeben, das auf allen vier Seiten gleichen Abstand von der Kaserne hat. Der Raum zwischen Gitter und Kaserne ist gerade so groß, wie der Flächenraum der Kaserne. Wie groß ist jener Abstand?

53) Welche Kantenlänge hat ein Würfel, dessen Volumen um 271 *ccm* zunimmt, wenn die Kantenlänge um 1 *cm* zunimmt?

54) In der Filtrieranlage einer Großstadt befinden sich vier gleichgroße rechteckige Klärbecken mit senkrechten Wänden, deren Länge die Breite um 300 *m* übertrifft. Die Becken werden bis zu einer Höhe von 3,30 *m* über der Sohle mit Wasser gefüllt. Nach zwanzigstündiger Ruhe wird das Wasser bis zu einer Höhe von 1,50 *m* über der Sohle abgelassen. Die vier Becken zusammen liefern dabei eine Wassermenge von 288 000 *cbm*. Wie lang und breit sind die Klärbecken?

Verschiedenartige Einkleidungen.

55) An einem Ausflug eines Vereins nahmen Herren und Damen teil, und zwar zwei Herren mehr als Damen. Die Gesamtkosten, welche sich auf 400 ℳ beliefen, wurden so verteilt, daß immer ein Herr 4 ℳ mehr als eine Dame zahlte. So kam es, daß die Herren zusammen 240 ℳ, die Damen 160 ℳ zu zahlen hatten. Wieviel Personen nahmen an dem Ausflug teil? (Entweder? oder?)

56) Mehrere Studenten mieteten eine Kegelbahn für 2 ℳ. Wären ihrer zwei mehr gewesen, so hätte jeder, da die Bahnmiete sich dadurch nicht geändert hätte, 10 Pfennig weniger zu bezahlen gehabt, und es wären doch noch 10 Pfennig Trinkgeld für den Kegelaufsetzer übriggeblieben. Wieviel Studenten mieteten die Kegelbahn?

57) Eine Fabrik hat zwei Dampfmaschinen. Ist die erste allein in Betrieb, so reicht immer der im Kohlenraum befindliche Kohlenvorrat 10 Tage länger, als wenn beide Maschinen zusammen arbeiten. Ist die zweite allein in Betrieb, so reicht jener Vorrat sogar 40 Tage länger, als wenn beide arbeiten. a) Wieviel Tage reicht der Vorrat, wenn beide Maschinen tätig sind? b) Wie lautet die Antwort auf diese Frage, wenn p statt 10, q statt 40 gesetzt wird? (Rein-quadratische Gleichung.)

58) Durch die Telephonleitungen, welche Hamburg am Ende des Jahres 1895 besaß, waren höchstens 71994000 Gesprächs-Verbindungen möglich. Wieviel Stellen in Hamburg besaßen um die angegebene Zeit Telephon-Anschluß?

59) Aus einem gefüllten Faß mit 120 *l* Wein wurde zweimal Wein abgezapft und jedesmal durch Wasser ersetzt. Das zweitemal wurden 20 *l* mehr als das erstemal abgelassen, so daß schließlich nur $52\frac{1}{2}$ *l* reinen Weins in dem Fasse waren. Wieviel *l* wurden das erstemal abgezapft?

60) Zu den Kosten einer Turnfahrt steuerten die drei oberen Klassen eines Gymnasiums derartig bei, daß zwar alle Schüler einer und derselben Klasse gleichviel beitrugen, daß aber ein Primaner so viel gab, wie ein Sekundaner und ein Tertianer zusammen gaben. In Prima waren 10 Schüler weniger als in Sekunda und 15 Schüler weniger als in Tertia. So kam es, daß der ganze Beitrag der Prima 40 *M*, der der Sekunda 36 *M* und der der Tertia 28 *M* betrug. Wieviel Schüler waren in jeder Klasse?

Physikalisches.

61) Um das wahre Gewicht eines Körpers auf einer Wagschale zu bestimmen, deren Hebelarme verschieden lang waren, führte jemand eine Doppelwägung aus. Er mußte, um dem in die rechte Wagschale gelegten Körper das Gleichgewicht zu halten, 10 *g* in die linke Wagschale legen. Brachte er aber den Körper in die linke Wagschale, so erhielt er nur dann Gleichgewicht, wenn er in die rechte Wagschale 9,801 *g* legte. Wieviel *mg* wog der Körper? (Rein-quadratische Gleichung.)

62) Ein mit einer Anfangsgeschwindigkeit von c *m* pro Sekunde vertikal in die Höhe geworfener Körper befindet sich nach t Sekunden in einer Höhe von $(ct - \frac{1}{2}gt^2)$ Meter, wo g den Geschwindigkeitszuwachs pro Sekunde beim freien Fall bedeutet und etwa gleich 9,8 *m* zu setzen ist. a) Nach wieviel Sekunden befindet sich hiernach ein Stein, der mit einer Anfangsgeschwindigkeit von 6,9 *m* in die Höhe geschleudert wurde, 2 *m* hoch? b) Drücke t durch c, g und die Höhe h in Buchstaben aus. c) Entnimm dem in b) erhaltenen Resultate, wie groß c mindestens sein muß, damit die Höhe von h *m* erreicht wird.

63) Berechne, in welcher Höhe ein Meteor explodierte, unter der Annahme, daß seine Trümmer im Momente der Explosion anfangen, ohne Anfangsgeschwindigkeit vertikal nach unten zu fallen, daß vom Luftwider-

stande usw. abgesehen werden darf und daß man die Trümmer a Sekunden, nachdem man den Knall gehört hat, zur Erde fallen sieht. (Fallhöhe in t Sekunden gleich $\frac{g}{2}t^2$ Meter, wo $g = 9{,}8$, Schallgeschwindigkeit $c = 336$ *m*. Zahlenbeispiel, bei welchem x rational wird: $a = 7\frac{1}{15}$. Diskussion für den Fall, daß a Null oder negativ ist.)

64) Nach Regnaults Untersuchungen nimmt eine Quantität Quecksilber, die bei 0^0 1 *cbm* Raum einnahm, bei t^0 den Raum von $(1 + 0{,}00017902 \cdot t + 0{,}000000002526 \cdot t^2)$ *cbm* ein. Bei wieviel Grad beträgt das Volumen dieser Quantität Quecksilber 1,001792726 *cbm*?

65) Ein mathematisches, 1 Meter langes Pendel braucht zu einer kleinen Schwingung $\pi\sqrt{1:g}$ oder nahezu $\sqrt{1}$ Sekunden. Berechne hiernach, wie lang ein Pendel war, dessen Schwingungszeit um $\frac{3}{10}$ Sekunde wuchs, als es um 14 *cm* länger als doppelt so lang gemacht wurde.

66) Die unterirdische Straßenleitung, welche die Stadt Hamburg mit elektrischer Energie versorgt, führt dem Physikzimmer des Johanneums, des ältesten Hamburger Gymnasiums, 110 Volt zu. Der Effekt, welcher bei einem gewissen Widerstande damit geleistet wurde, erhöhte sich um 66 Watts (Watt = Volt-Ampere), als der Widerstand um 3 Ohm erniedrigt wurde. Wieviel Widerstand war anfänglich eingeschaltet?

Bewegungsaufgaben.

67) Ein Hund fängt an, einen Hasen zu verfolgen, der ihm 10 *m* vorauf ist. Indem der Hund zu je 10 *m* eine halbe Sekunde weniger Zeit braucht als der Hase, holt er ihn in 10 Sekunden ein. Wieviel *m* hat der Hund laufen müssen?

68) Zwei Spaziergänger trennen sich bei einem Wegweiser. Der eine geht nordwärts, der andere ostwärts. Nach 9 Minuten sind sie 900 *m* voneinander entfernt. Wie schnell geht jeder von beiden, wenn angenommen wird, daß der eine 4 *m* in derselben Zeit ging, in welcher der andere nur 3 *m* ging?

69) Aus Rom und Aricia gingen zwei Freunde einander entgegen. Sie brachen beide um 9 Uhr morgens auf und trafen sich um etwa 11 Uhr 40 Minuten an einem Punkte der Via Appia, der näher nach Rom zu lag, da der verweichlichte Römer zu einer (römischen) Meile 4 Minuten länger brauchte als sein rüstiger Freund. Wo lag der Ort der Begegnung, da die Strecke von Rom nach Aricia auf der Via Appia 16000 passus betrug?

70) Um die ungefähr 108 *km* lange Strecke von Hamburg nach Cuxhaven zurückzulegen, braucht der Schnelldampfer $2\frac{1}{2}$ Stunden mehr als der Schnellzug, da die Geschwindigkeit des Dampfers um 30 *km* in der Stunde geringer ist als die des Zuges. Wie groß ist die Geschwindigkeit des Schnellzuges?

§ 31.

Quadratische Gleichungen mit mehreren Unbekannten in arithmetischer Sprache.

Theorie.

A. Die eine Gleichung ist ersten Grades.

Beispiel:

$$\begin{cases} (3y + 4x)(3y - 4x) + 3xy = 87x - 215 \\ 3(y - x) = x + 3 . \end{cases}$$

Man substituiert den aus der zweiten Gleichung für y resultierenden Ausdruck $\frac{4}{3}x + 1$ in die erste Gleichung, nachdem letztere vereinfacht ist. Dann kommt:

$$16x^2 - 3x(\tfrac{4}{3}x + 1) - 9(\tfrac{4}{3}x + 1)^2 + 87x - 215 = 0,$$

oder: $x^2 - 15x + 56 = 0$. Die beiden Wurzeln $x_1 = 8$, $x_2 = 7$ dieser Gleichung setzt man in die Substitutionsgleichung $y = \frac{4}{3}x + 1$ ein. Dadurch erhält man $y_1 = 11\frac{2}{3}$, $y_2 = 10\frac{1}{3}$, also die Wertepaare:

$$\begin{cases} x_1 = 8 \\ y_1 = 11\frac{2}{3} \end{cases} \text{ und } \begin{cases} x_2 = 7 \\ y_2 = 10\frac{1}{3} . \end{cases}$$

B. Elimination der quadratischen Glieder.

Aus den beiden gegebenen Gleichungen entsteht durch Elimination der quadratischen Glieder eine dritte Gleichung, die vom ersten Grade ist. Beispiele:

$$1) \begin{cases} 3x^2 - 2xy + 15x - 2y = 6 \\ 2xy - 3x^2 - 4x + y = 2 \end{cases} .$$

Durch Addition erhält man die Gleichung ersten Grades $11x - y = 8$. Verbindet man diese Gleichung mit der ersten oder zweiten Gleichung, so hat man den in A besprochenen Fall und erhält aus $x^2 - \frac{9}{19}x - \frac{10}{19} = 0$ die Wertepaare:

$$\begin{cases} x_1 = +1 \\ y_1 = +3 \end{cases} \text{ und } \begin{cases} x_2 = -\frac{10}{19} \\ y_2 = -13\frac{15}{19} . \end{cases}$$

$$2) \begin{cases} 3x + y - xy = 12 \\ 5x(y + 1) = 20 \end{cases}$$

Man eliminiert xy, erhält $4x + y = 16$ als dritte Gleichung und aus $x^2 - \frac{17}{4}x + 1 = 0$ die Wertepaare:

$$\begin{cases} x_1 = 4 \\ y_1 = 0 \end{cases} \text{ und } \begin{cases} x_2 = \frac{1}{4} \\ y_2 = 15 . \end{cases}$$

$$3) \begin{cases} 4x^2 + 4y^2 = 3x + 5y \\ 3x^2 + 3y^2 = x + 5y \end{cases} .$$

Man eliminiert $x^2 + y^2$, erhält $x^2 - x = 0$, also die Wertepaare:

$$\begin{cases} x_1 = 1 \\ y_1 = 1 \end{cases} \text{ und } \begin{cases} x_2 = 0 \\ y_2 = 0 . \end{cases}$$

C. Einführung einer neuen Unbekannten.

Kommen in einer der beiden Gleichungen die Unbekannten ausschließlich in einer bestimmten Verbindung, in einem wiederkehrenden Ausdruck vor, so kann man für diesen Ausdruck eine neue Unbekannte einführen und dadurch eine Gleichung herstellen, die nur diese, also eine einzige Unbekannte enthält. Beispiele:

$$1)\quad \begin{cases} 2(x-y)^2 = x+y \\ 4x^2 - 12xy + 9y^2 + 2x - 3y = 2. \end{cases}$$

Man erkennt, daß $4x^2 - 12xy + 9y^2$ das Quadrat von $2x - 3y$ ist, setzt deshalb $2x - 3y = t$ und erhält aus $t^2 + t = 2$ die Wurzeln $t_1 = +1$, $t_2 = -2$, also die Gleichungssysteme:

$$\begin{cases} 2(x-y)^2 = x+y \\ 2x - 3y = +1 \end{cases} \quad \text{und} \quad \begin{cases} 2(x-y)^2 = x+y \\ 2x - 3y = -2. \end{cases}$$

Jedes dieser beiden Systeme läßt sich nach A lösen und gibt 2 Wurzelpaare. Das gegebene Gleichungssystem wird also durch 4 Wurzelpaare gelöst, nämlich durch:

$$\begin{cases} x_1 = 5 \\ y_1 = 3 \end{cases} \quad \begin{cases} x_2 = \frac{1}{2} \\ y_2 = 0 \end{cases} \quad \begin{cases} x_3 = 5\frac{3}{4} + \frac{3}{4}\sqrt{57} \\ y_3 = 4\frac{1}{2} + \frac{1}{2}\sqrt{57} \end{cases} \quad \begin{cases} x_4 = 5\frac{3}{4} - \frac{3}{4}\sqrt{57} \\ y_4 = 4\frac{1}{2} - \frac{1}{2}\sqrt{57}. \end{cases}$$

$$2)\quad \begin{cases} \dfrac{2x^2}{y^2} + \dfrac{3x}{y} = 27 \\ x^2 + 3y^2 = 7x + 6. \end{cases}$$

Setzt man $\frac{x}{y} = t$, so wird die erste Gleichung: $2t^2 + 3t = 27$ erfüllt durch die Werte $t_1 = 3$, $t_2 = -4\frac{1}{2}$. Man erhält also 1) $x = 3y$, 2) $x = -4\frac{1}{2}y$. Verbindet man jede dieser beiden Gleichungen mit der zweiten Gleichung der Aufgabe, so erhält man:

$$\begin{cases} x_1 = 6 \\ y_1 = 2 \end{cases} \quad \begin{cases} x_2 = -\frac{3}{4} \\ y_2 = -\frac{1}{4} \end{cases} \quad \begin{cases} x_3 = \frac{27}{62} - \frac{9}{62}\sqrt{257} \\ y_3 = -\frac{3}{31} + \frac{1}{31}\sqrt{257} \end{cases} \quad \begin{matrix} x_4 = \frac{27}{62} + \frac{9}{62}\sqrt{257} \\ y_4 = -\frac{3}{31} - \frac{1}{31}\sqrt{257}. \end{matrix}$$

3) Homogene Gleichung. Die Einführung der neuen Unbekannten $t = \frac{x}{y}$ ist stets dann ausführbar, wenn die eine der beiden quadratischen Gleichungen homogen ist, d. h. wenn nur quadratische Glieder (Glieder zweiter „Dimension") vorkommen. Beispiel:

$$\begin{cases} x^2 - 6xy + 5y^2 = 0 \\ x^2 + y^2 + 26 = 6x + 22y. \end{cases}$$

Hier enthält die erste Gleichung nur quadratische Glieder, ist also homogen. Man dividiert sie durch y^2 und setzt $\frac{x}{y} = t$, also $t^2 - 6t + 5 = 0$. Dadurch erhält man $t_1 = 5$, $t_2 = 1$, also 1) $x = 5y$, 2) $x = y$. Verbindet man wieder jede dieser beiden Gleichungen mit der zweiten Gleichung der Aufgabe, so erhält man:

$$\begin{cases} x_1 = 5 \\ y_1 = 1 \end{cases} \quad \begin{cases} x_2 = 5 \\ y_2 = 1 \end{cases} \quad \begin{cases} x_3 = 13 \\ y_3 = 13 \end{cases} \quad \begin{cases} x_4 = 1 \\ y_4 = 1. \end{cases}$$

4) **Durch Division** ergibt sich eine homogene Gleichung, die nach 3) zu **lösen** ist. Namentlich ist dies der Fall, wenn beide Gleichungen quadratisch sind und die Koeffizienten von x und von y Null sind. Z. B.:

$$\begin{cases} 4x^2 - 4xy + 15y^2 = 39 \\ x^2 + xy + y^2 = 13 \end{cases}$$

Durch Division erhält man: $\frac{4x^2 - 4xy + 15y^2}{x^2 + xy + y^2} = 3$, eine homogene Gleichung, aus welcher sich, wenn man $\frac{x}{y} = t$ setzt, ergibt: $t^2 - 7t + 12 = 0$. Die beiden Wurzeln dieser Gleichung sind 3 und 4. Substituiert man demgemäß $x = 3y$ und $x = 4y$ in eine der gegebenen Gleichungen, so erhält man die vier Wurzelpaare:

$$\begin{cases} x_1 = +3 \\ y_1 = +1 \end{cases} \quad \begin{cases} x_2 = -3 \\ y_2 = -1 \end{cases} \quad \begin{cases} x_3 = +\frac{4}{21}\sqrt{273} \\ y_3 = +\frac{1}{21}\sqrt{273} \end{cases} \quad \begin{cases} x_4 = -\frac{4}{21}\sqrt{273} \\ y_4 = -\frac{1}{21}\sqrt{273}. \end{cases}$$

D. Einführung mehrerer neuer Unbekannten.

Die Einführung mehrerer neuer Unbekannten ist von besonderer Bedeutung bei Gleichungen, die in bezug auf x und y symmetrisch sind. Man hat zwei Arten solcher Gleichungen zu unterscheiden.

1) Die Gleichungen gehen in sich selbst über, wenn man x für y und y für x einsetzt. Man führt zweckmäßig als neue Unbekannte ein:

$$\begin{cases} x + y = s \text{ (Summe)} \\ x \cdot y = p \text{ (Produkt)} \end{cases}.$$

Durch s und p lassen sich dann z. B. auch folgende Summen ausdrücken:

$$x^2 + y^2 = (x+y)^2 - 2xy = s^2 - 2p$$
$$x^3 + y^3 = (x+y)(x^2 - xy + y^2) = s(s^2 - 3p) = s^3 - 3sp$$
$$x^4 + y^4 = (x^2 + y^2)^2 - 2x^2y^2 = (s^2 - 2p)^2 - 2p^2 = s^4 - 4s^2p + 2p^2$$
$$x^5 + y^5 = (x+y)(x^4 - x^3y + x^2y^2 - xy^3 + y^4) = s^5 - 5s^3p + 5sp^2 \text{ usf.}$$

Hat man s und p gefunden, so berechnet man d nach der Formel $d = \pm\sqrt{s^2 - 4p}$ und erhält endlich: $x = \frac{s+d}{2}$, $y = \frac{s-d}{2}$.

Beispiel:

$$\begin{cases} 3x^2 - 5xy + 3y^2 = 2x + 2y - 1 \\ 7x + 7y = 5xy + 5 \end{cases}$$

Durch Ausführung obiger Substitution erhält man:

$$\begin{cases} 3(s^2 - 2p) - 5p = 2s - 1 \\ 7s = 5p + 5 \end{cases}$$

oder:

$$\begin{cases} 3s^2 - 11p = 2s - 1 \\ \qquad\quad p = \frac{7}{5}s - 1. \end{cases}$$

Durch Einsetzung des Ausdruckes für p in die erste Gleichung erhält man: $3s^2 - \frac{87}{5}s = -12$ und daraus die Werte:

$$\begin{cases} s_1 = 5 \\ p_1 = 6 \\ d_1 = \pm 1 \end{cases} \qquad \begin{cases} s_2 = \frac{4}{5} \\ p_2 = \frac{3}{25} \\ d_2 = \pm \frac{2}{5} \end{cases}$$

Man erhält also die vier Wertepaare:

$$\begin{cases} x_1 = 3 \\ y_1 = 2 \end{cases} \quad \begin{cases} x_1' = 2 \\ y_1' = 3 \end{cases} \quad \begin{cases} x_2 = \frac{3}{5} \\ y_2 = \frac{1}{5} \end{cases} \quad \begin{cases} x_2' = \frac{1}{5} \\ y_2' = \frac{3}{5}\,. \end{cases}$$

2) Die Gleichungen gehen in sich selbst über, wenn man $-x$ für y und $-y$ für x setzt. Man führt dann als neue Unbekannte ein:

$$\begin{cases} x - y = d \text{ (Differenz)} \\ x \cdot y = p\,. \end{cases}$$

Durch s und d lassen sich dann z. B. ausdrücken:

$$x^2 + y^2 = (x - y)^2 + 2xy = d^2 + 2p$$
$$x^3 - y^3 = (x - y)(x^2 + xy + y^2) = d(d^2 + 3p) = d^3 + 3dp$$
$$x^4 + y^4 = (x^2 + y^2)^2 - 2x^2y^2 = (d^2 + 2p)^2 - 2p^2 = d^4 + 4d^2p + 2p^2$$
$$x^5 - y^5 = (x - y)(x^4 + x^3y + x^2y^2 + xy^3 + y^4) = d^5 + 5d^3p + 5dp^2 \text{ usf.}$$

Man beachte, daß man für $x^2 + y^2$, $x^4 + y^4$ usw. verschiedene Ausdrücke zu substituieren hat, je nachdem man s oder d einführt.

Hat man d und p gefunden, so berechnet man s nach der Formel $s = \pm\sqrt{d^2 + 4p}$ und erhält endlich: $x = \frac{s + d}{2}$, $y = \frac{s - d}{2}$.

Beispiel:

$$\begin{cases} \frac{1}{y} - \frac{1}{x} = 2 - \frac{4}{xy} \\ x^2y^2 + x^2 + y^2 + x - y = 21\,. \end{cases}$$

Nach Umrechnung der ersten Gleichung und nach Ausführung der Substitution erhält man:

$$\begin{cases} d = 2p - 4 \\ p^2 + d^2 + 2p + d = 21\,. \end{cases}$$

Durch Einsetzung des Ausdrucks für d in die zweite Gleichung erhält man: $p^2 - \frac{12}{5}p = \frac{9}{5}$, also:

$$\begin{cases} p_1 = 3 \\ d_1 = 2 \\ s_1 = \pm 4 \end{cases} \qquad \begin{cases} p_2 = -\frac{3}{5} \\ d_2 = -\frac{26}{5} \\ s_2 = \pm \frac{2}{5}\sqrt{154}\,. \end{cases}$$

Daraus ergeben sich die vier Wertepaare:

$$\begin{cases} x_1 = 3 \\ y_1 = 1 \end{cases} \quad \begin{cases} x_1' = -1 \\ y_1' = -3 \end{cases} \quad \begin{cases} x_2 = -\frac{13}{5} + \frac{1}{5}\sqrt{154} \\ y_2 = +\frac{13}{5} + \frac{1}{5}\sqrt{154} \end{cases} \quad \begin{cases} x_2' = -\frac{13}{5} - \frac{1}{5}\sqrt{154} \\ y_2' = +\frac{13}{5} - \frac{1}{5}\sqrt{154}\,. \end{cases}$$

E. Zerlegung in zwei Gleichungssysteme.

Oft läßt sich das gegebene Gleichungssystem durch Absondern eines Faktors in einer der beiden Gleichungen in zwei Gleichungssysteme zerlegen.

Beispiel:

$$\begin{cases} x^3 - y^3 = 19(x^2 + y^2) - 38\,xy \\ \quad xy = (x - y + 1)(x - y + 2)\,. \end{cases}$$

Beide Seiten der ersten Gleichung enthalten $x - y$ als Faktor, die Gleichung wird also durch $x - y = 0$ erfüllt. Deshalb zerfällt das gegebene Gleichungssystem in zwei Gleichungssysteme, nämlich:

$$\begin{cases} x - y = 0 \\ xy = (x - y + 1)(x - y + 2) \end{cases} \quad \text{und} \quad \begin{cases} x^2 + xy + y^2 = 19(x - y) \\ xy = (x - y + 1)(x - y + 2)\,. \end{cases}$$

Das erste System läßt sich nach A lösen und liefert zwei Wurzelpaare, das zweite System läßt sich nach D lösen und liefert vier Wurzelpaare. Deshalb befriedigen das gegebene System sechs Wurzelpaare, nämlich:

$$\begin{cases} x_1 = +\sqrt{2} \\ y_1 = +\sqrt{2} \end{cases} \quad \begin{cases} x_2 = -\sqrt{2} \\ y_2 = -\sqrt{2} \end{cases} \quad \begin{cases} x_3 = +\frac{3}{4} + \frac{1}{4}\sqrt{149} \\ y_3 = -\frac{3}{4} + \frac{1}{4}\sqrt{149} \end{cases}$$

$$\begin{cases} x_4 = +\frac{3}{4} - \frac{1}{4}\sqrt{149} \\ y_4 = -\frac{3}{4} - \frac{1}{4}\sqrt{149} \end{cases} \quad \begin{cases} x_5 = 3 \\ y_5 = 2 \end{cases} \quad \begin{cases} x_6 = -2 \\ y_6 = -3\,. \end{cases}$$

F. Herstellung einer einfacheren Gleichung durch Division.

Bisweilen ergibt sich durch Division, weil ein gemeinsamer Faktor sich forthebt, eine einfachere Gleichung, welche mit einer der beiden gegebenen Gleichungen zu verbinden ist.

Beispiel:

$$\begin{cases} x^2 - 4\,y^2 = 13 \\ 2\,x^2 + 5\,xy + 2\,y^2 = 11\,. \end{cases}$$

Die linken Seiten beider Gleichungen enthalten den Faktor $x + 2\,y$. Also kommt durch Division: $\dfrac{x - 2\,y}{2\,x + y} = \dfrac{13}{11}$ oder $x = -\frac{7}{3}\,y$. Die Verbindung dieser Gleichung mit einer der beiden gegebenen liefert die Wurzelpaare:

$$\begin{cases} x_1 = +7 \\ y_1 = -3 \end{cases} \quad \text{und} \quad \begin{cases} x_2 = -7 \\ y_2 = +3\,. \end{cases}$$

G. Allgemeine Bemerkungen.

Der Anfänger hat bei der Lösung von quadratischen Gleichungssystemen immer genau darauf zu achten, welche Gleichungen und welche Wurzelwerte als zusammengehörig zu betrachten sind.

Wenn beide Gleichungen des gegebenen Systems symmetrisch sind, d. h. bei der Vertauschung von x und y unverändert bleiben, so muß dasselbe auch bei den gefundenen Wurzelwerten der Fall sein. Ist also dann $x = a$, $y = b$ ein Wurzelpaar, so ist notwendig $x = b$, $y = a$ ein zweites Paar. (Vgl. D 1.)

Wenn beide Gleichungen des gegebenen Systems quadratisch sind, so führt die Elimination der einen Unbekannten im allgemeinen auf eine Gleichung vierten Grades, und nur in speziellen Fällen führen die obigen Methoden dann auf eine Eliminationsgleichung, die höchstens vom zweiten Grade ist. Daß es aber bisweilen gelingt, selbst Systeme, die Gleichungen von höherem als dem zweiten Grade enthalten, auf Gleichungen zweiten Grades zurückzuführen, zeigen die Beispiele in D 2 und E.

Bei Gleichungen, die Wurzelzeichen enthalten, hat man § 27, H und § 29, D 2 zu beachten.

Bei manchen von den folgenden Übungsaufgaben wendet man am besten mehrere von obigen Methoden an.

Gleichungssysteme mit mehr als zwei Unbekannten löst man nach dem Vorbilde des Beispiels in A, wenn nur eine der gegebenen Gleichungen quadratisch ist. Sind mehrere quadratisch, so sucht man aus den gegebenen Gleichungen neue, einfachere Gleichungen abzuleiten, oder durch Einführung neuer Unbekannten eine Vereinfachung des Gleichungssystems zu bewirken und so schließlich das Hauptziel, die Aufstellung einer quadratischen Gleichung mit nur einer Unbekannten, zu erreichen.

Aufgaben.

Methode A.

1) $\begin{cases} x + y = 9 \\ xy = 20 \end{cases}$ 2) $\begin{cases} xy + 3x = 4 \\ 4x + 7y = 11 \end{cases}$

3) $\begin{cases} x + y = -11 \\ x^2 + y^2 = 65 \end{cases}$ 4) $\begin{cases} 2(x + y)(2x - y) = 10 \\ x + y = 5 \end{cases}$

5) $\begin{cases} 3x = 1 + 2y \\ x^2 - 3xy + 27 = 0 \end{cases}$ 6) $\begin{cases} 4x^2 + 6y^2 = 4x - y \\ 3y - x = \frac{1}{2} \end{cases}$

7) $\begin{cases} x = 1 + 4y \\ \dfrac{x + y}{2x - 4y} = \dfrac{2x - 4y}{x + y} \end{cases}$ 8) $\begin{cases} 3x + y = 6x \\ \dfrac{4x - y}{2} + \dfrac{20}{x + 3y} = x \end{cases}$

9) $\begin{cases} 4y^2 - 5x^2 = xy \\ y : x = 5 : 4 \end{cases}$ 10) $\begin{cases} x^2 - y^2 + xy = 1 \\ (x + y) : (x - y) = 3 : (-1) \end{cases}$

11) $\begin{cases} 2x^2 + y^2 - xy = 1 \\ x : y = \sqrt{2} : \sqrt{3} \end{cases}$ 12) $\begin{cases} x^2 - y^2 + y - x = 2b(2a - 1) \\ x + y - 2a = 0 \end{cases}$

13) $2x - y + 3x^2 - 2y^2 + xy = 2x + y = 3$

14) $(4x + y - 3)^2 = x + 4y = x + y + 6$

15) $\begin{cases} \dfrac{x}{2} + \dfrac{y}{3} = 2 \\ (x + y)^2 + 3x = 31 \end{cases}$ 16) $\begin{cases} \dfrac{4x + 1}{5} - \dfrac{3y + 6}{9} = \dfrac{x - y}{15} \\ \dfrac{x}{y} + \dfrac{y}{x} = 2 \end{cases}$

17) $\begin{cases} \dfrac{3x+4y}{7} + \dfrac{x-y+14}{14} = \dfrac{8+y+7x}{8} \\ \dfrac{2x-y+5}{3x+4y-1} - \dfrac{14x+y-15}{y+2} = 1\,. \end{cases}$

Methode B.

18) $\begin{cases} x^2+2x-y=1 \\ 2y-x-x^2=2 \end{cases}$

19) $\begin{cases} 2(x^2-y^2)-4x-3y=3 \\ x^2-y^2+1-x=4y \end{cases}$

20) $\begin{cases} xy-x=4 \\ xy-y=3 \end{cases}$

21) $\begin{cases} x(y+5)=16 \\ y(x-1)=3 \end{cases}$

22) $\begin{cases} (x+1)(y+2)=42 \\ (x-1)(y-2)=10 \end{cases}$

23) $\begin{cases} (x+4)(y+5)=2 \\ (x+7)(y+8)=2 \end{cases}$

24) $\begin{cases} 3xy+2x^2-5x+5y=5 \\ 10(10y+5x)-11x(3y+2x)+95=0 \end{cases}$

25) $\begin{cases} 3x^2+4y^2=\sqrt{2}+10y+x \\ \frac{3}{4}x^2+y^2-(y-x)=\sqrt{2}+\frac{3}{2}y \end{cases}$

26) $\begin{cases} x^2+y^2-4x=\frac{17}{4}-2xy \\ 2(x+y)^2-2y=\frac{17}{2} \end{cases}$

27) $\begin{cases} x^2+4xy+4y^2=x+7y+1 \\ (x+2y):(4x-y)=3:(x+2y) \end{cases}$

28) $\begin{cases} 4x^2+12y^2+10xy=36-16x \\ 6x^2+18y^2+15xy=3x+27y\,. \end{cases}$

Methode C.

29) $\begin{cases} (x-y)^2+x-y=2 \\ 4x^2-7y^2=1 \end{cases}$

30) $\begin{cases} 3x+6y-(x+2y)^2=-70 \\ xy+x+y=19 \end{cases}$

31) $\begin{cases} (x+y-1)(x+y-2)=30 \\ (x+4y-15)^2=x-y \end{cases}$

32) $\begin{cases} \dfrac{4}{x}+\dfrac{3}{y}=2 \\ \dfrac{1}{x+2y-9}=11-x-2y \end{cases}$

33) $\begin{cases} \dfrac{x^2}{y^2}+\dfrac{x}{y}=56 \\ x^2+10y^2=8x+3 \end{cases}$

34) $\begin{cases} x=3y+2x^2-5xy-12 \\ \dfrac{4x^2-xy}{y^2}=\dfrac{10x}{y}+3 \end{cases}$

35) $\begin{cases} 4\cdot\dfrac{x}{y}+2\cdot\dfrac{y}{x}=9 \\ x^2+y^2-x-y=22 \end{cases}$

36) $\begin{cases} \dfrac{3x}{y}-\dfrac{2y}{x}=1 \\ x^2-y^2=1+xy \end{cases}$

37) $\begin{cases} 2x^2-3xy-2y^2=0 \\ x^2+7x=30y+(x-2y)^2 \end{cases}$

38) $\begin{cases} 4x^2 + 5xy = 9y^2 \\ (3x - 2y)^2 + (4x - 3y)^2 = x + y \end{cases}$

39) $\begin{cases} \dfrac{x+1}{y+1} + \dfrac{x+2}{y+2} = 7 \\ x^2 + 7y^2 = 8xy \end{cases}$ 40) $\begin{cases} \dfrac{x^2 + 4xy - 9y^2}{2x^2 + 3y^2 + 6xy} = 12 \\ (x + y + 4)(x - 2y + 1) = 16 \end{cases}$

41) $\begin{cases} 3x^2 - 5xy + 3y^2 = 9 \\ 2x^2 + 3xy + 2y^2 = 44 \end{cases}$ 42) $\begin{cases} 2x^2 - xy + y^2 = 2 \\ 3x^2 + 5xy - 4y^2 = 4 \end{cases}$

43) $\begin{cases} 5x^2 + 6xy - 7y^2 = 5 \\ 4x^2 - 9xy + 5y^2 = 8 \end{cases}$ 44) $\begin{cases} x^2 - 3xy + 3y^2 = 7 \\ 2x^2 + xy - 6y^2 = 11. \end{cases}$

Methode D.

45) $\begin{cases} 3x^2 + 3y^2 - 2xy = 11 \\ 7x + 7y - 5xy = 11 \end{cases}$ 46) $\begin{cases} 4x^2 + 4y^2 + 3xy = 630 \\ 18x - 18y - xy = 0 \end{cases}$

47) $\begin{cases} x + y + xy = 3 \\ x + \dfrac{y^2}{x} = 1 + \dfrac{y}{x} \end{cases}$ 48) $\begin{cases} x + xy + y = 19 \\ x^2 + x^2y^2 + y^2 = 169 \end{cases}$

49) $\begin{cases} x + y + xy + x^2 + y^2 = 24 \\ 2x(1 + x) + 2y(1 + y) + 3xy = 54 \end{cases}$

50) $\begin{cases} (x + y)^2 + (x + y) = 2xy + 8 \\ (x^2 + y^2)^2 + 3(x^2 + y^2)(x + y) = 21(x + y) + 7 \end{cases}$

51) $\begin{cases} x^4 + y^4 + 2x^2y^2 - xy = 97 \\ 7x^2 - 4xy + 7y^2 = 58 \end{cases}$

52) $\begin{cases} x^3 + y^3 = 72 \\ x + y = 6 \end{cases}$ 53) $\begin{cases} x^3 - y^3 = 56 \\ x - y = 2 \end{cases}$

54) $\begin{cases} x^4 + y^4 = 17 \\ x + y = 3 \end{cases}$ 55) $\begin{cases} x^4 + y^4 = 97 \\ x - y = 1 \end{cases}$

56) $\begin{cases} x^5 + y^5 = 275 \\ x + y = 5 \end{cases}$ 57) $\begin{cases} x^5 - y^5 = 211 \\ x - y = 1 \end{cases}$

58) $\begin{cases} x + y = 5 \\ (x^3 + y^3)(x^2 + y^2) = 1105 \end{cases}$ 59) $\begin{cases} x^5 + y^5 = 4(x^3 + y^3) \\ x + y = 4 \end{cases}$

60) $\begin{cases} x^4 + y^4 + x^2y^2 = 133 \\ x^2 + y^2 + xy = 19 \end{cases}$ 61) $\begin{cases} x^4 + y^4 = 82 \\ \dfrac{x}{y} + \dfrac{y}{x} = \dfrac{1}{xy} + 3. \end{cases}$

Methode E.

62) $\begin{cases} (x - 2y)(x + y) = 4 - 6y \\ (3x - 4y)(x - 2y) = 0 \end{cases}$

63) $\begin{cases} (x + y)(3x + y) = x^2 - y^2 \\ 3x^2 + y^2 = 64 \end{cases}$

64) $\begin{cases} 4y^2 - x^2 - 3(2y + x) = 0 \\ x^2 + x + y = 4 \end{cases}$

65) $\begin{cases} x^2 + 2xy + y^2 = (x+y)(3x-1) \\ (x+2)(y+3) = 12 \end{cases}$

66) $\begin{cases} x^3 - y^3 = 13(x-y) \\ x^2 + y^2 = 10 \end{cases}$ 67) $\begin{cases} x^4 = y^4 + 3(x^2 + y^2) \\ xy = 2 \end{cases}$

68) $\begin{cases} 4(x + 2y - 3) = (x + 2y)^2 - 9 \\ (x - y + 8)^2 + (x + y + 2)^2 = 90 \end{cases}$

69) $\begin{cases} x^4 + x^2y^2 + y^4 = 31(x^2 + xy + y^2) \\ x - y = 5. \end{cases}$

Methode F.

70) $\begin{cases} (2x - 3y)(2x - y) = -12 \\ (2x - 3y)(y - 3x) = 30 \end{cases}$

71) $\begin{cases} 3x^2 - 7xy + 4y^2 = -1 \\ 2x^2 + xy - 3y^2 = 22 \end{cases}$

72) $\begin{cases} 4x^2 - 5xy - 6y^2 = 3 \\ 8x^2 + 2xy = 1 + 3y^2 \end{cases}$ 73) $\begin{cases} x^2 + 2xy - 3y^2 = -7 \\ 2x^2 + 3xy = 9y^2 - 16 \end{cases}$

74) $\begin{cases} xy(x+y) + xy + x^2 = -8 \\ (x+y)(y+1) = 96 \end{cases}$

75) $\begin{cases} (x + y - 7)(3x + y) = 16 \\ (x+y)^2 - 49 = 15 \end{cases}$

76) $\begin{cases} (2x + 3y - 4)(x + y + 1) = 3 \\ 4x^2 + 12xy + 9y^2 = 25 \end{cases}$

77) $\begin{cases} x^5 + y^5 = 1025 \\ x^4 + y^4 = xy(x^2 + y^2) - x^2y^2 + 205. \end{cases}$

Die Auffindung der Methode ist dem Schüler überlassen.

78) $\begin{cases} 3x^2 + 4y^2 = 7 \\ 9x^2 - y^2 = 8 \end{cases}$ 79) $\begin{cases} xy = 15 \\ 3x + 5y = 34 \end{cases}$

80) $\begin{cases} xy = 32 \\ x:y = 2 \end{cases}$ 81) $\begin{cases} 3x + 7y = xy + 15 \\ 0{,}4x + 0{,}5y = xy - 0{,}6 \end{cases}$

82) $\begin{cases} x:y = 3:5 \\ x^2 + y^2 = 136 \end{cases}$ 83) $\begin{cases} x^2 + y^2 = 7xy - 5 \\ 2x^2 + 2y^2 = xy + 3 \end{cases}$

84) $\begin{cases} \dfrac{1}{x} - \dfrac{1}{y} = \dfrac{1}{6} \\ \dfrac{1}{x^2} + \dfrac{1}{y^2} = \dfrac{5}{36} \end{cases}$ 85) $\begin{cases} \dfrac{1}{x} + \dfrac{1}{y} = 0{,}7 \\ x^2 + y^2 = 29 \end{cases}$

86) $\begin{cases} x + y^2 = 17x \\ x^2 + y = 5y:4 \end{cases}$ 87) $\begin{cases} x = \dfrac{3y - 5}{y + 3} \\ y = \dfrac{5x - 1}{2x - 1} \end{cases}$

88) $\begin{cases} (x - 16)^2 - (y - 8) = 604 \\ x - y = 28 \end{cases}$

89) $\begin{cases} \dfrac{1}{x-5} + \dfrac{1}{y-4} = \dfrac{1}{5} \\ \frac{9}{20} = xy - 5y - 4x + 20 \end{cases}$

90) $\begin{cases} [(x+4)^2 - (y+5)^2](x-y-1) = 288 \\ x - y = 2 \end{cases}$

91) $\begin{cases} \dfrac{x}{y} - \dfrac{y}{x} = -\dfrac{x+y}{12} \\ xy = 24 \end{cases}$

92) $\begin{cases} \dfrac{x+y}{x-y} + \dfrac{x(x+2y)+y^2}{y(y-2x)+x^2} = 7 \\ \dfrac{x}{y} - \dfrac{2y}{x} = 1 \end{cases}$

93) $\begin{cases} \dfrac{x+2}{y-2} + \dfrac{y+2}{x-2} = \dfrac{11}{2} \\ \dfrac{x+2}{y+2} + \dfrac{y-2}{x-2} = \dfrac{11}{6} \end{cases}$

94) $\begin{cases} 2x^2 + 2y^2 = 56 + 2xy \\ x^3 + y^3 = 224 \end{cases}$

95) $\begin{cases} x^4 + x^2y^2 + y^4 = 21 \\ \dfrac{x}{y} + \dfrac{y}{x} = 2{,}5 \end{cases}$

96) $\begin{cases} x^2 - y^2 = 7(x-y) \\ xy(x^2+y^2) = 300 \end{cases}$

97) $\begin{cases} x^2 + x + 1 = \frac{13}{21}(y^2 + y + 1) \\ x^2 + y + 1 = \frac{7}{10}(y^2 + x + 1) \end{cases}$

98) $\begin{cases} x^2 + y^2 + xy(x+y) = 56 \\ xy + x + y = 11 \end{cases}$

99) $\begin{cases} x^3 + y^3 = 7(x+y) \\ 4x^2 + 4y^2 = 9(x-y) + 22 \end{cases}$

100) $\begin{cases} \left(\dfrac{x}{3} + \dfrac{y}{4}\right)^2 + 4x + 3y = 28 \\ x^2 + 2xy + 3y^2 = 81 \end{cases}$

101) $\begin{cases} 5x^2 = 21x - 4y \\ 5y^2 = 21y - 4x \end{cases}$

102) $\begin{cases} 9x^2 - y^2 + 3x - y = 0 \\ (x+2)(y-5) + 3 = 0 \end{cases}$

103) $\begin{cases} x^3 - 8y^3 = x^2 - 4xy + 4y^2 \\ x + y = \frac{3}{4} \end{cases}$

104) $\begin{cases} 2x^2 + xy - y^2 = 11 \\ 2x^2 - 2y^2 + 3xy = 16 \end{cases}$

105) $\begin{cases} \dfrac{x^3 + 2y^3}{x+y} = x^2 + 2y^2 - \frac{3}{2} \\ x^2y^2 = 1. \end{cases}$

Die Unbekannten stehen unter Quadratwurzelzeichen.

106) $\begin{cases} x - y = 5(\sqrt{x} - \sqrt{y}) \\ \sqrt{xy} = 6 \end{cases}$

107) $\begin{cases} x + y = \sqrt{x+y} = 6 \\ x^2 + y^2 = 10 \end{cases}$

108) $\begin{cases} \sqrt{x} + \sqrt{y} = 7 \\ x^2 + y^2 = 337 \end{cases}$

109) $\begin{cases} x^2 + y\sqrt{xy} = 105 \\ y^2 + x\sqrt{xy} = 70 \end{cases}$

110) $\begin{cases} x^2 + y + \sqrt{x^2 + y} = 30 \\ x^4 - y^2 = 175 \end{cases}$

111) $\begin{cases} (x\sqrt{x} + y\sqrt{y})\sqrt{x} = 162 \\ (x\sqrt{x} + y\sqrt{y})\sqrt{y} = 81 \end{cases}$

112) $\begin{cases} (\sqrt{x^2+y^2} - xy)\sqrt{x^2+y^2} = -380 \\ (\sqrt{x^2+y^2} + xy)\sqrt{x^2+y^2} = 480 \end{cases}$

113) $\begin{cases} \sqrt{2x-9}+\sqrt{13-2y}=4 \\ x-y=3 \end{cases}$ 114) $\begin{cases} \sqrt{(x+3)y}+\sqrt{x(y+3)}=9 \\ \sqrt{x(x+3)}+\sqrt{y(y+3)}=3\sqrt{10} \end{cases}$

115) $\begin{cases} x+5y=15 \\ \sqrt{3x+1}+\sqrt{4y+1}=\sqrt{4x+9y+11}. \end{cases}$

Buchstaben.

116) $\begin{cases} x+y=s \\ xy=p \end{cases}$ 117) $\begin{cases} x-y=d \\ xy=p \end{cases}$ 118) $\begin{cases} x+y=s \\ x^2+y^2=q \end{cases}$

119) $\begin{cases} x-y=d \\ x^2+y^2=q \end{cases}$ 120) $\begin{cases} x+y=s \\ x^2-y^2=a \end{cases}$ 121) $\begin{cases} x-y=d \\ x^2-y^2=a \end{cases}$

122) $\begin{cases} x^2+y^2+x+y=a \\ xy=p \end{cases}$ 123) $\begin{cases} x:y=a^2 \\ xy=b^2 \end{cases}$

124) $\begin{cases} x:y=t \\ x^2+y^2=q \end{cases}$ 125) $\begin{cases} x^2+xy+y^2=6a^2 \\ \dfrac{x+y}{x-y}+3 \end{cases}$

126) $\begin{cases} x^2-y^2+y-x=2b(2a-1) \\ x+y=2a \end{cases}$ 127) $\begin{cases} (x+a)^2+(y+b)^2=2c^2 \\ (c-x)^2+(c-y)^2=a^2+b^2 \end{cases}$

128) $\begin{cases} x^3+y^3=k \\ x+y=s \end{cases}$ 129) $\begin{cases} x^3-y^3=m \\ x-y=d \end{cases}$ 130) $\begin{cases} x^4+y^4=f \\ x+y=s \end{cases}$

131) $\begin{cases} x^2+y^2=g \\ \sqrt{x}+\sqrt{y}=h \end{cases}$ 132) $\begin{cases} x^5+y^5=c \\ x+y=s \end{cases}$ 133) $\begin{cases} x^6+y^6=a \\ x^2+y^2=q \end{cases}$

134) $\begin{cases} x^5+y^5+x^2y^2(x+y)=b \\ x+y=s \end{cases}$ 135) $\begin{cases} x+y=\dfrac{1}{x}+\dfrac{1}{y} \\ x+y+x^2+y^2=a^2 \end{cases}$

136) $(x+y+\sqrt{xy})(x+y)=\sqrt{\dfrac{x}{y}}+\sqrt{\dfrac{y}{x}}=d.$

Mehr als zwei Unbekannte.

137) $\begin{cases} x^2+y^2+z^2=6 \\ x+y=2 \\ x+z=3 \end{cases}$ 138) $\begin{cases} xy+xz+yz=3 \\ x+2y+3z=6 \\ 3x+2y+z=6 \end{cases}$

139) $\begin{cases} \dfrac{3x+4y-z}{8}=\dfrac{x+y-z}{3x+4y+z}+1 \\ x+y-\frac{2}{3}z=\dfrac{2x+y+2}{6} \\ x:(y+z)=\frac{1}{5} \end{cases}$ 140) $\begin{cases} xy=-42 \\ xz=48 \\ yz=-56 \end{cases}$

141) $\begin{cases} x+y+z=36 \\ 3x-y+z=40 \\ x^2-y^2+z^2=80 \end{cases}$ 142) $\begin{cases} x+y+z=9 \\ xy+xz-yz=2 \\ x^2+y^2+z^2=29 \end{cases}$

143) $\begin{cases} x - y + z = 5 \\ xy + xz + yz = 90 \\ x^2 + y^2 + z^2 = 109 \end{cases}$

144) $\begin{cases} x - y - z = 1 \\ xy - xz - yz = 7 \\ x^2 + y^2 + z^2 = 35 \end{cases}$

145) $\begin{cases} x + y - z = 9 \\ xy - xz - yz = 6 \\ x^2 + y^2 - z^2 = 61 \end{cases}$

146) $\begin{cases} x + y + z = 15 \\ xy + xz + yz = 66 \\ x^2 - y^2 - z^2 = 35 \end{cases}$

147) $\begin{cases} x^2 + y^2 = 5 \\ y^2 + z^2 = 13 \\ z^2 + x^2 = 10 \end{cases}$

148) $\begin{cases} x + y = \frac{1}{2}xyz \\ y + z = \frac{5}{6}xyz \\ z + x = \frac{2}{3}xyz \end{cases}$

149) $\begin{cases} x(y + z) = -4 \\ y(x + z) = -10 \\ z(x + y) = -54 \end{cases}$

150) $\begin{cases} x^2 = yz \\ x + y + z = 21 \\ x^2 + y^2 + z^2 = 199 \end{cases}$

151) $\begin{cases} (x + y)(x + z) = 70 \\ (x + y)(y + z) = 91 \\ (x + z)(y + z) = 130 \end{cases}$

152) $\begin{cases} y + z + xyz(b - c)^2 = 0 \\ z + x + xyz(c - a)^2 = 0 \\ x + y + xyz(a - b)^2 = 0 \end{cases}$

153) $\begin{cases} x^2 + xy + y^2 = 19 \\ y^2 + yz + z^2 = 37 \\ z^2 + xz + x^2 = 28 \end{cases}$

154) $\begin{cases} x^2 + y^2 + z^2 + u^2 = 30 \\ 2x + y + z + 2u = 15 \\ 2x + 2y + z + u = 13 \\ 2x + y + 2z + u = 14 \end{cases}$

155) $\begin{cases} x^2 + y^2 + z^2 + u^2 = 65 \\ xy - zu = 0 \\ u + z = 8 \\ x + y = 7 \end{cases}$

156) $\begin{cases} x + y = 15 \\ u + z = 3 \\ x + u^2 = 8 \\ y + z^2 = 12 \end{cases}$

157) $\begin{cases} xy + zu = 14 \\ xz + yu = 11 \\ xu + yz = 10 \\ x + y + z + u = 10 \end{cases}$

158) $\begin{cases} x_1 x_2 + x_1 x_3 + \ldots + x_4 x_5 = 85 \\ x_1 + x_2 = 3;\ x_1 + x_3 = 4 \\ x_1 + x_4 = 5;\ x_1 + x_5 = 6. \end{cases}$

§ 32.

Eingekleidete quadratische Gleichungen mit mehreren Unbekannten.

Zahleigenschaften.

1) Wie heißen die beiden Zahlen, welche sich wie 4 zu 7 verhalten und zum Produkte 700 geben?
2) Die Quadratsumme zweier gesuchter Zahlen beträgt 17, während die Quadratsumme der beiden Zahlen, welche ihnen in der natürlichen Zahlenreihe folgen, 29 beträgt.
3) Wie muß man die Zahl 131522 in zwei Summanden zerlegen, damit die Summe der Quadratwurzeln aus diesen Summanden 500 beträgt?
4) Zwei Zahlen zu finden, deren Summe denselben Wert hat, wie ihr Produkt und wie der Unterschied ihrer Quadrate.
5) Die reellen Werte von a und b zu finden, so daß $(a + bi)^2 = 9 + 40i$ wird.

6) Drei aufeinanderfolgende Zahlen einer arithmetischen Reihe haben 12 als Summe und 28 als Produkt. Wie heißt die konstante Differenz der Reihe?

7) Wie heißt das vierte Glied einer arithmetischen Reihe von fünf Zahlen, deren Summe 20 und deren Produkt 720 beträgt?

8) Jemand addierte 50 natürliche Zahlen von einer bestimmten an aufwärts und erhielt 3775. Bis zu welcher Zahl hatte er addiert?

9) Die Summe der beiden inneren Glieder einer Proportion beträgt 15, die der äußeren 29 und die Summe der Quadrate aller vier Glieder beträgt 850. Wie heißt die Proportion?

10) Wie heißt die Proportion, deren innere Glieder sich um 2 unterscheiden, deren äußere Glieder sich um 11 unterscheiden, und bei welcher die Summe der Quadrate aller Glieder 445 beträgt?

11) Löse durch Gleichungen mit mehreren Unbekannten die Aufgaben 14) bis 21) aus § 30.

12) Dividiert man eine gewisse zweiziffrige Zahl durch ihre erste Ziffer, so erhält man die Quersumme; addiert man zu der Zahl die durch Umkehrung der Ziffern entstehende Zahl, so ergibt sich eine Zahl, die um 12 kleiner ist als das Dreifache der ursprünglichen Zahl. Wie heißt die ursprüngliche Zahl?

13) Dividiert man eine gesuchte zweiziffrige Zahl durch ihre Quersumme, so erhält man die Quersumme selbst; subtrahiert man von der Zahl die durch Umkehrung der Ziffern entstehende Zahl, so erhält man die Zahl 63.

14) Das Produkt einer gesuchten zweiziffrigen Zahl mit der durch Umkehrung der Ziffern entstehenden Zahl beträgt 1855; das Produkt der Quersumme mit der Differenz der Ziffern ist 16. Wie heißt die Zahl?

15) Das Quadrat einer gesuchten zweiziffrigen Zahl ist um 119 größer als ihr Zehnfaches; die Zahl selbst ist um 1 größer als das Doppelte ihrer Quersumme. Wie heißt die Zahl?

16) Multipliziert man eine gewisse zweiziffrige Zahl mit ihrer Quersumme, so erhält man eine dreiziffrige Zahl, bei welcher die erste Ziffer 1, die aus den beiden letzten Ziffern gebildete Zahl aber dreimal so groß ist wie die ursprüngliche Zahl. Die durch Umkehrung der Ziffern entstehende Zahl ist um 27 größer als die ursprüngliche Zahl. Wie heißt die ursprüngliche Zahl?

17) Eine gesuchte dreiziffrige Zahl mit der Quersumme 20 hat folgende Eigenschaften: Addiert man zu ihr 297, so entsteht eine Zahl, welche dieselben Ziffern, jedoch in umgekehrter Reihenfolge, hat. Löscht man die Einer der gesuchten Zahl fort, so bleibt das Quadrat der Einer stehen.

18) Bestimme diejenige dreiziffrige Zahl, welche die Quersumme 14 hat und dabei die Eigenschaft besitzt, daß, wenn man erstens nur die Einer, zweitens nur die Hunderter fortläßt, zwei zweiziffrige Zahlen entstehen, deren Produkt 1152 beträgt, und deren Quersummen zusammen 18 geben.

19) Eine dreiziffrige Zahl ist durch 11 teilbar. Die Summe ihrer ersten und letzten Ziffer ist aber kleiner als 11 (vgl. § 20, Aufg. 35). Die Summe der ersten und zweiten Ziffer ist um 4 größer als die dritte Ziffer. Das Produkt ihres elften Teils mit ihrer Quersumme gibt 350. Wie heißt die dreiziffrige Zahl?

20) Eine Zahl, die keine andere Zahlen als 2 und 5 zu Primfaktoren hat, besitzt 24 Teiler (vgl. § 20 A). Ihr Quadrat besitzt aber 77 Teiler. Dabei ist jedesmal 1 und die Zahl selbst als Teiler mitgerechnet. Wie heißt die Zahl?

21) Vermehrt man Zähler und Nenner eines Bruches um 6, so erhält man dasselbe, wie wenn man den Bruch mit $\frac{3}{2}$ multipliziert; vermehrt man Zähler und Nenner um 11, so erhält der Bruch den Wert $\frac{3}{4}$. Wie heißt der Bruch?

22) Vergrößert man den Zähler eines gewissen Bruches um 5 und verkleinert gleichzeitig den Nenner um 5, so erhält man den reziproken Wert des ursprünglichen Bruches. Vergrößert man Zähler und Nenner um 12, so erhält der Bruch den Wert $\frac{3}{4}$. Wie heißt der Bruch?

23) Vermehrt man bei einem Bruche den Zähler um die Quadratwurzel aus dem Zähler, den Nenner um die Quadratwurzel aus dem Nenner, so entsteht ein Bruch, der $1\frac{1}{5}$ mal so groß ist wie der ursprüngliche Bruch. Vermindert man aber Zähler und Nenner auf dieselbe Weise, so entsteht ein Bruch, der gleich $\frac{3}{4}$ des ursprünglichen Bruchs ist. Wie heißt der letztere?

Geometrisches.

24) Löse durch Gleichungen mit mehreren Unbekannten diejenigen der Aufgaben 22) bis 54) aus § 30, bei denen die Einführung mehrerer Unbekannten den Ansatz erleichtert.

25) Eine Strecke von 12 *cm* ist durch einen Punkt so geteilt, daß die über den Teilen errichteten Quadrate zusammen 80 *qcm* Inhalt haben. Wie lang sind die Teile?

26) Der Umfang eines rechtwinkligen Dreiecks beträgt 60 *cm*, der Inhalt 120 *qcm*. Wie lang sind die Seiten?

27) Die eine Kathete eines rechtwinkligen Dreiecks ist gleich 13 *cm*, die Hypotenusenhöhe ist gleich 12 *cm*. Wie groß sind die beiden andern Seiten?

28) In einem rechtwinkligen Dreieck ist die Höhe zur Hypotenuse gleich 6,72 *cm*, die Summe der Katheten gleich 31 *cm*. Wie groß sind die drei Seiten des Dreiecks?

29) In einem rechtwinkligen Dreieck ist die Summe aller Seiten gleich 70 *cm*, die Differenz der Katheten gleich 1 *cm*. Wie groß sind die drei Seiten?

30) In einem rechtwinkligen Dreieck ist die Summe der beiden Katheten gleich 49 *cm*, die Differenz zwischen der Hypotenuse und der einen Kathete gleich 32 *cm*. Wie groß sind die drei Seiten?

31) Wie groß sind die Seiten eines Rechtecks von 1680 *qcm* Flächeninhalt, das einem Kreise mit dem Radius 37 *cm* einbeschrieben ist?

32) Wie groß sind die Diagonalen eines Rhombus, dessen Umfang 68 *cm* und dessen Inhalt 240 *qcm* beträgt?

33) Ein Sektor in einem Kreise mit dem Radius 10 *cm* hat denselben Umfang und denselben Inhalt wie ein zweiter Sektor, der in einem kleineren Kreise liegt und dessen Zentriwinkel viermal so groß ist wie der des ersten. Berechne Radius und Bogen des zweiten Sektors.

34) Ein rechteckiges Segel zog sich, als mehrere Sturzwellen über den Bord des Schiffes schlugen, der Länge nach um den zehnten, der Breite nach um den fünfzehnten Teil zusammen und verlor dadurch an Umfang 4 *m*, an Fläche 24 *qm*. Wie lang und wie breit war das Segel vorher gewesen?

35) Zwischen zwei Punkten A und D einer geraden Linie liegen zwei Punkte B und C derartig, daß $AB:AD = CB:CD$ ist (harmonische Punkte). Außerdem ist die mittlere Strecke BC ein Sechstel der ganzen Strecke AD und die Strecke CD ein Meter länger als die mittlere Strecke. Wie lang ist jede einzelne Strecke?

36) In jedem Dreieck bestehen zwischen den drei Seiten a, b, c und der Halbierungslinie m des Gegenwinkels von a bzw. der die Seite a halbierenden Transversale t die Relationen: $m^2 = bc - \frac{a^2bc}{(b+c)^2}$ und $4t^2 + a^2 = 2b^2 + 2c^2$. Wie groß ist hiernach b und c, wenn $a = 12$, $t = \frac{5}{2}\sqrt{2}$, $m = 2\frac{4}{13}$ ist?

37) Zwei Polygone haben zusammen 18 Ecken und 58 Diagonalen. Wieviel Ecken hat jedes?

38) Wenn man jeden Punkt einer Punktgruppe mit jedem Punkte einer zweiten Punktgruppe verbindet, so erhält man 30 Verbindungslinien. Wenn man aber die Punkte jeder Punktgruppe unter sich verbindet, so erhält man zusammen 25 Verbindungslinien. Wieviel Punkte enthält jede Gruppe?

39) Berechne das Volumen einer rechtwinkligen Kiste, deren Länge ein Viertel so viel beträgt, wie Breite und Höhe zusammen, deren räumliche Diagonale 3 *m* ist, und deren Gesamtoberfläche 16 *qm* beträgt.

40) Wenn man einer Berechnung des Volumens der Cheops-Pyramide die Angabe Herodots über die Länge jeder Seite ihrer quadratischen Basis zugrunde legt und das Plethron zu 31 *m* rechnet, so erhält man 3075200 *cbm*, während nach neueren Messungen das Volumen in Wirklichkeit nur 2576450 *cbm* beträgt, da die Seite der quadratischen Basis 21 *m* kürzer ist, als sich nach Herodot ergibt. Wieviel Plethren gibt Herodot für die Länge jeder Basisseite an, und wie hoch ist die Pyramide in Metern? (Das Volumen einer quadratischen Pyramide beträgt ($\frac{1}{3}a^2h$) *cbm*, wenn sie h *m* hoch ist und die Seite ihrer Basis a *m* lang ist.)

Bewegungsaufgaben.

41) Aus zwei Dörfern A und B, die 27 *km* voneinander entfernt sind, brechen zwei Bauern gleichzeitig auf und gehen einander entgegen. Sie treffen sich nach 3 Stunden und verplaudern eine halbe Stunde. Darauf geht dann jeder mit derselben Geschwindigkeit wie früher seinen Weg weiter. Da der, welcher von A kommt, aber schneller geht als der andere, so trifft er 81 Minuten früher in B ein, als der, welcher von B kommt, in A eintrifft. In wieviel Minuten legte jeder das *km* zurück, und wo trafen sie sich?

42) Neben einem Flusse läuft eine Eisenbahn. Während nun von Station A ein Zug nach der 90 *km* entfernten Station B zu abgeht, fahren gleichzeitig zwei Dampfschiffe in B ab, beide mit gleicher Geschwindigkeit, aber das eine nach B zu, das andere in entgegengesetzter Richtung. Der in der Stunde 50 *km* zurücklegende Zug begegnet nun dem von B kommenden Dampfschiffe $\frac{3}{4}$ Stunden früher, als er das andere Dampfschiff jenseits B einholt. Wieviel *km* legt jedes Dampfschiff in der Stunde zurück?

43) Bei einem Wettrennen gelangt das zweite Pferd, welches in der Sekunde durchschnittlich 1 *m* weniger zurücklegt als das erste Pferd, 2 Sekunden später zum Ziel. Das dritte Pferd, dessen Geschwindigkeit 5 Sekunden-Meter geringer war als die des ersten Pferdes, hatte erst 960 *m* zurückgelegt, als das erste Pferd das Ziel erreichte. Wie lang war die Rennbahn?

44) Die Vorderräder eines Omnibus laufen auf einer Strecke von 240 *m* achtmal öfter herum als die Hinterräder. Auf derselben Strecke laufen die Vorderräder einer Droschke nur sechsmal öfter herum als die Hinterräder. Wie groß sind die Räder beider Fahrzeuge bei der Annahme, daß der Umfang jedes Rades an der Droschke 1 *m* länger ist als der Umfang des entsprechenden Rades am Omnibus? (Irrat.)

45) Zwei Punkte, welche auf den Schenkeln eines rechten Winkels liegen und 52 *m* voneinander entfernt sind, beginnen gleichzeitig eine Bewegung nach dem Scheitelpunkte, wobei der eine das Meter in $\frac{1}{3}$ Sekunde, der andere in $\frac{1}{12}$ Sekunde zurücklegt. Nach einer Sekunde sind sie 39 *m* voneinander entfernt. Wie weit waren sie ursprünglich vom Scheitel entfernt?

Verschiedenartige Einkleidungen.

46) Ein Kaufmann kaufte für 120 ℳ Kaffee und für 80 ℳ Zucker ein, jedoch Kaffee 20 *kg* weniger als Zucker. Nach einigen Wochen hatten sich die Marktpreise derartig geändert, daß das *kg* Zucker 20 ₰ billiger, das *kg* Kaffee aber 40 ₰ teurer geworden war. Bei den so veränderten Marktpreisen hätte der Krämer für dasselbe Anlagekapital 50 *kg* weniger Kaffee als Zucker erhalten können. Welches waren die ursprünglichen Marktpreise?

47) Ein Bauer mästet eine Anzahl junger Schweine, für welche er zusammen 120 ℳ bezahlt hat. Zwei von den Mastschweinen behält er für sich, die übrigen verkauft er das Stück 50 ℳ teurer, als der Einkaufspreis betrug. Dadurch erzielt er erstens einen Geldgewinn von 480 ℳ und außerdem noch den Gewinn, im nächsten Jahre zwei Schweine selbst schlachten zu können. Wie viele Schweine kaufte er, und wie teuer war jedes?

48) Einem Gutsbesitzer wurden vor Ausbruch des Krieges im Jahre 1866 eine Anzahl Pferde abgekauft und von der Militärverwaltung mit 3600 ℳ bezahlt. Vor Ausbruch des Deutsch-Französischen Krieges mußte er zwar noch 4 Pferde mehr hergeben, bekam aber auch für jedes Pferd 120 ℳ mehr als damals, so daß er im ganzen doppelt so viel Geld aus der Kriegskasse empfing. Wieviel Pferde verkaufte er 1866 und was bekam er für jedes?

49) Ein Autor schätzt ab, daß sein Manuskript im Druck 168 Seiten füllen wird. Es ergibt sich jedoch, daß es 200 Seiten füllt, da der Autor die durchschnittliche Zahl der Buchstaben in jeder Zeile um 3 zu hoch und die Zahl der Zeilen auf jeder Seite um 4 zu hoch angenommen hatte. Hätte der Autor zwar die Zahl der Zeilen richtig, dafür aber die Zahl der Buchstaben in jeder Zeile um 6 zu hoch vorausgesetzt, so wäre er doch noch immer auf eine zu kleine Seitenzahl, nämlich auf 175 gekommen. Wie lang schätzte er die Zeile, und wie lang die Seite?

50) Die Statuten des Vereins der Getreuen in Jever verpflichteten jedes Mitglied, alljährlich vor dem 29. März eine gewisse Anzahl Kiebitzeier gesammelt zu haben. Von den 105 Eiern, die so alljährlich zusammenkamen, wurden immer dem Fürsten Bismarck zu seinem Geburtstage am 1. April 101 Stück übersandt. Als plötzlich eins der Mitglieder starb, mußten, damit wenigstens 102 Eier zusammenkamen, die Statuten dahin geändert werden, daß jedes Mitglied 2 Eier mehr als früher zu sammeln hatte. Wieviel Mitglieder hatte der Kiebitz-Verein, und wieviel Eier hatte jedes Mitglied zuletzt zu sammeln?

51) Aus den Ermittelungen des Kaiserlichen statistischen Amtes geht hervor, daß 1878 in Deutschland etwa 8 Millionen *ha* Land mit Weizen und mit Roggen bepflanzt waren, daß 1 *qdcm* Weizenland etwa 3 Körner mehr brachte, als 1 *qdcm* Roggenland, sowie auch, daß Deutschland 42 Billionen Weizenkörner und 120 Billionen Roggenkörner produzierte. Wieviel *ha* Land waren hiernach mit Weizen und wieviel mit Roggen bepflanzt? (1 *qdcm* prod. x Körner Roggen, die Zahl der Billionen *qdcm*, die mit Roggen bzw. mit Weizen bepflanzt waren, sei y bzw. z.)

Historisches zu Abschnitt V.

Den Quadraten der natürlichen Zahlen wurde seit den ältesten Zeiten Beachtung geschenkt (vgl. § 21, Nr. 26). Eine methodische Ausziehung der

Quadratwurzel lehrte zuerst Theon von Alexandria (um 400 nach Chr., Vater der Hypatia). Unser heutiges Wurzelzeichen ist eine Erfindung des Mathematikers Christoph Rudolf aus Jauer (1525). Doch findet sich ein besonderes Zeichen für die Quadratwurzel schon um 1450 bei dem Westaraber Alkalsâdî.

Das Irrationale (ἄῤῥητον, ἄλογον) im Gegensatz zum Rationalen (ῥητόν), erkannte Pythagoras bei der Hypotenuse des gleichschenklig-rechtwinkligen Dreiecks, und Plato († 348) bei der Diagonale des Quadrats über fünf (Platos Staat, VIII 546). Euklides, der diese Unterscheidung, jedoch auch nur im Zusammenhang mit dem Inkommensurabeln (ἀσύμμετρον) der Geometrie, im zehnten Buch seiner Elemente ausführlicher behandelte, faßte auch $a \pm \sqrt{b}$ und $\sqrt{a} \pm \sqrt{b}$ als besondere Irrationalitäten auf. Apollonius von Pergä (um 200) schrieb dann ein besonderes Lehrbuch über irrationale Größen. Archimedes aber war der erste, welcher es verstand, eine gesuchte Irrationalzahl in zwei sehr nahe rationale Grenzen einzuschließen. Auf dem Wege zu seinem berühmten Resultate $3\frac{10}{71} < \pi < 3\frac{1}{7}$ fand er z. B.: $\frac{265}{153} < \sqrt{3} < \frac{1351}{780}$. Während die Griechen das Irrationale nur in der Geometrie kannten und sich scheuten, ein irrationales Verhältnis als Zahl anzusehen, unterwarfen die Inder (Brahmagupta um 600, Bhâskara um 1150 n. Chr. G.), welche zu dem Irrationalen von den quadratischen Gleichungen her gelangt waren, die irrationalen Quadratwurzeln denselben Rechenregeln, wie die übrigen Zahlen. Bhâskara lehrt sogar schon das Wegschaffen des Irrationalen aus dem Nenner eines Bruches und die hier in § 27, G, 7 bis 9 besprochene Verwandlung von $\sqrt{a + \sqrt{b}}$.

Quadratwurzeln aus negativen Zahlen wurden in früherer Zeit zwar als sinnlos erkannt, aber dann ganz außer acht gelassen. Erst Cardano schenkte ihnen als unmöglichen Wurzeln von Gleichungen einige Beachtung. Cartesius erfand die Namen real und imaginär. Euler und Cauchy (1821) zeigten den Nutzen der komplexen Zahlen. Aber erst Gauß († 1831), der auch das Zeichen i für $\sqrt{-1}$ einführte, vermochte es, namentlich vermöge seiner graphischen Darstellung der komplexen Zahlen, der vierten Erweiterung des Zahlengebietes dasselbe Ansehen zu verschaffen, das die drei ersten Erweiterungen schon besaßen.

Quadratische Gleichungen vermochten in geometrischer Form schon Euklides und Hipparch von Nicäa (150 v. Chr. G.) zu lösen. Der erste, welcher in Zahlen die gemischt-quadratische Gleichung durch Ergänzung zu einem vollständigen Quadrat löste, war Heron von Alexandria (100 v. Chr. G.). Viel ausführlicher behandelte dann Diophantos die quadratischen Gleichungen, und zwar nicht allein die mit einer Unbekannten, sondern auch, wenigstens in den leichtesten Fällen, die mit mehreren Unbekannten. Diophant unterscheidet bei den Gleichungen zweiten Grades mit einer Unbekannten die drei Fälle: $ax^2 + bx = c$, $ax^2 + c = bx$, $ax^2 = bx + c$. Während dieser griechische Mathematiker aber immer nur an einen einzigen positiven Wert der Unbekannten dachte, erkannten die indischen Mathematiker, daß eine quadratische Gleichung zwei Wurzeln habe, und ließen, freilich mit ausdrücklichem Vorbehalt, auch negative und irrationale Werte der Unbekannten zu. Bhâskara hat ferner das

Verdienst, gezeigt zu haben, wie sich Gleichungen höheren Grades oft mittels quadratischer Gleichungen lösen lassen. Unter den Arabern waren es namentlich Alchwarizmî und Alkarchî (um 1000), welche die Leistungen des Diophantos und der Inder auf dem Gebiete der Algebra und speziell der Gleichungen zweiten Grades vervollkommneten und verbreiteten. Von späteren Mathematikern sind in dieser Richtung noch besonders hervorzuheben: Leonardo von Pisa (um 1200), welcher die arabische Algebra nach dem Okzident brachte, und Vieta († 1600), welcher den Zusammenhang der Koeffizienten mit den Wurzeln (§ 26, D) aufdeckte.

Sechster Abschnitt.

Die drei Operationen dritter Stufe.

§ 33.

Potenzen mit ganzzahligen Exponenten.

Theorie.

$$3^4 = 3\cdot 3\cdot 3\cdot 3; \quad a^p = \overset{1)}{a}\cdot\overset{2)}{a}\cdot\overset{3)}{a}\cdot\overset{4)}{a}\cdot\overset{5)}{a}\cdot\ldots\cdot\overset{p)}{a}; \quad a^1 = a.$$

Verteilungsgesetze bei gemeinsamer Basis.

I) $2^7\cdot 2^3 = 2^{7+3}$, $a^p\cdot a^q = a^{p+q}$,

IIa) $2^7 : 2^3 = 2^{7-3}$, $a^p : a^q = a^{p-q}$, wenn $p > q$ ist,

IIb) $2^3 : 2^7 = \frac{1}{2^{7-3}}$, $a^p : a^q = \frac{1}{a^{q-p}}$, wenn $p < q$ ist.

Verteilungsgesetze bei gemeins. Exponenten.

III) $2^3\cdot 5^3 = (2\cdot 5)^3$, $a^q\cdot b^q = (a\cdot b)^q$,

IV) $2^3 : 5^3 = (2:5)^3$, $a^q : b^q = (a:b)^q$.

Verbindungsgesetze.

Va) $(2^3)^4 = 2^{3\cdot 4}$, $(a^p)^q = a^{q\cdot p}$,

Vb) $(2^3)^4 = (2^4)^3$, $(a^p)^q = (a^q)^p$.

$$7^0 = 1, \quad a^0 = 1.$$

$$7^{-2} = \frac{1}{7^2} = \left(\frac{1}{7}\right)^2, \quad a^{-p} = \frac{1}{a^p} = \left(\frac{1}{a}\right)^p.$$

A. Begriff der Potenzierung.

Eine Zahl a mit einer Zahl p potenzieren heißt, ein Produkt von p Faktoren bilden, so daß jeder Faktor a heißt. Die Zahl a, welche als Faktor eines Produktes gesetzt wird, heißt Basis, die Zahl p, welche angibt, wie oft die andere Zahl a als Faktor eines Produktes gesetzt werden soll, heißt Exponent. Das Resultat der Potenzierung, welches man a^p schreibt und „a hoch p“ liest, heißt Potenz. Man nennt die Potenz a^p auch wohl die pte Potenz von a. Da der Exponent ein „wie oft“ zählt, so kann derselbe nach der obigen Definition nur eine positive ganze Zahl sein. Dagegen kann die Basis jede beliebige Zahl sein. Z. B.: $(-2)^3 = (-2)(-2)(-2) = -8$, $(\frac{3}{4})(\frac{3}{4})(\frac{3}{4})(\frac{3}{4}) = \frac{81}{256}$, ferner $0^5 = 0 \cdot 0 \cdot 0 \cdot 0 \cdot 0 = 0$. Da man a als Produkt von einem Faktor auffassen kann, so setzt man auch $a^1 = a$.

Spezielle Potenzen, nämlich diejenigen, welche den Exponenten 2 haben, sind unter dem Namen „Quadrate" schon im Abschnitt V ausführlich behandelt. Die Potenzen mit dem Exponenten 3 heißen auch Kuben und die dritten Potenzen der natürlichen Zahlen Kubikzahlen, eine Ausdrucksweise, die sich dadurch erklärt, daß man behufs Bestimmung des Volumens eines Kubus (Würfels) die Maßzahl seiner Kanten mit drei zu potenzieren hat. Die ersten zwölf Kubikzahlen heißen:

1, 8, 27, 64, 125, 216, 343, 512, 729, 1000, 1331, 1728.

Auch Potenzen von höherem Exponenten sind in den voranstehenden Paragraphen, schon von § 8 an, wiederholt vorgekommen, jedoch immer nur als abgekürzt geschriebene Produkte behandelt. Von jetzt an soll aber die Potenzierung als eine besondere Operation betrachtet werden, die aus der Multiplikation ebenso entsteht, wie in § 8 die Multiplikation aus der Addition entstand und deshalb auch dritter Stufe heißen muß.

B. Das Rechnen mit Potenzen.

Die in der Überschrift aufgestellten Formeln sind vorwärts und rückwärts in Worten auszudrücken und aus der Definition der Potenz mit Benutzung der Gesetze der Multiplikation und Division zu beweisen. Man beachte, daß die Gesetze der Potenzierung den in § 8 aufgestellten Gesetzen der Multiplikation analog sind, nur daß bei der Potenzierung das Vertauschungsgesetz ungültig ist, da a^b im allgemeinen **nicht** gleich b^a ist. Das Rechnen mit Potenzen, deren Exponenten Buchstabenausdrücke sind, zeigen folgende Beispiele:

1) $(a^4 b^{p+4})(a^q b^{r-p}) = a^{4+q} \cdot b^{p+4+r-p} = a^{4+q} b^{r+4}$,

2) $\dfrac{(a-b)^{5x-y}(b-c)^{7x+3y}}{(a-b)^{2x+y}(b-c)^{x-3y}} = (a-b)^{5x-y-2x-y}(b-c)^{7x+3y-x+3y}$
$= (a-b)^{3x-2y}(b-c)^{6x+6y}$,

3) $4\frac{1}{3} x^{n+3} \cdot y : 6\frac{1}{2} x^n : y^p + \frac{2}{3}(-x)^3 y^{p-1} = (\frac{13}{3} : \frac{13}{2}) x^{n+3-n} : y^{p-1} - \frac{2}{3} x^3 y^{p-1}$
$= \dfrac{2x^3}{3y^{p-1}} - \frac{2}{3} x^3 y^{p-1}$,

4) $(abc)^{5p+q}(ab)^{3p-q}(ac)^{4q} = a^{5p+q+3p-q+4q} b^{5p+q+3p-q} c^{5p+q+4q}$
$= a^{8p+4q} b^{8p} c^{5p+5q}$,

5) $(a+b)^s (a-b)^s = [(a+b)(a-b)]^s = (a^2-b^2)^s$,

6) $(p^{a+b})^{a+b} = p^{(a+b)(a+b)} = p^{a^2+2ab+b^2}$.

7) Man beachte, daß $(a+b)^n$ **nicht gleich** $a^n + b^n$ ist.

Ist die Basis einer Potenz nicht eine bloße Zahl oder ein einzelner Buchstabe, sondern ein Ausdruck, so ist derselbe in eine Klammer einzuschließen. Dagegen macht die höhere Stellung des Exponenten eine Klammer um denselben überflüssig.

C. Potenzformen, deren Exponent Null oder eine negative ganze Zahl ist.

Nach der Definition der Potenzierung sind a^0 und a^{-p}, wo p positiv ist, sinnlose Zeichen. Auch Produkte, deren Multiplikator Null oder negativ ist, waren nach der ursprünglichen Definition der Multiplikation sinnlose Zeichen. Doch erhielten solche Zeichen in § 8 C einen Sinn, indem man sie als Differenzen (§ 7) auffaßte und dann sagte, man wolle unter „Null mal a" oder „$-n$ mal a" das verstehen, was sich ergibt, wenn man mit einer solchen Differenz nach derselben Formel multipliziert wie mit einer Differenz, die eine positive Zahl darstellt. In derselben Weise verfährt man bei den Potenzformen a^0 und a^{-n}. Man setzt also $a^0 = a^{p-p}$, hebt die Beschränkung $p > q$ der Formel IIa) auf und erhält $a^p : a^p$ oder die Zahl 1. Ebenso setzt man $a^{-n} = a^{p-(p+n)}$, hebt wieder die Beschränkung $p > q$ der Formel IIa) auf und erhält $a^p : a^{p+n}$, also nach Formel IIb) $\frac{1}{a^n}$. Hiernach haben nun auch Potenzen, deren Exponent Null oder negativ ist, Sinn bekommen, nämlich $a^0 = 1$ und $a^{-n} = 1 : a^n$ oder $(1 : a)^n$, z. B.:

$$13^0 = 1, \quad \left(-\frac{1}{4}\right)^0 = 1; \quad 4^{-3} = \frac{1}{4^3} = \frac{1}{64}, \quad \left(\frac{3}{4}\right)^{-2} = \left(\frac{4}{3}\right)^2 = \frac{16}{9},$$

$$(-2)^{-2} = \frac{1}{(-2)^2} = \frac{1}{4}.$$

Für derartige Potenzformen gelten dieselben Gesetze wie für eigentliche Potenzen. Mit Hilfe der negativen Exponenten kann man jede Potenz aus dem Nenner eines Bruches in den Zähler und aus dem Zähler in den Nenner stellen, indem man das Vorzeichen des Exponenten in das entgegengesetzte verwandelt. Z. B.:

$$\frac{a^n}{b^p} = a^n b^{-p}, \quad \frac{a^4 b^{-4} c^{-5}}{d^{-6} e^{-5}} = \frac{a^4 d^6 e^5}{b^4 c^5}.$$

Der Gedankengang, welcher uns zur Definition von a^{-p} gelangen ließ, führt uns auch zur Definition von $a^{\frac{p}{q}}$, wo $\frac{p}{q}$ ein eigentlicher Bruch ist. Da nämlich $\frac{p}{q}$ die Definition $\left(\frac{p}{q}\right) \cdot q = p$ hat und $a^{nq} = (a^n)^q$ ist, so muß unter $a^{\frac{p}{q}}$ die Zahl verstanden werden, welche, mit q potenziert, a^p gibt. Die Bestimmung dieser Zahl kann also erst geschehen, nachdem die Potenz und der Exponent als bekannt, die Basis dagegen als unbekannt aufgefaßt ist, d. h. nachdem eine gewisse Umkehrungs-Operation der Potenzierung (Radizierung, § 34, 35) betrachtet ist. Ebenso kann den Potenzformen mit irrationalen Exponenten, sowie denen mit imaginären Exponenten erst später Sinn erteilt werden.

Aufgaben.

Der Exponent ist positiv ganzzahlig.

1) Was bedeutet a) 10^{10}, b) $(a^2)^n$, c) a^{b+c}, d) $(a-b)^{5q}$?
2) Schreibe die $(p+q)$te Potenz von $a+b-c$.
3) Entspricht dem Exponenten einer Potenz der Multiplikandus oder der Multiplikator eines Produktes?
4) Jemand soll a mit a multiplizieren, das Produkt wieder mit a multiplizieren und so fortfahren, bis er im ganzen $n-1$ Multiplikationen ausgeführt hat. Wie kann er das Resultat mit nur zwei Buchstaben schreiben?
5) Es ist $10^{n-1} \leqq a < 10^n$, wenn a eine n-ziffrige Zahl ist. Warum?
6) Warum hat die zweite, dritte usw. Potenz einer benannten Zahl keinen Sinn?
7) Man teilt eine 1 *km* lange Strecke in zwölf gleiche Teile, teilt dann jeden Teil wiederum so ein und setzt diese duodezimale Teilung fort, bis sie xmal geschehen ist. a) Wieviel kleinste Teile hat man dann? b) Wie groß muß x sein, damit ein solcher Teil kleiner als 1 *mm* wird?
8) Berechne: a) den Kubus von $1\frac{1}{3}$, b) die fünfte Potenz von fünf, c) 0^{39}, d) 1^{43}, e) 43^1.
9) Berechne: a) $(-1)^1$, b) $(-1)^2$, c) $(-1)^3$, d) $(-1)^8$, e) $(-1)^{29}$, f) $(-1)^{407}$, g) $(-1)^{2n}$, h) $(-1)^{2n+1}$, i) $(-1)^{2n-1}$, wo n eine positive ganze Zahl bedeutet.
10) Berechne: a) $(-2)^9$, b) $(-3)^4$, c) $(-10)^{12}$, d) $(-\frac{3}{4})^5$, e) $(-0,1)^6$.
11) Bilde eine Regel über die Bestimmung des Vorzeichens bei dem Potenzieren einer negativen Zahl.
12) Vereinfache: a) $(\sqrt{2})^{2n}$, b) $(\sqrt{0,3})^{4p}$, c) $(\sqrt{a})^{2p+2q}$.
13) Berechne: a) $(\sqrt{-1})^4$, b) i^5, c) i^{13}, d) i^{15}, e) i^{42}, f) i^{8723}.
14) Vereinfache: a) i^{4n}, b) i^{4n+1}, c) i^{4n+2}, d) i^{4n+3}, e) $\frac{1}{i^{4n}}$, f) $\frac{1}{i^{4n+1}}$, g) $\frac{1}{i^{4n+2}}$, h) $\frac{1}{i^{4n+3}}$.
15) a) Warum ist $a^{n+1} > a^n$, wenn $a > 1$ ist?
b) Warum ist $a^{n+1} < a^n$, wenn $a < 1$ ist?
16) Da Gleiches, mit Gleichem multipliziert, Gleiches gibt, so gilt auch der Satz, daß Gleiches, mit Gleichem potenziert, Gleiches gibt. Welcher Bedingung müssen aber die Basen unterliegen, damit auch der Satz richtig sei, daß Größeres, mit Gleichem potenziert, Größeres gibt?
17) Welches Vergleichungszeichen ist zwischen a^{2m} und b^{2m} zu stellen, wenn m eine ganze Zahl und a positiv und kleiner als b ist?
18) Um wieviel ist a^3 größer als b^3, wenn a um p größer ist als b?
19) Ist es möglich, sich den Exponenten n in 2^n so groß zu denken, a) daß $2^n > 1'000000$ wird, b) daß 2^n größer als jede noch so große Zahl wird, c) daß $(\frac{1}{2})^n$ kleiner als jede noch so kleine Zahl wird?
20) Welches Zeichen darf man für a^∞ setzen, a) wenn $a > 1$ ist? b) wenn $a < 1$ ist? (vgl. Nr. 19).

21) Substituiere in die diesem Paragraphen vorangestellten Formeln: a) $a = 24$, $b = 6$, $p = 3$, $q = 1$, b) $a = \frac{3}{4}$, $b = \frac{3}{8}$, $p = 5$, $q = 2$, c) $a = 0{,}2$, $b = -1$, $p = 2$, $q = 1$, d) $a = \sqrt{2}$, $b = 5$, $p = 4$, $q = 2$, e) $a = \sqrt{-1}$, $b = 2$, $p = 6$, $q = 4$, f) $a = 3 + \sqrt{5}$, $b = \sqrt{5} - 1$, $p = 4$, $q = 1$.

22) Welche Formel kann man so übersetzen: „Statt eine Zahl mit einer Differenz zu potenzieren, kann man die Zahl auch mit dem Minuendus und mit dem Subtrahendus potenzieren, und die aus dem Minuendus hervorgegangene Potenz durch die aus dem Subtrahendus entstandene Potenz dividieren"?

23) Übersetze die Verteilungsgesetze und die Verbindungsgesetze der Potenzierung: a) vorwärts, b) rückwärts.

24) Suche in § 8 die Formel, welche a) der Formel I, b) der Formel III) dieses Paragraphen entspricht.

25) Die Formel IIa) dieses Paragraphen ist analog der Formel II) in § 8. Welche Formel hier ist analog der Formel $ma - pa = -[(p-m)a]$, wo $p > m$ ist?

26) Suche in § 25 die Formeln, welche von den hier mit III) und IV) bezeichneten Formeln spezielle Fälle sind.

27) Beweise die Formeln I) bis Vb) aus der Definition der Potenzierung.

28) Beweise die Formel IV) aus der Definition der Division mit Benutzung der Formel III).

29) Man schreibt 2^{3^2} ohne Klammer, wenn man meint: $2^{3^2} = 2^9$; dagegen setzt man eine Klammer, wenn man meint: $(2^3)^2 = 8^2$. Steht dieser Gebrauch mit der zweiten Klammerregel (§ 2) in Einklang?

30) Es gibt nur zwei verschiedene positive ganze Zahlen, für welche a^b gleich b^a ist. Welche sind es?

31) Womit muß man $2^{20} = 1'048576$ multiplizieren, um 2^{23} zu erhalten?

Berechne:

32) $2 \cdot 3^5 + (2 \cdot 3)^5 - 2^5 \cdot 3$

33) $(4 + 3 \cdot 2)^{4+3\cdot 2} - 2^{10} \cdot 5^{10}$

34) $4^4 + 3^3 - (3 \cdot 12^3 : 6^2)$

35) $(3^2 - 2^3)^{4+4^2+4^3}$

36) $[53 - 7^{2^2-2} - 2^2]^{53}$

37) $(1\frac{3}{7})^3 - [(2^{2\cdot 5} + 5) : 7^3]^2$

38) $(7^5 - 2^5) : (7 - 2$

39) $(4^3 + 4) : (3^4 - 4^3)$

40) $3^5 \cdot 2^3 - 5^3 \cdot 3^2$

41) $3^7 - 2(3^6 + 3^4 + 3^2)$

42) $2^{10} - 10^3$

43) $2^{20} - 10^6$

44) $\left(\frac{2}{3}\right)^3 - \frac{3^2}{2^5}$

45) $(0{,}6)^4 - (0{,}5)^4 - (0{,}3)^4$

46) $3 \cdot 5^3 + 4 \cdot 2^7 + 2^2 \cdot 3^4 - 6^3 \cdot 5 - 2^4 \cdot 8$

47) $3^4 \cdot (0{,}4)^3 + 2^5 \cdot (0{,}8)^2 + 2^3 \cdot (1{,}3)^3 - (2{,}5)^6 \cdot (0{,}8)^8$

48) $(-3)^5 - (-2)^5$

49) $3^4 + 4^3 - (-3)^4 - (-4)^3$

50) $3 \cdot (-5)^2 - (-3)^5 - 3(-7)^2 - 11(-2)^4$

51) $\frac{2}{3} \cdot 9^2 + \frac{4}{5} \cdot (-15)^2 - \frac{5}{8} \cdot 6^3 - 3\frac{1}{2} \cdot (-2)^5$

Die Ausdrücke von Nr. 52 bis Nr. 280 sollen den Potenzgesetzen unterworfen und möglichst vereinfacht werden.

52) $a^8 \cdot a^2 \cdot a^5 \cdot a^4$
53) $x^7 \cdot x^{22} \cdot x^{31} \cdot x$
54) $(a + b)^3 \cdot (a + b)^7$
55) $(x - y)^{12} \cdot (x - y)^{13}$
56) $3\,a^4 \cdot 5\,a^7$
57) $9\,x^2 \cdot 7\,x^9 \cdot 2\,x$
58) $\frac{3}{4}\,x^3 \cdot \frac{5}{9}\,x^5 \cdot \frac{4}{5}\,x^7$
59) $2\frac{1}{2}\,a^9 \cdot 3\frac{1}{2}\,a^5 \cdot 2\frac{2}{3}\,a$
60) $a^u \cdot a^v \cdot a^w$
61) $a^{3v+4} \cdot a^{w-4}$
62) $a^{n+1} \cdot a^{n-1} \cdot a^{2n+3}$
63) $a^{3p+4q} \cdot a^{p-3q}$
64) $d^x \cdot d$
65) $x^{a+b} \cdot x \cdot x^{c-1}$
66) $a^{3x+8y} \cdot a^{2x-3y}$
67) $x^{5m-n} \cdot x^{2n-4} \cdot x^{4-4m}$
68) $3\,x^{4a-3} \cdot 5\,x^{3b+5}$
69) $2\,a^{3x-y} \cdot 3\,a^{x+7y}$
70) $(a + b)^x \cdot (a + b)^y$
71) $(x - 3\,y)^{a+3b} \cdot (x - 3\,y)^{2a-7b}$
72) $5 \cdot (2\,a + 3\,b)^{3x-y} \cdot 7 \cdot (2\,a + 3\,b)^{3y+x} \cdot 2 \cdot (2\,a + 3\,b)^{y-x}$
73) $\frac{2}{3}(x - y)^{3a+b} \cdot 2\frac{1}{4}(x - y)^{2b-a} \cdot \frac{4}{9}(x - y)^{2a+b}$

---

74) $a^8\,b^5 \cdot a^3\,b^2$
75) $x^5\,y^7\,z^8 \cdot x^4\,y^2\,z$
76) $(-a)^5\,a^2 \cdot a^3(-a)^7$
77) $(-a)^3\,b^4 \cdot a^2\,(-b)^6$
78) $x^{a+2b}\,y^{3c} \cdot x^{4a+3b}\,y^{c+1}$
79) $a^{2m+n}\,b \cdot a^{4-n}\,b^{n+2}$
80) $3\,a^7\,b^9 \cdot 5\,a^4\,b^2$
81) $12\,x^9\,y^4\,z^3 \cdot 20\,x\,y^5\,z$
82) $8\,a^{m+3}\,b^5 \cdot 3\,a\,b^{m-4}$
83) $\frac{3}{4}\,a^{2x+3y}\,b \cdot \frac{8}{9}\,a^{3x}\,b^{4y}$
84) $5\frac{1}{3}\,x^{3a}\,y^{4a} \cdot 1\frac{1}{8}\,x^{2a}\,y$
85) $0{,}7\,a^{3p-q}\,b^{q-p} \cdot 0{,}02\,a^{q-1}\,b^{5p}$
86) $(\frac{3}{4}\,a^3\,b)\,(\frac{5}{12}\,a^7\,b^2)\,(\frac{16}{5}\,a^{x-10}\,b^{y-3})$
87) $(x - y)^{3a+b}\,(x + y)^{4a-b} \cdot (x - y)^{a+3b}\,(x + y)^{5b}$
88) $3\frac{3}{7}(3a - 5b)^{2x+y} \cdot 4\frac{3}{8}(4a + 7b)^{4x} \cdot 1\frac{3}{5}(4a + 7b)^{7-x} \cdot 1\frac{1}{3}(3a - 5b)^{3x+4y}$

---

89) $a^{16} : a^7$
90) $x^{15} : x^5$
91) $a^{8m} : a^{2m}$
92) $a^{3x+y} : a^{2x+y}$
93) $c^{x+n} : c^{x-n}$
94) $x^{3a+b} : x^{a-b}$
95) $\dfrac{a^{n+x}}{a^n}$
96) $\dfrac{b^{p+3q}}{b^p}$
97) $\dfrac{b^p}{b}$
98) $\dfrac{c^{3x-1}}{c^{2x+5}}$
99) $\dfrac{x^{5a+3}}{x^{a-1}}$
100) $\dfrac{a^{3x+y+5}}{a^{2x-y-5}}$
101) $\dfrac{15\,x^{5a+b}}{5\,x^{3a-2b}}$
102) $(\frac{4}{9}\,a^{4x}) : (2\frac{1}{4}\,a^{3x})$
103) $\dfrac{3\,x^{m+3}}{0{,}15\,x^{m-2}}$
104) $\dfrac{(a + b)^{3x+y}}{(a + b)^{x-y}}$
105) $\dfrac{3{,}5\,(x + y)^a}{0{,}05\,(x + y)}$
106) $\dfrac{17\,(a - 2\,x)^{m+1}}{3{,}4\,(a - 2\,x)^{m-1}}$

---

107) $a^{11} \cdot a^4 : a^6 : a^3$
108) $a^{4x} : a^{3x-1} \cdot a^{5x-1}$
109) $e^{5x} \cdot e^{22x} : (e^{12x} \cdot e^{13x})$
110) $\dfrac{a^{3x-4} \cdot a^{2+5x}}{a^{x+4} \cdot a^{3-x}}$
111) $\dfrac{x^{3a+4b} \cdot x^{2a-b}}{x^{a-5b} \cdot x^{4a+8b}}$
112) $\dfrac{a^{5m-n} \cdot a^{2m-3n}}{a^{5n-9m} \cdot a^{2m-n}}$
113) $\dfrac{a^{m-p} \cdot a^{5p+m}}{2\,m + 4\,p}$
114) $\dfrac{a^{x+1} \cdot a^{3x+2}}{(4\,x + 3)\,a}$
115) $\dfrac{a^{2x+5} \cdot a^{4x-2}}{(6\,x + 3)\,a^3}$
116) $\dfrac{a^{4x-3} \cdot b^{7x+5}}{a^{9x+1} \cdot b^{7-x}}$
117) $\dfrac{x^{3a+b} \cdot y^{4a+5b}}{x^{2a-3b} \cdot y^{a+2b}}$
118) $\dfrac{a^{2x+y} \cdot b^{x-5y}}{a^{7x-2y} \cdot b^{3x+y}}$

119) $\frac{24 x^{5a+b}}{5 y^{2a-b}} \cdot \frac{15 y^{4a+b}}{8 x^{a-2b}}$ 120) $\frac{16 a^{2x-3}}{57 b^{5x+8}} \cdot \frac{19 b^{3x+5}}{64 a^{4x-2}}$

121) $\frac{35 a^{3m-4n}}{9 b^{2m+3n}} : \frac{7 a^{2m+3n}}{27 b^{5m-n}}$ 122) $\frac{30 x^{2a+5b}}{7 y^{8a+b}} : \frac{15 x^{7a-9b}}{49 y^{3a-2b}}$

123) $\frac{a^{4m+p} b^{3m-p} c^{5m+4p}}{a^{3m-p} b^{4m+p} c^{6m+7p}} \cdot \frac{a^{m-2p} b^{m+p} c^{8m+3p}}{a^m b^m c^m}$

124) $\frac{p^{a-b+3c} q^{4a-b+7c}}{p^{2a+b-3c} q^{a-4b+c}} : \frac{p^{7a-1\frac{1}{2}b+1\frac{1}{4}c} q^{a+b-0,1c}}{p^{3a-\frac{1}{2}b-\frac{1}{4}c} q^{2a-b+\frac{1}{10}c}}$

125) $(\frac{2}{3} p^3 q)(\frac{4}{9} p^7 r^{5x-1})(q^x r^{24-x})(\frac{4}{11} p^x r^{3x-20}) : (\frac{64}{99} p^{10} q^x r^{3x})$

126) $\frac{(a-b)^{2p+q}}{(b-c)^{p-q}} \cdot \frac{(b-c)^{3p-q}}{(a-b)^{p-2q}}$ 127) $\frac{(a+b+c)^{r-2}}{(a+b-c)^{2r-5}} : \frac{(a+b+c)^{r-3}}{(a+b-c)^{2r-6}}$

128) $(-a)^{4p} \cdot (-a)^{2p+1} : (-a)^{4p+1}$, wo p ganzzahlig ist.

---

129) $(a \cdot b)^5$ 130) $(a \cdot b \cdot c)^7$ 131) $(3xy)^4$
132) $(\frac{3}{4} ab)^3$ 133) $(2\frac{1}{2} xyz)^4$ 134) $(\frac{2}{3} uv)^6$
135) $(2a \cdot 5b)^6$ 136) $(3x \cdot 5y \cdot 7z)^3$ 137) $(5xy \cdot 9uv)^a$
138) $(pq)^7 \cdot (pr)^4 \cdot (qr)^5$ 139) $(2ab)^4 \cdot (5ac)^3$ 140) $(\frac{3}{5} xy)^5 \cdot (\frac{5}{3} yz)^3$
141) $2^6 \cdot 5^6$ 142) $4^4 \cdot 25^4$ 143) $8^9 \cdot 125^9$
144) $(\frac{1}{3})^7 \cdot (\frac{3}{4})^7$ 145) $(3\frac{1}{2})^{10} \cdot (\frac{4}{7})^{10}$ 146) $(2\frac{2}{7})^4 \cdot (2\frac{5}{8})^4$
147) $\left(\frac{3a}{5b}\right)^6 \cdot \left(\frac{15b}{4c}\right)^6 \cdot \left(\frac{8c}{9a}\right)^6$ 148) $\left(\frac{5x}{8y}\right)^3 \cdot \left(\frac{16y^2}{15z}\right)^3 \cdot \left(\frac{3z}{2x}\right)^3$
149) $(a+b)^2 \cdot (a-b)^2$ 150) $(a+b)^n \cdot (a^2 - ab + b^2)^n$
151) $(a-b)^n \cdot (a^2+ab+b^2)^n$ 152) $(x-5y)^2 \cdot (x+5y)^2 \cdot (x^2+25y^2)^2$

---

153) $\left(\frac{a}{b}\right)^9$ 154) $\left(\frac{2x}{3y}\right)^4$ 155) $\left(\frac{3ab}{5 \cdot cd}\right)^3$
156) $48^5 : 16^5$ 157) $54^9 : 27^9$ 158) $35^4 : 28^4$
159) $(\frac{9}{1})^5 : (\frac{3}{2})^5$ 160) $(1\frac{3}{5})^7 : (\frac{4}{5})^7$ 161) $(5\frac{1}{3})^4 : (3\frac{1}{5})^4$
162) $4^n \cdot 25^n : 10^n$ 163) $8^x \cdot 125^x : 100^x$ 164) $(3\frac{3}{4})^{2p} \cdot (\frac{8}{3})^{2p} : (\frac{5}{2})^{2p}$
165) $\frac{(a^2-b^2)^4}{(a-b)^4}$ 166) $\frac{(a+b)^{a+b}}{(a-b)^{a+b}} \cdot (a^2-b^2)^{a+b}$
167) $\frac{(a^3+b^3)^2}{(a+b)^2}$ 168) $\frac{(8x^3-27y^3)^3}{(2x-3y)^3}$
169) $\frac{(25x^2-10xy+y^2)^2}{(5x-y)}$ 170) $\frac{(a^3-a^2b+ab^2-b^3)^3}{(a^2+b^2)^3}$

---

171) $(a^3)^5$ 172) $(a^7)^{12}$ 173) $(-a^4)^7$
174) $(a^{n+1})^4$ 175) $(a^5)^{2n-7}$ 176) $(a^n)^{n-1}$
177) $(x^{a-b})^{a+b}$ 178) $(x^{a+b})^{a+b}$ 179) $(x^{2a+b})^{a-3b}$
180) $(x^{5a-8b})^{2a+5b}$ 181) $(a^{4x-5y})^{8x-7y}$ 182) $(a^{9x-4y})^{6x+3y}$
183) $[(a^3)^4]^5$ 184) $[(x^5)^n]^7$ 185) $[(x^n)^{n-1}]^{n+1}$
186) $(a^4)^5 \cdot (a^3)^4$ 187) $(a^7)^9 \cdot (a^9)^4$ 188) $(a^8)^8 \cdot (a^{12})^3$
189) $(a^8)^5 : (a^6)^4$ 190) $(a^9)^3 : (a^4)^7$ 191) $(a^9)^2 : (a^6)^3$
192) $(a^{n-1})^2 \cdot (a^{n-1})^{n-1}$ 193) $(a^{n+1})^n \cdot (a^n)^{n-1}$ 194) $(x^{a+b})^{a-b} \cdot (x^{b-1})^{b+1}$

195) $(x^{2a+1})^{2a+1} : (x^{4a})^a$ 196) $(a^{n+1})^n : (a^n)^{n-1}$ 197) $(a^{4x})^{4x} : (a^{2x})^{8x-1}$
198) $(a^3 \cdot b^5)^7$ 199) $(x^3 \cdot y^4 \cdot z^5)^9$ 200) $(a^m \cdot b^n)^p$
201) $(x^{a+b} \cdot y^a)^b$ 202) $(a^{3n} \cdot b^{5n})^{8n}$ 203) $(a^x \cdot b^{2x+y})^{3y}$
204) $\left(\frac{a^3}{b^7}\right)^5$ 205) $\left(\frac{a^{x+2y}}{b^{2x-7y}}\right)^{3x-y}$ 206) $\left(\frac{x^{3m+2n}}{y^{3m-2n}}\right)^{m+n}$

---

207) $(a^3 \cdot b^4 c^5)^2 \cdot (a^2 \cdot b^5 c)^5$ 208) $(a^5 \cdot b^2 c^8)^5 \cdot (a \cdot b^2 \cdot c^4)^7$
209) $(a^5 \cdot b^7 . c^2) : (a^3 b^2 c)^4$ 210) $(a^8 \cdot b^3 \cdot c^4)^5 : (a^7 \cdot b^5 \cdot c^2)^6$
211) $(a^2 b^2 c)^5 \cdot (a^4 b^3 c)^7 : (a^7 b^5 c^2)^6$ 212) $(2 a^3 b^4)^6 \cdot (3 a^7 b^8)^5 : (6 a^9 b^{11})^4$
213) $\frac{(3 a^2 b^3 c^5)^7}{(2 a^3 b^5 c^6)^5} \cdot \frac{(8 a^5 b^8 c^2)^2}{(9 a^2 b^3 c^2)^3}$ 214) $\frac{(3 a^5 b^4 c^3)^7}{(7 a^3 b^2 c^2)^3} : \frac{(9 a^9 b^5 c^6)^3}{(49 a^{11} b^7 c^{12})^2}$
215) $\frac{(2 a^3 b^4 c^5)^4}{(5 a^5 b^7 c^{11})^3} : \frac{(4 a^5 b^7 c^6)^2}{(25 a^2 b^4 c^6)^3}$ 216) $\frac{(a^n b^{2n+1} c^{3n-1})^4 (a b c^{3n})^3}{(c^3)^{7n} (a b)^{4n-7}}$

---

217) $(5 a^4 b^3 + 7 a^5 c^8 - 2 b^4 c^5 - 4 a b^2 c^6) \cdot 3 a^3 b^4 c^5$
218) $(15 x^3 y^7 z^4 + 20 x^2 y^5 z^9 - 12 x^4 y z^7) \cdot 8 x^4 y^6 z^8$
219) $(3\frac{1}{2} a^2 b^4 c - 2\frac{1}{3} a^3 b^7 c^2 + 1\frac{5}{9} a^5 b^2 c^7) \cdot 2\frac{4}{7} a^3 b^5 c^7$
220) $(1{,}28 a^2 b^5 c - 2{,}16 a^3 b c^2 - 3{,}12 a^2 b) \cdot 0{,}125 a b^2 c^3$
221) $(5 a^{3x+2y} + 7 a^{2x-7y} - 11 a^{5x-y}) \cdot 3 a^{2x-y}$
222) $(\frac{3}{4} x^{4a-2b} - \frac{7}{10} x^{3a+7b} - \frac{3}{5} x^{5a-8b}) \cdot \frac{20}{21} x^{a+4b}$

---

223) $(8 x^{n+3} + 7 x^{n+4} + 6 x^{n+5} + 5 x^{n+6}) : x^n$
224) $(9 a^7 b^4 c^3 + 12 a^4 b^5 c^8 - 6 a^6 b^9 c^5) : (3 a^3 b^4 c^5)$
225) $(25 x^9 y^7 z^8 - 35 x^8 y^8 z^4 + 45 x^7 y^6 z^5) : (5 x^7 y^6 z^5)$
226) $(5\frac{3}{5} a^3 b^5 + 6\frac{3}{4} a^5 b^8 - 5\frac{1}{7} a^4 b^7) : 4\frac{1}{2} a^2 b^3$
227) $(1{,}68 x^5 y^7 z^9 - 1{,}92 x^6 y^8 z^3 - 3{,}84 x^4 y^5 z^6) : 0{,}24 x^3 y^5 z$
228) $(\frac{3}{4} x^n y^{m+1} + \frac{1}{8} x^{3n} y^{4m-7} - \frac{1}{2} x^{5n} \cdot y^{2m+4}) : \frac{1}{8} x^n y^m$
229) $(2\frac{1}{2} x^{7a+5b} - 3\frac{1}{3} x^{6a-2b} + \frac{5}{6} x^{5a+2b}) : \frac{5}{6} x^{5a-2b}$

---

230) $(a^3 b^2 + 3 a^2 b^3 - 7 a b^4) \cdot a^3 b + (a^2 + a b + b^2) a^4 b^3$
231) $(7 x^3 y^5 + 3 x^4 y^6) \cdot x^4 y^2 - (7 x^4 y - 5 x^5 y^2) x^3 y^6$
232) $(5 x^{3a+5b} - 9 x^{7a-2b}) \cdot 2 x^{4a+5b} - (2 x^{4a-2b} - 6 x^{8a-9b}) \cdot 3 x^{3a+12b}$
233) $(8 a^5 b^{10} + 6 a^6 b^9 - 4 a^8 b^7) : 2 a^3 b^5 + (6 a^6 b^{12} - 9 a^7 b^{11} - 12 a^9 b^9) : 3 a^4 b^7$
234) $(10 a^{8x+12y} + 4 a^{7x-4y}) : 2 a^{3x+5y} - (9 a^{9x-2y} - 18 a^{8x-18y}) : 3 a^{4x-9y}$
235) $(a^n + a^3)(a^{4-n} + a)$ 236) $(a^p + a^q)(a^{p+3} - a^{q+3})$
237) $(x^{9p+9} + x^{6p+6} + x^{3p+3} + 1)(x^{3p+3} - 1)$
238) $(x^{2a+4b} + x^{a+2b} \cdot y^{2a+b} + y^{4a+2b})(x^{a+2b} - y^{2a+b})$
239) $(x^{4a+6b} - x^{2a+3b} \cdot y^{5a-2b} + y^{10a-4b})(x^{2a+3b} + y^{5a-2b})$
240) $(8 x^{6a-3b} - 12 x^{4a-2b} y^{3a} + 18 x^{2a-b} y^{6a} - 27 y^{9a}) \cdot (2 x^{2a-b} + 3 y^{3a})$
241) $(a^{8x+4y} + 2 a^{4x+2y} b^y + b^{2y})(a^{8x+4y} - 2 a^{4x+2y} \cdot b^y + b^{2y})$
242) $\frac{x^n - y^n}{x - y}$ 243) $\frac{x^{2n} - y^{2n}}{x + y}$ 244) $\frac{x^{2n+1} + y^{2n+1}}{x + y}$ (vgl. § 12)
245) $\frac{a^{2n} - b^{2n}}{a^n + b^n}$ 246) $\frac{a^{3n} + b^{3n}}{a^n + b^n}$ 247) $\frac{(a^4 - 5 a^2 b^2 + 4 b^4)^x}{(a^2 + 3 a b + 2 b^2)^x}$

248) $\dfrac{a^{8x-4y}-b^{2x+6y}}{a^{4x-2y}-b^{x+3y}}$ 249) $\dfrac{a^{14x+6y}-b^{18x-4y}}{a^{7x+3y}+b^{9x-2y}}$ 250) $\dfrac{a^{6x+9y}+b^{18x}}{a^{2x+3y}+b^{6x}}$

251) $\dfrac{a^{24x-27y}-b^{15x}}{a^{8x-9y}-b^{5x}}$ 252) $\dfrac{a^{12x}-b^{8x+20y}}{a^{3x}-b^{2x+5y}}$ 253) $\dfrac{a^{48x+4y}-a^{72x}}{a^{12x+y}+a^{18x}}$

254) $(12\,a^{8x+4y}-35\,a^{6x+6y}+18\,a^{4x+8y}):(2\,a^{3x+2y}-3\,a^{2x+3y})$

255) $(108\,a^{13x-3y}-156\,a^{11x-5y}+48\,a^{9x-7y}):(9\,a^{8x-2y}-3\,a^{7x-3y}-6\,a^{6x-4y})$

256) $(x^{4p+8q}-5x^{2p+4q}\cdot y^{6p-2q}+4y^{12p-4q}):(x^{2p+4q}-3x^{p+2q}y^{3p-q}+2y^{6p-2q})$

---

257) $(x^n+1)^2$ 258) $(x^4+4^x)^2$ 259) $\left(x^n+\dfrac{1}{x^n}\right)^2$

260) $(3\,a^5b^4+2\,a^4b^5)^2$ 261) $(4\,a^5b^2-7\,a^3b^4)^2$

262) $(\frac{3}{4}\,a^7b^4-\frac{2}{3}\,a^2b^5)^2$ 263) $(2\,a^{x+2y}+3\,a^{4x-y})^2$

264) $(4\,a^{5x-y}-7\,a^{2x+3y})^2$ 265) $3\frac{1}{2}\,a^{3x+y}-\frac{2}{7}\,a^{x-5y})^2$

266) $(3\,a^7+2\,b^5)^3$ 267) $(5\,a^2b^3-3\,ab^4)^3$ 268) $(ab^2c^4-a^3bc^5)^3$

---

269) $\dfrac{a^4}{b^3}-\dfrac{a^9}{b^8}$ 270) $\dfrac{1}{x^n}+\dfrac{1}{x^{n-1}}$ 271) $\dfrac{1-x^2}{x^n}+\dfrac{1}{x^{n-2}}$

272) $\dfrac{1+x^{n+2}}{x^{2n+1}}-\dfrac{1}{x^{n-1}}$ 273) $\dfrac{1}{x^{n-3}}+\dfrac{1}{x^{n+2}}$

274) $\dfrac{1}{x^{n-2}y^3}-\dfrac{1}{x^2y^{n+1}}$ 275) $\dfrac{3x^2+1}{x^{3n+1}}-\dfrac{2x-1}{x^{3n}}-\dfrac{1}{x^{3n-1}}$

276) $\dfrac{3}{x^5}+\dfrac{5-3x}{x^6}-\dfrac{4x-8}{x^7}-\dfrac{x^2+8x-7}{x^8}$

277) $\dfrac{1}{x^{n-3}}-\dfrac{x^3+3}{x^n}+\dfrac{3x^2-9}{x^{n+2}}+\dfrac{5x^{n-3}-1}{x^{2n-1}}+\dfrac{4x^{n-2}+x+1}{x^{2n}}$

278) $\dfrac{a^p+a^q}{a^p-a^q}+\dfrac{a^p-a^q}{a^p+a^q}-\dfrac{a^{2p}+a^{2q}}{a^{2p}-a^{2q}}$

279) $\dfrac{8x^3+82x^2y+5y^3}{8x^3-125y^3}+\dfrac{2x^2-19xy-4y^2}{4x^2+10xy+25y^2}-\dfrac{3x+y}{2x-5y}$

280) $\dfrac{2x^{2a+b}\cdot y^{2a-4b}}{x^{8a+4b}-y^{4a-8b}}+\dfrac{x^{2a+b}+y^{a-2b}}{x^{4a+2b}+y^{2a-4b}}-\dfrac{1}{x^{2a+b}-y^{a-2b}}$.

Der Exponent ist Null oder negativ (vgl. C).

281) Was bedeutet: a) 10^0, b) 10^{-1}, c) 10^{-2}, d) $(\frac{1}{10})^{-2}$, e) $(\frac{3}{10})^{-3}$, f) $(\frac{2}{3})^{-4}$, g) $(0{,}5)^{-3}$?

282) Schreibe 2^{-4} als Produkt von vier gleichen Faktoren.

Berechne:

283) $4^0\cdot 5^3-20^0$ 284) $(0{,}1)^{-3}$ 285) $5:5^{-1}$

286) $25^{-1}\cdot 8^{-2}$ 287) $(1:2)^{-1}+34^0$ 288) $(-1)^0$

289) $1:(\frac{1}{2})^{-10}$ 290) $(-1)^{96}+(-1)^{-96}-(-0{,}4)^{-2}$.

291) Beweise aus $a^0=1$, daß die Formeln I bis V richtig sind, wenn jeder der auftretenden Exponenten Null ist.

292) Beweise aus der Definition $a^{-n} = 1 : a^n$ die folgenden Formeln: a) $a^{-p} a^q = a^{-p+q}$, b) $a^{-p} a^{-q} = a^{-p-q}$, c) $a^{-p} : a^q = a^{-p-q}$, d) $a^{-p} : a^{-q} = a^{-p+q}$, e) $a^{-p} b^{-p} = (ab)^{-p}$, f) $(a^{-p})^{-q} = a^{+pq}$, wo p und q positiv zu denken sind.

293) Schreibe auf kürzeste Weise: a) $4 \cdot 10^3 + 5 \cdot 10^2 + 6 \cdot 10^1 + 7 \cdot 10^0 + 8 \cdot 10^{-1}$, b) $3 \cdot 10^{-1} + 7 \cdot 10^{-2} + 8 \cdot 10^{-3}$, c) $4 \cdot 10^{-4} + 5 \cdot 10^{-6}$.

294) Bei einer dekadisch geschriebenen Zahl nennt man Hundert die zweite Stufenzahl. Welche Zahl kann man demnach bei der Dezimalbruchschreibweise als „minus zweite Stufenzahl" bezeichnen?

295) Ist q^{-n} größer oder kleiner als 1, wenn $n > 0$ und die positive Zahl q a) größer als 1 ist, b) kleiner als 1 ist?

296) Mit welchem Exponenten potenziert man die beiden Seiten einer Gleichung, wenn man ihre reziproken Werte gleichsetzt?

297) Was gibt $(4r - s)^{14r - 7s}$, wenn $s = 2r$ ist?

298) Welche Ungleichung muß n erfüllen, damit 0^n a) gleich Null ist, b) unendlich groß wird?

299) a) Welche Zahlenwerte durchläuft x^{-4}, wenn x alle Werte von 1 bis 0 durchläuft? b) Stelle diese Abhängigkeit graphisch dar (§ 27, K).

300) Entferne die negativen Exponenten aus den Ausdrücken: a) $(x:y)^{-n}$, b) $\frac{a}{b^{-4}}$, c) $\frac{13a^{-3}bc^{-1}}{5p^{-4}q^{-5}}$, d) $\left(\frac{1}{x + x^{-1}}\right)^{-1}$.

301) Berechne: a) i^{-1}, b) i^{-2}, c) i^{-3}, d) i^{-4}, e) i^{-15}, f) i^{-4n+1}, g) $i^{-(4n+1)}$, h) $i^{-(4n+2)}$, wo i die imaginäre Einheit ist.

Bei den folgenden Ausdrücken soll man die Potenzgesetze anwenden, ohne vorher die negativen Exponenten zu entfernen; schließlich aber tue man dies im Resultat.

302) $a^{-3} \cdot a^{-5} \cdot a^{-8}$ 303) $a^4 \cdot a^{-7} \cdot a^{-11}$ 304) $5a^{-5} \cdot 7a^{-2} \cdot 3a^4$

305) $a^{-5x} \cdot a^{-6y}$ 306) $a^{-7-x} \cdot a^{-x-2}$ 307) $3 \cdot a^{-4x} \cdot 5a^{2x}$

308) $a \cdot a^{-4} \cdot b \cdot b^3$ 309) $(3a^{-2}b^{-3})(5a^{-5}b^7)$

310) $(\frac{3}{7}a^{-2}b^5c^{-6})(2\frac{2}{3}a^2b^{-5}c^6)$ 311) $x^{-5} : x^{-2}$

312) $x^{-4a} : x^{-9a}$ 313) $12x^{-16} : 3x^{-4}$ 314) $b^{2p-1} : b^{-1}$

315) $c^{3q-4} : c^{-4} : c^q$ 316) $\frac{9\frac{1}{3}a^{-5}b^{-3}c^{-2}}{1\frac{2}{7}a^{-8}b^{-11}c^{-5}}$

317) $\frac{x^{-5}y^{-7}z^{-3}}{x^3y^{-2}z^{-7}} \cdot \frac{x^9y^{-3}z^{-1}}{x \cdot y^{-9}z^3}$ 318) $\frac{3a^{-5}b^7c^{-9}}{4a^7b^{-3}c^{-11}} : \frac{a^8b^{-1}c^{-7}}{4a^{-3}b^{-2}c^6}$

319) $(abc)^{-5}$ 320) $(3ab)^{-2}$ 321) $(5xy)^{-3} \cdot (2xy)^{-2}$

322) $2^{-6} \cdot 5^{-6}$ 323) $4^{-3} \cdot 25^{-3}$ 324) $125^{-2} \cdot 8^{-2}$

325) $(a:b)^{-6}$ 326) $(a:b)^{-3} \cdot a^{-2} \cdot b^{-1}$

327) $\left(\frac{p+q}{p-q}\right)^{-2} \cdot \left(\frac{p^2-q^2}{p+q}\right)^{-2}$ 328) $(a^5)^{-7}$

329) $(x^{-4})^9$ 330) $(x^{-3})^{-5}$ 331) $(a^3b^4c^5)^{-9}$

332) $(a^{-2}b^{-7}c^{-6})^{-4}$ 333) $(a^5b^{-3}c^{-8})^{-5}$ 334) $\left(\frac{a^{-2}b^{-5}c^3}{x^3y^{-2}}\right)^{-4}$

335) $(a^3 b^4)^{-2} : (a^{-3} b^4)^{-3}$ 336) $\left(\frac{x^{-5} y^{-2} z^0}{a^{-2} b^{-1}}\right)^3$

337) $\left(\frac{3 a^{-2} c^3}{4 b^{-5}}\right)^{-5} : \left(\frac{9 a^{-3} b^9}{8 c^{-5}}\right)^{-3}$ 338) $\left(\frac{2 b^{-4}}{3 a^{-2}}\right)^{-3} : \left(\frac{4 a^3 b^{-2}}{3 a^{-2} b^3}\right)^{-2}$

339) $(3 a^{-2} b^{-5} c^8 - 4 a^{-3} b^4 c^{-7} + 2 a^5 b^{-2} c^{-9}) \cdot 5 a^{-4} b^3 c^{-6}$

340) $(4 a b c^{-1} + 3 a^2 b^{-1} c^0 - 2 a^{-5} b^{-3} c) : a^{-1} b^{-1} c^{-2}$

341) $(3 p^2 + 4 p^{-2})(p^2 + p^{-2})$

342) $(5 a + 6 + 3 a^{-1})(2 a - 1 - a^{-1})$

343) $(a^{-3} + b^{-3}) : (a^{-1} + b^{-1})$ 344) $(a^{-8q} - 1) : (a^{-2q} + 1)$

345) $(a^{2r} + a^r b^{-s} - 6 b^{-2s}) : (a^r - 2 b^{-s})$

346) $[(a^{-2})^{-6}]^3 + [(a^{+9})^{-1}]^{-4}$ 347) $[(a^{-3})^4]^3 + [(a^{-1})^{-2}]^{-18}$

Löse die Gleichungen (§ 26):

348) $x + 12 x^{-1} = 7$ 349) $(x + 1)^{-2} = (37 - 3 x)^{-1}$

350) $1 + 25 x^{-1} + (\frac{1}{10} x)^{-2} = 0$

351) $(4 + 7 x^{-1})(3 - 5 x^{-1}) = 11 - 5 (x^{-1})^2$.

§ 34.

Wurzeln.

(Vergleiche § 25, B, D, E.)

Theorie.

Erste Definitionsformel:	I)	$(\sqrt[n]{a})^n = a$.
Zweite Definitionsformel:	II)	$\sqrt[n]{a^n} = a$.
Verteilungsformeln:	III)	$\sqrt[n]{a} \cdot \sqrt[n]{b} = \sqrt[n]{a \cdot b}$,
	IV)	$\sqrt[n]{a} : \sqrt[n]{b} = \sqrt[n]{a : b}$.
Verbindungsformeln:	V)	$\sqrt[p]{a^q} = (\sqrt[p]{a})^q$,
	VI)	$\sqrt[p]{\sqrt[q]{a}} = \sqrt[pq]{a}$.
	VII)	$\sqrt[np]{a^{nq}} = \sqrt[p]{a^q}$.

$(\sqrt[n]{a})^n = a$, auch wenn a keine nte Potenz ist.

A. Begriff der Radizierung.

Wenn man in $b^n = a$ nicht, wie beim Potenzieren, b und n als gegeben, a als gesucht, sondern a und n als gegeben, b als gesucht betrachtet, so entsteht eine zur Potenzierung umgekehrte Operation, welche „Radizierung" heißt. Man versteht also unter nter Wurzel aus a, geschrieben

$\sqrt[n]{a}$, die Zahl, welche, mit n potenziert, a gibt. Demnach ist $b = \sqrt[n]{a}$ nur eine andere Ausdrucksweise für $b^n = a$ und $(\sqrt[n]{a})^n = a$ die Definitionsformel der Radizierung. Ebenso ist $\sqrt[n]{a^n} = a$, weil $\sqrt[n]{a^n}$ die Zahl bedeutet, welche, mit n potenziert, a^n gibt, und die Zahl a diese Forderung erfüllt. Die Zahl, welche ursprünglich Potenz war, heißt bei der Radizierung **Radikand**, und die Zahl, welche ursprünglich Potenzexponent war, heißt bei der Radizierung **Wurzelexponent**. Z. B. bei $\sqrt[3]{64} = 4$ ist 64 der Radikand, 3 der Wurzelexponent, 4 die Wurzel. Ist der Wurzelexponent die Zahl 2, so pflegt man ihn fortzulassen, z. B.: $\sqrt{25} = 5$, $\sqrt{\frac{4}{9}} = \frac{2}{3}$. Die schon im Abschnitt V ausführlich behandelte Quadratwurzel entsteht als spezieller Fall der hier definierten Wurzel, wenn man n = 2 setzt.

Vorläufig hat natürlich $\sqrt[n]{a}$ nur Sinn, wenn a eine Zahl ist, welche durch Potenzierung mit dem ganzzahligen Exponenten n (§ 33, A und C) aus irgend einer Zahl hervorgehen kann. Z. B.: $\sqrt[5]{243} = 3$, $\sqrt[-5]{243} = \frac{1}{3}$, $\sqrt[1]{243} = 243$, $\sqrt[13]{0} = 0$, $\sqrt{1024} = 32$, $\sqrt[10]{1024} = 2$, $\sqrt[-10]{\frac{1}{1024}} = 2$. Da $a^0 = 1$ ist, gleichviel, was a für eine Zahl ist, so ist $\sqrt[0]{1}$ ein **vieldeutiges** Zeichen, ebenso wie $\frac{0}{0}$, $\frac{\infty}{\infty}$, $\infty - \infty$ (vgl. § 11, G). Dagegen kann $\sqrt[0]{r}$, wo r von 1 verschieden ist, zunächst **keiner** Zahl gleichgesetzt werden, da wir bis jetzt keine Zahl a gefunden haben, für welche $a^0 = r$ wäre.

B. Beweis und Anwendung der Formeln.

Aus der Definition der nten Wurzel ergeben sich die Beweise der oben mit den Nummern III bis VII bezeichneten Formeln, wenn man die entsprechenden Potenzgesetze anwendet. Wie durch Anwendung jener Formeln sich Ausdrücke, die Wurzeln enthalten, umformen lassen, zeigen folgende Beispiele:

1) $\sqrt[m]{a^{4p-q}}\,\sqrt[m]{a^{3m-4p}}\,\sqrt[m]{a^{q-2m}} = \sqrt[m]{a^{4p-q}\,a^{3m-4p}\,a^{q-2m}} = \sqrt[m]{a^m} = a$,

2) $\sqrt[x]{a^4 b^3} : \sqrt[x]{a^3 b^2} = \sqrt[x]{(a^4 b^3) : (a^3 b^2)} = \sqrt[x]{a\,b}$,

3) $\sqrt[7]{a^{16}} = \sqrt[7]{a^{14} \cdot a^2} = \sqrt[7]{a^{14}}\,\sqrt[7]{a^2} = a^2 \sqrt[7]{a^2}$,

4) $\sqrt[6]{a^5 b}\,\sqrt[8]{a^6 b^2}\,\sqrt[12]{a^5 b^7} = \sqrt[24]{a^{20} b^4}\,\sqrt[24]{a^{18} b^6}\,\sqrt[24]{a^{10} b^{14}} = \sqrt[24]{a^{48} b^{24}} = a^2 b$,

5) $\sqrt[3]{\sqrt[5]{a^{3p}}} = \sqrt[5]{\sqrt[3]{a^{3p}}} = \sqrt[5]{a^p}$.

6) Man beachte, daß $\sqrt[p]{a} \cdot \sqrt[q]{a}$ **nicht gleich** $\sqrt[p+q]{a}$ ist.

7) Man beachte, daß $\sqrt[n]{a+b}$ **nicht gleich** $\sqrt[n]{a} + \sqrt[n]{b}$ ist.

C. Numerisches Radizieren.

In § 25, D ist ein Verfahren gelehrt, um die Quadratwurzel aus einer dekadisch geschriebenen Zahl wieder in dekadischer Schreibweise darzustellen.

Analog kann man verfahren, um die dritte Wurzel (Kubikwurzel) aus einer gegebenen Zahl zu finden, indem man die Entwicklung $(a+b+c+\ldots)^3 = a^3 + 3a^2b + 3ab^2 + b^3 + 3(a+b)^2c + 3(a+b)c^2 + c^3 + \ldots$ benutzt, wie folgendes Beispiel zeigt:

Ausführlich:	Abgekürzt:
$\sqrt[3]{103823} = a + b$,	$\sqrt[3]{103'823} = 47$.
$64000 = a^3$ wo $a = 40$	64
39823 $b = 7$	$398'23$
$3a^2 = 4800)\ 33600 = 3a^2b$ wird.	$48)\ 336$
$5880 = 3ab^2$	588
$343 = b^3$	343
$39823 = 3a^2b + 3ab^2 + b^3$	39823

In ähnlicher Weise findet man die Kubikwurzel aus Buchstaben-Ausdrücken, die algebraische Summen sind.

Nach derselben Methode findet man auch zu jeder beliebigen natürlichen Zahl die nächstkleinere Kubikzahl, z. B.:

$$181^3 < 6'000000 < 182^3, \quad \text{woraus auch folgt:}$$
$$18{,}1^3 < 6000 < 18{,}2^3 \quad \text{oder} \quad 1{,}81^3 < 6 < 1{,}82^3.$$

Man kann deshalb jede ganze oder gebrochene Zahl, die selbst kein Kubus ist, in zwei Grenzen einschließen, welche Kuben von zwei gebrochenen Zahlen sind, die sich nur um $\frac{1}{10}$, um $\frac{1}{100}$ oder überhaupt um einen beliebig kleinen Bruch unterscheiden. (Vgl. § 25, D.)

Wer den Kern des Verfahrens der Ausziehung der Quadratwurzel und der Kubikwurzel erkannt hat, ist imstande, aus der Entwicklung von $(a+b)^4$, von $(a+b)^5$ und überhaupt von $(a+b)^n$, wo n eine beliebige ganze positive Zahl ist, ein ähnliches Verfahren für die Ausziehung der vierten, fünften oder überhaupt der $n$ten Wurzel abzuleiten. Da man aber bequemere Mittel besitzt, um die $n$ten Wurzeln aus Zahlen aufzufinden (§ 36, E), so genügt hier die Erkenntnis, daß es möglich ist, jede ganze oder gebrochene Zahl, die selbst keine $n$te Potenz ist, in zwei Grenzen einzuschließen, welche $n$te Potenzen von zwei gebrochenen Zahlen sind, die sich nur um $\frac{1}{10}$, um $\frac{1}{100}$ oder überhaupt um einen beliebig kleinen Bruch unterscheiden. Hat man z. B. die Zahl 6 in zwei Grenzen einzuschließen, welche fünfte Potenzen von Zahlen sind, deren Unterschied $\frac{1}{100}$ beträgt, so findet man durch ein der Kubikwurzel-Ausziehung nachgebildetes Verfahren

zuerst: $143^5 < 60000'000000 < 144^5$

und daraus: $(1{,}43)^5 < 6 < (1{,}44)^5$.

D. Irrationale Wurzeln.

Die Gründe, welche uns in § 7, § 11, § 27 dazu führten, den Zeichen:

$a - b$, wenn $b > a$ ist,

$a : b$, wenn b kein Teiler von a ist,

$\sqrt{a}$, wenn a kein Quadrat ist,

den durch die bezügliche Definitionsformel ausgesprochenen Sinn zu erteilen, zwingen uns auch, das Zeichen $\sqrt[n]{a}$, falls a keine nte Potenz ist, in die Sprache der Arithmetik aufzunehmen, indem wir ihm den durch die Formel $(\sqrt[n]{a})^n = a$ ausgesprochenen Sinn erteilen. Ebenso erhalten dann auch $-\sqrt[n]{a}$, $b : \sqrt[n]{a}$ usw. einen leicht erkennbaren Sinn. Ferner gelten für die Wurzelform $\sqrt[n]{a}$ die diesen Paragraphen vorangestellten Formeln, da dieselben nur auf die Definition $(\sqrt[n]{a})^n = a$ gestützt sind. Es ist z. B.:

$$\sqrt[5]{3} \cdot \sqrt[5]{10} = \sqrt[5]{30}\,, \quad \sqrt[9]{28} : \sqrt[9]{4} = \sqrt[9]{7}\,, \quad \sqrt[4]{11^3} = (\sqrt[4]{11})^3\,, \quad \sqrt{\sqrt[3]{81}} = \sqrt[3]{\sqrt{81}} = \sqrt[3]{9}\,;$$

ferner auch:

1) $\sqrt[5]{4} \cdot \sqrt[3]{2} = \sqrt[15]{4^3} \cdot \sqrt[15]{2^5} = \sqrt[15]{2^{11}}$,

2) $4\sqrt[3]{375} - 2\sqrt[3]{192} = 4\sqrt[3]{5^3 \cdot 3} - 2\sqrt[3]{4^3 \cdot 3} = 20\sqrt[3]{3} - 8\sqrt[3]{3} = 12\sqrt[3]{3}$,

3) $(2\sqrt[3]{3} - \sqrt[3]{2})^3 = 24 - 12\sqrt[3]{3^2}\sqrt[3]{2} + 6\sqrt[3]{3}\sqrt[3]{2^2} - 2 = 22 - 12\sqrt[3]{18} + 6\sqrt[3]{12}$,

4) $\dfrac{11}{3 - \sqrt[3]{5}} = \dfrac{11\left[3^2 + 3\sqrt[3]{5} + (\sqrt[3]{5})^2\right]}{3^3 - 5} = \dfrac{9 + 3\sqrt[3]{5} + \sqrt[3]{25}}{2}$,

5) $\frac{1}{2}(\sqrt{5} - 1)\,\frac{1}{4}\sqrt[3]{10 + 2\sqrt{5}} = \frac{1}{8}\sqrt[3]{8\sqrt{5} - 16}\,\sqrt[3]{10 + 2\sqrt{5}} = \frac{1}{4}\sqrt[3]{6\sqrt{5} - 10}$.

Da, wie oben in C gezeigt ist, die Zahl 6 **zwischen** $1{,}43^5$ und $1{,}44^5$ liegt, so sagt man auch, daß $\sqrt[5]{6}$ zwischen 1,43 und 1,44 liegt, und schreibt demzufolge:

$$1{,}43 < \sqrt[5]{6} < 1{,}44 \text{ (vgl. § 27, B).}$$

Ebenso kann überhaupt $\sqrt[n]{a}$, wenn a irgendwelche positive Zahl, aber keine nte Potenz ist, in zwei Grenzen eingeschlossen werden, deren Unterschied beliebig klein ist. Zahlen aber, welche diese Eigenschaft haben, sind schon in § 27, B irrational genannt. Demnach ist $\sqrt[n]{a}$, wo a positiv, aber keine nte Potenz ist, eine Irrationalzahl. Man kann deshalb nte Wurzel aus a, außer in Wurzelform, auch numerisch angeben, indem man, der Kürze wegen, die Ungenauigkeit begeht, $\sqrt[n]{a}$ gleich einer rationalen Zahl zu setzen, die sich von ihr möglichst wenig unterscheidet. Z. B.:

$$\sqrt[5]{6} = 1{,}43\,; \quad \sqrt[3]{2} = 1{,}26\,; \quad \sqrt[10]{2} = 1{,}0718\,; \quad \sqrt[4]{\tfrac{9}{1024}} = \tfrac{1}{8}\sqrt[4]{36} = \tfrac{1}{8}\sqrt{6} = 0{,}306.$$

Der positive Radikand a in $\sqrt[n]{a}$ kann selbst irrational sein. Auch dann stellt die Wurzel eine Irrationalzahl dar, z. B.: $\sqrt[3]{7 + 5\sqrt{2}} = 2{,}414$.

Ist der Wurzelexponent eine negative ganze Zahl, so ergibt sich der reziproke Wert derjenigen Wurzel, die entsteht, wenn der Wurzelexponent die entsprechende positive Zahl ist, weil $\sqrt[-n]{r} = \frac{1}{\sqrt[n]{r}}$ ist. Z. B.:

$$\sqrt[-4]{113\tfrac{7}{9}} = \sqrt[-4]{\tfrac{1024}{9}} = \sqrt[4]{\tfrac{9}{1024}} = \tfrac{1}{8}\sqrt{6} = 0{,}306\,.$$

E. Vieldeutigkeit der Radizierung.

Bisher ist immer nur an die eine positive Zahl x gedacht, welche die Gleichung $x^n = a$ befriedigt. Daß aber bei Zulassung von negativen und imaginären Werten die Gleichung $x^n = a$ mehrere Wurzeln haben kann, ist durch spezielle Fälle schon früher erkannt. Für $n = 2$ ergeben sich nämlich immer zwei Wurzeln, die in § 27, D mit $+\sqrt{a}$ und $-\sqrt{a}$ bezeichnet sind. Für $a = 1$ und $n = 3, 4, 5, 6, 8, 10, 12$ erhält man sogar beziehungsweise 3, 4, 5, 6, 8, 10, 12 Wurzeln, wie die Lösung der Aufgabe 195 in § 29 zeigt. So kann allgemein bewiesen werden, daß die Gleichung $x^n = a$ immer durch n Werte von x erfüllt wird. Hier aber sollen nur reelle Werte von a und von x berücksichtigt werden. Wir lassen deshalb x von Null aus die positive und die negative Zahlenreihe stetig durchlaufen (§ 27, I) und verfolgen dabei die stetige Folge der zugeordneten Werte von x^n. Dadurch erkennen wir die Richtigkeit der folgenden Resultate, wo a eine positive Zahl, 2 p eine positive oder negative gerade Zahl, 2 p + 1 eine positive oder negative ungerade Zahl bedeutet.

1) $x^{2p+1} = +a$ wird durch ein positives, aber kein negatives x erfüllt.
2) $x^{2p+1} = -a$ wird durch kein positives, aber ein negatives x erfüllt.
3) $x^{2p} = +a$ wird durch ein positives, aber auch ein negatives x erfüllt.
4) $x^{2p} = -a$ wird durch **kein** reelles x erfüllt.

Um die Eindeutigkeit des Wurzelzeichens zu wahren, bezeichnet man mit $\sqrt[2p+1]{a}$ meist nur die eine reelle, also positive Wurzel von $x^{2p+1} = a$, mit $\sqrt[2p+1]{-a}$ meist nur die eine reelle, also negative Wurzel von $x^{2p+1} = -a$, mit $\sqrt[2p]{+a}$ meist nur die positive von den beiden reellen Wurzeln der Gleichung $x^{2p} = +a$. Man kann deshalb $\sqrt[2p+1]{-a} = -\sqrt[2p+1]{a}$ setzen und die beiden reellen Wurzeln von $x^{2p} = +a$ mit $+\sqrt[2p]{a}$ und $-\sqrt[2p]{a}$ bezeichnen. Z. B.:

$$\sqrt[5]{32} = +2\,,\quad \sqrt[5]{-32} = -2\,,\quad \sqrt[4]{16} = +2\,,\quad \sqrt[-3]{-8} = -\tfrac{1}{2}\,,\quad \sqrt[7]{-256} = -2\sqrt[7]{2}\,.$$

Bisweilen ist aus dem Zusammenhang ersichtlich, daß $\sqrt[n]{a}$ alle Wurzeln der Gleichung $x^n = a$ bezeichnen solle. Zieht man z. B. aus $x^4 = 16$ den Schluß $x = \sqrt[4]{16}$, so muß das Zeichen $\sqrt[4]{16}$ die 4 Werte $+2$, -2, $+2i$, $-2i$ umfassen, wenn man nicht das Gleichheitszeichen zwischen x und $\sqrt[4]{16}$ mit „ist unter anderm gleich" übersetzen will.

Aufgaben.

1) Was bedeutet: a) $\sqrt[4]{81}$, b) $\sqrt[4]{a}$, c) $\sqrt[m]{a}$, d) $\sqrt[m]{a+b}$?

2) Schreibe a als Produkt von fünf gleichen Faktoren.

3) Wie schreibt man die Zahl x, für welche $x^v = w$ ist?

4) Wie hängt die Bezeichnung „Wurzel" im Sinne dieses Paragraphen mit der Bezeichnung „Wurzel" für einen Wert der Unbekannten einer Gleichung zusammen?

5) Schreibe mit Hilfe des Wurzelzeichens die folgenden Gleichungen:

a) $3^2 = 9$, b) $2^3 = 8$, c) $12^3 = 1728$,
d) $(\frac{4}{3})^5 = \frac{1024}{243}$, e) $(-2)^6 = +64$, f) $(1+\sqrt{2})^4 = 17+12\sqrt{2}$,
g) $x^5 = 32$, h) $a^7 = b + c$, i) $(a - 5b)^4 = d$,
k) $64a^6 = b$, l) $(1 + i)^4 = -4$, m) $(2 + 3i)^3 = 9i - 46$.

6) Schreibe ohne Wurzelzeichen die folgenden Gleichungen:

a) $5 = \sqrt{25}$, b) $2 = \sqrt[5]{32}$, c) $7 = \sqrt[3]{343}$,
d) $\frac{2}{3} = \sqrt[4]{\frac{16}{81}}$, e) $3 + \sqrt{5} = \sqrt[3]{72 + 32\sqrt{5}}$, f) $a = \sqrt[5]{b + c}$,
g) $3a = \sqrt[5]{243a^5}$, h) $1 - i = \sqrt[3]{-2(1 + i)}$.

7) Bestimme x in folgenden Gleichungen:

a) $3 = \sqrt[5]{x}$, b) $7 = \sqrt[3]{x}$, c) $2 = \sqrt[10]{x}$,
d) $1 = \sqrt[7]{x}$, e) $8 = \sqrt[3]{x}$, f) $\frac{2}{3} = \sqrt[5]{x}$,
g) $a = \sqrt[n]{x}$, h) $a + b = \sqrt{x}$, i) $a - b = \sqrt[3]{x}$,
k) $-2 = \sqrt[5]{x}$, l) $-\frac{3}{4} = \sqrt[3]{x}$, m) $2i = \sqrt[5]{x}$,
n) $a^2 = \sqrt[3]{x}$, o) $-b^3 = \sqrt[5]{x}$, p) $-\frac{2}{5}a^4 \cdot i = \sqrt[3]{x}$.

8) Prüfe die folgenden Gleichungen durch Potenzierung auf ihre Richtigkeit:

a) $\sqrt[3]{216000} = 60$, b) $\sqrt[4]{4} = 1$, c) $\sqrt[5]{-3125} = -5$,
d) $\sqrt[1]{200} = 200$, e) $\sqrt[n]{1} = 1$, f) $\sqrt[20]{0} = 0$.

9) Berechne und merke die ersten bis fünften Potenzen der ganzen Zahlen von 1 bis 5 und entnimm jedem Resultat eine Gleichung, auf deren linker Seite eine Wurzel steht.

10) Berechne:

a) $5 \cdot \sqrt[3]{27} + 4 \cdot \sqrt[5]{3125} - \sqrt{625} + 2 \cdot \sqrt[3]{64} - 6 \cdot \sqrt[4]{81}$,

b) $7 \cdot \sqrt{9} + 8 \cdot \sqrt[4]{256} - 11 \cdot \sqrt[5]{243} - 4 \cdot \sqrt[5]{32} - 2 \cdot \sqrt{25}$,

c) $15 \cdot \sqrt{16} + 18 \cdot \sqrt[3]{-8} - 7 \cdot \sqrt[4]{625} - 3 \cdot \sqrt[3]{-125} - 2 \cdot \sqrt[4]{16}$,

d) $5 \cdot \sqrt[3]{216} + 6 \cdot \sqrt[3]{343} - 7 \cdot \sqrt[3]{512} + 8 \cdot \sqrt[3]{729} - 9 \cdot \sqrt[3]{1000}$.

11) Vereinfache mit Benutzung der beiden Definitionsformeln der Radizierung, aber ohne Benutzung der andern Formeln der Radizierung:
a) $\sqrt[4]{a^4} - \sqrt[5]{a^5}$, b) $\sqrt[7]{a^7} + \sqrt[6]{(a-b)^6}$, c) $a : (\sqrt{a:b})^2 : \sqrt[x]{b^x}$,
d) $\left(\sqrt[n]{a^p \cdot b^q} \cdot \sqrt[n]{a\,b}\right)^n : (a^p \cdot b^q)$ e) $\left(\sqrt[n]{a^3 - b^3} : \sqrt[n]{a-b}\right)^n$.

12) Was bedeutet: a) $\sqrt[-3]{125}$, b) $\sqrt[-n]{a}$?

13) Berechne und merke die ersten zehn Potenzen von 2 und berechne mit ihrer Hilfe:
a) $\sqrt[-3]{1:8}$, b) $\sqrt[-5]{32}$, c) $\sqrt[4]{256} \cdot \sqrt[-4]{16}$, d) $\sqrt[-10]{1 : \frac{1}{1024}}$.

14) Warum ist $\sqrt[-n]{a} = \sqrt[n]{1:a}$ und $\sqrt[-n]{\frac{a}{b}} = \sqrt[n]{\frac{b}{a}}$?

15) Schreibe mit positivem Wurzelexponenten:
a) $\sqrt[-3]{\frac{125}{512}}$, b) $\sqrt[-1]{100}$, c) $\sqrt[-5]{a:b}$, d) $\sqrt[-2]{0{,}01}$.

16) Welche Regeln entsprechen bei den Operationen erster und zweiter Stufe der Regel: „Potenzierung und Radizierung mit demselben Exponenten heben sich auf"?

17) Betrachtet man bei der Ableitung der Radizierung aus der Potenzierung die Basis oder den Exponenten als Unbekannte?

18) Da $a + b = b + a$ ist, so folgen aus $a + b = s$ zwei Differenzen, nämlich $s - a = b$ und $s - b = a$. Ebenso folgen aus $a \cdot b = p$ zwei Quotienten, nämlich $p : a = b$ und $p : b = a$. Warum kann man nun nicht auch aus $a^b = r$ außer $\sqrt[b]{r} = a$ noch eine zweite Wurzel entnehmen?

19) Warum muß die Potenzierung noch eine zweite, von der Radizierung wesentlich verschiedene Umkehrung haben? (Vgl. § 36.)

---

20) Sprich die Formeln III) bis VII) in Worten aus, a) vorwärts, b) rückwärts gelesen.

21) Ist die Formel III) bewiesen, wenn man zeigt, daß $\left(\sqrt[n]{a}\,\sqrt[n]{b}\right)^n = a\,b$ wird?

22) Beweise die Formel IV): a) durch Anwendung der Definition der Radizierung und einer passenden Potenzierungsformel, b) durch Anwendung der Definition der Division und der Formel III).

23) Welche Formeln aus § 33 müssen beim Beweise der Formeln V) bis VII) zur Anwendung kommen?

24) Warum darf man die Anwendung der Formel VII) von links nach rechts „reduzieren" oder „heben" und die Anwendung derselben von rechts nach links „erweitern" nennen?

25) Sprich aus und beweise die Formel $\sqrt[n]{1:a} = 1 : \sqrt[n]{a}$.

26) Welche Formel kann man in Worten kurz so aussprechen: „Es ist gleichgültig, ob man erst potenziert und dann radiziert, oder ob man erst radiziert und dann potenziert"?

Vereinfache durch Anwendung der Formel III):

27) $\sqrt[3]{9} \cdot \sqrt[3]{81}$ 28) $\sqrt[5]{2} \cdot \sqrt[3]{16}$ 29) $\sqrt[4]{125} \cdot \sqrt[4]{5}$

30) $\sqrt[7]{8} \cdot \sqrt[7]{16}$ 31) $\sqrt[4]{8} \cdot \sqrt[4]{32}$ 32) $\sqrt[5]{100} \cdot \sqrt[5]{1000}$

33) $\sqrt[6]{2} \cdot \sqrt[6]{4} \cdot \sqrt[6]{8}$ 34) $\sqrt[7]{3} \cdot \sqrt[7]{9} \cdot \sqrt[7]{81}$ 35) $\sqrt[9]{10} \cdot \sqrt[9]{1000} \cdot \sqrt[9]{100000}$

36) $\sqrt[5]{4 a^3} \cdot \sqrt[5]{8 a^2}$ 37) $\sqrt[3]{5 a b^2} \cdot \sqrt[5]{25 a^2 b}$ 38) $\sqrt[8]{2 a^4} \cdot \sqrt[8]{8 a} \cdot \sqrt[8]{16 a^3}$.

Vereinfache durch Anwendung der Formel IV):

39) $\sqrt[5]{896} : \sqrt[5]{28}$ 40) $\sqrt[4]{729} : \sqrt[4]{9}$ 41) $\sqrt[5]{9375} : \sqrt[5]{3}$

42) $\sqrt[3]{72 a^4 b} : \sqrt[3]{9 a b}$ 43) $\sqrt[-6]{320 a^4 b^{-2}} : \sqrt[-6]{5 a^{-2} b^{-8}}$

44) $\sqrt[-4]{3125 a^3 b^2} : \sqrt[-4]{5 a^{-1} b^{-2}}$ 45) $\sqrt[3]{a^3 + b^3} : \sqrt[3]{a + b}$

46) $\sqrt[4]{a^4 - b^4} : \sqrt[4]{a - b}$ 47) $\sqrt[4]{a^4 - b^4} : \sqrt[4]{a + b}$ 48) $\sqrt[3]{\frac{x^7 y}{z^2}} : \sqrt[3]{\frac{x^4 z}{y^2}}$

49) $\sqrt[7]{\frac{a^{13} b^2 c^4}{d^5 e^8}} : \sqrt[7]{\frac{a^6 d^2}{e^8 b^5 c^3}}$ 50) $\sqrt[5]{\frac{27 a^7 b^3}{c^3}} : \sqrt[5]{\frac{c^{-3} b^{-2}}{9 a^{-2}}}$.

Vereinfache durch Anwendung der Formel V):

51) $\sqrt[3]{(2^3)^5}$ 52) $\sqrt[3]{8^5}$ 53) $\sqrt[5]{32^3}$

54) $\sqrt[4]{(\frac{16}{625})^3}$ 55) $\sqrt[7]{10000000^6}$ 56) $\sqrt[10]{1024^7}$

57) $\sqrt[3]{343^2}$ 58) $\sqrt[3]{216^4}$ 59) $\sqrt[8]{256^9}$

60) $\sqrt[4]{(625 \cdot 81)^3}$ 61) $\sqrt[3]{(8 \cdot 27 \cdot 125)^4}$ 62) $\sqrt[5]{\left(\frac{32 \cdot 1024}{243}\right)^3}$

63) $\sqrt[3]{8^5 \cdot 64^2}$ 64) $\sqrt[5]{243^4 \cdot 32^7}$ 65) $\sqrt[4]{\frac{81^2 \cdot 16^3}{625^2}}$

66) $\sqrt[3]{(27 x^3 y^3 z^3)^4}$ 67) $\sqrt[4]{(16 a^4 b^4)^3}$ 68) $\sqrt{(a^2 + 2 a b + b^2)^3}$.

Vereinfache durch Anwendung der Formel VI):

69) $\sqrt[3]{\sqrt[4]{b}}$ 70) $\sqrt[6]{\sqrt[3]{a^{18}}}$ 71) $\sqrt{\sqrt[3]{\sqrt[5]{a}}}$

72) $\sqrt[5]{\sqrt[4]{\sqrt{a}}}$ 73) $\sqrt[3]{\sqrt[4]{\sqrt{\sqrt[5]{a}}}}$ 74) $\sqrt[3]{\sqrt[5]{\sqrt[7]{a}}}$

75) $\sqrt[7]{\sqrt[3]{a^7}}$ 76) $\sqrt[5]{\sqrt[4]{\sqrt{a^{20}}}}$ 77) $\sqrt[12]{\sqrt[5]{a^4}}$

78) $\sqrt[8]{\sqrt[9]{a^3}}$ 79) $\sqrt[14]{\sqrt[3]{a^7}}$ 80) $\sqrt[5]{\sqrt[3]{a^{30}}}$

81) $\sqrt[4]{\sqrt[5]{a}} \cdot \sqrt{\sqrt[10]{a}}$ 82) $\sqrt[3]{\sqrt[6]{a^5}} \cdot \sqrt[9]{\sqrt{a^4}}$ 83) $\sqrt[4]{\sqrt[6]{a^{35}}} \cdot \sqrt[8]{\sqrt[3]{a^{13}}}$.

Bringe auf den kleinsten positiven Wurzelexponenten [Formel VII vorwärts]:

84) $\sqrt[8]{a^6}$ 85) $\sqrt[12]{p^{30}}$ 86) $\sqrt[32]{(a+b)^{24}}$

87) $\sqrt[6]{a^{3q}}$ 88) $\sqrt[2p]{c^{6p}}$ 89) $\sqrt[2n]{a^n}$

90) $\sqrt[-4]{a^{-14}}$ 91) $\sqrt[-15]{a^{10}}$ 92) $\sqrt[33]{a^{-11}}$

93) $\sqrt[3ab]{p^{4ac}}$ 94) $\sqrt[p+q]{a^{p^2-q^2}}$ 95) $\sqrt[a-b]{x^{a^2-2ab+b^2}}$.

Bringe auf den Wurzelexponenten 72 [Formel VII rückwärts]:

96) $\sqrt[3]{a^2}$ 97) $\sqrt[4]{a^3}$ 98) $\sqrt[6]{a^3 b}$

99) $\sqrt[12]{a^3 b^5 : c d}$ 100) $\sqrt[8]{a^4 b^3 c^{-2} d^0}$ 101) $\sqrt[24]{3(a-b)^{-5}(b-c)}$

102) $\sqrt{\frac{x^3 y^{-2}}{z^5}}$ 103) $\sqrt[9]{\frac{x y^2 z^{-3}}{(a-b)^{-5}}}$ 104) $\sqrt[36]{\frac{25 a^{-12} b^{-13}}{16 c^5}}$

Einen vor dem Wurzelzeichen stehenden Faktor kann man unter das Wurzelzeichen bringen nach der Formel:

$$a \cdot \sqrt[n]{b} = \sqrt[n]{a^n} \cdot \sqrt[n]{b} = \sqrt[n]{a^n b}.$$

105) $p^2 \cdot \sqrt[3]{p}$ 106) $x^2 y \cdot \sqrt[4]{x y^5}$ 107) $2 x y \cdot \sqrt[3]{3 x^2 y^4}$

108) $a b \cdot \sqrt[4]{1 : (a b)}$ 109) $a b^2 \cdot \sqrt[n]{a^{2n} \cdot b^n}$ 110) $\frac{a}{d^2} \cdot \sqrt[y]{\frac{d^{2y+1}}{a^{y-1}}}$

111) $(p-q) \cdot \sqrt[3]{(p+q) : (p-q)}$

112) $(a+b) \cdot \sqrt[3]{\frac{a^3+b^3}{a^3+3a^2b+3ab^2+b^3}}$.

Umgekehrt kann man stets, wenn unter dem Wurzelzeichen eine Potenz steht, deren Exponent größer ist als der Wurzelexponent, einen Faktor vor das Wurzelzeichen setzen nach der Formel:

$$\sqrt[n]{a^{p \cdot n + q} \cdot b} = \sqrt[n]{a^{pn} \cdot (a^q \cdot b)} = \sqrt[n]{a^{pn}} \cdot \sqrt[n]{a^q \cdot b} = a^p \cdot \sqrt[n]{a^q \cdot b}.$$

113) $\sqrt[3]{2^8 \cdot a^4 \cdot b}$ 114) $\sqrt[n]{a^{n+1} b^{n+2} c^{n+3}}$ 115) $\sqrt[7]{a^7 b^2 (a^4 + b^4)}$

116) $\sqrt[5]{2^6 \cdot 3^{10} \cdot 5^{16}}$ 117) $\sqrt[4]{2^{12} \cdot 3^5 \cdot 5^8}$ 118) $\sqrt[5]{16 \cdot 6 \cdot 81 a^6}$

119) $\sqrt[8]{1024 \cdot 192 \cdot 81 \cdot 27}$ 120) $\sqrt[4]{a^5 b^5} + \sqrt[4]{a^9 b^{13}} - \sqrt[4]{2^4 a b^9}$.

Um Brüche mit ungleichen Nennern addieren oder subtrahieren zu können, hat man sie zunächst auf gleichen Nenner zu bringen. Ebenso hat man Wurzeln mit ungleichen Wurzelexponenten, um sie multiplizieren oder dividieren zu können, zunächst auf gleichen Wurzelexponenten zu bringen, z. B.: $\sqrt[6]{a^5}\sqrt[14]{a^9} = \sqrt[42]{a^{35}}\sqrt[42]{a^{27}} = \sqrt[42]{a^{62}} = a\sqrt[21]{a^{10}}$. Verändere in derselben Weise:

121) $\sqrt[4]{p^7} \cdot \sqrt[6]{p^{11}}$ 122) $\sqrt[8]{a^5} \cdot \sqrt[10]{a^3} \cdot \sqrt[20]{a^7}$ 123) $\sqrt[5]{a^4} \cdot \sqrt[10]{a^7} \cdot \sqrt[4]{a^3}$

124) $\sqrt[12]{a^{13}} : \sqrt[8]{a^3}$ 125) $\sqrt[6]{a^7} : \sqrt[7]{a^6}$ 126) $\sqrt{p} : \sqrt[5]{p}$

127) $\dfrac{\sqrt[4]{a^3} \cdot \sqrt{a}}{\sqrt[8]{a^5}}$ 128) $\dfrac{\sqrt[4]{a^3} \cdot \sqrt[3]{a^2}}{\sqrt[12]{a^5}}$ 129) $\sqrt[3]{a^2} \cdot \sqrt[4]{a^3} \cdot \sqrt[5]{a^4} \cdot \sqrt[6]{a^5}$

130) $\sqrt[4]{p^3 q^3} \cdot \sqrt[12]{p^{11} q}$ 131) $\sqrt[6]{a\,b\,c} \cdot \sqrt[9]{a^8 b^7 c^6}$ 132) $\sqrt[3]{a^5 b^4 c^3} : \sqrt[4]{a^2 b^3 c^4}$

133) $\sqrt[6]{\dfrac{a}{b}} \cdot \sqrt[27]{\dfrac{b}{a}}$ 134) $\sqrt{a} \cdot \sqrt[8]{\dfrac{b^2}{a}}$ 135) $\sqrt[12]{\dfrac{a}{b}} \cdot \sqrt[8]{\dfrac{a^5}{b^4}} : \sqrt[6]{\dfrac{a^4}{b^3}}$

136) $\sqrt[3]{4} \cdot \sqrt[5]{8}$ 137) $\sqrt[4]{8} \cdot \sqrt[6]{16} \cdot \sqrt[3]{2}$ 138) $\sqrt{3} \cdot \sqrt[3]{9} \cdot \sqrt[6]{243}$

139) $\sqrt{2} \cdot \sqrt[4]{2} \cdot \sqrt[8]{2}$ 140) $\sqrt[5]{\tfrac{1}{2}} \cdot \sqrt[10]{128} \cdot \sqrt[4]{8}$ 141) $\dfrac{\sqrt{5} \cdot \sqrt[3]{625}}{\sqrt[4]{125}}$

142) $\dfrac{\sqrt[6]{5} \cdot \sqrt[4]{125}}{\sqrt[3]{25} \cdot \sqrt[8]{5}}$ 143) $\sqrt[-4]{2^9} \cdot \sqrt[12]{8^{23}}$ 144) $\sqrt[4]{15} \cdot \sqrt[12]{375} : \sqrt[6]{405}$.

Verwandle in eine einzige Wurzel:

145) $\sqrt[3]{a\sqrt[4]{a^7}}$ 146) $\sqrt[5]{n^2\sqrt[3]{n^2}}$ 147) $\sqrt[3]{p\sqrt[3]{q\sqrt[3]{r^2}}}$

148) $\sqrt[7]{a^3 b\sqrt[5]{a\,b^7}}$ 149) $\sqrt{a^3\sqrt{a^3\sqrt{a^3}}}$ 150) $a^2\sqrt[4]{a^{-3}\sqrt{a\,b}}$

151) $\sqrt[-5]{a^3\sqrt[-3]{a}}$ 152) $\sqrt[n]{a^p\sqrt[q]{a^r}}$ 153) $\sqrt[p]{a^x \cdot \sqrt[q]{a^y \cdot \sqrt[r]{a^z}}}$

154) $\sqrt[4]{8 \cdot \sqrt[3]{2}}$ 155) $\sqrt[5]{3 \cdot \sqrt[4]{3 \cdot \sqrt[3]{3}}}$ 156) $\sqrt[5]{\tfrac{2}{3} \cdot \sqrt[4]{\tfrac{2}{3}}}$.

---

157) Warum ist $\sqrt[3]{a^3 + b^3}$ nicht gleich $a + b$?

158) Was muß man zu $a^3 + b^3$ addieren, damit die erhaltene Summe, mit 3 radiziert, $a + b$ gebe?

159) Wenn a und b positive Zahlen sind, so ist $a + b > \sqrt[3]{a^3 + b^3}$. Warum?

160) Kann man durch Anwendung der Formel VII) das Wurzelzeichen fortschaffen aus: a) $\sqrt[m]{(a + b)^{2m}}$, b) $\sqrt[m]{a^{2m} + b^{2m}}$?

161) Warum braucht weder der Wurzelexponent, noch der Radikand in eine Klammer eingeschlossen zu werden?

162) Welches Operationszeichen darf man vor dem Wurzelzeichen fortlassen?

163) Welcher von den folgenden Zahlausdrücken hat nach der ursprünglichen Definition der Radizierung keinen Sinn: a) $\sqrt[4]{\tfrac{1}{16}}$, b) $\sqrt[5]{5}$, c) $\sqrt[24]{64^4}$, d) $\left(\sqrt[24]{64}\right)^4$, e) $\sqrt[-2]{4}$, f) $\sqrt[-1]{1{,}3}$, g) $\sqrt[0]{1}$?

164) Gib die positiven Zahlen unter 100 an, welche man sich unter a vorstellen darf, damit $\sqrt[2n]{a}$ nach der ursprünglichen Definition der Radizierung Sinn hat, wenn n eine positive ganze Zahl ist.

Berechne a) ausführlich, b) abgekürzt (vgl. die Beispiele in C):

165) $\sqrt[3]{50653}$ 166) $\sqrt[3]{314432}$ 167) $\sqrt[3]{4019679}$ 168) $\sqrt[3]{32157432}$

169) $\sqrt[3]{582182875}$ 170) $\sqrt[3]{5870966464}$ 171) $\sqrt[3]{97,336}$

172) $\sqrt[3]{0,097336}$ 173) $\sqrt[3]{(23\tfrac{5}{8} - 8)\,1728}$ 174) $\sqrt[3]{\tfrac{7}{13500} - \tfrac{1}{4500}}$.

175) Damit ein Dezimalbruch eine dritte Potenz sei, muß die Anzahl seiner Stellen durch drei teilbar sein. Warum?

176) Suche die nächstkleinere Kubikzahl zu: a) 4789, b) 57828, c) 1800, d) 473722, e) 34567234, f) 5755555.

Bestimme die ganze Zahl x, für welche richtig wird:

177) $x^3 < 4000 < (x + 1)^3$ 178) $\left(\frac{x}{10}\right)^3 < 4 < \left(\frac{x}{10} + \frac{1}{10}\right)^3$

179) $\left(\frac{x}{100}\right)^3 < 5 < \left(\frac{x}{100} + \frac{1}{100}\right)^3$ 180) $x^3 < 478934 < (x + 1)^3$.

Bestimme einen Bruch x, für welchen richtig wird:

181) $x^3 < 2 < (x + \tfrac{1}{400})^3$ 182) $x^3 < 2 < (x + \tfrac{1}{500})^3$

183) $x^3 < \tfrac{3}{4} < (x + \tfrac{1}{800})^3$ 184) $x^3 < 3,14 < (x + \tfrac{1}{200})^3$.

185) Gib die beiden zweistelligen Dezimalbrüche an, deren dritte Potenzen sich möglichst wenig unterscheiden von a) 54, b) 27,31, c) 4257, d) $\tfrac{81}{128}$, e) $\tfrac{289}{625}$.

Ziehe die Kubikwurzel aus:

186) $a^3 + 6a^2b + 12ab^2 + 8b^3$ 187) $27x^3 + 9x^2 + x + \tfrac{1}{27}$

188) $8a^6b^3 + 5a^3b + \frac{25}{24b} + \frac{125}{1728a^3b^3}$

189) $\frac{x^3}{8} - \frac{x^2y}{2} + \frac{2xy^2}{3} - \frac{8y^3}{27}$

190) $8 + 60x + 198x^2 + 365x^3 + 396x^4 + 240x^5 + 64x^6$

191) $a^{12} - 6a^{10} + 13,5a^8 - 14a^6 + 6,75a^4 - 1,5a^2 + 0,125$

192) $a^3 + 3a^2b^{-1} + 3a^2c^{-1} + 3ab^{-2} + 3ac^{-2} + b^{-3} + 3b^{-2}c^{-1} + 3b^{-1}c^{-2} + c^{-3} + 6ab^{-1}c^{-1}$

193) $x^{3p} + x^{3q} + 3x^{2p+q} + 3x^{p+2q} + 12x^{2p} + 12x^{2q} + 24x^{p+q} + 48x^p + 48x^q + 64$.

194) Von welchen Zahlen muß man die fünften Potenzen wissen, um aus einer Zahl, die mehr als fünf Ziffern hat, die fünfte Wurzel methodisch (vgl. C) ziehen zu können?

195) Bestimme aus der Entwicklung von $(a + b)^5$ die fünfte Wurzel aus: a) 5153632, b) 992436543.

196) Bestimme zwei aufeinanderfolgende ganze Zahlen, zwischen deren a) vierten, b) fünften, c) sechsten Potenzen eine Million liegt.

197) Die siebente Potenz der natürlichen Zahl a hat 8 Ziffern. Wieviel Ziffern hat a selbst?

198) Gib die Methode an, welche aus der Formel $\sqrt[pq]{a} = \sqrt[p]{\sqrt[q]{a}}$ für die Ausziehung a) der vierten, b) der sechsten, c) der achten, d) der neunten, e) der zwölften Wurzel hervorgeht.

199) Ein zehnjähriger Rechenkünstler wußte die fünften Potenzen der natürlichen Zahlen von 1 bis 9 auswendig. Er wußte ferner, daß die fünfte Potenz jeder Zahl mit derselben Ziffer endigt, wie die Zahl selbst. Wie war es möglich, daß der Knabe in wenigen Sekunden die fünfte Wurzel aus jeder ihm vorgelegten Zahl angeben konnte, wenn die letztere eine fünfte Potenz war und höchstens zehn Ziffern hatte?

200) Gibt es immer eine ganze oder gebrochene Zahl x, für welche $x^n < a < (x + \varepsilon)^n$, wo a eine beliebige positive Zahl, n eine positive ganze Zahl und ε ein beliebig kleiner Bruch ist?

---

201) Was versteht man unter: a) $\sqrt[3]{7}$, b) $\sqrt[4]{19}$, c) $\sqrt[5]{30}$?

202) a) Schließe $\sqrt[3]{4}$ in zwei Grenzen ein, die sich nur um $\frac{1}{100}$ unterscheiden. b) Warum ist $\sqrt[3]{4}$ eine Irrationalzahl?

Bestimme numerisch auf zwei Dezimalstellen:

203) $\sqrt[3]{2}$ 204) $\sqrt[3]{144}$ 205) $\sqrt[3]{0{,}23}$ 206) $\sqrt[6]{512}$ 207) $\sqrt[4]{18}$

208) $\sqrt[3]{7 - 5\sqrt{2}}$ 209) $\sqrt[-1]{3{,}1416}$ 210) $\sqrt[-10]{0{,}00032}$.

211) Nach einem Briefe des Eratosthenes an den ägyptischen König Ptolemäus Euergetes (im dritten Jahrhundert v. Chr. Geb.) wollten die Delier, einem Orakelspruche folgend, einer Seuche dadurch ein Ziel setzen, daß sie den würfelförmigen Altar des Apollo verdoppelten, und wandten sich in ihrer Ratlosigkeit an Plato. Wie lang mußte die Kante des neuen, wieder würfelförmigen Altars gemacht werden, wenn die Kante des alten Altars 3 πήχεις betrug? (Delisches Problem.)

Forme so um, daß die numerische Berechnung bequem wird (vgl. die Beispiele in D):

212) $\sqrt[6]{2^7 \cdot 14 \cdot 343^2 \cdot \frac{2}{7}}$ 213) $\sqrt[3]{1\frac{39}{64} + 2^2 - 2^{-2}}$ 214) $\sqrt[3]{\sqrt{216}}$

215) $\sqrt[7]{\sqrt[3]{128}}$ 216) $\sqrt[3]{\sqrt[4]{\sqrt[3]{32^4 : 2^2}}}$ 217) $\sqrt[3]{7 : 16}$

218) $5\sqrt[4]{32} + 3\sqrt[4]{1250}$ 219) $\frac{1}{2 + \sqrt[3]{2}}$ 220) $\frac{\sqrt[3]{9} + \sqrt[3]{7}}{4 - \sqrt[3]{63}}$

221) $\sqrt[4]{\frac{17}{4} - 3\sqrt{2}}\,(1 + \frac{1}{2}\sqrt{2})$ 222) $\sqrt[3]{6\sqrt{3} - 10}\,(\sqrt{3} + 1)$

223) $\sqrt[5]{41 - 29\sqrt{2}}\,(\sqrt{2} + 1)$.

Bestimme in Wurzelform und numerisch auf zwei Stellen die reellen Wurzeln der Gleichungen:

224) $x^3 = 7$ 225) $x^3 = -7$ 226) $x^4 = 4$ 227) $x^6 = 0{,}008$

228) $x^3 = 1 + \sqrt{2}$ 229) $x^{-5} = \frac{1}{6}$ 230) $x^{-5} = -\frac{1}{6}$.

231) Die Zahl x durchläuft stetig wachsend alle reellen Werte von -1 bis $+1$. Welche Werte durchläuft dann a) x^3, b) x^4, c) x^{52}?

232) Die eine reelle Wurzel der Gleichung $x^{14} = a$ ist 2,4. Wie heißt die andere reelle Wurzel?

Entscheide, ob die folgenden Gleichungen zwei, eine oder keine reelle Wurzel haben:

233) $x^4 = -16$ 234) $x^7 = 1 - \sqrt[3]{2}$ 235) $x^8 = \sqrt[3]{2} - 1$

236) $x^{23} = -23$ 237) $x^{-19} = -0{,}19$ 238) $x^3 = \left(2 - \sqrt[3]{7}\right) : x^3$.

Löse die Gleichungen:

239) $\left(\sqrt[3]{5} + 1\right)x = 6$ 240) $(x + \sqrt{5})^4 = 25$

241) $3x = 4 - x\sqrt[3]{3}$ 242) $x^2 + 2x\sqrt[5]{2} = \sqrt[5]{128}$

243) $\left(x + \sqrt[3]{2}\right)^3 = x^3 + 20$ 244) $x^3 + \dfrac{1}{x^3} = 8{,}125$

245) $x^{10} - 8x^5 = 768$ 246) $\sqrt[3]{x + 5} = \sqrt[3]{x} + 1$

247) $\begin{cases} x^2 y = 12 \\ x y^2 = 18 \end{cases}$ 248) $\begin{cases} xyz = 24; \quad xyu = 6 \\ xzu = 8\;; \quad yzu = 12 \end{cases}$

249) $\begin{cases} x^9 + y^9 = 513 \\ x^3 + y^3 = 9 \end{cases}$ 250) $\begin{cases} (x^2 - xy + y^2)\sqrt{x^2 + y^2} = 520 \\ (x^2 + xy + y^2)\sqrt{x^2 + y^2} = 1480 \end{cases}$

251) $\begin{cases} xyz = 216 \\ xz = y^2 \\ x + y + z = 19 \end{cases}$ 252) $\begin{cases} x^2(x + y + z) = 40 \\ 3y^2(x + y + z) = 270 \\ 4z^2(x + y + z) = 1000. \end{cases}$

§ 35.

Potenzen mit gebrochenen und irrationalen Exponenten.

Theorie.

$$16^{\frac{3}{4}} = \sqrt[4]{16^3} = \left(\sqrt[4]{16}\right)^3 = 8, \quad 7^{\frac{19}{5}} = \sqrt[5]{7^{19}} = 7^3 \cdot \sqrt[5]{7^4}; \quad a^{\frac{p}{q}} = \sqrt[q]{a^p} = \left(\sqrt[q]{a}\right)^p.$$

A. Begriff der Potenzen mit gebrochenen Exponenten und Beweis der Gesetze.

Die noch unerledigte Frage, welchen Sinn man der Potenzform $a^{\frac{p}{q}}$, wo $\frac{p}{q}$ ein eigentlicher Bruch ist, zu erteilen hat, wird durch die Radizierung beantwortet. Da nämlich $\left(\frac{p}{q}\right) \cdot q = p$ ist, und $a^{n \cdot q} = (a^n)^q$ ist, so muß, wie schon in § 33, C bei den negativen Exponenten erkannt ist, gleichviel, ob q ein Teiler von p ist oder nicht, unter $a^{\frac{p}{q}}$ diejenige Zahl verstanden werden, welche, mit q potenziert, a^p gibt, d. h. die Zahl $\sqrt[q]{a^p}$. Z. B.:

$$8^{\frac{2}{3}} = \sqrt[3]{8^2} = \left(\sqrt[3]{8}\right)^2 = 2^2 = 4\,,\quad 25^{\frac{1}{2}} = \sqrt{25} = 5\,,\quad \left(\frac{3}{4}\right)^{\frac{3}{4}} = \sqrt[4]{\left(\frac{3}{4}\right)^3} = \frac{1}{4}\sqrt[4]{108}\,.$$

Mit Hilfe der eben gewonnenen Definitionsformel $a^{\frac{p}{q}} = \sqrt[q]{a^p}$ kann man beweisen, daß die in § 33 für Potenzen mit ganzzahligen Exponenten bewiesenen Potenzgesetze auch auf Potenzen mit gebrochenen Exponenten anwendbar sind. Z. B.: $a^{\frac{p}{q}} \cdot a^{\frac{r}{s}} = \sqrt[q]{a^p} \cdot \sqrt[s]{a^r} = \sqrt[qs]{a^{ps}} \cdot \sqrt[qs]{a^{rq}} = \sqrt[qs]{a^{ps+rq}} = a^{\frac{ps+rq}{qs}} = a^{\frac{p}{q}+\frac{r}{s}}$.

In ähnlicher Weise findet man, daß man $a^{-\frac{p}{q}} = 1 : \sqrt[q]{a^p}$, $\sqrt[\frac{q}{p}]{a} = \sqrt[p]{a^q}$, $\sqrt[-\frac{p}{q}]{a} = 1 : \sqrt[p]{a^q}$ zu setzen hat, wenn man wünscht, mit solchen Potenz- und Wurzelformen ebenso rechnen zu können, wie mit gewöhnlichen Potenzformen.

B. Begriff der Potenzen mit irrationalen Exponenten.

Die Zahl $a^{\frac{p}{q}} = \sqrt[q]{a^p}$ ist eine Wurzel der Gleichung $x^q = a^p$. Da diese Gleichung aber mehr als eine Wurzel haben kann (§ 34, E), und es zweckmäßig ist, das Zeichen $a^{\frac{p}{q}}$ als eindeutig aufzufassen, so muß noch entschieden werden, welche Wurzel der Gleichung $x^q = a^p$ unter $a^{\frac{p}{q}}$ verstanden werden soll. Wir setzen demgemäß fest, daß im allgemeinen das Zeichen $a^{\frac{p}{q}}$ nur angewandt werden soll, wenn a positiv ist, und daß dann unter $a^{\frac{p}{q}}$ die eine positive Wurzel der Gleichung $x^q = a^p$ zu verstehen ist. Daraus geht hervor, daß man, wenn a und b positiv sind, aus

$$b^q = a^p \text{ den Schluß: } b = a^{\frac{p}{q}} \text{ oder } b^{\frac{q}{p}} = a$$

ziehen darf. Ebenso schließt man aus $b^q < a^p$ die Ungleichung $b < a^{\frac{p}{q}}$, oder aus $b^q > a^p$ die Ungleichung $b > a^{\frac{p}{q}}$. Durch diese Schlüsse gelangt man zu der Erkenntnis, daß eine beliebige positive Zahl immer in zwei Grenzen eingeschlossen werden kann, welche Potenzen sind, deren Basen eine und dieselbe positive, von 1 verschiedene Zahl darstellen, und deren Exponenten positive und negative Brüche sind, die sich um beliebig wenig unterscheiden. Dies zeigt die folgende

Tabelle, wo 3 als die in Grenzen einzuschließende Zahl und 2 als Potenzbasis gewählt ist:

$$2^3 < 3^2 < 2^4 \text{ gibt: } 2^{\frac{3}{2}} < 3 < 2^{\frac{4}{2}},$$
$$2^4 < 3^3 < 2^5 \text{ gibt: } 2^{\frac{4}{3}} < 3 < 2^{\frac{5}{3}},$$
$$2^6 < 3^4 < 2^7 \text{ gibt: } 2^{\frac{6}{4}} < 3 < 2^{\frac{7}{4}},$$
$$2^7 < 3^5 < 2^8 \text{ gibt: } 2^{\frac{7}{5}} < 3 < 2^{\frac{8}{5}},$$
$$2^9 < 3^6 < 2^{10} \text{ gibt: } 2^{\frac{9}{6}} < 3 < 2^{\frac{10}{6}}, \text{ usw.}$$

Da hiernach die Zahl 3 zwar nicht **gleich** einer Potenz von 2 mit rationalen Exponenten ist, wohl aber in zwei Grenzen eingeschlossen werden kann, welche Potenzen von 2 mit rationalen Exponenten sind, deren Unterschied **beliebig klein** gedacht werden kann, so sagt man, daß 3 **gleich** 2^x ist, wo x **eine bestimmte Irrationalzahl** ist. **Man operiert** deshalb in der Arithmetik auch mit Potenzen, deren Exponenten irrational sind, und identifiziert eine solche Potenz mit Potenzen derselben Basis, deren Exponent eine von dem Werte des irrationalen Exponenten möglichst wenig verschiedene rationale Zahl ist. Es hat demnach auch Sinn, von der Veränderung von b^x zu sprechen, wenn x die ganze positive oder negative reelle Zahlenreihe durchläuft. Dabei kann, wie obige Tabelle verdeutlicht, **ein bestimmter Wert von b^x auch nur von einem einzigen Werte von x herrühren.** So gelangt man zu dem Satze:

Wenn b eine positive, von 1 verschiedene Zahl bedeutet, und wenn dann $b^x = y$ ist, so gehört nicht allein zu jedem positiven oder negativen Werte von x ein einziger positiver Wert von y, sondern auch zu jedem positiven Werte von y ein einziger positiver oder negativer Wert von x.

C. Exponentialgleichungen.

Aus dem am Schlusse von B angegebenen Satze folgt, daß aus $b^x = b^z$, wo b von 1 verschieden ist, die Gleichung $x = z$ geschlossen werden kann. Durch diesen Schluß gelangt man zu der Lösung solcher **Exponentialgleichungen**, welche rechts und links dieselbe Basis haben oder auf gleiche Basis gebracht werden können. Z. B.:

$$7^{4x - \frac{1}{2}} = 7^{2-x}$$
$$4x - \tfrac{1}{2} = 2 - x$$
$$5x = 2\tfrac{1}{2}$$
$$x = \tfrac{1}{2}$$

$$5^{3x+1} \cdot 25^{\frac{1}{x+1}} = (0{,}2)^{x+12}$$
$$5^{3x+1+\frac{2}{x+1}} = 5^{-(x+12)}$$
$$3x + 1 + \frac{2}{x+1} = -(x+12)$$
$$x_1 = -3 \quad \text{und} \quad x_2 = -\tfrac{5}{4}.$$

Aufgaben.

1) Was bedeutet: a) $16^{\frac{3}{4}}$, b) $a^{\frac{3}{4}}$, c) $a^{0,1}$?

Verwandle in eine Wurzel:

2) $p^{\frac{1}{2}}$ 3) $(pq)^{\frac{5}{4}}$ 4) $(p+q)^{1\frac{1}{5}}$ 5) $a^{-\frac{1}{3}}$ 6) $b^{-2,4}$.

Berechne:

7) $9^{\frac{1}{2}} + 125^{\frac{2}{3}}$ 8) $1024^{0,7} - 81^{\frac{5}{4}}$ 9) $625^{\frac{3}{4}} \cdot 243^{\frac{3}{5}}$

10) $4^{-\frac{1}{2}} \cdot \left(\frac{1}{25}\right)^{-\frac{3}{2}} : 27^{-\frac{4}{3}}$ 11) $\left(\frac{216}{343}\right)^{-\frac{1}{3}} : \left(\frac{36}{49}\right)^{-1\frac{1}{2}}$

12) $\sqrt[\frac{1}{2}]{7} + \sqrt[\frac{3}{4}]{512}$ 13) $\sqrt[-\frac{4}{5}]{256} \cdot \sqrt[0,4]{1024}$ 14) $\sqrt[-\frac{1}{2}]{\frac{1}{64}} : \sqrt[-2]{64}$.

Berechne auf zwei Dezimalstellen:

15) $3^{\frac{1}{2}} - 2^{\frac{1}{2}}$ 16) $4^{\frac{7}{4}} \cdot \left(\frac{32}{49}\right)^{-\frac{1}{2}}$ 17) $(0,32)^{\frac{1}{3}} \cdot (0,00032)^{\frac{3}{5}} \cdot \left(\frac{1}{32}\right)^{-0,1}$

18) $\sqrt[\frac{4}{3}]{25} : \sqrt[\frac{6}{7}]{15\frac{5}{8}}$ 19) $\sqrt[-\frac{1}{2}]{35} \cdot \sqrt[-\frac{3}{2}]{0,008} + \sqrt[-\frac{3}{2}]{7} \cdot \sqrt[\frac{5}{4}]{32}$.

Verwandle in eine Potenz mit gebrochenem Exponenten:

20) $\sqrt[4]{a^5}$ 21) $\sqrt{m^3}$ 22) $\sqrt[3]{c^2}$ 23) $\sqrt[10]{q}$ 24) $\sqrt[-3]{a}$ 25) $\sqrt[\frac{2}{3}]{b}$

26) $\sqrt[-\frac{2}{3}]{\frac{a}{b}}$ 27) $\sqrt[a]{a}$ 28) $\sqrt[3]{p^{3+q}}$ 29) $\sqrt[4]{(a+b)^{15}}$

30) $\sqrt[-3]{ab + cd}$ 31) $\sqrt[4]{a^4 - b^4}$ 32) $\sqrt[\frac{5}{2}]{\frac{2}{5}a}$ 33) $\sqrt[-\frac{2}{3}]{\frac{1}{a} + \frac{1}{b}}$.

Verwandle mit Anwendung der auf gebrochene Exponenten übertragenen Potenzgesetze in eine Potenz:

34) $p^{\frac{1}{3}} \cdot p^{\frac{1}{4}}$ 35) $p^{\frac{1}{2}} \cdot p^{-\frac{1}{4}}$ 36) $a^{\frac{2}{3}} \cdot a^{\frac{1}{6}}$ 37) $a^{\frac{5}{6}} \cdot a^{1\frac{1}{2}}$

38) $a^{\frac{3}{4}} \cdot a^{-\frac{1}{3}}$ 39) $b^{-1} \cdot b^{-0,1} \cdot b^{\frac{21}{10}}$ 40) $a^{\frac{5}{6}} \cdot \sqrt[6]{a^7} \cdot a^2$

41) $(a^{\frac{1}{3}} b^{\frac{1}{3}} c^{\frac{1}{4}})(a^{1\frac{1}{2}} b^{1\frac{2}{3}} c^{-\frac{1}{4}})$ 42) $\sqrt[\frac{4}{3}]{a} \cdot \sqrt[\frac{4}{5}]{a} \cdot a^{\frac{7}{8}}$

43) $a^{\frac{1}{2}} : a^{\frac{1}{4}}$ 44) $b^{\frac{1}{4}} : b^{\frac{1}{2}}$ 45) $m^{-\frac{1}{2}} : m^{-\frac{1}{4}} : m$

46) $p^{-\frac{1}{6}} : p^{\frac{5}{12}} : p^0$ 47) $v^{\frac{3}{8}} \cdot \sqrt[4]{v^3} : v^{\frac{1}{2}}$ 48) $v^{0,23} : v^{-0,27}$

49) $(\sqrt[3]{x^4} : x^{\frac{2}{3}})(\sqrt[6]{x^5} : \sqrt[12]{x})$ 50) $\sqrt{a} : \sqrt[3]{a} : \sqrt[4]{a}$ 51) $p^{\frac{2}{3}} \cdot q^{\frac{2}{3}}$

52) $c^{\frac{2}{3}} : d^{\frac{2}{3}}$ 53) $(p^{-\frac{1}{3}})^{-\frac{1}{2}}$ 54) $\sqrt[5]{a^4} : b^{\frac{4}{5}} : c^{0,8}$

55) $(a^8)^{\frac{1}{4}}$ 56) $(a^{\frac{1}{2}})^{\frac{2}{3}}$ 57) $(\sqrt[3]{a^4})^{\frac{3}{8}}$

58) $(q^{\frac{3}{4}})^{-\frac{4}{9}}$ 59) $(a^{\frac{1}{6}} \cdot a^{\frac{1}{3}} \cdot a^{-\frac{1}{2}})^{0,6}$ 60) $(a^{\frac{5}{6}} : a^{1\frac{1}{2}})^{2\frac{2}{5}}$

61) $(a^4 : a^{-3} \cdot \sqrt[3]{a^2})^{1\frac{1}{2}}$ 62) $(x^{\frac{2}{3}} x^{\frac{3}{4}} : x^{-\frac{4}{5}})^{\frac{20}{19}}$.

63) Beweise die Formel: a) $a^{\frac{p}{q}} : a^{\frac{r}{s}} = a^{\frac{p}{q} - \frac{r}{s}}$, b) $a^{\frac{p}{q}} \cdot b^{\frac{p}{q}} = (ab)^{\frac{p}{q}}$,

c) $a^{-\frac{p}{q}} : b^{-\frac{p}{q}} = (a:b)^{-\frac{p}{q}}$, d) $\left(a^{\frac{p}{q}}\right)^{\frac{r}{s}} = a^{\frac{pr}{qs}}$,

e) $\left(a^{-\frac{p}{q}}\right)^{-\frac{r}{s}} = a^{\frac{pr}{qs}}$, f) $\sqrt[\frac{p}{q}]{a}\,\sqrt[\frac{p}{q}]{b} = \sqrt[\frac{p}{q}]{ab}$, g) $\sqrt[\frac{p}{q}]{a^{\frac{r}{s}}} = \left(\sqrt[\frac{p}{q}]{a}\right)^{\frac{r}{s}}$.

---

64) Welche von den beiden Wurzeln der Gleichung $x^2 = 25$ versteht man unter $25^{\frac{1}{2}}$?

65) Von welcher Gleichung vierten Grades ist $11^{\frac{3}{4}}$ eine Wurzel?
66) Was kann man für $a^{\frac{3}{4}}$ setzen, wenn man weiß, daß $b^{\frac{4}{3}} = a$ ist?
67) Beweise aus $a^0 = 1$ und $\frac{1}{0} = \infty$, daß 1^∞ vieldeutig ist.
68) Es ist a^∞ entweder Null oder unendlich groß, je nachdem a kleiner oder größer als 1 ist. Ferner ist $\frac{1}{\infty} = 0$. Was für Zeichen sind hiernach 0^0 und ∞^0?
69) Es ist $10^3 < 2^{10}$. Was folgt hieraus für $10^{0,3}$?
70) Welche Potenzen von 2 und von 5 muß man berechnen, um 2 in zwei Grenzen einschließen zu können, welche Potenzen von 5 sind, und Exponenten haben, die sich nur um $\frac{1}{9}$ unterscheiden?
71) Suche eine gebrochene Zahl k, welche die Ungleichung $3^k < 4 < 3^{k+\frac{1}{\omega}}$ erfüllt, wenn a) $\omega = 2$, b) $\omega = 5$, c) $\omega = 6$ ist.
72) Bestimme eine positive oder negative gebrochene Zahl k so, daß richtig wird: a) $9^k < 10 < 9^{k+\frac{1}{2}}$, b) $3^k < \frac{1}{5} < 3^{k+\frac{1}{2}}$, c) $(0,2)^k > 0,75 > (0,2)^{k+\frac{1}{2}}$.
73) a) Ist immer eine rationale Zahl k denkbar, welche die Ungleichung $a^k < b < a^{k+\frac{1}{\omega}}$ erfüllt, wo a und b positive Zahlen sind und $\frac{1}{\omega}$ ein beliebig kleiner Bruch ist? b) Warum kann die Gleichung $a^x = b$, wo a und b positiv sind, immer erfüllt werden, wenn x irrational sein darf?
74) Welche Werte durchläuft 2^x: a) wenn x von 0 bis $+\infty$ stetig wächst, b) wenn x von 0 bis $-\infty$ stetig abnimmt? c) Erläutere die Abhängigkeit durch graphische Darstellung (s. § 27, K).
75) Wie ändert sich $(\frac{1}{10})^x$, während x von Null an: a) die positive, b) die negative Zahlenreihe durchläuft? c) Stelle $y = (\frac{1}{10})^x$ als Funktion von x graphisch dar (s. § 27, K).
76) Welches Vorzeichen hat x in der Gleichung $a^x = b$, wenn von den beiden positiven Zahlen a und b: a) beide größer als 1 sind, b) beide kleiner als 1 sind, c) die eine größer, die andere kleiner als 1 ist?
77) Löse folgende Gleichungen:
a) $4(7 - x^{\frac{1}{6}}) = 2 + 9x^{\frac{1}{6}}$, b) $(8x^{\frac{3}{2}} + 100) : 11 = x^{\frac{3}{2}} - 25$,
c) $x + x^{\frac{1}{2}} = 6$, d) $x^{0,75} = (81 + x^{1,5}) : 30$.

Exponentialgleichungen.

Auf Gleichungen ersten Grades zurückführbar:

78) $2^{x+5} = 2^3$ 79) $3^{4x-2} = 3^{x+2}$ 80) $5^{12} = 5^{2(x-4)}$
81) $11^{2x+3} = 11^{x+4}$ 82) $b^{2x+3} = b^{x-4}$ 83) $(a^2)^{x+5} = (a^3)^{x-7}$
84) $\sqrt[9]{5^x} = \sqrt[4]{5^{x+1}}$ 85) $\sqrt[4]{17^{16-x}} = \sqrt[3]{17^{x-2}}$ 86) $\sqrt[x-3]{19^5} = \sqrt[x-6]{19^2}$
87) $2^x = 8$ 88) $4^x = 1024$ 89) $3^x = 243$
90) $2^{5x+1} = 8^{2x-3}$ 91) $125^{x-2} = 25^{2x-7}$ 92) $64^{x+2} = 256^{2x-1}$
93) $9 \cdot 3^{x+1} = 27^{x-1}$ 94) $3 \cdot 27^{x+2} = 81^{x+1}$ 95) $2968^x = 1$
96) $1 : 3^{3x} = 81^{x+14}$ 97) $(0,25)^x = 4^{3x-2}$ 98) $\sqrt{2^{x+1}} = \sqrt[7]{(0,5)^{1-4x}}$

99) $(a^{x+5})^{x-4} = (a^{x+2})^{x-7}$ 100) $(a^{2x-5})^{3x-2} = (a^{6x+1})^{x-2}$

101) $a^{2x-5} \cdot a^{x+7} = a^{4x-9} \cdot a^{x-1}$ 102) $\frac{a^{5x-12}}{a^{3x+1}} = a^{x+7}$

103) $2^{x+1} + 2^{x+3} + 2^{x+5} = 336$ 104) $3^{2x-1} - 3^{2x+1} + 3^{2x+3} = 219$

105) $\begin{cases} 11^x \cdot 11^y = 11^{10} \\ x - y = 6 \end{cases}$ 106) $\begin{cases} 17^x : 17^y = 17 \cdot 289 \\ 2^x \cdot 2^y = 128 \end{cases}$

107) $\begin{cases} a^{x+2y} \cdot a^{x+y} = a^{18} \\ b^{2x+y} \cdot b^{x+y} = b^{4y+1} \end{cases}$ 108) $\begin{cases} 8^{x+4y} \cdot 32^{x-3y} = 512 \\ 25^{x+2y} \cdot 5^{x-5y} = 625 \end{cases}$

109) $\begin{cases} \sqrt[3]{a^{6x+y}} = \sqrt[7]{a^{3(y+x)} \cdot a^7} \\ \sqrt[5]{a^{3x+2y}} = \sqrt[8]{a^{4y}} \end{cases}$ 110) $\begin{cases} \sqrt[a+b]{25^x} = \sqrt[a+b]{25} \cdot \sqrt[a-b]{25^y} \\ \sqrt[2(a-b)]{25} = \sqrt[a+b]{5^x} \cdot \sqrt[a-b]{5^y} \end{cases}$

111) $\begin{cases} 4^x \cdot 4^y \cdot 5 = 320 \\ 3^x \cdot 3^z \cdot 27^{-1} = 3 \\ 2^y \cdot 2^z \cdot 8 = 16^2 \end{cases}$ 112) $\begin{cases} 2^x : 2^y = 4^a : 4^b \\ 3^x : 3^z = 9^a : 3^{2c} \\ 4^y \cdot 4^z = 1 : 16^a \end{cases}$

Auf Gleichungen zweiten Grades zurückführbar:

113) $7^{x(x+2)} = 7^{4x+3}$ 114) $(5^{x+4})^{x-2} = (5^x)^{2x-4}$

115) $\sqrt[x]{11} = 11^x$ 116) $\sqrt[x-1]{625} = 5^{x+2}$ 117) $8^{x^2} = 4 \cdot 32^x$

118) $(10^{x-3})^{x+15} = 1$ 119) $(a^{2x-5})^{3x-8} = (a^{x-4})^{5x+4}$

120) $(a^x)^{3x+2} = (\sqrt{a})^{x+26} \cdot a^2$ 121) $\sqrt[x-6]{a^{x+8}} = \sqrt[x+1]{(a^2)^{2x-5}}$

122) $\sqrt[x-1]{16} \cdot \sqrt[x-4]{2} = \sqrt[x-2]{8} \sqrt[x-3]{4}$

123) $(a^{x-3})^{x-5} \cdot (a^{2x+5})^{3x-7} = (a^{4x-5})^{x+3}$

124) $\sqrt[2+x]{a^{1+x}} \cdot \sqrt[3+x]{a^{2+x}} = \sqrt[5+x]{a^{4+x}} \cdot \sqrt[4+x]{a^{3+x}}$

125) $\begin{cases} 10^{(x+2)^2} = 10^{98} \cdot 10^{(y+2)^2} \\ 2^{x+2} = 4 \cdot 2^{y+2} \end{cases}$ 126) $\begin{cases} 3^{x+1} = 9^{y+1} \\ 2^{x^2+1} = 32^{y^2+1} \end{cases}$

127) Da bei der Potenzierung das Kommutationsgesetz **nicht** gilt, so ist $x^y = y^x$ eine Bestimmungsgleichung, aus welcher unzählig viele Wertepaare von x und y folgen müssen. Sollen x und y verschiedene **ganze** Zahlen sein, so genügt jener Gleichung nur $x = 2$, $y = 4$ und umgekehrt. Dieses Wertepaar und unzählig viele andere **rationale** Wertepaare kann man, wie **Euler** zuerst zeigte, auf folgende Weise methodisch bestimmen: Man setze $x = y \cdot z$. Dann ergibt die vorgelegte Gleichung $(y\,z)^y = y^{yz}$ oder $(y\,z)^y = (y^z)^y$, woraus $y\,z = y^z$ geschlossen werden darf. Dividiert man nun durch y und potenziert dann mit $\frac{1}{z-1}$, so erhält man $y = z^{\frac{1}{z-1}}$, also $x = z^{\frac{1}{z-1}} \cdot z = z^{\frac{1}{z-1}+1} = z^{\frac{z}{z-1}}$. Um hieraus rationale Werte zu erhalten, setze man $v = \frac{1}{z-1}$. Dann kommt $x = \left(1 + \frac{1}{v}\right)^{v+1}$, $y = \left(1 + \frac{1}{v}\right)^v$. Hieraus ergibt sich z. B.,

wenn man $v = 2$ setzt, $x = (\frac{3}{2})^3 = \frac{27}{8}$, $y = (\frac{3}{2})^2 = \frac{9}{4}$. In der Tat ist $(\frac{27}{8})^{\frac{9}{4}} = (\frac{3}{2})^{\frac{27}{4}} = (\frac{9}{4})^{\frac{27}{8}}$. Prüfe ebenso die Werte, welche sich aus: a) $v = 1$, b) $v = 3$, c) $v = 4$, d) $v = -3$ ergeben.

§ 36.

Logarithmen.

Theorie.

Erste Definitionsformel: I) $b^{\overset{b}{\log} a} = a$, **oder:**

Es sagt $\overset{b}{\log} a = n$ **aus, daß** $b^n = a$ **sein soll.**

Zweite Definitionsformel: II) $\overset{b}{\log}(b^n) = n$.

Speziell: $\overset{b}{\log} b = 1$, $\overset{b}{\log} 1 = 0$.

III) $\log(pq) = \log p + \log q$. **IV)** $\log(p:q) = \log p - \log q$.

Va) $\log(p^m) = m \cdot \log p$. **Vb)** $\log \sqrt[m]{p} = \frac{1}{m} \log p$.

VIa) $\overset{b}{\log} a = \dfrac{\overset{c}{\log} a}{\overset{c}{\log} b}$. **VIb)** $\overset{b}{\log} a = \dfrac{1}{\overset{a}{\log} b}$.

A. Begriff des Logarithmus.

Wenn man in $b^n = a$ den Exponenten n als gesucht betrachtet, so entsteht eine zweite Umkehrung der Potenzierung, welche Logarithmierung heißt. Daß die Logarithmierung eine von der Radizierung wesentlich verschiedene Operation (vgl. § 34, Nr. 19) ist, rührt daher, daß bei der Potenzierung das Kommutationsgesetz nicht gültig ist, daß also im allgemeinen p^q nicht gleich q^p ist (vgl. § 33 B, § 35, Nr. 127). Wenn $b^n = a$ ist, so nennt man n den „Logarithmus von a zur Basis b", geschrieben: $\overset{b}{\log} a$. Es bedeutet also $\overset{b}{\log} a$ immer den Exponenten, mit welchem b zu potenzieren ist, damit a herauskommt, d. h. $b^{\overset{b}{\log} a} = a$ ist die erste Definitionsformel der Logarithmierung. Die Richtigkeit der zweiten Definitionsformel $\overset{b}{\log}(b^n) = n$ ergibt sich daraus, daß $\overset{b}{\log}(b^n)$ den Exponenten bedeutet, mit welchem b zu potenzieren ist, damit sich b^n ergibt, und daß diese Forderung von dem Exponenten n erfüllt wird. Bei der Logarithmierung nennt man die Zahl, welche ursprünglich Potenz war, Logarithmand oder Numerus, und die Zahl, welche ursprünglich Potenzbasis war, Logarithmenbasis oder kurz Basis. Wenn man z. B. $\overset{4}{\log} 64 = 3$ setzt, so ist dies nur eine andere Ausdrucksweise für $4^3 = 64$, und es ist deshalb 64 der Logarithmand oder Numerus, 4 die Basis, 3 der Logarithmus.

Wie jede Potenz, jede Wurzel und jeder Logarithmus noch auf zweierlei Weise anders ausgedrückt werden können, zeigen die folgenden Beispiele, bei denen jede Gleichung die beiden in derselben Linie befindlichen Gleichungen zur Folge hat:

$$5^4 = 625, \qquad \sqrt[4]{625} = 5, \qquad \overset{5}{\log} 625 = 4\,;$$

$$10^{-2} = \tfrac{1}{100}, \qquad \sqrt[-2]{\tfrac{1}{100}} = 10, \qquad \overset{10}{\log} \tfrac{1}{100} = -2\,;$$

$$16^{\frac{3}{4}} = 8, \qquad \sqrt[\frac{3}{4}]{8} = 16, \qquad \overset{16}{\log} 8 = \tfrac{3}{4}\,;$$

$$(0{,}125)^{-\frac{5}{3}} = 32, \qquad \sqrt[-\frac{5}{3}]{32} = 0{,}125, \qquad \overset{0{,}125}{\log} 32 = -\tfrac{5}{3}\,.$$

Ferner:

$$b^1 = b, \qquad \sqrt[1]{b} = b, \qquad \overset{b}{\log} b = 1\,;$$

$$b^0 = 1, \qquad \sqrt[0]{1} = b, \qquad \overset{b}{\log} 1 = 0\,.$$

B. Eindeutigkeit der Logarithmierung.

Die Definition des Logarithmus verleiht $\overset{b}{\log} y$ immer einen Sinn, wenn y gleich einer Potenz gesetzt werden kann, deren Basis b ist. Nun ist aber, vorausgesetzt, daß b eine positive, von 1 verschiedene Zahl ist, in § 35 B gezeigt, daß immer eine positive oder negative, rationale oder irrationale Zahl x existiert, für welche b^x gleich einer beliebigen positiven Zahl ist. Folglich hat $\overset{b}{\log} y$ immer einen Sinn, wenn b und y positiv und außerdem b von 1 verschieden ist. Ferner ist in § 35 gezeigt, daß unter den angegebenen Beschränkungen über b und y, die in diesem Paragraphen immer aufrechterhalten bleiben sollen, durch die Gleichung $b^x = y$ jedem reellen Werte von x ein einziger positiver Wert von y und auch umgekehrt jedem positiven Werte von y ein einziger reeller Wert von x zugewiesen wird. Dasselbe gilt also auch von $x = \overset{b}{\log} y$. Unter den angegebenen Beschränkungen ist daher sowohl die Potenzierung bei beliebigem Exponenten, wie auch die Logarithmierung bei beliebigem Logarithmanden als eine eindeutige Operation zu betrachten. Deshalb kann hier aus $p = q$ geschlossen werden: $\overset{b}{\log} p = \overset{b}{\log} q$ und umgekehrt.

C. Berechnung der Logarithmen.

Die in § 35 B befindliche Tabelle, welche die Potenzen von 2 und von 3 vergleicht, zeigt, wie man durch Berechnung der zweiten, dritten, vierten usw. Potenzen von 2 und von 3 rationale Werte finden kann, die dem irrationalen Werte von $\overset{2}{\log} 3$ beliebig nahe kommen. Es folgt z. B. aus $2^{\frac{3}{2}} < 3 < 2^{\frac{10}{6}}$, daß $\overset{2}{\log} 3$ zwischen $\frac{3}{2}$ und $\frac{10}{6}$, d. h. zwischen 1,5 und 1,7 liegt. Ebenso kann man den ausgerechneten Potenzen für die Zahl 5 und für die Zahl y den Wert von $\overset{5}{\log} y$ mit beliebiger Genauigkeit entnehmen. Soll man z. B. $\overset{5}{\log} 2$ auf eine Dezimalstelle berechnen, so sucht man, zwischen welchen aufeinanderfolgenden Potenzen von 5 die Zahl $2^{10} = 1024$ liegt. Es ergibt sich $5^4 < 2^{10} < 5^5$, also $0{,}4 < \overset{5}{\log} 2 < 0{,}5$. Ebenso kann man, um $\overset{10}{\log} 2$ auf drei Dezimalstellen zu berechnen, der Reihe nach die folgenden Gleichungen aufstellen: $2^2 = 4$, $2^4 = 16$, $2^8 = 256$, von denen jede einzelne aus der vorhergehenden durch Quadrierung hervorgeht. Bei der weiteren Rechnung rundet man nun die Resultate auf der rechten Seite gleich auf drei Stellen ab und zwar jedesmal sowohl nach unten wie auch nach oben, so daß man in jeder Zeile eine untere und eine obere Grenze erhält, mit denen man dann weiter rechnet. So ergibt sich z. B.:

$$655 \cdot 10^2 < 2^{16} < 656 \cdot 10^2,$$
$$429 \cdot 10^7 < 2^{32} < 431 \cdot 10^7,$$
$$184 \cdot 10^{17} < 2^{64} < 186 \cdot 10^7 \quad \text{usf.},$$
$$\vdots \qquad \vdots \qquad \vdots$$

endlich:

$$243 \cdot 10^{614} < 2^{2048} < 397 \cdot 10^{614},$$

also erst recht:

$$100 \cdot 10^{614} < 2^{2048} < 1000 \cdot 10^{614}$$

oder:

$$10^{616} < 2^{2048} < 10^{617}.$$

Wenn man diese Ungleichung mit 2048 radiziert, so erhält man:

$$10^{\frac{616}{2048}} < 2 < 10^{\frac{617}{2048}},$$

also:

$$\tfrac{616}{2048} < \overset{10}{\log} 2 < \tfrac{617}{2048},$$

oder endlich:

$$0{,}3007 < \overset{10}{\log} 2 < 0{,}3013.$$

Der hiernach wahrscheinlichste Wert

$$\overset{10}{\log} 2 = 0{,}3010$$

ist sogar auf vier Stellen genau.

Genau in derselben Weise kann man natürlich auch die Logarithmen der anderen Zahlen zur Basis 10 berechnen; die Mathematik hat jedoch viel bequemere Methoden ausgebildet, um irrationale Logarithmen mit beliebiger Genauigkeit numerisch zu berechnen (§ 52).

D. Beweis der Formeln.

Die oben zusammengestellten Formeln für das Rechnen mit Logarithmen ergeben sich ohne weiteres aus den Gesetzen der Potenzierung. Um z. B. die Formel

$$\text{III)} \quad \overset{b}{\log}(p\,q) = \overset{b}{\log} p + \overset{b}{\log} q$$

zu beweisen, setze man $\overset{b}{\log} p = \alpha$, $\overset{b}{\log} q = \beta$. Dann muß $b^\alpha = p$, $b^\beta = q$ sein. Multipliziert man diese beiden Gleichungen, so erhält man, mit Anwendung von Formel I) aus § 33: $b^{\alpha+\beta} = p \cdot q$, also $\overset{b}{\log}(p\,q) = \alpha + \beta = \overset{b}{\log} p + \overset{b}{\log} q$.

Sind die in einer Gleichung vorkommenden Logarithmenzeichen sämtlich auf dieselbe Basis zu beziehen, so pflegt man die Angabe der Basis fortzulassen. Man schreibt also statt:

$$\overset{b}{\log}(p\,q) = \overset{b}{\log}p + \overset{b}{\log}q$$

kürzer:

$$\log(p\,q) = \log p + \log q\,.$$

Ebenso wie Formel III) sind die Formeln IV), Va) und Vb) zu beweisen. Die Formel:

$$\text{VIa)}\qquad \overset{b}{\log}a = \frac{\overset{c}{\log}a}{\overset{c}{\log}b}$$

zeigt, wie man den Logarithmus einer Zahl a bei einer beliebigen Basis b finden kann, wenn man für eine andere Basis sowohl den Logarithmus von a, wie auch den von b kennt. Um diese Formel zu beweisen, setzt man $\overset{b}{\log}a = x$, schließt hieraus $b^x = a$ und logarithmiert diese Gleichung für die Basis c. Dann kommt nach Va): $x \cdot \overset{c}{\log}b = \overset{c}{\log}a$, woraus $x = \frac{\overset{c}{\log}a}{\overset{c}{\log}b}$, also auch $\overset{b}{\log}a = \frac{\overset{c}{\log}a}{\overset{c}{\log}b}$ folgt. Wenn man hier speziell $c = a$ setzt und beachtet, daß $\overset{a}{\log}a = 1$ ist, so erhält man die Formel VIb).

E. Logarithmierung komplizierterer Ausdrücke.

Wie mit Hilfe der Formeln III) bis V) kompliziertere Ausdrücke logarithmiert werden können, lehren folgende Beispiele:

1) $\log(a\,b\,c\,d) = \log a + \log b + \log c + \log d$,

2) $\log\frac{a\,b^2 c^3}{d\,e^4} = \log a + 2\log b + 3\log c - \log d - 4\log e$,

3) $\log\sqrt[5]{\frac{b^3 c^2}{(d+e)f}} = \frac{1}{5}[3\log b + 2\log c - \log(d+e) - \log f]$,

4) $\log\sqrt[4]{a\,b}\,\sqrt[5]{c^4}\,\sqrt[6]{a+b} = \frac{1}{4}(\log a + \log b) + \frac{4}{5}\log c + \frac{1}{6}\log(a+b)$.

Der Anfänger beachte, daß sich $\log(a \pm b)$ nicht in einfacher Weise durch $\log a$ und $\log b$ ausdrücken läßt, daß also namentlich $\log a + \log b$ **nicht** gleich $\log(a+b)$, sondern gleich $\log(a \cdot b)$ ist.

F. Dekadische Logarithmen, Logarithmentafeln.

Die Formeln III) bis V) zeigen, wie durch die Logarithmen die Multiplikation in eine Addition, die Division in eine Subtraktion, die Potenzierung in eine Multiplikation und die Radizierung in eine Division verwandelt werden kann. Man wendet deshalb die Logarithmen an, um Zahlenausdrücke, deren Berechnung auf gewöhnlichem Wege sehr mühsam sein würde, auf bequemere

Weise zu berechnen. Hierzu ist es aber vor allem erforderlich, daß für irgend eine Basis die Logarithmen möglichst vieler Zahlen berechnet vorliegen (Logarithmensystem). Man hat deshalb für die Basis 10 die Logarithmen aller ganzen Zahlen bis 100000 berechnet (dekadisches Logarithmensystem), tabellarisch zusammengestellt (Logarithmentafel) und dadurch auch ein ausreichendes Mittel gewonnen, um jeden beliebigen Logarithmus für jede beliebige Basis [Formel VIa)] mit großer Genauigkeit schnell angeben zu können. Da die dekadischen Logarithmen vorzugsweise im Gebrauch sind, so läßt man bei ihnen die Angabe der Basis meist fort, z. B. $\log 3 = {}^{10}\log 3 = 0{,}47712$.

Das dekadische Logarithmensystem bietet den Vorteil dar, daß man bei einer dekadisch geschriebenen Zahl schon aus der Anzahl ihrer Ziffern ersehen kann, zwischen welchen aufeinanderfolgenden ganzen Zahlen ihr Logarithmus liegt. Denn wenn die Zahl a m Ziffern hat, so ist $10^{m-1} \gtreqless a < 10^m$, also $m - 1 \gtreqless {}^{10}\log a < m$. Man stellt deshalb die dekadischen Logarithmen immer in der Form $k + v$ dar, wo k eine ganze Zahl bedeutet, die positiv, Null und negativ sein kann (Kennziffer oder Charakteristik), und wo v nicht negativ und kleiner als 1 ist (Mantisse). Die Kennziffer des dekadischen Logarithmus einer ganzen Zahl oder eines Dezimalbruchs ist daher immer um 1 kleiner als die Anzahl der Ziffern der ganzen Zahl bzw. der Ziffern der vor dem Komma stehenden Zahl. Beginnt ein Dezimalbruch mit „Null Komma“ und folgen dann auf das Komma noch n Nullen, so daß erst die $(n + 1)$te Dezimalstelle von n verschieden ist, so ist die Kennziffer $-(n + 1)$. Z. B. $\log 1885$ hat 3, $\log 5$ hat 0, $\log 0{,}5$ hat -1, $\log 0{,}0002$ hat -4 als Kennziffer. Da sich hiernach die Kennziffer des Logarithmus einer Zahl ohne weiteres angeben läßt, so enthalten die Logarithmentafeln nur die Mantissen der Logarithmen, und zwar in Dezimalbruchform, manche Tafeln auf vier oder fünf Dezimalstellen, manche auch auf sieben und mehr Dezimalstellen. Bemerkenswert ist, daß je zwei Zahlen, deren Quotient eine Potenz von 10 mit ganzzahligem Exponenten ist, also auch je zwei Dezimalbrüche, die sich nur durch die Stellung des Komma unterscheiden, eine und dieselbe Mantisse haben. Z. B.: $\log 3000 = 3{,}47712$; $\log 300 = 2{,}47712$; $\log 3 = 0{,}47712$; $\log 0{,}3 = 0{,}47712 - 1$; $\log 0{,}0003 = 0{,}47712 - 4$ usw.

Wenn $\log p = r$ ist, so nennt man p den Numerus zu r und schreibt $r = \mathrm{Num} \log p$ oder auch kurz $r = N(p)$. Z. B. $N\,0{,}47712 = 3$.

G. Interpolation.

Hinsichtlich der praktischen Benutzung der Tafeln kann auf die Tafeln selbst verwiesen werden. Nur eine Besprechung des Verfahrens der Interpolation möge hier Platz finden. Das Interpolieren beruht auf dem erst später beweisbaren Satze, daß, wenn die Zahlen b und c im Vergleich zu der Zahl a sehr klein sind, nahezu die folgende Proportion richtig ist: $\frac{\log(a + c) - \log a}{\log(a + b) - \log a} = \frac{c}{b}$. Hieraus läßt sich $\log(a + c)$ aus $\log a$ und $\log(a + b)$ angenähert berechnen. Hat man also z. B. eine Tafel der

Logarithmen aller vierziffrigen Zahlen, so kann man die Logarithmen auch der fünfziffrigen Zahlen auf folgende Weise durch Interpolation finden. Man entnimmt z. B. der Tafel $\log 5156 = 3{,}71231$ und $\log 5157 = 3{,}71240$. Hieraus folgt $\log 51560 = 4{,}71231$ und $\log 51570 = 4{,}71240$. Um nun etwa $\log 51563$ zu berechnen, hat man sich in der obigen Proportion $a = 51560$, $b = 10$, $c = 3$ zu denken und erhält: $\frac{\log 51563 - \log 51560}{\log 51570 - \log 51560} = \frac{3}{10}$, oder $\log 51563 = \log 51560 + 0{,}3 \cdot (\log 51570 - \log 51560) = 4{,}71231 + 0{,}3 \cdot 0{,}00009 = 4{,}712337$, oder auf 5 Stelleu abgerundet: $\log 51563 = 4{,}71234$. Ebenso findet man $\log 3{,}1416$, wenn man $\log 3{,}141$ und $\log 3{,}142$ aufschlägt, in folgender Weise: $\log 3{,}141 = \log 3{,}141 + 0{,}6 \cdot (\log 3{,}142 - \log 3{,}141) = 0{,}49707 + 0{,}6 \cdot 0{,}00014 = 0{,}49715$, oder auch: $\log 3{,}1416 = \log 3{,}142 - 0{,}4 \cdot (\log 3{,}142 - \log 3{,}141) = 0{,}49721 - 0{,}4 \cdot 0{,}00014 = 0{,}49715$.

H. Beispiele für logarithmisches Rechnen.

Die logarithmische Berechnung von Zahlausdrücken zeigen folgende Beispiele. Es sei zu berechnen:

1) $x = \sqrt[6]{\frac{2{,}7183 \cdot 3548{,}2}{1{,}0325}}$. Dann ist:

$$\log x = \tfrac{1}{6}(\log 2{,}7183 + \log 3548{,}2 - \log 1{,}0325).$$

Hiernach gestaltet sich die Berechnung bei fünfstelligen Tafeln folgendermaßen:

$$\begin{array}{rl}
\log 2{,}7183 = & 0{,}43430 \\
\log 3548{,}2 = & \underline{3{,}55001} \\
 & 3{,}98431 \\
\log 1{,}0325 = & \underline{0{,}01389} \\
 & \underline{3{,}97042}\ (:6) \\
\log x = & 0{,}66174\ ; \quad x = 4{,}5892. \\
 & \underline{\quad 2} \\
 & 9)\ 2
\end{array}$$

2) $x = \sqrt[11]{0{,}0003} \cdot (0{,}99831)^{11}$, folglich:

$$\log x = \tfrac{1}{11} \log 0{,}0003 + 11 \cdot \log 0{,}99831.$$

$$\begin{array}{rl}
\log 0{,}0003 = & 0{,}47712 - 4 \\
\text{oder } \log 0{,}0003 = & \underline{7{,}47712 - 11}\ (:11) \\
 & 0{,}67974 - 1 \\
\log 0{,}99831 = & \underline{0{,}99926 - 1}\ (\cdot 11) \\
 & \underline{10{,}99186 - 11} \\
\log x = & 11{,}67160 - 12 \\
\text{oder } \log x = & 0{,}67160 - 1\ ; \quad x = 0{,}46946. \\
 & \underline{\quad 54} \\
 & \underline{\quad 6} \\
 & 10)
\end{array}$$

Wenn der logarithmisch zu berechnende Zahlenausdruck Plus- und Minuszeichen enthält, so müssen die durch diese Zeichen getrennten Glieder für sich berechnet werden, da für $\log(a \pm b)$ keine einfache Umformung existiert.

Um z. B. $x = r \cdot \frac{q^n - 1}{q - 1}$ zu berechnen, schlage man $\log q$ auf, multipliziere mit n, suche den zugehörigen Numerus, vermindere ihn um 1, schlage den Logarithmus des um 1 verminderten Numerus auf, subtrahiere davon $\log(q - 1)$ und addiere dann $\log r$. Der Numerus zu dem nunmehr erhaltenen Resultat ist x.

I. Exponentialgleichungen.

Wie mit Hilfe der Logarithmen auch solche Exponentialgleichungen gelöst werden können, bei denen es nicht möglich ist, rechts und links dieselbe Basis zu erhalten, zeigen folgende Beispiele:

1) $1{,}05^x = 2$ gibt:
$x \cdot \log 1{,}05 = \log 2$,
$x = \frac{\log 2}{\log 1{,}05} = \frac{0{,}30103}{0{,}02119}$,
also $x = 14{,}2$.

2) $(\sqrt{2})^{2x} - 11^x = 2^{x+4} - 11^{x+1}$,
$11^{x+1} - 11^x = 2^{x+4} - 2^x$,
$11^x(11 - 1) = 2^x(2^4 - 1)$,
$x \cdot \log 11 + \log 10 = x \cdot \log 2 + \log 15$,
also $x = \frac{\log 15 - \log 10}{\log 11 - \log 2} = 0{,}24$.

K. Zusammenstellung der arithmetischen Operationen.

Bei jeder der sieben in den §§ 4, 5, 8, 9, 33, 34 und hier in § 36 definierten und eingehend behandelten arithmetischen Operationen kann man die beiden durch die Operation verknüpften Zahlen als aktive und passive unterscheiden. Man operiert mit der aktiven Zahl an der passiven Zahl, wie die folgende Tabelle zeigt, wo immer 64 die passive, 2 die aktive Zahl heißt:

Name der Operation	Beispiel	Die passive Zahl, hier 64, nennt man	Die aktive Zahl, hier 2, nennt man	Das Resultat nennt man
Addition	$64 + 2 = 66$	Augendus (Summand)	Addendus (Summand)	Summe
Subtraktion	$64 - 2 = 62$	Minuendus	Subtrahendus	Differenz
Multiplikation	$64 \cdot 2 = 128$	Multiplikandus (Faktor)	Multiplikator (Faktor)	Produkt
Division	$64 : 2 = 32$	Dividendus	Divisor	Quotient
Potenzierung	$64^2 = 4096$	Potenzbasis	Potenzexponent	Potenz
Radizierung	$\sqrt[2]{64} = 8$	Radikandus	Wurzelexponent	Wurzel
Logarithmierung	$\log^2 64 = 6$	Logarithmandus (Numerus)	Logarithmenbasis	Logarithmus

Wie hierbei aus jeder der drei direkten Operationen Addition, Multiplikation, Potenzierung die beiden indirekten Operationen (Umkehrungen) folgen, zeigt folgende Tabelle:

Stufe	Direkte Operationen	Indirekte Operationen	Gesucht
I	Addition: $6+3=9$	Subtraktion: $9-3=6$	Augendus
		Subtraktion: $9-6=3$	Addendus
II	Multiplikation: $6\cdot 3=18$	Division: $18:3=6$	Multiplikandus
		Division: $18:6=3$	Multiplikator
III	Potenzierung: $6^3=6\cdot 6\cdot 6=216$	Radizierung: $\sqrt[3]{216}=6$	Basis
		Logarithmierung: $\overset{6}{\log}216=3$	Exponent

Aufgaben.

Definition.

1) Was bedeutet: a) $\overset{6}{\log}216$, b) $\overset{6}{\log}\frac{1}{216}$, c) $\overset{v}{\log}w$?
2) Schreibe mit Benutzung des Zeichens log: a) $5^4=625$, b) $10^5=100000$, c) $(\frac{4}{9})^2=\frac{16}{81}$, d) $(\frac{4}{9})^{\frac{1}{2}}=\frac{2}{3}$, e) $4^{-1}=\frac{1}{4}$, f) $(0{,}0016)^{\frac{3}{4}}=0{,}008$, g) $(0{,}0016)^{-\frac{3}{4}}=125$, h) $p^{-m}=q$, i) $\sqrt[5]{32}=2$, k) $\sqrt[13]{1}=1$, l) $\sqrt[-4]{16}=\frac{1}{2}$.
3) Schreibe in Potenzform: a) $\overset{3}{\log}81=4$, b) $\overset{2}{\log}512=9$, c) $\overset{0,7}{\log}0{,}343=3$, d) $\overset{4}{\log}2=0{,}5$, e) $\overset{11}{\log}\frac{1}{1331}=-3$, f) $\overset{2,25}{\log}\frac{8}{27}=-\frac{3}{2}$, g) $\overset{a}{\log}(a^2)=2$, h) $\overset{5}{\log}(25^n)=2n$, i) $\overset{-1}{\log}\frac{p}{q}=\frac{q}{p}$.
4) Welches sind für die Basis 3 die Logarithmen von: a) 9, b) 27, c) 3, d) 729, e) 1, f) $\frac{1}{3}$, g) $\frac{1}{27}$, h) $\sqrt{3}$, i) $\sqrt[5]{9}$, k) $\sqrt[11]{\frac{1}{81}}$?
5) Welches sind für die Basis 0,4 die Logarithmen von: a) $\frac{4}{25}$, b) 0,064, c) 2,5, d) $39\frac{1}{16}$, e) $1:39\frac{1}{16}$?
6) Welches ist bei der Basis $\frac{1}{2}$ der Numerus zu: a) 2, b) 8, c) -4, d) 1, e) 0?
7) Bei welcher Basis ist richtig: a) $\log 64=8$, b) $\log 64=4$, c) $\log\frac{1}{36}=-2$, d) $\log\frac{2}{3}=3\frac{3}{8}$, e) $\log 1=0$?
8) Vereinfache mit Benutzung der Definition der Logarithmierung: a) $\overset{p}{\log}(p^m)$, b) $\overset{a}{\log}(a^{p+q})$, c) $\overset{a}{\log}(a^3\cdot a^5)$, d) $\overset{a}{\log}[(a^3)^5]$, e) $b^{\overset{b}{\log}(p+q)}-b^{\overset{b}{\log}p}$, f) $(\sqrt{a})^{\overset{a}{\log}c}$.

9) Wie müßte man a) $(-4)^2 = +16$, b) $(-4)^3 = -64$, c) $(-1)^{-1} = -1$ logarithmisch schreiben, wenn man auch negative Logarithmen-Basen betrachten wollte?

10) Warum kann $\overset{4}{\log}(-16)$ nicht reell sein?

11) Warum hat a) $\overset{1}{\log} 1$, b) $\overset{0}{\log} 0$ unzählig viele Werte?

12) Warum ist $\overset{1}{\log} a = \infty$?

13) Gib rationale Zahlen an, deren Logarithmen auch rational sind, wenn die Basis a) 2, b) $\frac{1}{2}$, c) 10, d) 0,2 ist.

14) Zwischen welchen aufeinanderfolgenden ganzen Zahlen liegt: a) $\overset{2}{\log} 7$, b) $\overset{6}{\log} 200$, c) $\overset{7}{\log} 0{,}002$?

15) Entscheide, ob rational oder irrational ist: a) $\overset{18}{\log} 324$, b) $\overset{9}{\log} 27$, c) $\overset{10}{\log} 500$, d) $\overset{1,5}{\log} 3\frac{3}{8}$.

16) Es ist $10^{10} < 11^{10} < 10^{11}$. Gib hiernach für $\overset{10}{\log} 11$ zwei Grenzen an, die sich um $\frac{1}{10}$ unterscheiden.

17) Die Zahl 3^{100} liegt zwischen 10^{47} und 10^{48}. Berechne hiernach den dekadischen Logarithmus von 3 auf zwei Dezimalstellen.

18) Die Zahl 15^{100} wird dekadisch mit 118 Ziffern geschrieben. Berechne hiernach $\overset{10}{\log} 15$ auf 2 Stellen.

19) Es ist $7^5 = 16807$, ferner $2^{14} = 16384$. Schließe hiernach a) $\overset{7}{\log} 2$, b) $\overset{2}{\log} 7$ in zwei möglichst nahe Grenzen ein.

20) a) Wenn $b > 1$ und $y > 1$ ist, so ist $\overset{b}{\log} y$ positiv. Warum?
b) Wenn $b > 1$ und $y < 1$ ist, so ist $\overset{b}{\log} y$ negativ. Warum?
c) Wenn $b < 1$ und $y > 1$ ist, so ist $\overset{b}{\log} y$ negativ. Warum?
d) Wenn $b < 1$ und $y < 1$ ist, so ist $\overset{b}{\log} y$ positiv. Warum?

21) Wie ändert sich: a) falls $b > 1$ ist, b) falls $b < 1$ ist, $\overset{b}{\log} y$, wenn y alle Werte von 0 bis 1 und dann alle Werte von 1 bis ∞ durchläuft?

22) Bei was für Basen ist: a) $\log 0 = -\infty$, b) $\log 0 = +\infty$?

23) Bei welcher Basis ist der Logarithmus von 1 vieldeutig und der Logarithmus jeder andern Zahl unendlich groß?

24) Wie nennt man bei jeder der drei Operationen dritter Stufe die passive Zahl und wie die aktive Zahl?

25) Verknüpfe durch jede der sieben arithmetischen Operationen die Zahlen 64 und 2 derartig, daß immer 64 die passive Zahl, 2 die aktive Zahl wird, und berechne die erhaltenen Ausdrücke.

Formeln.

26) Sprich die Formeln III) bis Vb) in Worten aus: a) vorwärts, b) rückwärts.

27) Beweise die Formel IV): a) mit Hilfe der Definition des Logarithmus, b) mit Hilfe der Definition der Division und mit Anwendung von Formel III).

28) Welche Potenzformel muß man anwenden, um die Formel Va) zu beweisen?

29) Wie muß man $\sqrt[m]{p}$ schreiben, wenn man Formel Vb) direkt aus der Formel Va) ableiten will?

30) Welche Formel könnte man kurz so aussprechen: „Einen Logarithmus mit einer Zahl multiplizieren heißt, den Logarithmandus mit derselben Zahl potenzieren"?

31) Warum ist $\log\frac{1}{q} = -\log q$?

32) Gelten die Formeln III) bis Vb) auch, wenn man bei den Zeichen log p und log q: a) die Basis $7\frac{1}{2}$, b) die Basis $\frac{1}{4}$ hinzudenkt?

33) Drücke ${}^{3}\log 7$ durch zwei Logarithmen aus, die der Basis 10 angehören.

34) Es ist ${}^{2}\log 10$ nahezu gleich $3\frac{1}{3}$. Welcher Bruch kann demnach näherungsweise für ${}^{10}\log 2$ gesetzt werden?

Logarithmiere mit Anwendung der Formeln III) bis Vb) die Ausdrücke:

35) $p\,q\,r\,s$ 36) $(p\,q):(r\,s)$ 37) $31\,a\,b:c$ 38) $4a\,(b+c)$ 39) $\frac{a\,b\,c}{d}$

40) $\frac{(a+b)\,f}{(c-d)\,g}$ 41) $\frac{a:b}{c:d}$ 42) $a\,b^3$ 43) $(a\,b)^3$ 44) $a^4\,b^3\,c^2\,d$

45) $\frac{a^5\,b^7\,c^9}{d^{11}\,c^{13}}$ 46) $\frac{(a^2\,b\,c)^3}{(c^4\,d)^5}$ 47) $\frac{(a+b)^2\,c^4\,d^9}{(e+f)^{24}}$ 48) $\frac{a^{-3}\,b^4\,c}{d^{-7}}$

49) $\sqrt[4]{a\,b}$ 50) $\sqrt[3]{(a+b)(a-b)}$ 51) $\sqrt{a^2-b^2}$ 52) $a\sqrt[3]{b}\,\sqrt[5]{c}:\sqrt[7]{d}$

53) $\frac{\sqrt[6]{a\,b^5}\,\sqrt[7]{c^6\,d}}{\sqrt[11]{e^8\,f}}$ 54) $\frac{a^3\,x\,\sqrt[3]{y}}{b^3\,\sqrt{x+y}}$ 55) $\frac{27a^4\,\sqrt{b\,c}}{5\,p^4\,\sqrt[5]{q}}$ 56) $\sqrt[7]{\frac{a+b}{a-b}}$

57) $\frac{1}{a\sqrt{b\,c\,d}}$ 58) $\frac{a^{\frac{3}{4}}\,b^{\frac{2}{5}}}{c^{\frac{1}{2}}}$ 59) $\left[(a^4\,b^5)^{-\frac{3}{2}}:(p\,q)^5\right]^3$

60) $\sqrt[7]{a^{-\frac{1}{3}}\,b^{0,1}:c^{0,25}\,d^{-\frac{1}{6}}}$.

Verwandle in einen Logarithmus:

61) $\log p + \log q - \log r$ 62) $\log a - \log b + \log c$

63) $\log a - (\log b + \log c)$ 64) $3\log a + 4\log b$

65) $5\log c + 6\log d - 3\log e$ 66) $\frac{1}{2}\log a - (\frac{1}{3}\log b + \frac{1}{4}\log c)$

67) $\frac{11}{12}\log(a+b) + \frac{3}{4}\log(a-b)$ 68) $15\log p - \frac{1}{3}(\log q + 2\log r)$

69) $\log(a^3 + b^3) - \log(a + b)$ 70) $\log(x - y) + \log(x^2 + xy + y^2)$

71) $-\log p + \log\frac{1}{p+q}$ 72) $\log\frac{a^2}{b^3} - \log\frac{a^2}{c^3} + 3\log\frac{b}{c}$.

73) Es ist für die Basis 10 $\log 2 = 0{,}30103$ und $\log 3 = 0{,}47712$. Berechne hieraus für die Basis 10: a) $\log 6$, b) $\log 12$, c) $\log 18$, d) $\log 1024$, e) $\log 324$, f) $\log 5$, g) $\log 25$, h) $\log 0{,}6$, i) $\log 2{,}5$, k) $\log 1{,}024$, l) $\log 0{,}0012$, m) $\log 3\frac{3}{4}$, n) $\log 0{,}243$, o) $\log(2^{30} \cdot 3^{40} : 25^{20})$.

74) Beweise, daß $\log(a + b) = \log a + \log\left(1 + \frac{b}{a}\right)$ ist.

75) Berechne: a) $\overset{2}{\log}3$, b) $\overset{2}{\log}9$, c) $\overset{4}{\log}3$, d) $\overset{4}{\log}9$ aus $\overset{10}{\log}2 = 0{,}30103$ und $\overset{10}{\log}3 = 0{,}47712$.

Benutzung der Tafeln.

76) Wie heißt die Kennziffer des dekadischen Logarithmus von: a) 47, b) 4700, c) 4573698, d) 3,478, e) 9,99, f) 0,123, g) 0,0123, h) 0,00123, i) 1,000002?

77) Beweise, daß die dekadische Kennziffer jeder ganzen Zahl um 1 kleiner ist, als diese Zahl im dekadischen Ziffernsystem Ziffern hat.

78) Beweise, daß der Logarithmus eines Dezimalbruchs, bei welchem vor dem Komma eine m-ziffrige Zahl steht, die Kennziffer $m - 1$ hat.

79) Beweise, daß der dekadische Logarithmus eines Dezimalbruchs, bei welchem vor dem Komma Null steht und nach dem Komma genau m Nullen stehen, die Kennziffer $-(m + 1)$ hat.

80) Es ist $\log 30 = 1{,}47712$. Wie groß ist a) $\log 3$, b) $\log 3000$, c) $\log 0{,}3$, d) $\log 0{,}003$, e) $\log\frac{1}{3}$?

81) Man kennt die Mantisse des Logarithmus von 0,057. Wie kann man nun $\log 570$ berechnen?

82) Wieviel andere ganze Zahlen unter 100000 haben dieselbe Mantisse wie die Zahl a) 2, b) 23, c) 40, d) 576?

83) Es ist $\log 4 = 0{,}60206$, also $\log\frac{1}{4} = -0{,}60206$. Was hat man nun zu tun, um $\log\frac{1}{4}$ so darzustellen, daß die Mantisse positiv wird?

84) Jemand weiß $\log 7 = 0{,}845$ und $\log 8 = 0{,}903$ auf drei Stellen auswendig und möchte hieraus, wenigstens auf zwei Stellen, die Logarithmen der ganzen Zahlen von 71 bis 79 wissen. Wie hat er zu rechnen?

85) Zu einem Logarithmus, der mit den Ziffern 335 schließt, soll der Numerus mit Hilfe der Tafeln bestimmt werden. Der in der Tafel befindliche nächstkleinere Logarithmus schließt mit den Ziffern 317, der nächstgrößere mit den Ziffern 389. Wie hat man nun zu rechnen?

86) Womit muß man die Logarithmen des dekadischen Systems sämtlich multiplizieren, um die Logarithmen des hexadischen Systems zu erhalten?

87) Welche Logarithmenbasis würde beim Rechnen im dodekadischen Ziffersystem die geeignetste sein?

Für die folgenden Aufgaben ist eigentlich die Benutzung fünfstelliger Logarithmentafeln vorausgesetzt. Bei Benutzung vierstelliger Tafeln runde man die fünfstelligen Zahlen in üblicher Weise auf vier Stellen ab (Erhöhung der vierten Stelle um eine Einheit, wenn die wegzulassende fünfte Ziffer $\geqq 5$ ist).

Im Resultatheft ist für jede einzelne Aufgabe neben dem Resultat für fünfstellige Rechnung in Klammer das Resultat für vierstellige Rechnung angegeben.

Entnimm der Logarithmentafel (ohne Interpolation):

88) $\log 7$ 89) $\log 70$ 90) $\log 66$ 91) $\log 6{,}6$
92) $\log 1197$ 93) $\log 0{,}1197$ 94) $\log 1248000$.

Bestimme aus der Logarithmentafel (durch Interpolation):

95) $\log 1579{,}2$ 96) $\log 8{,}7819$ 97) $\log 0{,}17202$
98) $\log 4978300$ 99) $\log 57{,}654$ 100) $\log 0{,}0053789$.

Bestimme den Numerus x (ohne Interpolation) für:

101) $\log x = 5{,}30103$ 102) $\log x = 0{,}77401$
103) $\log x = 1{,}51055$ 104) $x = N\,0{,}80625$
105) $x = N(0{,}77517 - 1)$ 106) $x = N(0{,}97345 - 4)$.

Bestimme den Numerus (mit Interpolation) für:

107) $\log x = 3{,}79241$ 108) $\log x = 0{,}80418 - 3$
109) $x = N\,0{,}03516$ 110) $x = N(0{,}00999 - 1)$.

Ununterbrochene logarithmische Berechnungen (vgl. H).

111) $0{,}48430 \cdot 1{,}942$ 112) $0{,}82282 \cdot 2{,}9004$
113) $5{,}2909 \cdot 0{,}68791$ 114) $493{,}2 \cdot 4{,}1935$
115) $0{,}34571 \cdot 0{,}01457$ 116) $1{,}0251 \cdot 1{,}0173$
117) $0{,}0003471 \cdot 435{,}21$ 118) $375100 \cdot 0{,}00352$

119) $\frac{819{,}09}{45{,}891}$ 120) $\frac{0{,}9425}{0{,}13001}$ 121) $\frac{0{,}067591}{0{,}00049}$

122) $\frac{32{,}154}{583{,}23}$ 123) $\frac{528{,}7}{349500}$ 124) $\frac{1}{3{,}1416}$

125) $0{,}95700 \cdot 7{,}3812 \cdot 3{,}1867$ 126) $3{,}2341 \cdot 0{,}003895 \cdot 54{,}973$

127) $\frac{57{,}777 \cdot 1{,}0475 \cdot 10{,}191}{104{,}19}$ 128) $\frac{87932 \cdot 3872}{37213 \cdot 492}$

129) $\frac{41{,}26 \cdot 4{,}227 \cdot 0{,}047}{1{,}7452 \cdot 0{,}45749}$ 130) $\frac{35{,}252 \cdot 8{,}354 \cdot 0{,}3481}{0{,}04589 \cdot 5427{,}4 \cdot 0{,}00382}$

131) $\frac{47{,}857 \cdot 24{,}2 \cdot 0{,}26686 \cdot 0{,}609 \cdot 57 \cdot 1024}{73 \cdot 79{,}49 \cdot 73{,}759 \cdot 0{,}789 \cdot 4{,}701 \cdot 0{,}00064 \cdot 1600000}$

132) $(3{,}1416)^3$ 133) $(13{,}184)^4$ 134) $(0{,}91264)^5$
135) $(1{,}3581)^4$ 136) $(0{,}08716)^3$ 137) $(0{,}45921)^8$

138) $\sqrt[3]{78696}$ 139) $\sqrt{4789{,}2}$ 140) $\sqrt{2}$ 141) $\sqrt[7]{7}$

142) $\sqrt[10]{11}$ 143) $\sqrt[10]{17}$ 144) $\sqrt[3]{10}$ 145) $\sqrt[17]{77777}$

146) $\sqrt[7]{0{,}99954}$ 147) $\sqrt[4]{0{,}043251}$ 148) $\sqrt[5]{0{,}07776}$ 149) $\sqrt[50]{0{,}00007}$

150) $(35{,}271 \cdot 0{,}03475)^4$
151) $(275{,}23 \cdot 0{,}003942)^7$

152) $(2{,}2531)^3 \cdot (1{,}0453)^8$
153) $(351{,}8)^4 \cdot 0{,}03214)^5$

154) $\left(\frac{83{,}52}{75{,}41}\right)^5$
155) $\frac{(53842)^4}{(378{,}13)^7}$

156) $\sqrt{17{,}11 \cdot 13{,}15}$
157) $\sqrt[4]{17{,}11 \cdot 13{,}15}$

158) $\sqrt[5]{3875} \cdot \sqrt[7]{0{,}3458}$
159) $\sqrt[10]{9876} \cdot \sqrt[6]{0{,}03456}$

160) $\sqrt[9]{\frac{54250}{32{,}41}}$
161) $\frac{\sqrt[7]{0{,}03451}}{\sqrt[5]{387{,}5}}$

162) $\sqrt[6]{\frac{2{,}7183 \cdot 3548{,}2}{1{,}0325}}$
163) $\sqrt[8]{25\tfrac{2}{5} \cdot 102\tfrac{3}{8} \cdot 40\tfrac{2}{3} \cdot 2\tfrac{1}{2}}$

164) $\frac{(40404)^2 \cdot \sqrt[5]{78302}}{(795)^3 \cdot \sqrt[4]{45678}}$
165) $\left[\frac{\sqrt{9{,}7652} \cdot \sqrt[3]{9{,}7652}}{\sqrt[4]{17} \cdot \sqrt[5]{2768{,}4}}\right]^2$

166) $\frac{(4{,}516)^8 \cdot \sqrt[7]{23{,}75} \cdot (0{,}3527)^9}{\sqrt[6]{0{,}0315}}$
167) $\sqrt[7]{\frac{(4{,}576)^3 \cdot \sqrt[5]{0{,}5499}}{(0{,}07244)^6 \cdot \sqrt[3]{0{,}005}}}$

168) $(4{,}7185 \cdot 9{,}326)^{\frac{3}{4}}$
169) $(41{,}379)^{-\frac{2}{3}}$
170) $(\tfrac{1}{7})^{0{,}24}$

171) $\left(\sqrt[3]{1{,}02}\right)^{7{,}8}$
172) $(0{,}003)^{-\frac{1}{10}}$
173) $\left(\frac{11{,}111}{0{,}237}\right)^{-0{,}9}$

174) $\sqrt[3]{-100}$
175) $\sqrt[5]{-20{,}001}$.

Unterbrochene logarithmische Berechnungen.

176) Mit Hilfe des Zeichens N für den Numerus eines Logarithmus kann man den Weg der logarithmischen Berechnung von Ausdrücken, die auch Additionen und Subtraktionen enthalten, verdeutlichen. Z. B.:

$$x = \sqrt{a^2 + b^2} = N\,\tfrac{1}{2}\log(N\,2\log a + N\,2\log b)\,,$$

$$x = \left(a\sqrt[3]{b} - c\,d : e\right)^5$$
$$= N\,5\log[N(\log a + \tfrac{1}{3}\log b) - N(\log c + \log d - \log e)]\,.$$

Verdeutliche in ähnlicher Weise die Berechnung von:

a) $\sqrt[4]{a^4 + b^4 + c^4}$,
b) $r \cdot \frac{q^n - 1}{q - 1}$,

c) $\sqrt{11 + 3\sqrt{37}}$,
d) $(a^{\frac{2}{3}} - b^{\frac{2}{3}} + c^{\frac{2}{3}})^3$,

Berechne logarithmisch:

177) $\tfrac{1}{4}\sqrt{10 - 2\sqrt{5}}$
178) $\sqrt{2 - \sqrt{2 - \sqrt{3}}}$

179) $\sqrt{(4{,}7832)^2 + (5{,}0123)^2}$
180) $\sqrt[8]{197 \cdot \sqrt[5]{7} + 217 \cdot \sqrt[3]{11}}$

181) $\sqrt[4]{\frac{8{,}3421 \cdot \sqrt[3]{779} - 17 \cdot \sqrt[4]{17}}{26{,}054}}$
182) $\sqrt[11]{\sqrt[11]{11} + \sqrt[10]{112}}$

183) $13\cdot\sqrt[13]{\dfrac{\sqrt[13]{13}+\sqrt[17]{17}}{\sqrt[9]{9}}}$ 184) $\sqrt[3]{\left(\sqrt{\tfrac{4}{5}}+\sqrt[3]{\tfrac{5}{6}}+\sqrt[4]{\tfrac{6}{7}}\right)\cdot\sqrt[5]{\tfrac{7}{8}}}$

185) Berechne den Ausdruck $\sqrt[22]{\sqrt{68}-\sqrt{1700}+\sqrt{10625}}$, nachdem derselbe so umgeformt ist, daß die logarithmische Rechnung nicht durch Aufschlagen des Numerus unterbrochen zu werden braucht.

186) Mit Hilfe von trigonometrischen Funktionen kann man die logarithmische Rechnung oft abkürzen. Ist z. B. $x=\sqrt[p]{a^q+b^q}$ zu berechnen, so bestimmt man zuerst den Winkel φ aus $tg^2\varphi=\left(\dfrac{b}{a}\right)^q$ und darauf x aus $x=\sqrt[p]{\dfrac{a^q}{\cos^2\varphi}}$. Berechne in dieser Weise:

a) $x=\sqrt{(5{,}2761)^2+(3{,}9768)^2}$,

b) $x=\sqrt[10]{\sqrt{54689}+\sqrt{76543}}$.

Substitutionsrechnungen und eingekleidete Aufgaben.

187) Berechne auf bequemste Weise $\sqrt{c^2-d^2}$ für:
a) $c=4{,}732$, $d=3{,}198$;
b) $c=11{,}231$, $d=2{,}568$;
c) $c=0{,}0123$, $d=0{,}00658$.

188) Berechne $\sqrt{\dfrac{1}{a}+\dfrac{1}{b}}$ für $a=0{,}69874$, $b=3{,}7324$.

189) Berechne die mittlere Proportionale zwischen: a) 27356 und 29438, b) 5^6 und 6^5, c) $\sqrt[3]{4}$ und $\sqrt[4]{3}$.

190) Berechne das harmonische Mittel zu 23478 und 30106 (s. § 14, Aufg. 126).

191) Aus $ax^2+bx+c=0$ folgt $x=-\dfrac{b}{2a}\pm\dfrac{b}{2a}\sqrt{1-\dfrac{4ac}{b^2}}$.
Berechne die beiden Werte von x logarithmisch:
a) für $a=7{,}3250$, $b=8{,}2713$, $c=-3{,}4761$;
b) für $a=1{,}201$, $b=9{,}876$, $c=0{,}87643$.

192) Berechne den Inhalt des Quadrats mit der Seite $a=35{,}272$ *cm*.

193) Berechne den Inhalt des gleichseitigen Dreiecks mit der Seite $a=9{,}8433$ *cm*.

194) Die Katheten eines rechtwinkligen Dreiecks sind $b=55{,}23$ *cm* und $c=43{,}15$ *cm*. Berechne a) den Inhalt des Dreiecks, b) die Hypotenuse.

195) Wenn die Seiten eines Dreiecks a *m*, b *m*, c *m* lang sind und sein Inhalt J *qm* beträgt, so ist $J=\sqrt{s(s-a)(s-b)(s-c)}$, wo $s=\frac{1}{2}(a+b+c)$ ist. Wie groß ist J, wenn $a=325{,}72$, $b=374{,}91$, $c=412{,}83$ ist?

196) Sind b und c zwei Seiten eines Dreiecks, t die von ihrem Schnittpunkte ausgehende Schwerpunktstransversale, so ist der Inhalt J des Dreiecks durch die Formel $J=\sqrt{u(u-2t)(u-b)(u-c)}$ bestimmt,

wo $u = \frac{1}{2}(b + c + 2t)$ ist. Wie groß ist J, wenn $t = 19{,}876$, $b = 22{,}375$, $c = 23{,}75$ ist?

197) Aus den drei Seiten a, b, c eines Dreiecks erhält man den Radius r des umbeschriebenen Kreises durch die Formel $r = \frac{abc}{4\sqrt{s(s-a)(s-b)(s-c)}}$, den Radius ϱ des einbeschriebenen Kreises durch die Formel $\varrho = \sqrt{\frac{(s-a)(s-b)(s-c)}{s}}$, die Halbierungslinie m des Gegenwinkels von a durch die Formel $m = \frac{\sqrt{bc}}{\frac{1}{2}(b+c)} \cdot \sqrt{s(s-a)}$, wo s immer $= \frac{1}{2}(a + b + c)$ ist. Berechne hiernach für $a = 9{,}287$, $b = 8{,}359$, $c = 7{,}654$: a) den Radius r, b) den Radius ϱ, c) die Winkelhalbierende m.

198) Berechne in $\frac{m}{sec}$ die Geschwindigkeit eines Punktes des Erdäquators a) unter der Annahme, daß die Erde sich nur um ihre eigene Achse (und nicht um die Sonne) dreht, b) unter der Annahme, daß die Erde sich nur um die Sonne, nicht aber um ihre eigene Achse dreht. (Erdradius 6370 *km*, Radius der Erdbahn 149000000 *km*, $\pi = 3{,}1416$, 1 Jahr = $365\frac{1}{4}$ Tage.)

199) Beträgt der Radius einer Kugel r *m*, so beträgt ihr Volumen $\frac{4}{3} r^3 \pi$ *cbm*, wo $\pi = 3{,}1416$ ist. Wieviel Liter Gas faßt also ein kugelförmiger Luftballon, dessen Radius 0,98751 *m* lang ist?

200) Wenn an einem Orte der Barometerstand B *mm* und gleichzeitig an einem tiefer gelegenen Orte b *mm* beträgt, so liegt bei Vernachlässigung der Temperatur-Differenzen der erstere Ort 18382 $(\log b - \log B)$ *m* höher als der zweite. Wie hoch ist hiernach der Turm der Nikolaikirche in Hamburg, wenn das Barometer an seinem Fuße 771,87 *mm* und gleichzeitig an seiner Spitze 757,68 *mm* zeigte?

201) Nach dem dritten Kepplerschen Gesetze verhalten sich die Quadrate der Umlaufszeiten zweier Planeten wie die Kuben ihrer mittleren Entfernungen von der Sonne. Wievielmal so weit wie die Erde ist hiernach der Neptun von der Sonne entfernt, da seine Umlaufszeit 60117 Tage, die der Erde aber nur 365,24 Tage beträgt?

Berechnungen mit zweimaligem Übergange zum Logarithmus.

202) $(1{,}013)^{275}$ 203) $\sqrt[111]{111111}$ 204) $(2{,}7183)^{\frac{1}{2{,}7183}}$.

205) Bei welcher Basis ist $\log(10^{443}) = 98975$?

Berechne mit Anwendung der Formel VIa):

206) ${}^{9}\log 181$ 207) ${}^{11}\log 10$ 208) ${}^{0{,}2}\log 3\frac{3}{4}$

209) ${}^{a}\log(a + 1)$ für $a = 3{,}1416$.

Große Zahlen.

210) Mit wieviel Ziffern müßte der Wert von 9^{9^9} geschrieben werden?

211) Wieviel *mm* ist ein Stern von uns entfernt, dessen Licht eine Million Jahre braucht, um zu uns zu gelangen? (Das Licht legt in einer Sekunde 298000 *km* zurück.)

212) Die Wirkung des Sonnenlichtes auf der Erde ist gleich der von 60000 Stearinkerzen in 1 *m* Entfernung. Nun nimmt aber die Lichtwirkung proportional dem Quadrate der Entfernung ab. Wieviel Stearinkerzen senden daher zusammen so viel Licht aus, wie die Sonne? (Die Entfernung der Erde von der Sonne beträgt 150 Millionen *km*.)

213) Welche Länge wäre nur erforderlich, um hintereinander die Ziffern der Zahl zu schreiben, die angibt, wieviel Mikrokokken eine Kugel enthielte, deren Zentrum die Erde ist, deren Oberfläche durch den Sirius geht, und die in jedem *cmm* eine Billion dieser kleinen Organismen beherbergte? (Der Sirius ist von der Erde $134\frac{1}{2}$ Billionen *km* entfernt. Es soll angenommen werden, daß 25 hintereinander geschriebene Ziffern 1 *dcm* geben. Das Volumen einer Kugel, deren Radius r *m* lang ist, beträgt $\frac{4}{3} r^3 \pi$ *cbm*, wo $\pi = 3,1416$ ist.)

214) Man denke sich die sämtlichen Mikrokokken, von deren Anzahl in Nr. 213 die Rede war, einzeln auf einer geraden Linie so verteilt, daß je zwei Mikrokokken um eine Siriusweite (gleich $134\frac{1}{2}$ Billionen *km*) entfernt sind. Die so bestimmte, lange Strecke denke man sich als Durchmesser eines Kreises und die Peripherie dieses Kreises dadurch berechnet, daß man den Durchmesser mit π multipliziert. Wieviel Stellen brauchte man von π nur zu kennen, um zu erreichen, daß die so berechnete Peripherie sich von der wirklichen Peripherie noch nicht um ein Milliontel *mm* unterscheidet? (Tatsächlich kennt man von π mehr Stellen, nämlich über 500.)

Exponentialgleichungen.

215) $\sqrt[x]{17^{3x-5}} = \sqrt[4x]{11^{8x+9}}$ 216) $13^{5^x} = 5^{13^x}$

217) $7^x + 7^{x+1} + 7^{x+2} = 5^x + 5^{x+2} + 5^{x+4}$

218) $8^{3x+2} + 5^{x+4} = 8^{3x+4} - 25^{\frac{x}{2}+4}$

219) $5^{2x+5} + 11^{2x+1} + 5^{2x+1} = 11^{2x+2} + 5^{2x+3} + 11^{2x}$

220) $3 \cdot 2^{3x} - 5^{2x} + 4^{\frac{3x+1}{2}} = 25^{x+1} - 8^{x+1}$

221) $3^{2x-3} \cdot 5^{4x+1} = 7^{3x+2}$ 222) $325^{2x+1} \cdot 75^{x-2} = 285^{3x-1}$

223) $a^x b^x = c^x$ 224) $a^{5x-3} b^{4(x-1)} = c^{6x-7}$

225) $a^{px+q} b^{rx+s} = a^{(p-1)(x-q)} b^{(r-1)(x-s)}$

226) $\begin{cases} 10^x \cdot 5^y = 71860 \\ x + 4 = y \end{cases}$ 227) $\begin{cases} 2^x \cdot 3^y = 15650 \\ 4^x : 3^y = 27865 \end{cases}$

228) $\begin{cases} \sqrt[x]{x + y} = 4 \\ (x + y) \cdot 2^x = 32768 \end{cases}$ 229) $\begin{cases} a^x b^y = c \\ d^x e^y = f \end{cases}$ 230) $\begin{cases} x^y = y^x \\ b^x = a^y. \end{cases}$

231) $2^{x(x-1)} \cdot 3^{x(x+1)} \cdot 4^{-2x} = 81$ 232) $\sqrt[x+1]{3} = 2^{x-1}$

233) $\sqrt[x]{3} \cdot \sqrt[x+1]{5} \cdot \sqrt[x+2]{7} = 1$ 234) $x^{\log x} = 200$

235) $x^{\log x} = 1000\,x^2$ 236) $x^{a + b \log x} = c$.

§ 37.

Geometrische Reihen und ihre Anwendung, insbesondere auf die Zinseszins- und Rentenrechnung.

Theorie.

I) $z = a \cdot q^{n-1}$ **(Letztes Glied einer geometrischen Reihe).**

II) $s = a \cdot \frac{q^n - 1}{q - 1}$ **(Summe einer geometrischen Reihe).**

IIa) $s = \frac{a}{1 - q}$ **(Summe einer unendlichen geometrischen Reihe für $q < 1$).**

III) **Zinseszinsformel:** $c = a \cdot q^n$

(Endkapital, das durch Zinseszins in n Jahren aus dem Anfangskapital a wird).

IV) **Rentenformel:** $s = r \cdot \frac{q^n - 1}{q - 1}$

(Endwert einer $n$mal postnumerando zu zahlenden Jahresrente r beim Termin der letzten Zahlung).

A. Geometrische Reihen.

Eine geometrische Reihe oder Progression mit dem konstanten Quotienten q ist eine geordnete Folge von Zahlen, in der jede Zahl, dividiert durch die vorhergehende, den Quotienten q ergibt. Z. B.:

$$3,\ 6,\ 12,\ 24,\ 48,\ 96,\ 192 \ldots$$

Je nachdem q positiv oder negativ ist, haben die Glieder der Reihe übereinstimmende oder abwechselnde Vorzeichen. Je nachdem ferner der absolute Wert von q größer oder kleiner als 1 ist, heißt die Reihe eine steigende oder fallende geometrische Reihe. Eine fallende Reihe ist z. B.:

$$9,\ 6,\ 4,\ 2\tfrac{2}{3},\ 1\tfrac{7}{9},\ 1\tfrac{5}{27},\ \tfrac{64}{81} \ldots$$

Bezeichnet a das Anfangsglied einer geometrischen Reihe und q ihren konstanten Quotienten, so ist das zweite Glied nach der Definition gleich $a q$, das dritte gleich $a q^2$, das vierte gleich $a q^3$ und so fort, also das $n$te Glied

$$\text{I)} \quad z = a \cdot q^{n-1}.$$

Die Summe s der ersten n Glieder ergibt sich in folgender Weise:

$$\begin{array}{l} s \cdot q = \quad a \cdot q + a q^2 + a q^3 + \dots + a q^{n-1} + a q^n \\ s \quad = a + a q + a q^2 + a q^3 + \dots + a q^{n-1} \qquad \text{(subtr.)} \\ \hline s(q-1) = -a \qquad\qquad\qquad\qquad + a q^n, \end{array}$$

also:

$$\text{II)} \quad s = a \cdot \frac{q^n - 1}{q - 1}.$$

Die für z und s abgeleiteten Formeln bestimmen aus je dreien von den fünf Zahlen a, q, n, z, s die beiden anderen. Um z. B. q zu berechnen, wenn a, z, s gegeben sind, eliminiert man n aus I) und II), erhält zunächst:

$$s = \frac{z \cdot q - a}{q - 1}$$

und hieraus:

$$q = \frac{s - a}{s - z}.$$

Meist ist es vorteilhaft, die Berechnungen auf logarithmischem Wege auszuführen. Ist n gesucht, so ist man sogar gezwungen, zu den Logarithmen überzugehen. Es ergibt sich z. B. aus I):

$$n = 1 + \frac{\log z - \log a}{\log q},$$

aus II):

$$n = \frac{\log(s q - s + a) - \log a}{\log q}.$$

In einigen Fällen ist die Berechnung der gesuchten vierten Zahl nur durch Lösung einer Gleichung höheren Grades zu erzielen, z. B. wenn q aus s, a, n oder aus s, z, n berechnet werden soll.

B. Unendliche geometrische Reihen.

Wenn man bei einer fallenden geometrischen Reihe zuerst die ersten n Glieder, darauf die ersten (n + 1) Glieder und so weiter summiert, so erhält man Summen, welche einem bestimmten Grenzwerte zustreben. Man erhält diesen Grenzwert, wenn man in Formel II) $n = \infty$ setzt und beachtet, daß

$$\lim_{n=\infty} q^n \quad \text{für} \quad q < 1 \text{ gleich Null wird (§ 33, Nr. 19 u. 20).}$$

So erhält man:

$$\text{IIa)} \quad s = \frac{a}{1 - q}.$$

Es ist z. B.:

$$\begin{array}{l} 1 + \frac{1}{3} + \frac{1}{9} = 1\frac{4}{9} = 1\frac{12}{27}, \\ 1 + \frac{1}{3} + \frac{1}{9} + \frac{1}{27} = 1\frac{13}{27} = 1\frac{39}{81}, \\ 1 + \frac{1}{3} + \frac{1}{9} + \frac{1}{27} + \frac{1}{81} = 1\frac{40}{81}, \\ 1 + \frac{1}{3} + \frac{1}{9} + \frac{1}{27} + \frac{1}{81} + \dots \text{ ad inf.} = \frac{1}{1 - \frac{1}{3}} = 1\frac{1}{2}. \end{array}$$

C. Zinseszinsformel.

Unter den Anwendungen der geometrischen Reihe ist besonders die Anwendung auf die Zinseszinsrechnung hervorzuheben. Ein Kapital von a ℳ trägt bei $p\,\%$ in einem Jahre $\frac{a\,p}{100}$ ℳ Zinsen. Fügt man diese Zinsen zu dem Kapital von a ℳ hinzu, so erhält man das um die Zinsen vergrößerte Kapital

$$\left(a + \frac{a\,p}{100}\right) ℳ = a\left(1 + \frac{p}{100}\right) ℳ.$$

Der Faktor $1 + \frac{p}{100}$, der hier immer mit q bezeichnet werden soll, heißt Vermehrungsfaktor oder Zinsfaktor. Es gilt also der Satz:

Jedes Kapital wird durch Hinzufügung seiner Zinsen in einem Jahre ver-q-facht, wo q den Vermehrungsfaktor bedeutet und bei p Prozent gleich $1 + \frac{p}{100}$, bei 5 Prozent also gleich 1,05 zu setzen ist.

Hieraus geht hervor, daß aus a ℳ durch Zinseszins nach Ablauf eines Jahres $a\,q$ ℳ, nach Ablauf zweier Jahre $a\,q \cdot q$ ℳ oder $a\,q^2$ ℳ, nach Ablauf dreier Jahre $a\,q^2 \cdot q$ ℳ oder $a\,q^3$ ℳ werden usw. Folglich ist das Kapital von c ℳ (Endkapital), welches aus a ℳ bei p Prozent durch Zinseszins entstanden ist, durch die Zinseszinsformel

$$\text{III)} \quad c = a \cdot q^n$$

ausgedrückt, wenn

$$q = 1 + \frac{p}{100}$$

gesetzt wird. Mit Hilfe dieser Formel kann man jede der vier Zahlen c, a, q, n aus den drei übrigen berechnen. Soll z. B. berechnet werden, in wieviel Jahren aus 300 ℳ bei $4\,\%$ 7500 ℳ werden, so hat man n durch a, q, c auszudrücken und erhält:

$$n = \frac{\log 7500 - \log 300}{\log 1{,}04}$$

für die gesuchte Anzahl von Jahren. Drückt man ferner a durch c, q, n aus, so erhält man:

$$\text{IIIa)} \quad a = \frac{c}{q^n} \quad \text{(Barwert).}$$

Diese Formel liefert den heutigen Wert (Barwert) einer Schuld, die heute über n Jahre c ℳ beträgt.

D. Rentenformel.

Wenn alljährlich, n Jahre hindurch, am Schlusse jedes Jahres r ℳ gezahlt werden, so würden hieraus, wenn gar keine Verzinsung stattfände, nach Ablauf der n Jahre natürlich $n \cdot r$ ℳ entstehen. Wenn aber Zinseszins gerechnet wird, so ist zu beachten, daß nach Ablauf der n Jahre die zuletzt gezahlten r ℳ sich noch gar nicht haben verzinsen können, daß die nach Ablauf von (n — 1) Jahren gezahlten r ℳ 1 Jahr auf Zins gestanden haben, daß die nach Ablauf von (n — 2) Jahren gezahlten r ℳ 2 Jahre auf Zinseszins gestanden haben und so fort, endlich, daß die zuerst, also nach Ablauf von einem Jahre gezahlten r ℳ (n — 1) Jahre auf Zinseszins gestanden haben. Also ergibt die Zinseszins-Formel, daß der Gesamtwert der n mal am Schluß jedes Jahres gezahlten r ℳ nach Ablauf der n Jahre sich auf

$$(r + rq + rq^2 + rq^3 + \ldots + rq^{n-1}) \text{ ℳ}$$

beläuft. Hiernach ergibt sich nach Formel II), daß, wenn man den gesuchten Gesamtwert mit s ℳ bezeichnet, die Zahl s durch die Rentenformel:

$$\text{IV)} \quad s = r \cdot \frac{q^n - 1}{q - 1} \quad \text{(Endwert der Postnumerandorente)}$$

bestimmt wird. Werden die Beiträge am Anfang statt am Schluß jedes der n Jahre gezahlt oder, wie man zu sagen pflegt, pränumerando statt postnumerando, so steht jeder Betrag ein Jahr länger auf Zinseszins, so daß jedes Glied der obigen Reihe mit q zu multiplizieren ist. Deshalb ergibt sich in diesem Falle auch für die Summe q mal so viel, d. h:

$$\text{IVa)} \quad s = r \cdot \frac{q^n - 1}{q - 1} \cdot q \quad \text{(Endwert der Pränumerandorente).}$$

Den heutigen Wert oder Barwert einer Postnumerando- oder Pränumerandorente, d. h. den Betrag, den man statt dieser n maligen künftigen Zahlungen bei Beginn der n Jahre zu zahlen hat, erhält man nach der Formel IIIa) (s. C am Schluß) durch Division des Endwertes [Formeln IV) und IVa)] durch q^n. So gewinnt man noch zwei weitere Rentenformeln. Da alle diese vier Rentenformeln sehr wichtig sind, aber eigentlich nur den Wert einer Rente zu verschiedenen Zeiten angeben, seien sie hier noch einmal zusammengestellt.

Die Summe einer n mal gezahlten Jahresrente r hat den Wert:

a) $r \cdot \frac{q^n - 1}{q - 1}$ am letzten Zahlungstermin (Endwert der Postnumerandorente),

b) $r \cdot \frac{q^n - 1}{q - 1} \cdot q$ ein Jahr nach dem letzten Zahlungstermin (Endwert der Pränumerandorente),

c) $r \cdot \frac{q^n - 1}{(q - 1)\, q^{n-1}}$ am ersten Zahlungstermin (Barwert der Pränumerandorente),

d) $r \cdot \frac{q^n - 1}{(q - 1)\, q^n}$ ein Jahr vor dem ersten Zahlungstermin (Barwert der Postnumerandorente).

E. Anleitung zur Lösung von Aufgaben.

Bei vielen Aufgaben kommen die in B und C entwickelten Formeln beide zur Anwendung. Wird z. B. gefragt, wieviel von einer Schuld, die heute 16 000 ℳ beträgt, nach 5 Jahren übriggeblieben ist, wenn am Schluß jedes der 5 Jahre 1000 ℳ abgezahlt werden, und wenn $4\frac{1}{2}\,\%$ gerechnet werden, so berechnet man erstens nach Formel III), wozu die 16 000 ℳ heute über 5 Jahre durch Zinseszins angewachsen wären, wenn gar keine Abzahlung stattgefunden hätte, zweitens nach Formel IV, was für einen Wert die fünfmal gezahlten Beträge von 1000 ℳ heute über 5 Jahre repräsentieren. Die Differenz beider Beträge ergibt den gesuchten Rest der Schuld, also so viel ℳ, wie die folgende Zahl angibt:

$$16\,000 \cdot (1{,}045)^5 - 1000 \cdot \frac{(1{,}045)^5 - 1}{0{,}045}.$$

Bei der Auffindung des Ansatzes eingekleideter Rentenaufgaben hat der Anfänger zuerst darauf zu achten, ob eine angegebene Geldsumme einmal oder öfter zu zahlen ist, ob also Formel III) oder Formel IV) zur Anwendung gelangt, und außerdem namentlich darauf, daß Leistung und Gegenleistung nur dann verglichen werden dürfen, wenn beide für einen und denselben Zeitpunkt berechnet sind. Es sei z. B. gefragt, wieviel ℳ jemand vom Jahre 1860 ab 12 Jahre hindurch am Schluß jedes Jahres zu einer Sparkasse tragen muß, damit er von den Ersparnissen nach Ablauf der 12 Jahre noch 10 Jahre hindurch eine gleichfalls am Schluß jedes Jahres bezogene Rente von 600 ℳ genießen könne, wenn $4\,\%$ gerechnet werden. Hier erhält man, je nachdem man Leistung und Gegenleistung auf den Schluß des Jahres 1882 oder 1872 oder 1860 bezieht:

$$x \cdot \frac{(1{,}04)^{12} - 1}{0{,}04} \cdot (1{,}04)^{10} = 600 \cdot \frac{(1{,}04)^{10} - 1}{0{,}04},$$

oder
$$x \cdot \frac{(1{,}04)^{12} - 1}{0{,}04} = 600 \cdot \frac{(1{,}04)^{10} - 1}{0{,}04} : (1{,}04)^{10},$$

oder
$$x \cdot \frac{(1{,}04)^{12} - 1}{0{,}04} : (1{,}04)^{12} = 600 \cdot \frac{(1{,}04)^{10} - 1}{0{,}04} : (1{,}04)^{22}.$$

Alle drei Gleichungen sagen dasselbe aus und ergeben:

$$x = \frac{600}{(1{,}04)^{10}} \cdot \frac{(1{,}04)^{10} - 1}{(1{,}04)^{12} - 1} \quad \text{oder} \quad x = \frac{600}{(1{,}04)^{12} - 1} \cdot \left[1 - \left(\frac{1}{1{,}04}\right)^{10}\right].$$

Im folgenden sind die wichtigsten Regeln, besonders auch solche, gegen welche Anfänger leicht verstoßen, noch einmal zusammengestellt:

1) Kapitalien oder kapitalisierte Renten dürfen nur dann miteinander verglichen werden, wenn sie sämtlich **auf denselben Termin** bezogen sind.
2) Der Exponent n in der Rentenformel bedeutet die **Anzahl der Zahlungen** (nicht eigentlich die Anzahl der Jahre).
3) Die Rentenformel IV) gibt die Summe der Rente **für den Termin der letzten Zahlung** an. Aus dieser einen Formel ergibt sich der Wert der Rente für einen um m Jahre späteren oder früheren Termin durch Multiplikation oder Division mit q^m.

4) Um die Anzahl der Jahre, die zwischen zwei Terminen liegen, richtig angeben zu können, muß man vor allen Dingen wissen, **daß zwischen der ersten und letzten von n jährlichen Zahlungen n — 1 Jahre liegen.**

Der Barwert einer nach n_1 Jahren zum erstenmal, im ganzen n_2 mal zahlbaren Rente ist also:

$$r \cdot \frac{q^{n_2} - 1}{(q-1) \cdot q^{n_1+n_2-1}}.$$

[Im übrigen kommt man bei Aufgaben, in denen die Lage der einzelnen Termine zueinander schwer zu übersehen ist, oft leichter zum Ziel durch eine graphische Darstellung, indem man auf einer geraden Linie (Zahlengeraden) fortlaufend die Zahl der Jahre aufträgt und nun die verschiedenen in der Aufgabe vorkommenden Termine durch besondere Striche markiert.]

5) Die Berechnung der Zeit führt bei allen Zinseszins- und Rentenaufgaben auf eine Exponentialgeichung von der Form $q^n = b$. Man findet also:

$$n = \frac{\log b}{\log q}.$$

Bei der logarithmischen Berechnung hat man daher:

$$\mathbf{\log n = \log\log b - \log\log q}.$$

Man muß also zweimal nacheinander zum Logarithmus übergehen.

F. Besondere Fälle.

1) Bisher war vorausgesetzt, daß die Anzahl der Jahre eine ganze Zahl ist. Es sei nun aber z. B. die Frage gestellt, auf welche Summe ein Kapital a in $7\frac{1}{2}$ Jahren bei $p\%$ anwächst. Nach 7 Jahren ist das Kapital durch Zinseszinsen auf $c = a\left(1 + \frac{p}{100}\right)^7$ angewachsen. In dem nun folgenden halben Jahr bringt das Kapital halb so viel Zinsen, wie es in einem ganzen Jahre bringen würde, also $\frac{1}{2} \cdot c \cdot \frac{p}{100} = c \cdot \frac{p}{200}$, wächst also an auf $c + c \cdot \frac{p}{200} = c\left(1 + \frac{p}{200}\right)$ oder auf:

$$a \cdot \left(1 + \frac{p}{100}\right)^7 \cdot \left(1 + \frac{p}{200}\right).$$

Aus 3000 ℳ werden also bei 4 % in $7\frac{1}{2}$ Jahren

$$3000 \cdot 1{,}04^7 \cdot 1{,}02 \text{ ℳ}.$$

Wendet man dagegen die Zinseszinsformel (Formel III) auch bei gebrochenen Exponenten an, so findet man als Endwert:

$$a \cdot \left(1 + \frac{p}{100}\right)^{7\frac{1}{2}} = a\left(1 + \frac{p}{100}\right)^7 \cdot \sqrt{1 + \frac{p}{100}}.$$

Trotzdem dieser Ausdruck mit dem oben gefundenen richtigen Ausdruck nicht übereinstimmt, wendet man die Zinseszinsformel gewöhnlich auch bei gebrochenen Exponenten an, weil der dadurch verursachte Fehler nur gering ist (s. Aufg. 120).

2) Wenn, wie es bisweilen geschieht, die Zinsen nicht jährlich, sondern halbjährlich, vierteljährlich oder allgemein nach je $\frac{1}{k}$ Jahr zum Kapital geschlagen werden, findet man durch eine der obigen entsprechende Überlegung, daß das Kapital a in n Jahren bei p% anwächst auf

$$a\left(1+\frac{p}{k\cdot 100}\right)^{k\cdot n}.$$

Wenn wir auch hier die Zinseszinsformel anwenden wollten, so würde das Kapital a nach $\frac{1}{k}$ Jahr auf $a\cdot\left(1+\frac{p}{100}\right)^{\frac{1}{k}}$, nach $n=\frac{kn}{k}$ Jahren auf

$$a\cdot\left(\sqrt[k]{1+\frac{p}{100}}\right)^{kn}$$

anwachsen. Der Fehler, der in der Verwendung des Faktors $\sqrt[k]{1+\frac{p}{100}}$ statt $\left(1+\frac{p}{k\cdot 100}\right)$ steckt, würde aber hier mit der Anzahl der Jahre wachsen und daher durchaus nicht mehr zu vernachlässigen sein. Beispielsweise ist für $k=4$, $p=4$, $n=50$:

$$\left(1+\frac{p}{k\cdot 100}\right)^{kn}=\left(1+\frac{4}{4\cdot 100}\right)^{200}=1{,}01^{200}=7{,}315$$

$$\left(\sqrt[k]{1+\frac{p}{100}}\right)^{kn}=\left(1+\frac{p}{100}\right)^{n}=1{,}04^{50}=7{,}106\,.$$

Da bei der Rentenformel dieselbe Überlegung gilt, können wir den Satz aufstellen:

Wenn die Zinsen schon nach je $\frac{1}{k}$ Jahr zum Kapital geschlagen werden, hat man in den Formeln III) und IV) $1+\frac{p}{k\cdot 100}$ für q und kn für n zu substituieren (s. Aufg. 121 bis 124b und § 50 C).

3) Über Renten, die alle k Jahre oder nach je $\frac{1}{k}$ Jahr gezahlt werden, s. Aufg. 124c bis 128.

4) Die Formeln und Anschauungen der Zinseszins- und Rentenrechnung lassen sich auf alle Gebiete übertragen, wo in gleichen Zeitintervallen eine Vermehrung nicht nach arithmetischer, sondern nach geometrischer Progression stattfindet, namentlich also auch auf die Gebiete der Forstwirtschaft und der Bevölkerungsstatistik.

Aufgaben.

Endliche geometrische Reihen (A).

1) Wie heißt der konstante Quotient bei der geometrischen Reihe: a) $8, 40, 200, 1000, \ldots$, b) $1, \frac{1}{2}, \frac{1}{4}, \frac{1}{8}, \ldots$, c) $\frac{1}{2}, -1, +2, -4, \ldots$, d) $\frac{16}{225}, \frac{4}{15}, 1, \frac{15}{4}, \ldots$, e) $\sqrt{2}, 2, 2\sqrt{2}, \ldots$, f) $1, 1-\sqrt{2}, 3-2\sqrt{2}, 7-5\sqrt{2} \ldots$?

2) Schreibe die ersten sechs Glieder der Progression, welche mit 2 anfängt, und deren konstanter Quotient a) $3\frac{1}{2}$, b) -1, c) $\frac{1}{4}$, d) $-0{,}1$ ist.

3) Setze die geometrische Reihe fort, deren erste Glieder sind: a) 4 und 5, b) 3,2 und 1,6, c) $4\frac{1}{5}$ und $1\frac{2}{5}$, d) $-\frac{1}{2}$ und $+\frac{1}{8}$, e) $-\frac{1}{2}$ und $-\frac{1}{8}$, f) a und 3a, g) a und a : b, h) a und a + b.

4) Welche von den in Nr. 2 und Nr. 3 genannten Reihen sind fallend?

5) Beweise, daß jedes Glied einer geometrischen Reihe das geometrische Mittel seiner beiden Nachbarglieder ist.

6) Beweise, daß bei einer geometrischen Reihe das Produkt zweier von der Mitte gleichweit abstehender Glieder immer dasselbe bleibt.

7) Wie heißt das zwölfte Glied der Reihe, deren Anfangsglied a gleich $\frac{1}{4}$ ist, und deren konstanter Quotient q gleich 2 ist?

8) Berechne logarithmisch das 20. Glied für: a) $a = 1$, $q = 1\frac{1}{2}$, b) $a = 7$, $q = 0{,}8$, c) $a = 0{,}4$, $q = 1{,}03$, d) $a = 11\frac{1}{2}$, $q = -0{,}73$.

9) Von einer geometrischen Reihe, die nur positive Glieder hat, ist das siebente Glied gleich 34, und das Anfangsglied a) $a = 4$, b) $a = 11$, c) $a = 1{,}87$, d) $a = 100$. Wie groß ist der konstante Quotient?

10) Das zweite Glied einer Reihe ist -1, das dritte $+1$. Wie heißt a) das 53. Glied, b) das $(2m)$te Glied, c) das $(2m+1)$te Glied?

11) Wie groß ist das Anfangsglied a, wenn das siebente Glied gleich 7 und das achte Glied gleich 8 ist?

12) Das wievielte Glied einer Reihe, die mit 3 anfängt, und deren viertes Glied 81 ist, beträgt a) 2187, b) 177147?

13) Wie groß ist die Summe der ersten zehn Glieder einer Reihe, bei welcher a) $a = 1$, $q = 2$, b) $a = \frac{3}{4}$, $q = \frac{2}{3}$, c) $a = 1024$, $q = 1{,}5$ ist?

14) Wieviel Glieder hat die Reihe, deren beide letzte Glieder 2430 und 7290 heißen, und deren Summe 10930 ist?

15) Wie leitet man die Formel für die Summe einer geometrischen Reihe (F. II) mit Hilfe der Divisionsformel für $\frac{x^n - y^n}{x - y}$ (§ 33, Nr. 242) ab?

16) Summiere nach der Formel II): a) $1 + p + p^2 + \ldots + p^{11}$, b) $1 - p + p^2 - p^3 + \ldots - p^{21}$, c) $a^{20} + a^{19}b + a^{18}b^2 + \ldots + b^{20}$, d) $a^{34} - a^{33}b + \ldots + b^{34}$, e) $\sqrt[3]{p^2} + p + p\sqrt[3]{p} + \ldots + p^{33}$.

17) Wie groß ist die Summe s einer Reihe, bei welcher das erste Glied $a = 1{,}0933$, das letzte Glied $z = 5$ und der konstante Quotient $q = 1{,}1$ ist?

18) Berechne in einer geometrischen Reihe q und dann auch n aus $a = 3$, $s = 3069$, $z = 1536$.

19) Stelle die Formel auf, welche ausdrückt:

a) a durch z, q, n; b) a durch s, q, n;
c) a durch s, z, q; d) z durch s, q, n;
e) z durch s, a, q; f) q durch a, z, n;
g) n durch s, z, a.

20) Berechne logarithmisch die beiden übrigen von den fünf Zahlen a, z, q, n, s, wenn gegeben sind:

a) $z = 20$, $q = 3$, $n = 4$;
b) $s = 7000$, $q = 2$, $n = 13$;
c) $s = 327670$, $z = 163840$, $q = 2$;
d) $s = 33{,}3$, $q = 3$, $n = 3$;
e) $s = 327670$, $a = 10$, $q = 2$;
f) $a = 6$, $z = 23$, $n = 17$;
g) $z = 163840$, $s = 327670$, $a = 10$.

21) Schalte zwischen 6 und 1536 sieben Glieder so ein, daß eine geometrische Reihe von neun Gliedern entsteht.

22) Bei der gleichschwebenden Temperatur liegen zwischen jedem Tone und seiner Oktave, d. h. demjenigen Tone, der auf doppelt so viel Schwingungen beruht, elf Interpolationstöne derartig, daß die Schwingungszahlen der 13 Töne eine geometrische Reihe bilden. Welches ist der konstante Quotient dieser Reihe?

23) Wie heißt die geometrische Reihe, bei welcher die Summe aus dem ersten und dritten Gliede 24 beträgt, und die Summe aus dem dritten und fünften Gliede gleich 384 ist?

24) In einer geometrischen Reihe von acht Gliedern beträgt das Produkt des ersten und achten Gliedes 4374, die Summe des vierten und fünften Gliedes 135. Wie groß ist die Summe aller acht Glieder? (Beachte, daß auch das Produkt des vierten und fünften Gliedes bekannt ist, weil es gleich dem Produkt des ersten und achten ist.)

25) Die Summe aus dem zweiten und dritten Glied einer geometrischen Reihe ist 168, das Produkt des ersten und vierten Gliedes ist 5292. Wie groß ist das erste Glied a, der Gliederquotient q, das zehnte Glied z und die Summe der ersten zehn Glieder?

26) Nach arabischen Berichten soll der Erfinder des Schachspiels Sessa Ebn Daher sich bei einem Könige von Indien als Belohnung die Summe aller Weizenkörner erbeten haben, die sich ergibt, wenn man auf das erste Feld des aus 64 Feldern bestehenden Schachbretts ein Korn, auf das zweite zwei Körner, auf das dritte vier Körner, auf das vierte acht Körner usw. legte. a) Wieviel Kubikkilometer würden diese sämtlichen Weizenkörner einnehmen, wenn auf jedes *ccm* 20 Körner gerechnet werden? b) Wieviel *mm* hoch würden die Weizenkörner liegen, wenn alle Festländer und Inseln der Erde, die zusammen eine Fläche von 136 Millionen *qkm* betragen, gleichmäßig damit bedeckt würden? c) Wieviel Jahre müßte eine Million Menschen arbeiten, um sämtliche Körner mit den Händen auszustreuen, selbst wenn man annähme, daß

jeder Mensch durchschnittlich in jeder Sekunde 100 Körner ausstreuen könnte?

27) Jemand sät 10 *hl* Weizen, um mehrere Jahre hindurch die ganze Ernte als Aussaat zu verwenden. Er erzielt auf diese Weise nach Ablauf von 6 Jahren eine Ernte von 40960 *hl*. Wievielmal so viel betrug durchschnittlich die Ernte als die Aussaat?

28) Man nehme an, die Nachricht von einem Morde, der um 9 Uhr morgens geschehen und sofort entdeckt worden ist, finde dadurch Verbreitung, daß der Entdecker des Mordes die Nachricht darüber innerhalb einer Viertelstunde drei Personen mitteilt, daß jede von diesen drei Personen innerhalb der nächsten Viertelstunde wieder drei Personen findet, denen sie die ihnen noch unbekannte Neuigkeit mitteilt, und daß dieses Verfahren immer weiter fortgesetzt werden könnte. Um welche Zeit schon würde die Nachricht 1300 Millionen Menschen bekannt sein?

29) Nach wieviel Kolbenzügen müßte bei einer Luftpumpe, deren Rezipient viermal so groß ist wie der Stiefel, die Luft bis zu 0,2097152 ihrer anfänglichen Dichte verdünnt sein, wenn angenommen wird, daß die Verdünnung nur von dem Verhältnis des Volumens des Rezipienten zum Gesamtvolumen von Rezipient und Stiefel abhängt?

30) Ein Kaufmann besitzt einen Vorrat von unverfälschtem Kaffee, von dem er das *kg* zu 2 ℳ verkauft, außerdem einen Vorrat Surrogat, von dem er das *kg* zu 60 ₰ verkauft. Um aus dem Kaffee und dem Surrogat zehn Mittelsorten herzustellen, mischt er 80 Teile Kaffee mit 50 Teilen Surrogat, hierauf 80 Teile des Gemisches wieder mit 50 Teilen Surrogat, und wiederholt dieses Verfahren noch so oft, daß er zehn Sorten Mischung erhält. Zu welchem Preise kann er a) die fünftbeste Mischung, b) die schlechteste Mischung verkaufen?

31) Ein Weinhändler zapft aus einem Fasse, das 50 *l* faßt und reinen Wein enthält, ein gewisses Quantum ab und ersetzt den herausgenommenen Wein durch Wasser. Bald darauf zapft er zum zweiten Male dasselbe Quantum von dem nunmehr etwas verdünnten Weine ab und ersetzt dasselbe sofort wieder durch Wasser. Als er diese Manipulation schließlich zehnmal angestellt hatte, befanden sich nur noch 45,219 *l* reinen Weins im Fasse. Wieviel hat er jedesmal abgezapft?

32) Die Barometerstände nehmen in geometrischer Progression ab, wenn die Höhen der Beobachtungsörter über dem Meeresspiegel in arithmetischer Progression zunehmen. Wie hoch stand hiernach das Barometer in der Höhe von k *m*, wenn es b *mm* in der Höhe von h *m*, b′ *mm* in der Höhe von h′ *m* zeigte?

Unendliche geometrische Reihen (B).

33) Summiere: $1 + \frac{1}{2} + \frac{1}{4} + \frac{1}{8} + \ldots$, a) bis $\frac{1}{4096}$, b) bis $\frac{1}{8192}$, c) bis ins Unendliche.

34) Berechne: a) $1 - \frac{1}{2} + \frac{1}{4} - \frac{1}{8} + \ldots$ ad inf., b) $3 + 2{,}4 + 1{,}92 + \ldots$, c) $a + 0{,}1 \cdot a + 0{,}01 \cdot a + \ldots$, d) $8 - 4\sqrt{2} + 4 - 2\sqrt{2} + 2 \ldots$

35) Summiere die unendliche Reihe, in der die beiden ersten Glieder 50 und $49\frac{3}{4}$ sind.

36) Wie heißt das vierte Glied der unendlichen geometrischen Reihe, deren Anfangsglied 100 ist, und deren Summe 1000 beträgt?

37) Der gemeine Bruch, welcher gleich dem periodischen Dezimalbruche a) 0,888 . . ., b) $0,\overline{27}$, c) $0,4\overline{32}$ ist, soll nach der Summenformel für eine unendliche geometrische Reihe berechnet werden.

38) Wenn man von einem Punkte des einen Schenkels eines Winkels von 60° auf den andern Schenkel das Lot fällt, vom erhaltenen Fußpunkte wieder zum ersten Schenkel das Lot fällt und sich diese Konstruktion unaufhörlich fortgesetzt denkt, so ergibt sich, daß das erste Lot gleich der Summe der unzählig vielen folgenden Lote ist. Warum?

39) Wenn man die Strecke AB über B hinaus um ihre Hälfte bis C verlängert, dann die Strecke BC über C hinaus um ihre Hälfte bis D verlängert und dieses Verfahren unaufhörlich fortsetzt, welchem Punkte auf der Verlängerung von AB strebt man dann zu, ohne ihn je zu erreichen?

40) In einem gleichseitigen Dreieck mit der Seite a = 3 *cm* ist der Inkreis gezeichnet, in diesen ist ein gleichseitiges Dreieck einbeschrieben, in diesem ist wieder der Inkreis gezeichnet, und dies Verfahren ist bis ins Unendliche fortgesetzt. Berechne die Summe der Inhalte sämtlicher Inkreise.

41) Das Sophisma des Zenon von Elea (um 450 v. Chr. G.) lautet: „Achilles fängt an, eine Schildkröte zu verfolgen, die einen Vorsprung von 1 Stadium hat. Achilles läuft so schnell, daß er in jeder Sekunde $\frac{1}{100}$ Stadium zurücklegt, die Schildkröte so langsam, daß sie in jeder Sekunde nur $\frac{1}{1000}$ Stadium vorwärtskommt. Wenn Achilles dahin kommt, wo die Schildkröte zuerst war, so ist letztere um $\frac{1}{10}$ Stadium voraus. Hat Achilles diese kleine Strecke von $\frac{1}{10}$ Stadium durchlaufen, so ist die Schildkröte um $\frac{1}{100}$ Stadium voraus usw. **Folglich** kann Achilles die Schildkröte **nie** erreichen, da sie ihm immer voraus ist.“ Zeige, daß Achilles die Schildkröte nach $111\frac{1}{9}$ Sekunde einholt: a) durch Auflösung einer Gleichung, in welcher die Differenz zwischen dem Wege des Achilles und dem der Schildkröte gleich 1 Stadium gesetzt wird; b) durch Summierung der Zeiten, in welchen Achilles 1 St., $\frac{1}{10}$ St., $\frac{1}{100}$ Stadium usw. zurücklegt. (Der Fehlschluß des Zeno liegt in den Worten „**folglich nie**“, denn eine Summe von unendlich vielen Zeiträumen, die eine fallende geometrische Reihe bilden, ist **nicht unendlich** groß.)

42) Um wieviel unterscheidet sich $1:(1-x)$ von $1+x+x^2+\ldots x^n$?

43) Was gibt $1-x+x^2-x^3+\ldots$ für $x<1$?

44) Welches Zeichen ist für die Summe einer **steigenden** geometrischen Reihe von unendlich vielen Gliedern zu setzen?

45) Bestimme nach dem Vorbilde der Ableitung von Formel II die Summe folgender Reihen:

a) $x + 2x^2 + 3x^3 + \ldots + nx^n$,
b) $x - 2x^2 + 3x^3 - \ldots - 2nx^{2n} + (2n+1)x^{2n+1}$,
c) $1 + 3x + 5x^2 + \ldots + (2n+1)x^n$,
d) $-1 + 3x - 5x^2 + \ldots - (4n+1)x^{2n} + (4n+3)x^{2n+1}$,
e) $a + (a+d)x + (a+2d)x^2 + \ldots + (a+nd)x^n$,
f) $1 + \frac{2}{x} + \frac{4}{x^2} + \frac{6}{x^3} + \ldots + \frac{2n}{x^n}$,
g) $x + 3x^3 + 5x^5 + \ldots + (2n+1)x^{2n+1}$,
h) $2x^2 + 4x^4 + 6x^6 + \ldots + 2nx^n$.

Einfache Zinseszinsaufgaben (C).

46) Wie groß ist der Vermehrungsfaktor q, wenn die Prozentzahl p
a) 4, b) $3\frac{1}{2}$, c) $4\frac{1}{2}$, d) $5\frac{1}{4}$, e) $4\frac{3}{4}$, f) $3\frac{4}{5}$, g) $5\frac{1}{8}$, h) $4\frac{7}{8}$,
i) $4\frac{1}{3}$, k) $3\frac{2}{3}$, l) $4\frac{1}{6}$, m) $10\frac{3}{4}$ beträgt?

47) Bei wieviel Prozent ist der Vermehrungsfaktor q gleich
a) 1,03, b) 1,035, c) 1,0575, d) 1,042,
e) 1,03625, f) $1{,}04\overline{3}$, g) $\sqrt{1{,}1}$, h) 1,183?

48) In Griechenland war es üblich, von einer Mine 60 Obolen (s. § 23) Zinsen zu nehmen. Wieviel beträgt der zugehörige Vermehrungsfaktor?

Bei der logarithmischen Berechnung der folgenden Aufgaben berücksichtige man bei der Benutzung fünfstelliger Tafeln sechs Stellen, bei der Benutzung vierstelliger Tafeln fünf Stellen des Logarithmus des Vermehrungsfaktors, weil sonst die durch die Potenzierung des Vermehrungsfaktors eintretende Ungenauigkeit zu groß wird. Die im Resultatheft angegebenen Resultate für fünfstellige und vierstellige Rechnung setzen diese genauere Rechnung voraus.

49) Wieviel wird durch Zinseszins in 10 Jahren aus:
a) 1200 ℳ bei 2 %, b) 800 ℳ bei 3 %, c) 600 ℳ bei 4 %,
d) 400 ℳ bei 6 %?

49_1) Vergleiche in Aufgabe 49 die Beträge, um welche die einzelnen Kapitalien wachsen, mit den Beträgen, um welche sie unter gleichen sonstigen Voraussetzungen bei einfachen Zinsen wachsen würden.

50) Für einen Knaben wurde bei seiner Geburt eine Summe von 1000 ℳ zu 4 % angelegt, damit ihm später durch Hinzufügung von Zins und Zinseszins ein kleiner Reservefonds zur Verfügung stände. Wieviel konnte ihm ausgezahlt werden, als er nach vollendetem 16. Jahre konfirmiert wurde?

51) Der gegenwärtige Bestand eines Waldes wird zu 25000 *cbm* abgeschätzt. Wie groß ist derselbe nach 10 Jahren, vorausgesetzt, daß in dieser Zeit kein Holz gefällt wird, und daß jährlich auf je 100 *cbm* 2 *cbm* zuwachsen?

52) Die Staatsschulden des Deutschen Reiches betrugen einschließlich Papiergeld am 1. Januar 1900 etwa 2400 Millionen Mark. Wieviel würde aus dieser Summe bis zum 1. Januar 1915 bei $3\frac{3}{4}$ %, wenn bis

dahin keine neuen Schulden entständen, aber auch keine Zinszahlung und keine Amortisation stattfände?

53) Wenn man annimmt, daß die Bevölkerungszahl Londons in geometrischer Progression steigt, und die Einwohnerzahlen von 1801 und von 1871 ins Auge faßt, so ergibt sich eine jährliche Zunahme von 1,78 %. Nun hatte London im Jahre 1801 960000 Einwohner. Wieviel also im Jahre 1871?

54) Beim 500jährigen Stiftungsfest der Universität Heidelberg im Jahre 1886 legte man 10 ℳ in die dortige Sparkasse. Das durch Zinseszins sich vergrößernde Kapital soll beim 1000jährigen Stiftungsfest den Universitätsbehörden zur Verfügung gestellt werden. Wie groß ist dieses Kapital, wenn 3 % gerechnet werden?

55) Ein Kapital steht 100 Jahre lang zu 5 % auf Zinseszins. Wievielmal so groß ist es nach Ablauf der 100 Jahre geworden?

56) Eine Bank, welche für ein ihr auf Zinseszins anvertrautes Kapital von 15650 ℳ 3 % berechnet, legt dieses Kapital nebst seinen Zinsen fortdauernd 12 Jahre hindurch in Industrie-Unternehmungen an, die 6 % abwerfen. Wieviel hat die Bank nach Ablauf dieser Zeit an dem Kapital gewonnen?

57) Eine Aktiengesellschaft zahlt 4 Jahre lang 6 %, dann 6 Jahre lang 5 % Dividende. Wieviel hat ein Aktionär, der zu Anfang dieser Zeit zehn Aktien zu je 1000 ℳ zum Nominalwerte kaufte und sie nach 10 Jahren zum Kurse von 118 wieder verkaufte, daran gewonnen gegenüber einer Kapitalanlage in sicheren Hypotheken, für welche 4 % gerechnet werden?

58) Auf welche Summe wächst ein Kapital von 8000 ℳ an, wenn es 6 Jahre zu 4 %, dann 10 Jahre zu $3\frac{3}{4}$ % und endlich wieder 4 Jahre zu 4 % verzinst wird?

59) Ein Kapital von 10000 ℳ wird 2 Jahre zu $4\frac{1}{2}$ %, dann 6 Jahre zu 4 %, weiter 8 Jahre zu $3\frac{3}{4}$ % und endlich 4 Jahre zu $4\frac{1}{4}$ % verzinst.
   a) Auf welche Summe wächst das Kapital an?
   b) Zu welchem Prozentsatz müßte das Kapital gleichmäßig durch die 20 Jahre verzinst werden, wenn sich dasselbe Endkapital ergeben sollte?
   c) Das Resultat von b) ergibt sich auch, wenn man den durchschnittlichen Prozentsatz berechnet, nämlich $\frac{1}{20}(2 \cdot 4\frac{1}{2} + 6 \cdot 4 + 8 \cdot 3\frac{3}{4} + 4 \cdot 4\frac{1}{4}) = \frac{80}{20} = 4$. Ist diese Übereinstimmung in den Formeln begründet, oder ist sie durch die unvermeidliche Ungenauigkeit des logarithmischen Rechnens bei der Beschränkung auf vier oder fünf Stellen zu erklären?

---

60) Welche Summe hätte Napoleon III. bei seiner Krönung am 2. Dezember 1852 auf fünfprozentigen Zinseszins legen müssen, damit Frankreich davon am 2. Dezember 1871 die Kriegsschulden im Betrage von 5 Milliarden Frank hätte bezahlen können?

61) Wie groß ist der Barwert einer erst in 5 Jahren zahlbaren Schuld von 3684 ℳ bei 3 %?

62) Für die zehnjährige Pacht einer Jagd bietet A 1300 ℳ bar, B 1600 ℳ nach 3 Jahren ohne Zinsen zahlbar, C 1700 ℳ nach 5 Jahren ohne Zinsen zahlbar. Wer bietet am meisten, vorausgesetzt, daß 5 Prozent gerechnet werden?

63) Durch welches in 5 Jahren zahlbare Kapital können folgende drei Kapitalien zusammen ersetzt werden: 7000 ℳ zahlbar in 4 Jahren, 9000 ℳ zahlbar in 6 Jahren und 2000 ℳ zahlbar in 10 Jahren, wenn $4\frac{1}{4}\,\%$ gerechnet werden?

64) Zwei Kapitalien, von denen das eine 300 ℳ größer ist als das andere, wachsen in 10 Jahren bei $4\,\%$ so an, daß ihre Summe 30000 ℳ beträgt. Gib die anfänglichen Werte der beiden Kapitalien an.

---

65) Bei wieviel Prozent werden in 14 Jahren aus 1000 ℳ durch Zinseszins: a) 2000 ℳ, b) 2100 ℳ, c) 2200 ℳ?

66) Wieviel Prozent rechnet eine Vorschuß-Möbelhandlung, welche an jemand für 650 ℳ Möbel verkaufte und sich dafür einen Wechsel auf 1000 ℳ, nach 4 Jahren zahlbar, ausstellen ließ?

67) Ein Kaufmann beteiligt sich an einem Aktienunternehmen, indem er 30 Aktien à 300 ℳ zum Kurse von 95 kauft. Nachdem er die ersten 4 Jahre gar keine Zinsen erhalten hat, verkauft er die Aktien zum Kurse von 105. Mit wieviel Prozent hat sich sein Geld verzinst?

68) In Berlin stieg die Zahl der Buchhandlungen in den Jahren 1811 bis 1871 von 31 auf 412. Wieviel Prozent betrug der jährliche Zuwachs, vorausgesetzt, daß derselbe in geometrischer Progression stattfand?

69) Bei wieviel Prozent verhundertfacht sich ein Kapital in 100 Jahren?

70) Bei einer Prozentzahl, durch welche sich ein Kapital in 100 Jahren verhundertfacht (vgl. Nr. 69), wachsen in $(100\,n)$ Jahren a ℳ zu $(a \cdot 100^n)$ ℳ an. Warum?

71) Nachdem ein Kapital von 10000 ℳ schon 7 Jahre auf Zinseszinsen gestanden hat, steigt der Zinsfuß um $1\,\%$. Nach weiteren 7 Jahren ist das Kapital auf 16184 ℳ angewachsen. Wie hoch war zu Anfang der Zinsfuß?

72) Zu wieviel Prozent steht ein Kapital von k ℳ, das in n Jahren zu $(k + k')$ ℳ anwächst?

---

73) In welcher Zeit wird bei $5\,\%$ durch Zinseszins aus 100 ℳ: a) 120 ℳ, b) 200 ℳ, c) 1000 ℳ, d) 100000 ℳ?

74) In welcher Zeit vermehrt sich ein Kapital von 3600 ℳ bei $4\,\%$ um 2400 ℳ?

75) In welcher Zeit verdoppelt sich ein Kapital a) bei $4\,\%$, b) bei $4\frac{1}{2}\,\%$, c) bei $5\,\%$, d) $5\frac{1}{2}\,\%$?

76) Von zwei Freunden A und B gibt A 2000 ℳ zu $4\,\%$, B 2400 ℳ zu $3\frac{1}{2}\,\%$ auf Zinseszinsen. Nach wieviel Jahren ist das Guthaben beider Freunde gleich?

77) In welchem Jahre hätte ein Pfennig bei $4\,\%$ auf Zinseszins gelegt werden müssen, damit von dem daraus entstandenen Kapital im Jahre

1908 jeder von 1500 Millionen Menschen eine Million Mark bekommen könnte?

78) Jemand gibt 40000 ℳ zu $3\frac{1}{2}$ % und 20000 ℳ zu 6 % auf Zinseszinsen. Nach wieviel Jahren haben beide Kapitalien gleichen Wert?

Einfache Rentenaufgaben (D).

79) Welchen Gesamtwert haben heute über 10 Jahre zehn alljährlich gezahlte Raten von je 100 ℳ, von denen die erste heute über 1 Jahr, die letzte heute über 10 Jahre gezahlt wird, wenn a) 4 %, b) $4\frac{3}{4}$ %, c) $5\frac{1}{2}$ % gerechnet werden?

80) Ein Seemann schickte von 1860 an am Ende jedes Jahres 350 ℳ an eine Sparkasse, die $3\frac{1}{2}$ % rechnet, ohne sich je die Zinsen geben zu lassen. Welches Guthaben hatte er am Anfang des Jahres 1884?

81) Jemand zahlt bei der Bank jedes Jahr postnumerando 1000 ℳ ein und zwar im ganzen 25 mal. Nachdem er gerade 15 Zahlungen geleistet hat, wird der Zinsfuß von $3\frac{1}{2}$ % auf 4 % erhöht. Welches Kapital steht ihm zur Verfügung, als er gerade die letzte Zahlung geleistet hat?

82) Welchen Wert hat heute über 20 Jahre eine 20 mal pränumerando zu zahlende Rente von 900 ℳ bei $3\frac{1}{2}$ %?

---

83) Wie groß ist der Barwert einer Rente von 400 ℳ, die bei 6 % 18 mal am Ende des Jahres zu zahlen ist?

84) Wie groß ist der Barwert einer zehnmal postnumerando zu zahlenden Rente von 840 ℳ bei 4 %?

85) In einer von einer Wohltätigkeitsgesellschaft gegründeten Arbeiterkolonie kann sich jeder Arbeiter dadurch ein kleines Häuschen als Eigentum erwerben, daß er 15 Jahre lang am Anfang jedes Jahres 250 ℳ zahlt. Wie hoch berechnet die Gesellschaft den Barwert eines Häuschens bei 4 %?

86) Welchen Wert hat eine 15 mal zahlbare Jahresrente von je 1300 ℳ 5 Jahre vor der ersten Zahlung, wenn $4\frac{1}{2}$ % gerechnet werden?

87) Für den Bau einer Landungsbrücke sind 50000 ℳ veranschlagt, für die jährliche Ausbesserung 3000 ℳ (postnumerando). Eine Gesellschaft übernimmt den Bau und die Unterhaltung auf 20 Jahre. Welcher Betrag muß ihr bar ausgezahlt werden, wenn man $4\frac{1}{2}$ % rechnet?

88) In einer Fabrik verunglückt ein Arbeiter, und die Fabrik wird verurteilt, ihm bis zu seinem Tode pränumerando eine Jahresrente von 500 ℳ zu zahlen. Die Fabrik bietet ihm eine sofort zu leistende einmalige Zahlung von 5000 ℳ. Aus den Sterblichkeitstabellen ergibt sich als wahrscheinliche weitere Lebensdauer des Arbeiters 15 Jahre. Der Arbeiter nimmt das Angebot an. Wie groß ist bei 4 % der Barwert seines wahrscheinlichen Verlustes?

89) Wenn jemand heute die Pflicht übernimmt, 7 Jahre lang nach je einem Jahre 1000 ℳ zu zahlen, also heute über 1 Jahr zum ersten, heute über 7 Jahre zum letzten Male, so ist der Kaufpreis dieser Ver-

pflichtung bei Berechnung von Zinseszinsen heute weniger, über 7 Jahre aber mehr als siebenmal tausend Mark. Es muß also in der Zwischenzeit einen Zeitpunkt geben, bei welcher die Verpflichtung gerade 7000 ℳ wert ist. Wann ist dies a) für 4%, b) für $4\frac{1}{2}$%, c) für 5%?

---

90) Ein Fabrikbesitzer gab alljährlich 1000 ℳ bei 3% auf Zinseszinsen, damit sein Sohn im Alter von 22 Jahren dadurch ein Kapital von 25000 ℳ zur Verfügung hätte. Wie alt war der Sohn, als der Vater für ihn zu sparen anfing?

91) Wieviel mußte jemand vom 1. Januar 1880 ab alle Neujahr bis zum 1. Januar 1890 inkl. zu 5% auf Zinseszinsen geben, um dadurch am 31. Dezember 1890 im Besitze von 10000 ℳ zu sein?

92) Wie groß ist die Jahresrente, die 18mal gezahlt werden muß, um 3 Jahre nach der letzten Zahlung ein Kapital von 14423 ℳ zu ergeben, wenn 4% gerechnet werden?

93) Ein 30jähriger Arzt kauft sich bei einer Lebensversicherung ein, die $3\frac{1}{2}$% rechnet. Die nach den Mortalitätstabellen berechnete, von ihm zu zahlende Prämie ist so groß, daß, wenn er im Alter von 59 Jahren sterben sollte, sich die jährlichen Prämienzahlungen mit der versicherten Summe bei $3\frac{1}{2}$% das Gleichgewicht halten würden. Wie hoch beläuft sich seine zu Anfang jedes Jahres zu zahlende Prämie, da bei seinem Tode die Gesellschaft verpflichtet ist, seiner Witwe 30000 ℳ auszuzahlen? (Es werde angenommen, daß er den Tag der Prämienzahlung gerade nicht mehr erlebt.)

94) a) Nach wieviel Jahren werden bei p% aus k ℳ k′ ℳ, wenn jährlich am Ende des Jahres r ℳ fortgenommen werden? b) Wie spricht man in dem Falle, wo $k' = 0$ ist, die in a) gestellte Frage am besten aus?

95) Wann kann für eine n Jahre laufende postnumerando zu zahlende Jahresrente von r ℳ bei p% (n r) ℳ gezahlt werden?

Zusammengesetzte Zinseszins- und Rentenaufgaben (E).

96) Zu einem Kapital, das 4300 ℳ betrug, wird nach je einem Jahre, im ganzen 20mal 200 ℳ hinzugefügt. Wie groß war dadurch das Kapital bei 5% geworden, als eben die letzten 200 ℳ hinzugefügt waren?

97) Ein junger Offizier ließ sich von seinem Bankier, der sein Vermögen zu 4% verwaltete, vom 1. September 1871 ab alljährlich 10000 ℳ auszahlen. Nachdem er am 1. September 1881 zum elften Male 10000 ℳ empfangen hatte, teilte ihm der Bankier mit, daß nun das Vermögen auf 30000 ℳ reduziert wäre. Wie hoch belief sich das Vermögen des Offiziers am Tage der Schlacht von Sedan?

98) Durch welche Summe kann man eine Jahresrente von 3000 ℳ ablösen (Barwert), die zum erstenmal nach 5 Jahren, zum letztenmal nach 15 Jahren bezahlt werden soll, wenn $4\frac{1}{4}$% gerechnet werden?

99) Welches Kapital muß man einzahlen, um sich dadurch eine zwanzigmal zahlbare Rente von 3000 ℳ, die 5 Jahre nach der Einzahlung des

Kapitals zum erstenmal gezahlt werden soll, zu sichern, wenn $3\frac{3}{4}\%$ gerechnet werden?

100) Ein Kapital von 5000 ℳ wird durch 12 Jahresrenten von je 650 ℳ, von denen die erste nach 7 Jahren bezahlt wird, vermehrt. Wie groß ist bei 5% die Summe 3 Jahre nach der letzten Zahlung?

101) Für eine Schuld von 12000 ℳ sind 8 Jahre hindurch die fälligen Zinsen nicht bezahlt worden. Am Anfang des neunten Jahres zahlt der Schuldner dem Gläubiger eine gewisse Summe, so daß es ihm gelingt, durch zwölf am Ende jedes Jahres zu leistende Raten von je 1000 ℳ nicht nur die früheren und neuen Zinsen zu zahlen, sondern die Schuld auch vollständig zu tilgen. Welche Summe zahlte er am Anfang des neunten Jahres, wenn überall $4\frac{1}{2}\%$ gerechnet werden?

102) Jemand vergrößert sein 80000 ℳ betragendes Vermögen durch Ersparnisse aus seinem Einkommen 9 Jahre hindurch am Ende jedes Jahres um 3000 ℳ. Die folgenden 3 Jahre ist er nicht in der Lage, Ersparnisse zu machen. In den dann folgenden 8 Jahren sieht er sich sogar genötigt, am Schlusse jedes Jahres 5000 ℳ dem Vermögen zu entnehmen. Nach Ablauf dieser Zeit begnügt er sich bis zu seinem Tode mit den jährlichen Zinsen. Welches Vermögen hinterläßt er seinen Erben, wenn 4% gerechnet werden?

103) Ein Erfinder fordert für das Recht der Ausnutzung des auf die Erfindung genommenen Patentes eine einmalige, sofort zu leistende Zahlung von 10000 ℳ und außerdem eine postnumerando bis zu seinem Tode zu leistende Jahresrente von 600 ℳ. Die das Patent erwerbende Firma bietet ihm dagegen eine einmalige Zahlung von 5000 ℳ und außerdem eine Jahresrente von 1000 ℳ. Die weitere Lebensdauer des Erfinders wird auf 20 Jahre geschätzt. Welches ist bei 4% der Barwert des für den Erfinder bei der Annahme des zweiten Angebots sich ergebenden Gewinnes oder Verlustes,
a) wenn er gerade noch 20 Jahre lebt?
b) wenn er schon nach 10 Jahren stirbt?
c) wenn er noch 30 Jahre lebt?

---

104) Die Staatsschulden Hamburgs betrugen am 1. Januar 1881 120 Millionen Mark. In welchem Jahre würde diese Summe bei 4% getilgt sein, wenn von 1881 ab am Ende jedes Jahres außer den gewöhnlichen Zinsen von $4\frac{4}{5}$ Millionen Mark noch eine Million Mark zur Amortisierung verwandt werden könnte, und wenn keine neuen Anleihen notwendig würden?

105) a) Wie oft muß eine jährliche Ratenzahlung von 1000 ℳ geleistet werden, um eine Anleihe von 9000 ℳ zu tilgen, wenn $3\frac{1}{4}\%$ gerechnet werden und die erste Zahlung erst 5 Jahre nach Aufnahme der Anleihe erfolgt?
b) Wie groß ist der gleichzeitig mit der letzten Rate von 1000 ℳ zu zahlende Restbetrag?

106) Aus den Zinsen eines Kapitals von 75000 ℳ sollen nach dem Willen des Stifters so lange jährlich am Schlusse des Jahres 2000 ℳ für Stipendien entnommen werden, bis das Kapital so weit angewachsen ist, daß am Schluß des Jahres nach Abzug der 2000 ℳ der Rest den Betrag von 100000 ℳ übersteigt. Dieser Mehrbetrag soll zugleich mit den 2000 ℳ ausbezahlt werden; vom folgenden Jahre ab sollen dann stets die vollen Zinsen für Stipendien verwendet werden.

a) Nach wieviel Jahren tritt bei 4% der genannte Fall ein?

b) Welcher Betrag gelangt in diesem Jahre außer den 2000 ℳ zur Auszahlung?

107) Wie lange können einem Kapital von 200000 ℳ am Ende jedes Jahres bei 4% 12000 ℳ entnommen werden, damit es nach Ablauf dieser Zeit bei 5% noch 20 Jahre lang 10000 ℳ einbringen könne, ehe es vollständig aufgezehrt ist?

108) Jemand wünscht statt einer 15 mal postnumerando zu zahlenden Jahresrente von 2242,20 ℳ eine pränumerando zu zahlende Rente von 3000 ℳ zu beziehen. Wie oft kann diese bei $3\frac{1}{2}$% bezahlt werden?

109) Jemand wünscht eine postnumerando 20 mal zu zahlende Rente von 1500 ℳ zu verwandeln in eine ebenfalls postnumerando zu zahlende Rente von 2500 ℳ.

a) Wie oft kann die zweite Rente gezahlt werden?

b) Wie groß ist der Restbetrag, der zugleich mit der letzten vollen Zahlung von 2500 ℳ ausbezahlt werden kann?

110) Eine 18 mal postnumerando, also zum erstenmal in einem Jahr, zu zahlende Rente von je 1200 ℳ und eine zweite, zwölfmal postnumerando zu zahlende Rente von je 1800 ℳ, deren Anfangszahlung 3 Jahre nach der Anfangszahlung der ersten Rente erfolgt, sollen vereinigt werden zu einer sofort beginnenden pränumerando zu zahlenden Rente von 1500 ℳ.

a) Wie oft kann bei 4% die Rente von 1500 ℳ gezahlt werden?

b) Welcher Restbetrag kann dem Rentenempfänger 1 Jahr nach der letzten Zahlung von 1500 ℳ ausgehändigt werden?

111) Verres, der nach den Angaben Ciceros in Sizilien 40 Millionen Sesterzien raubte, hätte gesetzlich $2\frac{1}{2}$ mal so viel Strafe bezahlen müssen. Wieviel hätte er jährlich zahlen müssen, um die Strafsumme in 10 Jahren bei 10% abzutragen?

112) Ein Waldbestand soll aus strategischen Rücksichten im Laufe von 20 Jahren vollständig abgeholzt werden. Der gegenwärtige Bestand beträgt 25450 *cbm* Holz. Der jährliche Zuwachs wird auf $2\frac{1}{2}$% geschätzt. Wieviel *cbm* müssen alljährlich geschlagen werden? (Zu berechnen, als wenn nur am Ende des Jahres abgeholzt würde.)

113) Eine Jahresrente von 1300 ℳ, die 13 Jahre lang am Ende jedes Jahres fällig ist, soll in eine andere verwandelt werden, die 10 Jahre lang am Anfang jedes Jahres fällig ist. Wieviel beträgt die neue Rente, wenn $5\frac{1}{2}$% gerechnet werden?

114) Statt einer 15 mal postnumerando zahlbaren Rente von 1600 ℳ wünscht jemand eine nur zehnmal pränumerando zahlbare Rente. Wie hoch ist diese bei 5%?

115) Ein kinderloser Kaufmann hinterläßt ein Vermögen von 300000 ℳ mit der Bestimmung, daß demselben 10 Jahre lang am Anfang jedes Jahres 10000 ℳ für die Erziehung seiner minderjährigen Neffen entnommen werden sollen, daß aber nach Ablauf dieser 10 Jahre das Kapital unverändert bleiben soll und die Zinsen dauernd zu Universitäts-Stipendien verwandt werden sollen. Wieviel ℳ können alle Jahre zur Verwendung kommen, wenn 5% gerechnet werden?

116) Ein Beamter, dessen weitere Lebensdauer nach den Sterblichkeitstabellen auf 25 Jahre geschätzt wird, wünscht, daß nach seinem Tode seine Witwe, deren weitere Lebensdauer jetzt auf 35 Jahre geschätzt wird, alljährlich am Anfang des Jahres 1200 ℳ erhalten soll. Er kauft sich deshalb bei einer Privat-Witwenkasse ein, die 4% rechnet. Wie hoch ist die Prämie, die er am Anfang jedes Jahres zu zahlen hat?

117) Jemand versichert sein Leben im Alter von 25 Jahren „auf Todesfall" mit 20000 ℳ. Seine weitere Lebensdauer wird auf 33 Jahre geschätzt. Die lebenslänglich pränumerando zu zahlende Jahresprämie wird vom sechsten Versicherungsjahre ab durch die „Dividende" auf 0,57 des früheren Betrages reduziert.
a) Wie groß ist die anfängliche Prämie?
b) Wie groß ist die vom sechsten Jahre ab zu zahlende Prämie?

118) Jemand fügt zu seinem Vermögen n_1 mal am Ende des Jahres r_1 ℳ hinzu, um n_2 Jahre hindurch jährlich r_2 ℳ zu erhalten, zum erstenmal n_3 Jahre nach der letzten Zahlung von r_1 ℳ. Wie groß war zu Anfang sein Vermögen?

Besondere Fälle (F).

119) Ein am 1. April 1873 eingezahltes Kapital von 65300 ℳ wurde bei Anrechnung von $5\frac{1}{2}$% a) am 1. Juli 1874, b) am 1. Februar 1875, c) am 25. Dezember 1876 wieder ausgezahlt. Wieviel ℳ mußte an jedem dieser Termine gezahlt werden? (Setze in die gewöhnliche Formel für n den aus der Tageszahl sich ergebenden Jahrbruch.)

120) Ein Kapital von 10000 ℳ steht zu 4% auf Zinseszins. Es soll berechnet werden, auf welche Summe das Kapital in einer gegebenen Zeit anwächst, und zwar einmal in der üblichen Weise durch Benutzung der gewöhnlichen Zinseszinsformel auch für gebrochene Exponenten, sodann durch die der Praxis entsprechende Rechnung, indem man nur für die ganzen Jahre die Zinseszinsformel, für den Bruchteil eines Jahres dagegen die einfache Zinsformel verwendet (s. F 1). Die Berechnung soll ausgeführt werden für:
a) $n = 50\frac{1}{2}$, b) $n = 10\frac{1}{2}$, c) $n = 1\frac{1}{2}$, d) $n = \frac{1}{2}$.
(Vierstellige Rechnung ist zu ungenau.)

121) Was wird aus 1000 ℳ in 10 Jahren bei 4 %, wenn die Zinsen: a) jährlich, b) halbjährlich, c) vierteljährlich, d) monatlich zum Kapital geschlagen werden? (Bei d) ist vierstellige Rechnung zu ungenau.)

122) Auf welche Summe wachsen 12500 ℳ in 15 Jahren bei 5 % an, wenn die Zinsen a) jährlich, b) vierteljährlich zum Kapital geschlagen werden?

123) In wieviel Jahren verdoppelt sich ein Kapital bei 5 %, wenn die Zinsen a) jährlich, b) monatlich zum Kapital geschlagen werden? (Vierstellige Rechnung ist zu ungenau.)

124) Welches ist der Endwert einer Rente von 1000 ℳ, die 10 Jahre lang bei 4 % gezahlt wird, unmittelbar nach der letzten Zahlung, wenn die Zinsen:
a) jährlich, b) vierteljährlich zum Kapital geschlagen werden?
c) wenn außerdem auch die Rente in vierteljährlichen Raten von 250 ℳ gezahlt wird? (Vierstellige Rechnung ist zu ungenau.)

125) Ein Staat, der an Beamtengehältern im Jahr 36000000 ℳ zu zahlen hat, will die Gehälter in vierteljährlichen Raten pränumerando statt wie bisher in monatlichen Raten pränumerando zahlen. Wie groß ist bei 4 % der Barwert der dazu erforderlichen Mehrausgabe für ein Jahr, wenn auch der Zinszuschlag entsprechend vierteljährlich bzw. monatlich erfolgt? (Vierstellige Rechnung ist zu ungenau.)

126) Eine 16 mal postnumerando zu zahlende Jahresrente von 1200 ℳ soll in 64 vierteljährlichen Raten ebenfalls postnumerando gezahlt werden. Wie groß ist bei 4 % die einzelne Rate, wenn die Zinsen:
a) bei der Jahresrente jährlich, bei der Vierteljahrsrente vierteljährlich,
b) bei beiden Renten vierteljährlich,
c) bei beiden Renten jährlich zum Kapital geschlagen werden, wie es z. B. bei einer Sparkasse geschehen würde?
(Vierstellige Rechnung ist zu ungenau, um die Unterschiede zu zeigen.)

127) Wie groß ist der Barwert einer Schuld von 4000 ℳ, die bei 5 % nach je 3 Jahren viermal im Betrage von 1000 ℳ zahlbar ist?

128) a) Eine zehnmal nach je 3 Jahren am Ende des Jahres zu zahlende Rente von je 3000 ℳ soll in eine ebenfalls postnumerando 30 mal zu zahlende Jahresrente verwandelt werden. Wie groß muß bei 4 % die einzelne Rate sein?
b) Wie kann die Aufgabe auch einfacher ausgedrückt werden?

129) Entwickle die Formel für den Barwert einer ewigen Rente: a) aus $b = \frac{r}{q-1} \cdot \left(1 - \frac{1}{q^n}\right)$ für $n = \infty$, b) aus der gewöhnlichen Zinsrechnung.

130) Wie groß ist bei 5 % der Barwert eines Waldes, der dauernd jährlich 5000 ℳ einbringt?

131) Eine Gemeinde hat die Verpflichtung, die zu ihrem Gebiete gehörigen Wege instand zu halten, und muß zu diesem Zwecke alle 4 Jahre 450 ℳ verausgaben. Sie wünscht, die Verpflichtung dem Staate zu übertragen. Wieviel kann der Staat bei 5 % dafür verlangen, wenn die Gemeinde gerade 450 ℳ ausgegeben hat?

132) Milet hatte an Athen jährlich 10 Talente Tribut zu zahlen. Mit wieviel Talenten hätte diese Bundesgenossen-Pflicht unmittelbar nach einer Tributzahlung bei Anrechnung von 10% abgelöst werden können?

Historisches zu Abschnitt VI.

Obwohl schon Archimedes vorübergehend mit Exponenten rechnete (in der berühmten Sandrechnung, *ψαμμίτης*, wo die Zahl der Sandkörner berechnet wird, die sich ergäbe, wenn das ganze Weltall aus dichtem Sand bestände, vgl. hier die ähnliche Aufgabe Nr. 213 in § 36), so faßte doch erst Michael Stifel (Arithmetica integra, 1544) die Operationen dritter Stufe als solche auf, indem er die Anzahl (exponens) der gleichen Faktoren eines Produktes zu dem nur einmal geschriebenen Faktor hinzufügte, und indem er dem Zeichen $\sqrt{}$ den Wurzelexponenten nachsetzte. Die Schreibweise des Exponenten einer Potenz in höherer Stellung hinter der Basis rührt von Descartes her, die Einfügung des Wurzelexponenten in die Öffnung des Wurzelzeichens von Girard (um 1600). Negative, gebrochene und irrationale Exponenten erfanden Stifel und Stevin (1600).

Den Wert A : B von $a^n : b^n$ nannte man um 1600 das nte Verhältnis des Grundverhältnisses a : b. Hiervon ausgehend, nannte der Erfinder der Logarithmen Lord John Napier (1614) die Zahl n die Verhältniszahl (numerus rationem exponens) oder den Logarithmus (*λόγου ἀριϑμός*) von A : B in bezug auf a : b. In der jetzt üblichen Weise setzte jedoch erst Euler (1748) die Theorie der Logarithmen auseinander. Die ersten Berechner von Logarithmentafeln Napier und Briggs (1618) berechneten dieselben mühsam durch Potenzieren und Interpolieren. Gegen das Jahr 1700 erschlossen die unendlichen Potenzreihen (Abschnitt VIII) bequemere Berechnungsmethoden. Um die Vervollkommnung der Tafeln hat sich besonders Vega (1794) verdient gemacht. Im Schulgebrauch sind gegenwärtig die siebenstelligen Tafeln durch fünfstellige oder vierstellige verdrängt.

Geometrische Reihen wurden schon im Altertum betrachtet, und namentlich auch summiert (Euklids Elemente IX, Nikomachos). Ebenso war den Alten, namentlich den Römern, der Begriff der Zinseszinsen nicht fremd. Eine richtige Berechnung der Zinseszins- und Rentenaufgaben lehrten jedoch erst die Mathematiker des 16. und 17. Jahrhunderts.

Siebenter Abschnitt.

Kombinatorik und Wahrscheinlichkeitsrechnung.

§ 38.

Permutationen.

Theorie.

I) $P(n) = n! = 1 \cdot 2 \cdot 3 \cdot 4 \cdot \ldots \cdot n$,

II) $P(\alpha + \beta + \gamma + \ldots) = \dfrac{(\alpha + \beta + \gamma + \ldots)!}{\alpha! \beta! \gamma! \ldots}$

A. Die zu permutierenden Dinge sind sämtlich unterscheidbar.

Dinge permutieren heißt, sie in allen denkbaren Anordnungen zusammenstellen. Z. B.:

schwarz—weiß—rot, schwarz—rot—weiß,
weiß—schwarz—rot, weiß—rot—schwarz,
rot—schwarz—weiß, rot—weiß—schwarz.

Jede einzelne Zusammenstellung heißt Komplex. Zunächst nehmen wir an, daß sämtliche zu permutierende Dinge voneinander unterschieden werden können. Da aber die Fragen nach der Art der Zusammenstellungen und auch ihrer Anzahl unabhängig davon sind, welche Dinge zusammengestellt werden, so wählen wir dafür die Buchstaben des kleinen lateinischen Alphabets a, b, c, d, e, ... Damit kein Komplex ausgelassen werde, ist es zweckmäßig, die Komplexe alphabetisch zu ordnen, wie die folgende Reihenfolge aller Komplexe zeigt, die durch Permutation der vier Buchstaben a, b, c, d entstehen:

a b c d	b a c d	c a b d	d a b c
a b d c	b a d c	c a d b	d a c b
a c b d	b c a d	c b a d	d b a c
a c d b	b c d a	c b d a	d b c a
a d b c	b d a c	c d a b	d c a b
a d c b	b d c a	c d b a	d c b a

Die Anzahl der durch Permutation von n Dingen entstehenden Komplexe heiße P(n). Dann ist $P(2) = 2$, weil a und b keine anderen Komplexe liefern können, als a b und b a. Nun ist aber P(3) dreimal so groß als P(2), weil erstens auf a die zwei Komplexe der Buchstaben b und c folgen können, zweitens auf b die zwei Komplexe der Buchstaben a und c, drittens auf c die zwei Komplexe der Buchstaben a und b, so daß:

$$P(3) = P(2) + P(2) + P(2) = 3 \cdot P(2) = 3 \cdot 2$$

ist. Ebenso ergibt sich:

$$\begin{aligned} P(4) &= 4 \cdot P(3) = 4 \cdot 3 \cdot 2 \cdot 1, \\ P(5) &= 5 \cdot P(4) = 5 \cdot 4 \cdot 3 \cdot 2 \cdot 1, \\ &\vdots \\ P(n) &= n \cdot P(n-1) = n(n-1)(n-2) \cdot \ldots \cdot 3 \cdot 2 \cdot 1. \end{aligned}$$

Das heißt aber in Worten:

Die Anzahl aller durch Permutation von n Dingen entstehenden Komplexe ist gleich dem Produkte aller natürlichen Zahlen von 1 bis n.

Das hier auftretende Produkt aller natürlichen Zahlen von 1 bis n kürzt man mit

$$n!$$

(gelesen: „n Fakultät") ab. Es ist z. B.:

$$1! = 1, \quad 2! = 2, \quad 3! = 6, \quad 4! = 24, \quad 5! = 120,$$
$$6! = 720, \quad 7! = 5040, \quad 8! = 40320, \quad 9! = 362880.$$

B. Unter den zu permutierenden Dingen gibt es Gruppen von gleichen Dingen.

Wenn die fünf Buchstaben a_1, a_2, a_3, b, c zu permutieren sind, so erhält man zwar $5! = 120$ Komplexe, aber je $3! = 6$ unterscheiden sich auf keine andere Weise als durch Permutation der drei a angehängten Indizes 1, 2, 3, so daß die fünf Dinge in drei Gruppen: erstens a_1, a_2, a_3, zweitens b, drittens c zerfallen. Wenn man also die an a angesetzten Indizes 1, 2, 3 ganz fortläßt, werden solche Komplexe, die sich nur durch die Indizes unterscheiden, ununterscheidbar. Hieraus geht hervor, daß das Permutieren von a_1, a_2, a_3, b, c 3! oder 6mal so viel Komplexe liefert als das Permutieren von a a a b c. Demnach entstehen durch Permutieren von a a a b c nicht 5!, sondern:

$$\frac{5!}{3!} = 5 \cdot 4 = 20$$

Komplexe. Wenn also allgemeiner n Dinge da sind, die zu permutieren sind, und α von ihnen ununterscheidbar sind, so entstehen durch Permutieren nicht n!, sondern

$$\frac{n!}{\alpha!}$$

Komplexe. Wenn nun unter den n Dingen noch eine zweite Gruppe von β Dingen sich befindet, die auch unter sich ununterscheidbar sind, so werden unter den entstehenden Komplexen je $\beta!$ genau übereinstimmend, so daß man die soeben gefundene Zahl noch durch $\beta!$ zu dividieren hat, um die wirklich verschiedenen Komplexe allein zu erhalten. Wenn also, ganz allgemein, die n Dinge zerfallen in eine Gruppe von α unter sich gleichen, eine Gruppe von β unter sich gleichen usw., so daß $n = \alpha + \beta + \gamma + \dots$ ist, so erhält man durch **Permutation so viel Komplexe, wie die Zahl**

$$\frac{(\alpha + \beta + \gamma + \dots)}{\alpha!\,\beta!\,\gamma!\,\dots}$$

angibt. Diese Formel ist auch dann anwendbar, wenn etwa die griechischen Buchstaben sämtlich oder teilweise den Wert 1 haben, indem die zu permutierenden Dinge sämtlich oder teilweise nur einmal vorhanden sind. Beispiele zu der soeben entwickelten Hauptformel sind:

1) Die Buchstaben a a a b b c ergeben:

$$\frac{6!}{3!\,2!\,1!} = 60 \text{ Komplexe.}$$

2) Die Buchstaben a a a a b b b ergeben:

$$\frac{7!}{4!\,3!} = 35 \text{ Komplexe.}$$

3) Die Buchstaben a a b b c c d d ergeben:

$$\frac{8!}{2!\,2!\,2!\,2!} = 5040 \text{ Komplexe.}$$

Die bei a a a b b c entstehenden 60 Komplexe lauten in alphabetischer Anordnung:

a a a b b c	a b a b c a	b a a a b c	b b c a a a
a a a b c b	a b a c a b	b a a a c b	b c a a a b
a a a c b b	a b a c b a	b a a b a c	b c a a b a
a a b a b c	a b b a a c	b a a b c a	b c a b a a
a a b a c b	a b b a c a	b a a c a b	b c b a a a
a a b b a c	a b b c a a	b a a c b a	c a a a b b
a a b b c a	a b c a a b	b a b a a c	c a a b a b
a a b c a b	a b c a b a	b a b a c a	c a a b b a
a a b c b a	a b c b a a	b a b c a a	c a b a a b
a a c a b b	a c a a b b	b a c a a b	c a b a b a
a a c b a b	a c a b a b	b a c a b a	c a b b a a
a a c b b a	a c a b b a	b a c b a a	c b a a a b
a b a a b c	a c b a a b	b b a a a c	c b a a b a
a b a a c b	a c b a b a	b b a a c a	c b a b a a
a b a b a c	a c b b a a	b b a c a a	c b b a a a

.

C. Anagramme.

Wenn zwei Buchstabenkomplexe so zusammenhängen, daß der eine aus dem anderen durch Permutieren entsteht, und wenn außerdem beide Komplexe durch die Reihenfolge der in ihnen vorhandenen Buchstaben einen Sinn geben, so nennt man beide Komplexe ein Anagramm. Mit Anagrammen spielten schon die alten Römer, indem sie aus amor Roma ableiteten. Das berühmteste Anagramm aus der neueren Geschichte ist: „Révolution française", indem aus den in diesen beiden Wörtern enthaltenen Buchstaben sich auch „Un Corse voté la finira" bilden läßt, und indem die Franzosen 1814 aus denselben Buchstaben auch bildeten: „La France veut son roii", wo das doppelte i am Schluß für y steht.

Aufgaben.

1) Permutiere die Buchstaben a m o r.
2) Permutiere die Buchstaben a f f e.
3) Permutiere die Buchstaben in e s e l.
4) Welche Komplexe der Buchstaben a a e n können bei den sämtlichen durch Permutieren entstehenden Komplexen der Buchstaben a a e n t t t t noch auf t t t t folgen?
5) Wie heißen bei den Permutationen von a b c d e die sämtlichen mit b d beginnenden Komplexe in lexikographischer Anordnung?
6) Permutiere a a a a b b.
7) Permutiere a a a b b b c.
8) Wieviel Komplexe gibt es bei sieben verschiedenen Dingen?
9) Wieviel Komplexe gibt es bei sieben Dingen, die in drei Gruppen zerfallen, so daß die erste Gruppe drei ununterscheidbare Dinge, die zweite Gruppe zwei solche Dinge und die dritte Gruppe auch zwei solche Dinge enthält?
10) Wieviel Komplexe liefert die Permutation von a a a b b b c?
11) Wieviel Komplexe erscheinen, wenn man die Buchstaben a a a a b b b c c permutiert?
12) Wie heißen die bei den Permutationen von a a b b b c c c c mit a b c c beginnenden Komplexe in lexikographischer Ordnung?
13) Wieviel sechsziffrige Zahlen enthalten jede der drei Ziffern 1, 2, 3 zweimal?
14) Auf wievielfache Weise kann man fünf weiße, fünf schwarze und zwei rote Steine anordnen?
15) Wieviel Komplexe entstehen, wenn man die Buchstaben des Wortes a n a n a s permutiert?
16) Wievielmal so groß ist 20! als 18!?
17) Berechne logarithmisch die Zifferanzahl derjenigen Zahl, welche angibt, wieviel verschiedene Rangordnungen in einer Klasse von 30 Schülern möglich sind.

Ein Anagramm prüft man auf seine Richtigkeit, indem man für jeden Komplex alphabetisch die vorkommenden Buchstaben schreibt, jeden so oft, als er vorkommt, und indem man dann nachsieht, ob auch die entstandenen Buchstabenkomplexe genau identisch sind. Um z. B. zu erkennen, daß „heidelberg" und „geldherbei" ein Anagramm bilden, erhält man bei beiden Komplexen übereinstimmend den alphabetischen Komplex bdeeeghilr. Prüfe in derselben Weise die Richtigkeit der folgenden Anagramme, die der Aufgabensammlung von Heis entnommen sind:

18) Der Mörder Heinrichs III. von Frankreich gab zu folgendem Anagramm Veranlassung: „Frère Jacques Clément" und „C'est l'enfer qui m'a créé."

19) Den Hauptsatz der Elastizitätstheorie „Ut tensio sic vis" machte der englische Physiker Hook durch das Anagramm der in diesen vier Wörtern vorkommenden Buchstaben „ceiiinosssttuv" bekannt.

20) Galilei machte in einem Briefe an Kepler 1610 die von ihm gesehene Lichtgestalt der Venus durch folgenden unverständlichen Satz bekannt: „Haec immatura a me jam frustra leguntur o. y." Die hier vorkommenden Buchstaben ergeben nämlich auch den Hexameter: „Cynthiae figuras aemulatur mater amorum."

21) Rheita, der Erfinder des terrestrischen Fernrohrs mit vier konvexen Linsen, machte seine Erfindung durch den Buchstabenkomplex eqounavteuxoar bekannt, der ein Anagramm zu „convexa quatuor" ist.

22) Als Stanislaus Leszczynski, König von Polen, bei der Rückkehr von seinen Reisen in Lissa eingeholt wurde, hatte Jablonski, der Rektor der dortigen Schule, 13 seiner Schüler als junge Helden verkleidet, welche Schilde vor sich trugen, auf denen die 13 Buchstaben

acdeiilmnossu

verzeichnet waren. Die Schüler hatten sich in sechs verschiedenen Ordnungen aufzustellen, so daß nacheinander lesbar war:

1) domus lescinia	2) ades incolumis	3) omnis es lucida
4) lucida sis omen	5) mane, sidus loci	6) i, scande solium.

Bei den folgenden Anagrammen soll die Anzahl der durch Permutieren entstehenden Komplexe durch Fakultäten ausgedrückt werden, d. h. als Bruch dargestellt werden, in dessen Zähler und in dessen Nenner ein Produkt von Fakultäten steht:

23) Begleiter—Geliebter	24) Borneo—Oberon
25) Donner—Norden	26) Umkreis—Musiker
27) Schlei—Sichel	28) Schwiele—Weichsel
29) Meister—Strieme.	

§ 39.

Variationen.

Theorie.

$$\text{I)}\quad V_p(n) = \frac{n!}{(n-p)!}.$$

$$\text{II)}\quad V_p^w(n) = n^p.$$

A. Variationen ohne Wiederholung.

n Dinge zur pten Klasse **ohne** Wiederholung **variieren** heißt, je p unter den n Dingen auf alle mögliche Weise und in allen möglichen Anordnungen zusammenstellen, aber so, daß in einem Komplexe kein Ding öfter als einmal vorkommen darf. Wie bei den Permutationen (§ 38) ist es zweckmäßig, die zu variierenden Dinge mit Buchstaben zu bezeichnen und die Reihenfolge der Komplexe alphabetisch zu gestalten, wie das folgende Beispiel zeigt, das in einer solchen Reihenfolge alle Komplexe zeigt, die durch Variation der fünf Buchstaben a, b, c, d, e zur dritten Klasse ohne Wiederholung entstehen.

a b c	b a c	c a b	d a b	e a b
a b d	b a d	c a d	d a c	e a c
a b e	b a e	c a e	d a e	e a d
a c b	b c a	c b a	d b a	e b a
a c d	b c d	c b d	d b c	e b c
a c e	b c e	c b e	d b e	e b d
a d b	b d a	c d a	d c a	e c a
a d c	b d c	c d b	d c b	e c b
a d e	b d e	c d e	d c e	e c d
a e b	b e a	c e a	d e a	e d a
a e c	b e c	c e b	d e b	e d b
a e d	b e d	c e d	d e c	e d c

Die Anzahl der durch Variation von n Dingen zur p ten Klasse entstehenden Komplexe bezeichnet man mit $V_p(n)$. Um zunächst $V_2(n)$ durch n auszudrücken, beachte man, daß auf das erste Ding a alle andern folgen können, nur nicht a selbst. Also fangen $n-1$ Komplexe mit a an. Auf b können alle andern Buchstaben folgen, nur nicht b selbst, so daß auch mit b $n-1$ Komplexe beginnen. Ebenso beginnen $n-1$ Komplexe mit c. Demnach erhalten wir für die Gesamtzahl aller Komplexe eine Summe von n Summanden, deren jeder $n-1$ heißt. Demgemäß ist:

$$V_2(n) = n(n-1), \quad \text{z. B.} \quad V_2(5) = 5 \cdot 4 = 20 .$$

Um $V_3(n)$ durch n auszudrücken, beachte man, daß mit a so viel Komplexe dritter Klasse beginnen, wie es Komplexe zweiter Klasse für die übrigen Buchstaben gibt, also so viel, wie sich aus $V_2(n)$ ergibt, wenn man $n-1$ statt n setzt, das ist aber $(n-1)(n-2)$. Ebensoviel Komplexe beginnen mit b, ebensoviel mit c usw., so daß $V_3(n)$ eine Summe von n Summanden wird, deren jeder $(n-1)(n-2)$ ist. Demnach ist:

$$V_3(n) = n(n-1)(n-2 .$$

Genau so kann man weiter schließen und erhält:

$$V_4(n) = n(n-1)(n-2)(n-3) .$$

Nun ist das allgemeine Gesetz erkennbar, indem $V_p(n)$ gleich dem Produkte aller natürlichen Zahlen von n bis 1 ist, ausgenommen aber die ersten $n-p$ Zahlen von 1 bis $n-p$. Wir erhalten daher:

$$V_p(n) = n(n-1)(n-2 \ldots (n-p+1),$$

oder auch, mit Benutzung des in § 1 eingeführten Fakultätzeichens:

$$V_p(n) = \frac{n!}{(n-p)!},$$

z. B.:

$$V_4(7) = \frac{7!}{(7-4)!} = \frac{7!}{3!} = 7 \cdot 6 \cdot 5 \cdot 4 = 840,$$

$$V_3(10) = \frac{10!}{(10-3)!} = \frac{10!}{7!} = 10 \cdot 9 \cdot 8 = 720.$$

Man beachte, daß das in § 38 behandelte Permutieren ein besonderer Fall des Variierens ist, der sich ergibt, wenn man die Klassenzahl p gleich der Anzahl n der zu variierenden Elemente setzt. Setzt man $p = n$ in der obigen zweiten Formel für $V_p(n)$, so erhält man statt: $n!$:

$$\frac{n!}{0!}.$$

Hieraus folgt also, daß, wenn man dem Zeichen $0!$ Sinn erteilen will, man $0! = 1$ zu setzen hat.

B. Variationen mit Wiederholung.

n Dinge zur pten Klasse **mit** Wiederholung **variieren** heißt, je p unter den n Dingen auf alle mögliche Weise und in allen möglichen Anordnungen zusammenstellen, und zwar so, daß in einem Komplex ein und dasselbe Ding beliebig oft, also 1 bis pmal vorkommen darf. Die alphabetische Reihenfolge der Komplexe, die durch Variation der vier Buchstaben a, b, c, d zur dritten Klasse mit Wiederholung entstehen, lautet folgendermaßen:

a a a	a c a	b a a	b c a	c a a	c c a	d a a	d c a
a a b	a c b	b a b	b c b	c a b	c c b	d a b	d c b
a a c	a c c	b a c	b c c	c a c	c c c	d a c	d c c
a a d	a c d	b a d	b c d	c a d	c c d	d a d	d c d
a b a	a d a	b b a	b d a	c b a	c d a	d b a	d d a
a b b	a d b	b b b	b d b	c b b	c d b	d b b	d d b
a b c	a d c	b b c	b d c	c b c	c d c	d b c	d d c
a b d	a d d	b b d	b d d	c b d	c d d	d b d	d d d

Die Anzahl der durch Variieren von n Dingen zur pten Klasse mit Wiederholung entstehenden Komplexe bezeichnet man mit $V_p^w(n)$. Um zunächst $V_2^w(n)$ zu bestimmen, beachte man, daß auf a jeder der n Buchstaben, auch a selbst, folgen darf. Also ist die Anzahl der mit a beginnenden Komplexe zweiter Klasse gleich n. Dasselbe gilt für die mit b beginnenden Komplexe usw. Folglich ist $V_2^w(n)$ gleich der Summe von n Summanden, deren jeder n heißt, oder $n \cdot n$. Demnach ist:

$$V_2^w(n) = n^2.$$

Um $V_3^w(n)$ durch n auszudrücken, hat man zu beachten, daß mit a so viel Komplexe beginnen, wie es Komplexe zweiter Klasse für alle n Buchstaben gibt, also n^2. Ebensoviel müssen mit b, ebensoviel mit c usw. beginnen. Demnach muß $V_3^w(n)$ gleich der Summe von n Summanden sein, deren jeder n^2 heißt, also gleich n^3. In derselben Weise fortfahrend, erkennt man, daß allgemein

$$V_p^w(n) = n^p$$

st, z. B.:

$$V_3^w(4) = 4^3 = 64$$

$$V_4^w(6) = 6^4 = 1296$$

$$V_2^w(10) = 10^2 = 100$$

$$V_{10}^w(2) = 2^{10} = 1024$$

Aufgaben.

Variiere zur zweiten Klasse ohne Wiederholung:

1) a b c d e 2) schwarz—weiß—rot 3) Karl—Max—Paul
4) $\alpha, \beta, \gamma, \delta$.

Variiere zur dritten Klasse ohne Wiederholung:

5) a b c d e 6) Karl—Max—Paul—Franz 7) As, König, Dame, Bube
8) 2, 3, 4, 5, 6.

9) Wie groß ist die Anzahl der durch Variation der vier Farben schwarz, weiß, rot, blau ohne Wiederholung zur dritten Klasse entstehenden Trikoloren?

10) Wieviel dreiziffrige Zahlen gibt es, die nur die Ziffern 1, 2, 3, 4, 5, 6, 7 und jede nur einmal enthalten?

Variiere zur zweiten Klasse mit Wiederholung:

11) a b c d e 12) As, König, Dame, Bube.

Variiere zur dritten Klasse mit Wiederholung:

13) a b c d e 14) Punkt, Gerade, Kreis.

15) Wieviel Würfe sind mit drei Würfeln möglich, wenn auch solche Würfe als verschieden gelten, die sich nur dadurch unterscheiden, daß eine bestimmte Zahl bei dem ersten, zweiten oder dritten Würfel oben erscheint?

16) Wieviel Komplexe fünfter Klasse entstehen durch Variieren der Wörter „Punkt“ und „Strich“ (Morses Schreibtelegraph)?

17) Jemand wirft mit sieben verschiedenartigen Münzen, welche sämtlich auf der einen Fläche ein Bild, auf der andern ein Wappen zeigen. Wieviel Würfe gibt es mit Rücksicht darauf, daß bei jeder Münze das Bild und daß auch das Wappen oben zu liegen kommen kann?

18) Bei wieviel Dingen gibt es zur zweiten Klasse 72 durch Variationen ohne Wiederholung entstehende Komplexe?

19) Zur wievielten Klasse muß man vier Dinge mit Wiederholung variieren, damit 256 Komplexe entstehen?

20) Zur wievielten Klasse muß man sechs Dinge mit Wiederholung variieren, damit 7776 Komplexe möglich sind?

21) Bei wieviel Dingen entstehen durch Variieren $\frac{9}{2}$ mal so viel Komplexe dritter Klasse mit Wiederholung als ohne Wiederholung?

§ 40.

Kombinationen.

Theorie.

$$\text{I)}\quad K_p(n) = \frac{n!}{p!(n-p)!} = n_p\,.$$

$$\text{II)}\quad K_p^w(n) = \frac{(n+p-1)!}{p!(n-1)!} = (n+p-1)_p\,.$$

A. Kombinationen ohne Wiederholung.

n Dinge zur pten Klasse **ohne** Wiederholung **kombinieren** heißt, je p unter den n Dingen auf alle mögliche Weise zusammenstellen, aber so, daß nie zwei Komplexe erscheinen, die sich nur durch Permutation unterscheiden, und daß in einem Komplex jedes von den n Dingen immer nur einmal vorkommt. Hiernach kann, wenn die Dinge wieder durch Buchstaben bezeichnet werden, in jedem Komplex die alphabetische Reihenfolge genau festgehalten werden, indem einem Buchstaben nie ein anderer Buchstabe folgt, der ihm im Alphabet vorangeht. Denn ein Komplex, in welchem dies aufträte, würde durch Vertauschung dieser beiden Buchstaben in einen Komplex übergehen, der bei alphabetischer Anordnung der Komplexe voranstünde, so daß zwei Komplexe vorhanden wären, die sich nur durch Permutation unterscheiden, nämlich durch Vertauschung der beiden Buchstaben, was nach der Definition des Kombinierens unstatthaft wäre. Die alphabetische Anordnung der bei den sechs Buchstaben a b c d e f durch Kombinieren ohne Wiederholung auftretenden Komplexe lautet für die vierte Klasse folgendermaßen:

a b c d	a b e f	b c d e
a b c e	a c d e	b c d f
a b c f	a c d f	b c e f
a b d e	a c e f	b d e f
a b d f	a d e f	c d e f .

Die Anzahl der durch Kombinieren von n Dingen zur pten Klasse ohne Wiederholung entstehenden Komplexe bezeichnet man mit $K_p(n)$. Da nach der obigen Definition Variationen nichts anderes als permutierte Kombinationen sind, so ist jeder Komplex, der bei den Kombinationen nur einmal zu rechnen ist, bei den Variationen so oft gerechnet, wie die Anzahl der durch Permutieren entstehenden Komplexe bei p Dingen angibt. Dies ist aber p! Demnach ist:

$$K_p(n) = V_p(n) : p!$$

oder:

$$K_p(n) = \frac{n(n-1)(n-2)\ldots(n-p+1)}{1\cdot 2\cdot \ldots \cdot p} = \frac{n!}{p!(n-p)!}.$$

Z. B.:

$$K_3(5) = \frac{5\cdot 4\cdot 3}{1\cdot 2\cdot 3} = 10$$

$$K_4(8) = \frac{8\cdot 7\cdot 6\cdot 5}{1\cdot 2\cdot 3\cdot 4} = 70$$

$$K_5(11) = \frac{11\cdot 10\cdot 9\cdot 8\cdot 7}{1\cdot 2\cdot 3\cdot 4\cdot 5} = 462.$$

Für diese in der Mathematik sehr häufig auftretenden Kombinationszahlen führen wir die abgekürzte Bezeichnung

n_p (gelesen: „n tief p", oder „n über p")

ein. Es ist also n_p eine Abkürzung für

$$\frac{n!}{p!(n-p)!}.$$

Die Zahlen n_p sollen Kombinationszahlen heißen, und zwar nennt man n die Basis und p den Index der Kombinationszahl n_p. Eigenschaften der Kombinationszahlen folgen im nächsten Paragraphen. Beispielsweise haben die Kombinationszahlen der Basis 11 die folgenden Werte:

$11_1 = 11$, $11_2 = 55$, $11_3 = 165$, $11_4 = 330$, $11_5 = 462$,
$11_6 = 462$, $11_7 = 330$, $11_8 = 165$, $11_9 = 55$, $11_{10} = 11$, $11_{11} = 1$.

B. Kombinationen mit Wiederholung.

n Dinge zur pten Klasse **mit** Wiederholung **kombinieren** heißt, je p unter den n Dingen auf alle mögliche Weise zusammenstellen, und zwar so, daß nie zwei Komplexe erscheinen, die sich nur durch Permutation unterscheiden, daß aber in einem Komplex ein und dasselbe Ding beliebig oft, also 0 bis pmal erscheinen darf. In alphabetischer Reihenfolge lauten die Komplexe, die durch Kombination der fünf Buchstaben a, b, c, d, e zur dritten Klasse mit Wiederholung entstehen, folgendermaßen:

a a a	a b d	a e e	b c e	c d d
a a b	a b e	b b b	b d d	c d e
a a c	a c c	b b c	b d e	c e e
a a d	a c d	b b d	b e e	d d d
a a e	a c e	b b e	c c c	d d e
a b b	a d d	b c c	c c d	d e e
a b c	a d e	b c d	c c e	e e e

Wenn man bei diesem Beispiele in jedem Komplex den ersten Buchstaben unverändert läßt, statt des zweiten der fünf Buchstaben a, b, c, d, e den im

Alphabet folgenden setzt und statt des dritten Buchstabens den im Alphabet nächst-nächsten setzt, so kann in keinem Komplex ein und derselbe Buchstabe mehr als einmal auftreten, und man erhält demgemäß die sämtlichen Komplexe, die durch Kombinieren ohne Wiederholung für die sieben Buchstaben a, b, c, d, e, f, g zur dritten Klasse entstehen, also $(5+2)_3 = 7_3 = 35$ Komplexe. Auf solche Weise kann jedes Kombinieren mit Wiederholung als ein Kombinieren ohne Wiederholung aufgefaßt werden, nur daß die Anzahl der Elemente nicht mehr n, sondern $n+p-1$ beträgt. Demnach ist die Anzahl der Komplexe p ter Klasse bei n Elementen und mit Wiederholung übereinstimmend mit der Anzahl der Komplexe p ter Klasse bei $n+p-1$ Elementen und ohne Wiederholung, also gleich $(n+p-1)_p$. Also ist

$$K_p^w(n) = K_p(n+p-1) = (n+p-1)_p = \frac{(n+p-1)!}{p!(n-1)!}.$$

Z. B.:

$$K_3^w(9) = K_3(9+3-1) = 11_3 = 165$$
$$K_1^w(10) = K_1(10) = 10_1 = 10$$
$$K_4^w(5) = K_4(8) = 8_4 = 70$$
$$K_8^w(3) = K_8(10) = 10_8 = 45$$
$$K_6^w(4) = K_6(9) = 9_6 = 84.$$

Aufgaben.

1) Kombiniere zur dritten Klasse die sieben Zahlen 1, 2, 3, 4, 5, 6, 7 ohne Wiederholung.
2) Kombiniere zur dritten Klasse mit Wiederholung die vier Buchstaben a, b, c, d.
3) Wieviel Komplexe entstehen durch Kombinieren von acht Dingen zu je vier ohne Wiederholung?
4) Wieviel Komplexe entstehen, wenn man acht Dinge zu je vier mit Wiederholung kombiniert?
5) Wieviel Schnittpunkte zeigen zehn gerade Linien, von denen keine zwei parallel sind?
6) Wieviel gerade Verbindungslinien gibt es bei elf Punkten der Ebene?
7) Wieviel Verbindungsebenen gibt es höchstens bei elf Punkten im Raume?
8) Auf wieviel Arten lassen sich acht Karten so verteilen, daß jede von zwei Personen vier erhält?
9) Auf wieviel Arten lassen sich neun Karten unter drei Personen so verteilen, daß jede drei enthält?
10) Beim Skatspiel werden 32 Karten so verteilt, daß jede von drei Personen zehn erhält und zwei Karten besonders gelegt werden. Wieviel Verteilungsarten sind möglich?
11) Beim Whistspiel werden 52 Karten unter vier Personen verteilt, so daß jede Person 13 erhält. Wieviel Verteilungsarten sind möglich?

12) Was entsteht, wenn man alle durch Kombinieren p ter Klasse bei n Elementen entstehenden Komplexe auf alle mögliche Weise permutiert?
13) Warum muß $8p + 1$ eine Quadratzahl sein, wenn p eine Ambenzahl ist, d. h. eine Kombinationszahl zweiter Klasse?
14) Auf wievielfache Weise kann man das Produkt $2 \cdot 3 \cdot 5 \cdot 7 \cdot 11 \cdot 13$ in drei Faktoren so zerlegen, daß jeder dieser drei Faktoren zwei Primfaktoren enthält?
15) Warum gibt es zwischen den sämtlichen Schnittpunkten, die bei n geraden Linien entstehen, $\frac{1}{8} n(n-1)(n-2)(n-3)$ neue Verbindungsgerade?
16) Bei wieviel Elementen gibt es zur dritten Klasse fünfmal so viel Komplexe, wenn man mit Wiederholung kombiniert, als wenn man ohne Wiederholung kombiniert?

Wenn man die Elemente a, b, c, d zur siebenten Klasse mit Wiederholung kombiniert, und man dann zählt, wie oft in den verschiedenen Komplexen a, wie oft b, wie oft c und wie oft d vorkommt, so erhält man alle Möglichkeiten, die Zahl 7 als Summe von vier Summanden darzustellen, wobei der Summand 0 nicht ausgeschlossen ist und Darstellungen auch dann als verschieden gelten, wenn sie sich nur durch die Reihenfolge der Summanden unterscheiden. Die Anzahl dieser Möglichkeiten stimmt also mit der Anzahl der Komplexe überein, die entstehen, wenn man vier Elemente zur siebenten Klasse mit Wiederholung kombiniert, ist also gleich $(4 + 7 - 1)_7$. Ebenso erkennt man, daß allgemein die Zahl $(s + t - 1)_s$ angibt, wie oft es möglich ist, die Zahl s als Summe von t Summanden darzustellen, wobei auch Null als Summand mitgerechnet ist. Wie oft läßt sich darstellen:

17) die Zahl 3 als Summe von vier Summanden?
18) die Zahl 5 als Summe von drei Summanden?
19) die Zahl 6 als Summe von sechs Summanden?
20) Wieviel verschiedene Glieder liefert die Entwicklung von $(a + b + c)^5$?
21) Wieviel verschiedene Glieder liefert die Entwicklung von $(a+b+c+d)^6$?
22) Auf wieviel verschiedene Arten kann man sechs Münzen in vier Fächer stecken, wenn jedes Fach auch leer bleiben darf?

§ 41.
Eigenschaften der Kombinationszahlen.
Theorie.

I) $n_p = n_{n-p}$.

II) $n_p + n_{p+1} = (n + 1)_{p+1}$.

III) $m_p + (m + 1)_p + (m + 2)_p + \ldots + (m + p)_p = (m + p + 1)_{p+1}$.

IV) $1 + 2 + 3 + \ldots + q = \frac{1}{2} q(q + 1)$.

V) $1^2 + 2^2 + 3^2 + \ldots + q^2 = \frac{1}{6} q(q + 1)(2q + 1)$.

VI) $1^3 + 2^3 + 3^3 + \ldots + q^3 = \frac{1}{4} q^2 (q + 1)^2$.

VII) $(a + b)_p = a_p + a_{p-1} \cdot b_1 + a_{p-2} \cdot b_2 + \ldots + b_p$.

A. Grundlegende Eigenschaften.

Die Formel I) folgt daraus, daß nach der Definitionsformel der Kombinationszahlen:

erstens:
$$n_p = \frac{n!}{p!(n-p)!},$$

zweitens:
$$n_{n-p} = \frac{n!}{(n-p)!\,(n-n+p)!} = \frac{n!}{p!(n-p)!}$$

ist. Z. B.:
$$10_7 = 10_3 = \frac{10 \cdot 9 \cdot 8}{1 \cdot 2 \cdot 3} = 120\,; \qquad 12_{10} = 12_2 = \frac{12 \cdot 11}{1 \cdot 2} = 66\,.$$

Die Formel II) wird bewiesen, indem man die beiden folgenden, aus der Definitionsformel der Kombinationszahlen hervorgehenden Gleichungen addiert:

$$n_p = \frac{n!}{p!(n-p)!}$$

$$n_{p+1} = \frac{n!}{(p+1)!\,(n-p-1)!}.$$

Um auf gleichen Nenner zu bringen, hat man den Bruch auf der rechten Seite der ersten Gleichung mit $p + 1$ und den Bruch auf der rechten Seite der zweiten Gleichung mit $n - p$ zu erweitern. Dadurch erhält man den gemeinsamen Nenner $(p + 1)!\,(n - p)!$, während die Addition der beiden Zähler ergibt:

$$n!(p+1) + n!(n-p)$$

oder:

$$n!(p+1+n-p) = n!(n+1) = (n+1)!\,.$$

Deshalb erhält man:

$$n_p + n_{p+1} = \frac{(n+1)!}{(p+1)!\,(n-p)!}\,.$$

Die rechte Seite ist aber, der Definition der Kombinationszahlen gemäß, $(n + 1)_{p+1}$, womit die Formel II) der Überschrift bewiesen ist. Z. B.:

$$7_3 + 7_4 = 8_4\,; \quad 9_2 + 9_3 = 10_3\,; \quad 20_1 + 20_2 = 21_2\,.$$

Um die Formel III) zu beweisen, wendet man die Formel II) wiederholt an. Von den folgenden $p + 1$ Gleichungen ist die erste richtig, weil ihre beiden Seiten den Wert 1 haben, die darauffolgenden p Gleichungen aber sind nach Formel II) richtig:

$$\begin{aligned} m_m &= (m+1)_{m+1} \\ (m+1)_m + (m+1)_{m+1} &= (m+2)_{m+1} \\ (m+2)_m + (m+2)_{m+1} &= (m+3)_{m+1} \\ \ldots\ldots\ldots & \ldots\ldots\ldots \\ (m+p)_m + (m+p)_{m+1} &= (m+p+1)_{m+1}\,. \end{aligned}$$

Bei der Addition dieser $p + 1$ Gleichungen hebt sich immer der zweite Summand der linken Seite gegen die rechte Seite der vorangehenden Gleichung, so daß links die Summe aller Kombinationszahlen entsteht, deren Index m ist und deren Basen die aufeinanderfolgenden natürlichen Zahlen von m bis $m + p$ sind, während auf der rechten Seite allein die letzte Kombinationszahl $(m + p + 1)_{m+1}$ stehen bleibt. Dadurch ist die Formel bewiesen. Z. B.:

$$1)\quad 3_3 + 4_3 + 5_3 + 6_3 + 7_3 = 8_4 ,$$

indem $1 + 4 + 10 + 20 + 35 = 70$ ist;

$$2)\quad 5_5 + 6_5 + 7_5 + 8_5 = 9_6 ,$$

indem $1 + 6 + 21 + 56 = 84$ ist.

B. Dreieckszahlen und Tetraedralzahlen.

Daß $1 + 2 + 3 + 4 + \ldots + n = \frac{1}{2} n(n + 1)$ ist, kann schon in der elementarsten Arithmetik bewiesen werden. Hier folgt es aus Formel III) dadurch, daß man den ganzen Zahlen $1, 2, 3, 4, \ldots, n$ den Index 1 ansetzt. Wenn man die aufeinanderfolgenden natürlichen Zahlen von 1 an durch Punkte darstellt, die in parallelen Zeilen stehen und in ihrer Gesamtheit ein gleichseitiges Dreieck bilden, so wird nach Formel III) die Gesamtheit aller Punkte durch eine Kombinationszahl mit dem Index 2 gezählt. So verdeutlicht die folgende Figur, daß $1 + 2 + 3 + 4 + 5 = 6_2 = 15$ ist:

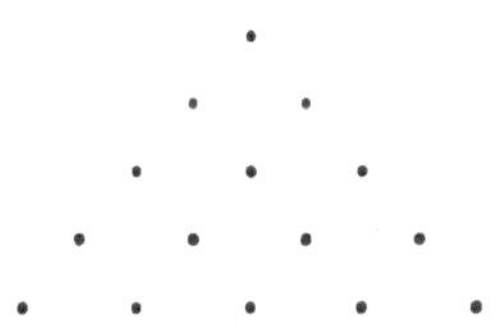

Wegen dieser Eigenschaft nennt man die Kombinationszahlen mit dem Index 2 auch Dreieckszahlen.

Wenn man sich statt der Punkte gleiche Kugeln denkt, die die unterste Schicht eines Kugelhaufens bilden, und auf diese Kugelschicht eine zweite gelegt, die wiederum die Form eines gleichseitigen Dreiecks hat, aber in jeder Seite eine Kugel weniger aufweist, dann auf diese zweite Schicht in derselben Weise eine dritte Schicht gelegt und so fortgefahren, bis in der obersten Schicht nur eine einzige Kugel zu liegen kommt, so erhält man nach Formel III) die Gesamtzahl aller Kugeln als eine Kombinationszahl mit dem Index 3. Wenn nämlich in jeder Kante des entstehenden Tetraeders p Kugeln liegen, so sind in der untersten Schicht, wie oben gezeigt ist, $(p + 1)_2$ Kugeln, in der nächstfolgenden Schicht demnach p_2, in der dritten $(p - 1)_2$ bis zur obersten Schicht, die aus einer Kugel besteht, und von der man also sagen kann, daß sie 2_2 Kugeln enthält. Nach Formel III) ist aber:

$$2_2 + 3_2 + 4_2 + \ldots + (p + 1)_2 = (p + 2)_3 .$$

Man nennt deshalb die Kombinationszahlen mit dem Index 3 auch **Tetraedralzahlen**. Wenn z. B. bei einem solchen Kugeltetraeder in jeder Kante sechs Kugeln liegen, so ist:

$$(6+2)_3 = 8_3 = \frac{8 \cdot 7 \cdot 6}{1 \cdot 2 \cdot 3} = 56$$

die Gesamtzahl aller Kugeln.

C. Summe der Potenzen der ganzen Zahlen.

Um die Formel V) zu beweisen, gehen wir aus von:

$$p_2 = \tfrac{1}{2} p(p-1) = \tfrac{1}{2} p^2 - \tfrac{1}{2} p$$

oder:

$$p^2 = 2 p_2 + p_1 .$$

In diese Gleichung setzen wir $p = 2$, $p = 3$, $p = 4$ usw. bis $p = q$, der wir $1^2 = 1_1$ voransetzen. So erhalten wir die q Gleichungen:

$$\begin{aligned} 1^2 &= 1_1 \\ 2^2 &= 2 \cdot 2_2 + 2_1 \\ 3^2 &= 2 \cdot 3_2 + 3_1 \\ &\cdots\cdots \\ q^2 &= 2 \cdot q_2 + q_1 . \end{aligned}$$

Durch Addition dieser q Gleichungen erhält man, daß die Summe aller Quadratzahlen von 1^2 bis q^2 gleich der folgenden Summe ist:

$$2(2_2 + 3_2 + \ldots + q_2) + (1_1 + 2_1 + 3_1 + \ldots + q_1) .$$

Nach Formel III) ergibt nun die erste Klammer $(q+1)_3$ und die zweite $(q+1)_2$, so daß wir erhalten:

$$\frac{2(q+1)q(q-1)}{1 \cdot 2 \cdot 3} + \frac{(q+1)q}{1 \cdot 2}$$

oder

$$\frac{q(q+1)}{6}[2q - 2 + 3] \quad \text{oder} \quad \frac{q(q+1)(2q+1)}{6},$$

wodurch die Formel V) bewiesen ist. Z. B.:

$$1^2 + 2^2 + 3^2 + \ldots + 10^2 = \frac{10 \cdot 11 \cdot 21}{6} = 5 \cdot 11 \cdot 7 = 385 ;$$

$$1^2 + 2^2 + \ldots + 100^2 = \frac{100 \cdot 101 \cdot 201}{6} = 50 \cdot 101 \cdot 67 = 338350 .$$

In ähnlicher Weise beweist man Formel VI). Man geht aus von:

$$p_3 = \tfrac{1}{6} p(p-1)(p-2),$$

woraus folgt:

$$p^3 = 6 p_3 + 3 p^2 - 2 p .$$

Für p^2 wurde aber soeben erhalten: $2p_2 + p_1$. Setzt man dies ein, so erhält man:

$$p^3 = 6p_3 + 6p_2 + p_1 .$$

In diese Formel setzen wir nacheinander $p = 3$, $p = 4$ usw. bis $p = q$, wodurch wir $q - 2$ Gleichungen erhalten, denen wir die beiden Identitäten: $1^3 = 1$ und $2^3 = 6 \cdot 2_2 + 2_1$ voranstellen. Dadurch erhalten wir die q Gleichungen:

$$\begin{aligned}
1^3 &= && && 1_1 \\
2^3 &= && 6 \cdot 2_2 &&+ 2_1 \\
3^3 &= 6 \cdot 3_3 &&+ 6 \cdot 3_2 &&+ 3_1 \\
4^3 &= 6 \cdot 4_3 &&+ 6 \cdot 4_2 &&+ 4_1 \\
\vdots & \quad \vdots && \quad \vdots && \quad \vdots \\
q^3 &= 6 \cdot q_3 &&+ 6 \cdot q_2 &&+ q_1 .
\end{aligned}$$

Durch Addition erhält man links die Summe aller Kubikzahlen und rechts:

$$6 \cdot (q+1)_4 + 6 \cdot (q+1)_3 + (q+1)_2$$

$$= \frac{6(q+1)\,q(q-1)\,(q-2)}{24} + \frac{6(q+1)\,q(q-1)}{6} + \frac{(q+1)\,q}{2}$$

$$= \frac{(q+1)\,q}{4}\,[q^2 - 3q + 2 + 4q - 4 + 2] = \tfrac{1}{4}\,q^2(q+1)^2 ,$$

womit die Formel VI) bewiesen ist. Man beachte, daß die Summe aller Kubikzahlen von 1^3 bis q^3 das Quadrat der Summe 1 bis q ihrer Basen ist.

D. Zweite Ableitung der Formel für Kombinationen mit Wiederholung.

Durch die Formel III) dieses Paragraphen kann man auch sehr leicht die Formel II) des vorigen Paragraphen beweisen, d. h. die Anzahl der durch Kombination von n Dingen zu je p mit Wiederholung entstehenden Komplexe bestimmen. Wenn nämlich a, b, c, d, ... die n Dinge sind und p zunächst 2 ist, so können auf a alle n Buchstaben folgen, a selbst nicht ausgenommen. Auf b können folgen alle Buchstaben, nur nicht a, auf c alle außer a und b, usw. Demnach erhalten wir:

$$n + (n-1) + (n-2) + \ldots + 1 ,$$

d. h. $n_1 + (n-1)_1 + (n-2)_1 + \ldots + 1_1$, dies heißt aber:

$$K_2^w(n) = (n+1)_2 \quad \text{oder} \quad = \frac{n(n+1)}{1 \cdot 2} .$$

Wenn ferner $p = 3$ ist, so fangen so viel Komplexe mit a an, wie sich alle n Buchstaben zur zweiten Klasse mit Wiederholung kombinieren lassen, das heißt, wie soeben gezeigt ist, $(n+1)_2$. Mit b fangen so viel Komplexe an, wie sich alle

Buchstaben außer a mit Wiederholung kombinieren lassen, also n_2. Mit c fangen demnach $(n-1)_2$ an usw. bis 2_2. Also ist:

$$K_3^w(n) = (n+1)_2 + n_2 + (n-1)_2 + (n-2)_2 + \ldots + 2_2$$
$$= (n+2)_3 = \frac{n(n+1)(n+2)}{1 \cdot 2 \cdot 3}.$$

In derselben Weise erhalten wir für $p = 4$:

$$(n+2)_3 + (n+1)_3 + n_3 + (n-1)_3 + \ldots + 3_3,$$

also ist:

$$K_4^w(n) = (n+3)_4 = \frac{n(n+1)(n+2)(n+3)}{1 \cdot 2 \cdot 3 \cdot 4},$$

oder allgemein:

$$K_p^w(n) = (n+p-1)_p = \frac{n(n+1)(n+2)\ldots(n+p-1)}{1 \cdot 2 \cdot 3 \cdot 4 \cdot \ldots \cdot p}.$$

E. Binomische Entwicklung von Kombinationszahlen.

Um die Formel VII) der Überschrift zu beweisen, hat man die Dinge, die zur $p$ten Klasse zu kombinieren sind, in zwei Arten zu zerlegen, erstens a Dinge von der Art A, zweitens b Dinge von der Art B, und daran zu denken, daß i Dinge von der Art A und $p-i$ Dinge von der Art B auf a_i mal b_{p-i} Weisen zusammenzufassen sind. Man erhält so:

$$(a+b)_p = a_p + a_{p-1} \cdot b_1 + a_{p-2} \cdot b_2 + \ldots + b_p.$$

Beispiele:

$$(6+4)_3 = 6_3 + 6_2 \cdot 4_1 + 6_1 \cdot 4_2 + 4_3 = 20 + 60 + 36 + 4 = 120;$$
$$(7+5)_5 = 7_5 + 7_4 \cdot 5_1 + 7_3 \cdot 5_2 + 7_2 \cdot 5_3 + 7_1 \cdot 5_4 + 5_5$$
$$= 21 + 175 + 350 + 210 + 35 + 1 = 792 = 12_5.$$

Man beachte, daß, wenn dabei Kombinationszahlen vorkommen, bei denen der Index größer als die Basis ist, sie gleich 0 zu setzen sind. Z. B.:

$$(5+5)_6 = 5_5 \cdot 5_1 + 5_4 \cdot 5_2 + 5_3 \cdot 5_3 + 5_2 \cdot 5_4 + 5_1 \cdot 5_5$$
$$= 5 + 50 + 100 + 50 + 5 = 210 = 10_6;$$
$$(6+2)_4 = 6_4 + 6_3 \cdot 2_1 + 6_2 \cdot 2_2 = 15 + 40 + 15 = 70 = 8_4.$$

Aufgaben.

1) Wie berechnet man am einfachsten 13_{10}?
2) Beweise die Entstehungsweise des Pascalschen Dreiecks (§ 12, S. 98) aus der hier mit II) bezeichneten Formel.

Welche Kombinationszahl ist gleich der Summe:

3) $8_4 + 8_5$? 4) $9_2 + 9_3$? 5) $10_5 + 10_6$? 6) $11_3 + 11_4$?
7) $11_3 + 11_4 + 12_5$? 8) $13_{11} + 13_{12}$? 9) $14_4 + 14_5 + 15_6$?
10) $20_2 + 20_3$? 11) $21_{20} + 21_{21}$? 12) $22_5 + 22_6 + 23_7$?

Drücke die folgende Summe durch eine Kombinationszahl aus:

13) $4_4 + 5_4 + 6_4$ 14) $8_8 + 9_8 + 10_8 + 11_8$

15) $10_5 + 9_5 + 8_5 + 7_5 + 6_5 + 5_5$

16) $(a-1)_{a-1} + a_{a-1} + (a+1)_{a-1} + (a+2)_{a-1}$

17) $a_a + (a+1)_a + (a+2)_a + (a+3)_a$

18) $a_0 + (a+1)_1 + (a+2)_2 + \ldots + (a+b)_b$.

Drücke jede der folgenden Summen als Differenz zweier Kombinationszahlen aus:

19) $6_3 + 7_3 + 8_3 + 9_3$ 20) $9_6 + 10_6 + 11_6 + 12_6 + 13_6$

21) $a_m + (a+1)_m + (a+2)_m + \ldots + b_m$, wo $b > a$ ist

22) $10_4 + 11_5 + 12_6 + 13_7$ [Formel I)]

23) $a_m + (a+1)_{m+1} + (a+2)_{m+2} + \ldots + (a+b)_{m+b}$.

Summiere nach Formel IV) alle Zahlen von

24) 1 bis 20 25) 1 bis 100 26) 1 bis 1000 27) 100 bis 999

28) von 1900 bis 1999 29) alle vierziffrigen Zahlen.

Summiere nach Formel V):

30) $1^2 + 2^2 + \ldots + 20^2$ 31) $1^2 + 2^2 + \ldots + 99^2$

32) $10^2 + 11^2 + \ldots + 99^2$

33) $a^2 + (a+1)^2 + (a+2)^2 + \ldots + b^2$, wo $b > a$ ist.

Summiere nach Formel VI):

34) $1^3 + 2^3 + \ldots + 12^3$ 35) $10^3 + 11^3 + \ldots + 20^3$

36) $a^3 + (a+1)^3 + \ldots + b^3$, wo $b > a$ ist.

37) Stelle die Summe der vierten Potenzen aller natürlichen Zahlen von 1^4 bis n^4 abhängig von n dar.

38) Summiere $1^5 + 2^5 + 3^5 + \ldots + n^5$.

Entwickle binomisch:

39) $(4+3)_2$ 40) $(7+8)_5$ 41) $(3+4)_4$ 42) $(4+6)_5$

43) $(c+d)_e$.

44) Wie lautet die trinomische Entwicklung von $(a+b+c)_p$?

§ 42.

Der binomische Lehrsatz.

Theorie.

I) $$(1+x_1)(1+x_2)(1+x_3)\ldots(1+x_n) = 1 + (x_1 + x_2 + \ldots + x_n) + (x_1 x_2 + x_1 x_3 + \ldots + x_{n-1} \cdot x_n) + (x_1 x_2 x_3 + \ldots) + (x_1 x_2 x_3 x_4 + \ldots) + \ldots + (x_1 x_2 x_3 \ldots x_n).$$

II) $$(1+x)^n = 1 + n_1 x + n_2 x^2 + n_3 x^3 + \ldots + n_n x^n.$$

III) $$(a+b)^n = a^n + \frac{n}{1} \cdot a^{n-1} b + \frac{n(n-1)}{1 \cdot 2} \cdot a^{n-2} b^2 + \frac{n(n-1)(n-2)}{1 \cdot 2 \cdot 3} a^{n-3} b^3 + \ldots + b^n.$$

Wenn man $(1+x_1)$ mit $(1+x_2)$ multipliziert, so erhält man vier Glieder. Das erste von ihnen ist 1, das zweite und dritte sind x_1 und x_2, das vierte ist das Produkt $x_1 \cdot x_2$. Multipliziert man nun die erhaltene Summe mit $1+x_3$, so tritt zu den soeben erhaltenen vier Gliedern noch hinzu: erstens x_3, ferner $x_1 x_3$ und $x_2 x_3$, endlich das Produkt $x_1 x_2 x_3$. Multipliziert man weiter die erhaltene Summe mit $1+x_4$, so tritt neu hinzu: erstens x_4, ferner $x_1 x_4$, $x_2 x_4$, $x_3 x_4$, drittens $x_1 x_2 x_4$, $x_1 x_3 x_4$, $x_2 x_3 x_4$, viertens $x_1 x_2 x_3 x_4$. Man erhält also:

$$\begin{aligned} 1 &+ (x_1 + x_2 + x_3 + x_4) \\ &+ (x_1 x_2 + x_1 x_3 + x_1 x_4 + x_2 x_3 + x_2 x_4 + x_3 x_4) \\ &+ (x_1 x_2 x_3 + x_1 x_2 x_4 + x_1 x_3 x_4 + x_2 x_3 x_4) + x_1 x_2 x_3 x_4 . \end{aligned}$$

So fortfahrend, erkennt man, daß die in der Überschrift mit I) bezeichnete Formel richtig ist. Wenn man nun die n Buchstaben:

$$x_1,\ x_2,\ x_3,\ x_4,\ \ldots,\ x_n,$$

die ganz beliebige Zahlen bedeuten dürfen, sämtlich gleich x setzt, so erhält man in der ersten Klammer eine Summe von so viel x, wie es Kombinationen erster Klasse der n Indizes 1, 2, 3, ..., n gibt, in der zweiten Klasse eine Summe von so viel x^2, wie es Kombinationen zweiter Klasse der n Indizes 1, 2, 3, ..., n gibt, und überhaupt in der p ten Klammer eine Summe von so viel Gliedern x^p, wie es Kombinationen p ter Klasse der Indizes gibt. Mit Benutzung der in § 40 eingeführten abkürzenden Bezeichnung für die Zahl der Kombinationen p ter Klasse, ohne Wiederholung aus n Elementen, erhalten wir also:

$$(1+x)^n = 1 + n_1 \cdot x + n_2 \cdot x^2 + n_3 \cdot x^3 + \ldots + n_n x^n .$$

Beispiel:

$$\begin{aligned} (1+2)^6 &= 1 + 6_1 \cdot 2 + 6_2 \cdot 2^2 + 6_3 \cdot 2^3 + 6_4 \cdot 2^4 + 6_5 \cdot 2^5 + 6_6 \cdot 2^6 \\ &= 1 + 6 \cdot 2 + 15 \cdot 4 + 20 \cdot 8 + 15 \cdot 16 + 6 \cdot 32 + 1 \cdot 64 \\ &= 1 + 12 + 60 + 160 + 240 + 192 + 64 = 729 = 3^6 . \end{aligned}$$

Um aus der soeben abgeleiteten Formel II) der Überschrift die Formel III) zu gewinnen, setzen wir $x = \frac{b}{a}$ und multiplizieren dann beiderseits mit a^n. Dadurch erhalten wir:

$$(a+b)^n = a^n + n_1 \cdot a^{n-1} \cdot b + n_2 \cdot a^{n-2} \cdot b^2 + \ldots + n_n \cdot b^n .$$

Wenn man dann noch, gemäß § 40, für jedes n_p:

$$\frac{n(n-1)(n-2)\ldots(n-p+1)}{1 \cdot 2 \cdot 3 \cdot \ \ldots \ \cdot p}$$

einsetzt, erhält man die Formel III) der Überschrift. Die von dieser Formel ausgesprochene Wahrheit nennt man den „binomischen Lehrsatz“. (Binom heißt Summe von zwei Gliedern.) Dementsprechend nennt man die in II) und III) auftretenden Koeffizienten „Binomialkoeffizienten“. Diese sind also genau dasselbe wie die in § 40 und § 41 behandelten Kombinationszahlen.

Beispiele für die Anwendung des binomischen Lehrsatzes:

1) $(2 + \frac{1}{2})^5 = 2^5 + 5_1 \cdot 2^4 \cdot (\frac{1}{2}) + 5_2 \cdot 2^3 \cdot (\frac{1}{2})^2 + 5_3 \cdot 2^2 \cdot (\frac{1}{2})^3$
$+ 5_4 \cdot 2^1 \cdot (\frac{1}{2})^4 + 5_5 \cdot (\frac{1}{2})^5$
$= 32 + 5 \cdot 16 \cdot \frac{1}{2} + 10 \cdot 8 \cdot \frac{1}{4} + 10 \cdot 4 \cdot \frac{1}{8} + 5 \cdot 2 \cdot \frac{1}{16} + \frac{1}{32}$
$= 32 + 40 + 20 + 5 + \frac{5}{8} + \frac{1}{32} = 97\frac{21}{32}$;

2) $(\sqrt{2} - 1)^7 = (\sqrt{2})^7 - 7_1 \cdot (\sqrt{2})^6 + 7_2 \cdot (\sqrt{2})^5 - 7_3 \cdot (\sqrt{2})^4 + 7_4 \cdot (\sqrt{2})^3$
$- 7_5 \cdot (\sqrt{2})^2 + 7_6 \cdot \sqrt{2} - 7_7$
$= 2^3 \sqrt{2} - 7 \cdot 2^3 + 21 \cdot 2^2 \cdot \sqrt{2} - 35 \cdot 2^2 + 35 \cdot 2 \sqrt{2} - 21 \cdot 2 + 7 \sqrt{2} - 1$
$= \sqrt{2}(8 + 84 + 70 + 7) - (56 + 140 + 42 + 1)$
$= 169 \sqrt{2} - 239$;

3) $(2e - 3f)^6 = (2e)^6 - 6_1 \cdot (2e)^5 \cdot (3f) + 6_2 \cdot (2e)^4 \cdot (3f)^2 - 6_3 \cdot (2e)^3 \cdot (3f)^3$
$+ 6_4 \cdot (2e)^2 \cdot (3f)^4 - 6_5 \cdot (2e) \cdot (3f)^5 + 6_6 \cdot (3f)^6$
$= 64 e^6 - 576 e^5 f + 2160 e^4 f^2 - 4320 e^3 f^3 + 4860 e^2 f^4$
$- 2916 e f^5 + 729 f^6$.

Aus dem binomischen Lehrsatze ergibt sich, daß die Summe aller Binomialkoeffizienten, welche sich auf einen und denselben Exponenten beziehen, gleich derjenigen Potenz der Zahl 2 ist, welche eben diesen Exponenten als Exponenten hat. Wenn man nämlich $a = 1$, $b = 1$ setzt, so erhält man:

$$2^n = 1 + n_1 + n_2 + n_3 + \ldots + n_n.$$

Z. B.:

1) $2^8 = 1 + 8_1 + 8_2 + 8_3 + 8_4 + 8_5 + 8_6 + 8_7 + 8_8$
$= 1 + 8 + 28 + 56 + 70 + 56 + 28 + 8 + 1$;

2) $2^9 = 1 + 9_1 + 9_2 + 9_3 + 9_4 + 9_5 + 9_6 + 9_7 + 9_8 + 9_9$
$= 1 + 9 + 36 + 84 + 126 + 126 + 84 + 36 + 9 + 1$.

Überhaupt kann man bei Anwendung des binomischen Lehrsatzes dadurch, daß man die auftretenden Buchstaben sämtlich gleich setzt, leicht eine Kontrolle der Berechnung ausüben. Wenn man z. B. bei dem obigen dritten Beispiele $e = 1$, $f = 1$ setzt, so erhält man:

$$1 = (64 + 2160 + 4860 + 729) - (576 + 4320 + 2916)$$
$$= 7813 - 7812.$$

Aufgaben.

Entwickle:

1) $(p + q)^7$ 2) $(a + 2b)^6$ 3) $(2c + 3d)^5$
4) $(2a - b)^4$ 5) $(3a - c)^4$ 6) $(a - f)^8$
7) $(a - \frac{1}{2}b)^6$ 8) $(x - \frac{1}{3})^3$ 9) $(2p - \frac{1}{2}q)^5$
10) $(2a - 1)^{10}$ 11) $(\sqrt{2} - 1)^{12}$ 12) $(\sqrt{3} - \sqrt{2})^6$
13) $(-1 + i)^9$ 14) $(-\frac{1}{2} + \frac{1}{2} i \sqrt{3})^6$ 15) $(3\sqrt{2} - i\sqrt{3})^5$.

Welche Zahl ist n, wenn die Entwicklung von $(a+b)^n$ das Produkt eines Zahlenkoeffizienten mit einem der folgenden Glieder enthält:

16) $a^3 b^4$ 17) $a^8 b^4$ 18) $a b^{11}$ 19) $a^{10} b^{11}$ 20) b^{19} 21) $a b^{21}$?

Wie groß ist die Exponentensumme in jedem Gliede der Entwicklung von:

22) $(a-b)^{11}$ 23) $(2a+3b)^{12}$ 24) $(x-2y)^{10}$ 25) $(p-q)^{14}$?

Drücke in der Form n_p den Koeffizienten aus, welchen in der Entwicklung von $(a+b)^n$ das folgende Produkt erhält:

26) $a^5 b^4$ 27) $a^7 b^3$ 28) $a^{20} b^4$ 29) $a^{98} b^2$ 30) $a^3 b^{97}$.

31) Beweise die Formel I) des § 41 daraus, daß $(a+b)^n = (b+a)^n$ ist.

Wie heißt das Glied, das in der Entwicklung von $(a+b)^n$ denselben Koeffizienten hat wie:

32) $a^4 b^6$ 33) $a^2 b^{12}$ 34) $a^6 b^5$ 35) $a^{11} b^2$ 36) $a^{20} b$?

Welcher Potenz gehört ein Binomialkoeffizient n_p an, bei dem $p = 3$ ist, und der so viel mal so groß ist als der vorige Koeffizient, wie die folgende Zahl angibt:

37) $\frac{n-2}{3}$ 38) $\frac{2}{3}$ 39) 2 40) 3 41) 4 42) 5?

43) Entwickle durch Kombinieren $(x+1)(x+2)(x+3)(x+4)$.

Entwickle:

44) $(x^2-1)^3$ 45) $(a^2+e^2)^4$ 46) $(1-x^2)^3$ 47) $(1-x^4)^3$

48) $(a^2+b^3)^6$ 49) $\left(x-\frac{1}{x}\right)^4$ 50) $\left(x-\frac{1}{x}\right)^6$ 51) $\left(\frac{2a}{b}-\frac{3b}{2a}\right)^5$

Entwickle und vereinfache dabei möglichst:

52) $(a-b)^4+(a+b)^4$ 53) $(a+b)^5-(a-b)^5$

54) $(x+1)^6+(x-1)^6$ 55) $(x+2)^3-(x+1)^3$

56) $(x+4)^2+(x+3)^3-(x+2)^4$

57) $(a+ib)^6-(a-ib)^6$ 58) $(\sqrt{a}+\sqrt{b})^8-(\sqrt{a}-\sqrt{b})^8$.

Richte mit Hilfe des binomischen Lehrsatzes die folgenden Zahlausdrücke so ein, daß die Berechnung bequem wird:

59) $(2\sqrt{2}-\sqrt{3})^4$ 60) $(\sqrt{8}-1)^6$ 61) $(\sqrt{2}+1)^{12}$

62) $(1-\frac{1}{10})^6$ 63) $(0{,}99)^6$ 64) $(1{,}01)^{10}$

65) $(0{,}98)^{10}$ 66) $(1{,}001)^3$.

§ 43.

Der polynomische Lehrsatz.

Theorie.

$$(a+b+c+\ldots)^n = \sum \frac{n!}{\alpha!\,\beta!\,\gamma!\ldots}\, a^\alpha \cdot b^\beta \cdot c^\gamma,$$

wo immer $\alpha+\beta+\gamma+\ldots = n$ ist.

Wenn man ein Produkt von n Faktoren, von denen jeder

$$a + b + c + \dots$$

heißt, also eine Summe von m Summanden ist, durch Auflösen der n Klammern in eine Summe verwandelt, so enthält dieselbe m mal n Glieder, falls man die übereinstimmenden Glieder nicht durch einen Koeffizienten zusammenfaßt; jedes dieser m mal n Glieder ist ein Produkt von n Faktoren, und jeder dieser Faktoren heißt entweder a oder b oder c usw. Dies hat seinen Grund darin, daß zu jedem Gliede jede der n Klammern einen, aber auch nur einen Faktor liefern muß. Wenn wir nun finden wollen, wie oft ein beliebiges Glied, also etwa

$$a^\alpha\, b^\beta\, c^\gamma \dots,$$

in jener Summe vorkommt, so haben wir nur zu fragen, wie oft sich n Buchstaben, von denen α a heißen, β b heißen, γ c heißen usw., permutieren lassen. In § 38 ist diese Frage dahin beantwortet, daß

$$\frac{n!}{\alpha!\,\beta!\,\gamma!\dots}$$

die gewünschte Anzahl ist. Wenn wir uns also jetzt die übereinstimmenden Glieder zusammengefaßt denken, so erhalten wir allgemein:

$$\frac{n!}{\alpha!\,\beta!\,\gamma!\dots} \quad \text{als Koeffizienten von} \quad a^\alpha\, b^\beta\, c^\gamma \dots,$$

wo $\alpha + \beta + \gamma + \dots = n$ ist. Es muß also $(a + b + c + \dots)^n$ die Summe von allen möglichen solchen Produkten sein. Dieses Resultat nennt man den polynomischen Lehrsatz. Beispiele:

1) $(a + b + c)^3 = (a^3 + b^3 + c^3)$

$$+ \frac{3!}{2!\,1!}(a^2 b + a b^2 + a^2 c + a c^2 + b^2 c + b c^2)$$

$$+ \frac{3!}{1!\,1!\,1!}\, a b c;$$

2) $(a + b + c)^4 = (a^4 + b^4 + c^4)$

$$+ \frac{4!}{3!\,1!}(a^3 b + a^3 c + b^3 a + b^3 c + c^3 a + c^3 b)$$

$$+ \frac{4!}{2!\,2!}(a^2 b^2 + a^2 c^2 + b^2 c^2)$$

$$+ \frac{4!}{2!\,1!\,1!}(a^2 b c + b^2 c a + c^2 a b)$$

$$= (a^4 + b^4 + c^4) + 4\,a^3(b + c) + 4\,b^3(c + a)$$

$$+ 4\,c^3(a + b) + 6\,(a^2 b^2 + a^2 c^2 + b^2 c^2)$$

$$+ 12\,(a^2 b c + b^2 c a + c^2 a b)$$

$$
\begin{aligned}
3)\ (a+b+c+d)^3 &= (a^3+b^3+c^3+d^3)+3\,a^2(b+c+d)\\
&\quad +3\,b^2(c+d+a)+3\,c^2(d+a+b)\\
&\quad +3\,d^2(a+b+c)+6\,(abc+abd+acd+bcd)\,.
\end{aligned}
$$

In den Beispielen 1) und 2) sind alle diejenigen Glieder, welche gleichartig sind, wie a^2bc, b^2ca, c^2ab, welche also gleiche Koeffizienten bekommen, durch Absondern des gemeinsamen Koeffizienten zusammengefaßt. Um die Übersicht nicht zu verlieren und um keine Glieder zu vergessen, wird man überhaupt bei Anwendung des polynomischen Lehrsatzes sich zuvor eine Übersicht darüber verschaffen, wieviel Arten von Gliedern entstehen müssen. Dies geschieht am besten dadurch, daß man von allen Gliedern gleicher Art nur die Exponenten der zu einem Produkte vereinigten Potenzen schreibt und daß man dabei nicht versäumt, einen gar nicht vorkommenden Buchstaben als mit dem Exponenten Null vorhanden aufzufassen. So sind in dem obigen Beispiel 2) vier Arten von Gliedern aufgetreten, die wir hiernach durch:

$$(400)\quad(310)\quad(220)\quad(211)$$

symbolisch bezeichnen können. Beispielsweise wollen wir die Gliederarten auffinden, die bei der Entwicklung von $(a+b+c+d+e)^6$ auftreten müssen. Zu diesem Zweck haben wir die Summe 6 auf alle mögliche Weise aus fünf Summanden zu bilden, die eine der Zahlen von 0 bis 6 sind. Also erhalten wir die folgenden Gliederarten:

$$
\begin{gathered}
(60000)\quad(51000)\quad(42000)\quad(41100)\quad(33000)\\
(32100)\quad(31110)\quad(22200)\quad(22110)\quad(21111)\,.
\end{gathered}
$$

Wenn wir nun bei jeder dieser zehn Gliederarten immer nur das erste Glied schreiben und die Anzahl der Glieder gleicher Art als Index an die Klammer setzen, welche alle Glieder gleicher Art einschließt, erhalten wir:

$$
\begin{aligned}
(a+b+c+d+e)^6 &= \frac{6!}{6!\,0!\,0!\,0!\,0!}(a^6+\ldots)_5\\
&+\frac{6!}{5!\,1!\,0!\,0!\,0!}(a^5b+\ldots)_{20}+\frac{6!}{4!\,2!\,0!\,0!\,0!}(a^4b^2+\ldots)_{20}\\
&+\frac{6!}{4!\,1!\,1!\,0!\,0!}(a^4bc+\ldots)_{30}+\frac{6!}{3!\,3!\,0!\,0!\,0!}(a^3b^3+\ldots)_{10}\\
&+\frac{6!}{3!\,2!\,1!\,0!\,0!}(a^3b^2c+\ldots)_{60}+\frac{6!}{3!\,1!\,1!\,1!\,0!}(a^3bcd+\ldots)_{20}\\
&+\frac{6!}{2!\,2!\,2!\,0!\,0!}(a^2b^2c^2+\ldots)_{10}+\frac{6!}{2!\,2!\,1!\,1!\,0!}(a^2b^2cd+\ldots)_{30}\\
&+\frac{6!}{2!\,1!\,1!\,1!\,1!}(a^2bcde+\ldots)_5\,,
\end{aligned}
$$

wo der besseren Übersicht wegen das Symbol 0! eingeführt ist, für das man 1 zu setzen hat.

Eine Kontrolle der polynomischen Entwicklung erhält man daraus, daß man jedes Glied der zu potenzierenden Summe gleich 1 setzt. Tut man dies bei $(a + b + c + d + e)^6$, so erhält man:

$$\begin{aligned}(1 + 1 + 1 + 1 + 1)^6 &= 5^6 = 15625\\ &= 1 \cdot 5 + 6 \cdot 20 + 15 \cdot 20 + 30 \cdot 30 + 20 \cdot 10\\ &+ 60 \cdot 60 + 120 \cdot 20 + 90 \cdot 10 + 180 \cdot 30 + 360 \cdot 5\\ &= 5 + 120 + 300 + 900 + 200\\ &+ 3600 + 2400 + 900 + 5400 + 1800 = 15625\,.\end{aligned}$$

Die Anwendung des polynomischen Lehrsatzes zeigt folgendes Beispiel:

$$\begin{aligned}&(x^3 + x^2 + x + 1)^3 = (x^9 + x^6 + x^3 + 1)\\ &+ 3\,(x^8 + x^7 + x^6 + x^7 + x^5 + x^4 + x^5 + x^4 + x^2 + x^3 + x^2 + x)\\ &+ 6\,(x^6 + x^5 + x^4 + x^3)\\ &= x^9 + 3\,x^8 + 6\,x^7 + 10\,x^6 + 12\,x^5 + 12\,x^4 + 10\,x^3 + 6\,x^2 + 3\,x + 1\,.\end{aligned}$$

Setzt man hier $x = 1$, so erhält man die Kontrolle:

$$64 = 1 + 3 + 6 + 10 + 12 + 12 + 10 + 6 + 3 + 1\,.$$

Oben ist erörtert, wie man die Gliederarten aufzufinden hat und wie man dadurch, daß man sich alle Glieder des zu entwickelnden Polynoms gleich 1 gesetzt denkt, zu einer Kontrolle gelangt. Eine andere Kontrolle erhält man aus der leicht zu berechnenden Anzahl der Glieder überhaupt. Wenn nämlich bei einem Produkte von n gleichen Faktoren, deren jeder eine m gliederige Summe ist, die n Klammern gelöst werden und die auftretenden Produkte nicht durch Potenzschreibung kürzer dargestellt werden, so entstehen von den m Gliedern die Kombinationen n ter Klasse mit Wiederholung. Demnach muß die n te Potenz einer m gliederigen Summe nach § 40:

$$(n + m - 1)_n$$

Glieder haben. Es ergibt also z. B. die Entwicklung von $(a + b + c)^6$ im ganzen $(6 + 3 - 1)_6 = 8_6 = 28$ Glieder; ferner ist die Anzahl der Glieder, die durch die Entwicklung von $(a + b + c + d + e + f)^5$ entstehen, gleich $(6 + 5 - 1)_5 = 10_5 = 252$. Wenn man bei dem letzten Beispiel nur auf die Exponenten achtet, deren Summe ja immer 5 sein muß, so erkennt man, daß die polynomische Entwicklung auch die sämtlichen Zerlegungen der Zahl 5 in sechs Summanden ergibt, die auch Null sein dürfen. Ebenso erkennen wir aus der oben bewerkstelligten polynomischen Entwicklung der sechsten Potenz einer fünfgliederigen Summe, daß die Zahl 6 auf $(5 + 6 - 1)_6$ oder auf 210 fache Weise in fünf Summanden zerlegt werden kann, welche sämtlich Null oder positive ganze Zahlen sind. Allgemein ergibt sich also, daß

$$(a + s - 1)_a = \frac{(a + s - 1)!}{a!\,(s - 1)!}$$

die Anzahl solcher Zerlegungen der Zahl a in s Summanden ist. Demnach ist $(4+3-1)_4 = 15$ die Anzahl solcher Zerlegungen der Zahl 4 in drei Summanden, nämlich:

$$= 4+0+0 = 0+4+0 = 0+0+4$$
$$= 3+1+0 = 3+0+1 = 1+3+0 = 1+0+3$$
$$= 0+3+1 = 0+1+3$$
$$= 2+2+0 = 2+0+2 = 0+2+2 = 2+1+1$$
$$= 1+2+1 = 1+1+2\,.$$

(Vgl. § 40 am Schluß.)

Wenn man bei jeder von solchen Zerlegungen jeden Summanden um 1 erhöht, so erhält man die Anzahl der Zerlegungen auch für den Fall, daß jeder Summand eine positive ganze Zahl, nicht aber Null sein darf. Dann wird aber die zerlegte Zahl um s größer, weil jedes der s Glieder einer Zerlegung um 1 erhöht wird. Also ist $(a+s-1)_a$ die Anzahl der Zerlegungen von $a+s$ in s positive Summanden. Setzt man b für $a+s$, also $b-s=a$, so ergibt sich

$$(b-1)_{s-1}$$

für die Anzahl der Zerlegungen der Zahl b in s Summanden, die sämtlich positiv-ganzzahlig sind. Soll z. B. die Zahl 11 auf alle mögliche Weise in drei positiv-ganzzahlige Summanden zerlegt werden, so ergibt sich $10_2 = 45$ für die Anzahl solcher Zerlegungen. In der Tat ergibt sich:

9 + 1 + 1	3	6 + 3 + 2	6
8 + 2 + 1	6	5 + 5 + 1	3
7 + 3 + 1	6	5 + 4 + 2	6
7 + 2 + 2	3	5 + 3 + 3	3
6 + 4 + 1	6	4 + 4 + 3	3

wo immer von Zerlegungen, die sich nur durch Permutation unterscheiden, nur eine geschrieben ist und dahinter die Anzahl solcher Zerlegungen gesetzt ist. In der Tat ist:

$$45 = 3+6+6+3+6+6+3+6+3+3\,.$$

Aufgaben.

1) Wie heißt der Polynomial-Koeffizient des Gliedes $a^3b^2cd^4$?
2) Bei welcher polynomischen Entwicklung kommt das Glied $a^2b^2c^5$ vor?
3) Führe die polynomische Entwicklung von $(a+b+c)^5$ aus.

Entwickle:

4) $(a+b-c)^2$ 5) $(a-b+c)^3$ 6) $(a+b+c)^6$
7) $(x+2y+1)^5$ 8) $(a+b+c+d)^4$ 9) $(x^3+x^2+x-1)^3$
10) $(1+\sqrt{2}+\sqrt{5})^4$ 11) $(2+\sqrt{3}-i\sqrt{3})^3$
12) $(-x+y+z)^3+(x-y+z)^3+(x+y-z)^3$.

13) Beweise durch Potenzieren, daß, wenn x ein kleiner Bruch ist, $\sqrt[3]{1+x}$ nahezu gleich $1 + \frac{1}{3}x + \frac{1}{3}\left(\frac{1}{3} - 1\right) \cdot \frac{x^2}{2}$ ist.

Stelle durch symbolische Bezeichnung die Gliederarten zusammen, die möglich sind bei:

14) $(a + b + c + d)^6$ 15) $(a + b + c)^9$

16) $(a + b + c + d + e + f)^4$.

17) Kontrolliere die Richtigkeit der Entwicklung von $(a + b + c + d)^6$ dadurch, daß $a = b = c = d = 1$ gesetzt wird.

18) Entwickle $(1 + 2 + 3 + 4)^4$ und kontrolliere, ob die Summe der Glieder 10000 ist.

19) Zerlege auf alle mögliche Weise die Zahl 4 in vier Summanden, die Null oder positive ganze Zahlen sind.

20) Zerlege die Zahl 6 auf alle mögliche Weise in drei Summanden, die auch Null sein können.

21) Auf wieviel Arten kann man die Zahl 7 in fünf Summanden zerlegen, die Null oder positiv-ganzzahlig sind?

22) Zerlege die Zahl 10 auf alle mögliche Weise in drei Summanden, die positive ganze Zahlen sind?

23) Zerlege die Zahl 8 auf alle mögliche Weise in vier positiv-ganzzahlige Summanden.

Auf wieviel Arten läßt sich zerlegen:

24) die Zahl 12 in fünf positiv-ganzzahlige Summanden?

25) die Zahl 15 in vier positiv-ganzzahlige Summanden?

26) die Zahl 20 in 17 positiv-ganzzahlige Summanden?

§ 44.

Wahrscheinlichkeitsrechnung.

Theorie.

I) $w = \frac{t}{m}; \quad u = \frac{m-t}{m} = 1 - \frac{t}{m} = 1 - w$.

II) $w = \frac{t_1 + t_2 + t_3 + \ldots + t_n}{m} = w_1 + w_2 + \ldots + w_n$.

III) $w = \frac{t_1 \cdot t_2 \cdot t_3 \cdot \ldots \cdot t_n}{m_1 \cdot m_2 \cdot m_3 \cdot \ldots \cdot m_n} = w_1 \cdot w_2 \cdot w_3 \cdot \ldots \cdot w_n$.

IV) $W = \frac{(a+b)!}{a!\,b!} \cdot w^a (1-w)^b$.

A. Elementares.

Für ein erwartetes Ereignis sei t die Anzahl der Fälle, welche das Eintreffen hervorrufen können (Treffer, Chancen, günstige Fälle); ferner sei m die Anzahl aller möglichen Fälle, nämlich sowohl derjenigen, welche das Eintreffen, als auch derjenigen, welche das Nichteintreffen hervorrufen können. Dann nennt man den Bruch:

$$w = \frac{t}{m}$$

die Wahrscheinlichkeit für das Eintreffen dieses Ereignisses. Da $m - t$ Fälle vorhanden sind, welche das Nichteintreffen bewirken, so ist

$$\frac{m-t}{m} = 1 - \frac{t}{m} = 1 - w$$

die Wahrscheinlichkeit dafür, daß das betreffende Ereignis nicht eintrifft. Wenn man z. B. einen Würfel, auf dessen sechs Flächen die Zahlen von 1 bis 6 stehen, fallen läßt und wenn man keinen Grund zu der Annahme hat, daß eine Fläche leichter nach oben zu liegen kommt, als die fünf übrigen, so hat man dafür, daß eine bestimmte Fläche nach oben kommt, sechs mögliche Fälle und für das Ereignis, daß gerade die Zwei nach oben kommt, einen günstigen Fall. Es sind also ein Treffer und fünf Nichttreffer vorhanden. Demnach ist $\frac{1}{6}$ die Wahrscheinlichkeit, daß man die Zwei würfelt, und $\frac{5}{6}$, daß man eine andere Zahl als Zwei würfelt. Ferner ist $\frac{3}{6} = \frac{1}{2}$ die Wahrscheinlichkeit, eine gerade Zahl zu würfeln.

Wenn man zweitens wünscht, aus einer Urne, die a schwarze, b weiße, c rote Kugeln enthält, eine Kugel zu ziehen, die sich als rot erweist, so ist $m = a + b + c$, $t = c$. Demnach ist $\frac{c}{a+b+c}$ die Wahrscheinlichkeit, aus einer solchen Urne eine rote Kugel zu ziehen, und $\frac{a+b}{a+b+c} = 1 - \frac{c}{a+b+c}$ die Wahrscheinlichkeit dafür, daß die gezogene Kugel schwarz oder weiß, d. h. nicht rot ist.

Wenn man drittens wünscht, aus einem Spiel von 32 Karten, das acht Treff enthält, eine Karte zu ziehen, die Treff ist, so erhält man für dieses Ereignis $w = \frac{8}{32} = \frac{1}{4}$.

Wenn jeder mögliche Fall auch Treffer ist, so ist das Eintreffen des Ereignisses gewiß. Daher hat die Gewißheit den Wahrscheinlichkeitsbruch 1. Wenn unter den möglichen Fällen gar kein Treffer ist, so ist die Wahrscheinlichkeit 0. Die Wahrscheinlichkeitsbrüche sind daher positive echte Brüche, indem ihre Werte zwischen 0 und 1 liegen.

Bei der Berechnung der Wahrscheinlichkeitsbrüche hat man meist die in § 39 und § 40 abgeleiteten Formeln für Kombinationszahlen und Variationszahlen anzuwenden, wie folgende Beispiele zeigen:

1) Wenn aus einer Urne, die sechs weiße und vier schwarze Kugeln enthält, fünf Kugeln gezogen werden, so ist die Wahrscheinlichkeit dafür, daß von den fünf Kugeln drei weiß und zwei schwarz sind, gleich

$$\frac{6_3 \cdot 4_2}{10_5} = \frac{20 \cdot 6}{252} = \frac{10}{21},$$

weil sich aus zehn Dingen 10_5 Gruppen zu je fünf bilden lassen, aus sechs Dingen 6_3 Gruppen zu je drei, aus vier Dingen 4_2 zu je zwei, und weil jede Vereinigung einer der 6_3 Gruppen mit einer der 4_2 Gruppen zu einer zusammengesetzten Gruppe führt, die als Treffer zu betrachten ist.

2) Wenn aus einem Spiel von 32 Karten, das vier Buben enthält, zehn Karten entnommen werden, so ist die Wahrscheinlichkeit dafür, daß sich unter den zehn Karten nicht mehr und nicht weniger als zwei von den vier Buben befinden, gleich

$$\frac{4_2 \cdot 28_8}{32_{10}} = \frac{4!\,28!\,10!\,22!}{2!\,2!\,8!\,20!\,32!} = \frac{4 \cdot 3 \cdot 10 \cdot 9 \cdot 22 \cdot 21}{1 \cdot 2 \cdot 32 \cdot 31 \cdot 30 \cdot 29}$$
$$= \frac{3 \cdot 9 \cdot 11 \cdot 7}{8 \cdot 31 \cdot 29} = \frac{2079}{7192} = 0{,}29\,.$$

Die Wahrscheinlichkeit beträgt also 29%, d. h. man ist zu der Annahme berechtigt, daß es unter 100 Malen durchschnittlich 29mal geschieht, daß sich unter zehn Karten, die einem Spiel von 32 beliebig entnommen werden, gerade zwei Buben befinden. Die Wahrscheinlichkeit, daß dieses Ereignis nicht eintrifft, ist dann $1 - 0{,}29 = 0{,}71$, d. h. man darf 29 ℳ gegen 71 ℳ setzen, wenn man wetten will, daß das genannte Ereignis eintrifft.

3) Wenn mit drei Würfeln gewürfelt wird, so sind bezüglich der Übereinstimmung und Nichtübereinstimmung der geworfenen Zahlen drei Fälle denkbar: erstens, daß alle drei Zahlen gleich werden, zweitens, daß nur zwei Zahlen gleich werden, drittens, daß alle drei Zahlen verschieden werden. Für jeden dieser drei Fälle wollen wir die Wahrscheinlichkeit berechnen. Die drei Würfel selbst sollen A_1, A_2, A_3 heißen. Da zur Berechnung der Anzahl der möglichen Fälle jede der sechs Arten, wie A_1 fallen kann, mit jeder der sechs Arten, wie A_2 fallen kann, und mit jeder der sechs Arten, wie A_3 fallen kann, zusammenzusetzen ist, so ist 6^3 die Anzahl der möglichen Fälle. Die sechs Zahlen, welche auf den sechs Würfelflächen verzeichnet sind, sind für den dritten Fall zur dritten Klasse ohne Wiederholung zu variieren, also sind $6 \cdot 5 \cdot 4 = 120$ Treffer vorhanden. Im ersten Falle gibt es für jede der sechs Zahlen nur einen Treffer. Wenn aber nur zwei Zahlen gleich sein sollen, so kann dies jede der sechs Zahlen 1, 2, 3, 4, 5, 6 sein. Dann soll aber im zweiten Falle der dritte Würfel eine andere Zahl zeigen, also sind für diesen dritten Würfel noch fünf Möglichkeiten vorhanden. Nun kann aber die von den beiden anderen verschiedene Zahl von dem Würfel A_1, von dem Würfel A_2 und von dem dritten Würfel A_3 übernommen werden, so daß wir $6 \cdot 5 \cdot 3$ Fälle erhalten, die im zweiten Falle Treffer sind. Folglich ist die Zahl der Treffer in den drei Fällen:

$$6,\ 90,\ 120,$$

deren Summe in der Tat $216 = 6^3$ ist. Den drei Fällen entsprechen demnach die drei Wahrscheinlichkeitsbrüche:

$$w_1 = \tfrac{6}{216} = \tfrac{1}{36} = 0{,}028\,; \quad w_2 = \tfrac{90}{216} = \tfrac{5}{12} = 0{,}417\,; \quad w_3 = \tfrac{120}{216} = \tfrac{5}{9} = 0{,}555\,.$$

Die Summe der drei Brüche ergibt in der Tat 1.

B. Summe von Wahrscheinlichkeitsbrüchen.

Haben mehrere Ereignisse dieselben m möglichen Fälle und keinen Treffer gemeinsam, so ist die Wahrscheinlichkeit dafür, daß entweder das erste oder das zweite oder das dritte usf. eintrifft, gleich der Summe der Wahrscheinlichkeiten der einzelnen Ereignisse, da die Zahl der Treffer gleich der Summe der Trefferzahlen der einzelnen Ereignisse ist. Es ist also:

$$w = \frac{t_1 + t_2 + t_3 + \dots + t_n}{m} = w_1 + w_2 + \dots + w_n \quad \text{(Formel II).}$$

So ist z. B. die Wahrscheinlichkeit dafür, das beim einmaligen Würfeln mit drei Würfeln (s. A Beisp. 3) entweder alle drei Zahlen oder nur zwei Zahlen gleich werden:

$$w = w_1 + w_2 = \tfrac{1}{36} + \tfrac{5}{12} = \tfrac{16}{36} = \tfrac{4}{9}.$$

C. Produkt von Wahrscheinlichkeitsbrüchen.

Wenn ein Ereignis E m mögliche Fälle und t Treffer hat und wenn dann ein zweites mit E gleichartiges oder ungleichartiges Ereignis E′ m′ mögliche Fälle und t′ Treffer hat, so kann man beide Ereignisse als ein einziges Ereignis F zusammenfassen. Dann hat F $m \cdot m'$ mögliche Fälle und $t \cdot t'$ Treffer. Demnach ist die Wahrscheinlichkeit, daß F eintrifft, gleich:

$$\frac{t \cdot t'}{m \cdot m'} = \frac{t}{m} \cdot \frac{t'}{m'}.$$

Hieraus folgt der Satz, daß, wenn w und w′ die Wahrscheinlichkeiten zweier Ereignisse sind, das Produkt $w \cdot w'$ die Wahrscheinlichkeit dafür ist, daß beide Ereignisse eintreffen. Beispiele:

1) Die Wahrscheinlichkeit, mit einem Würfel die Vier zu werfen, beträgt $\frac{1}{6}$, und, sie nicht zu werfen, $\frac{5}{6}$. Demnach ist die Wahrscheinlichkeit, daß man bei zweimaligem Würfeln erst die Vier wirft und dann sie nicht wirft, $\frac{1}{6} \cdot \frac{5}{6} = \frac{5}{36} = 0{,}14$.

2) Beim Werfen einer Münze ist die Wahrscheinlichkeit, daß die Wappenseite nach oben fällt, gleich $\frac{1}{2}$. Dann ist die Wahrscheinlichkeit, daß dies zweimal gelingt, gleich $\frac{1}{2} \cdot \frac{1}{2} = \frac{1}{4} = 0{,}25$.

Aus dem obigen Satze folgt auch, daß, wenn $w_1, w_2, w_3, \dots, w_n$ die Wahrscheinlichkeitsbrüche für das Eintreffen der n Ereignisse $E_1, E_2, \dots, E_n$ sind, das Produkt:

$$w_1 \cdot w_2 \cdot w_3 \cdot \;\dots\; \cdot w_n$$

die Wahrscheinlichkeit dafür angibt, daß alle n Ereignisse eintreffen. Beispielsweise ist die Wahrscheinlichkeit, aus einem Spiel von 32 Karten mit acht Treff, acht Pik, acht Coeur und acht Karo eine Karte zu ziehen, die Treff ist, $\frac{1}{4}$, eine Karte zu ziehen, die kein Pik ist, $\frac{3}{4}$, eine Karte zu ziehen, die kein Bube ist, $\frac{28}{32} = \frac{7}{8}$, eine Karte zu ziehen, die kein As ist, auch $\frac{7}{8}$. Deshalb ist die Wahrscheinlichkeit, daß beim viermaligen Ziehen einer Karte aus einem Spiel von 32 Karten, falls man nach dem Ziehen die gezogene Karte immer wieder dem Spiele beimischt, man zuerst ein Treff, zuzweit kein Pik, zudritt keinen Buben und zuviert kein As zieht, gleich:

$$\tfrac{1}{4} \cdot \tfrac{3}{4} \cdot \tfrac{7}{8} \cdot \tfrac{7}{8} = \tfrac{147}{1024} = 0{,}14 = 14\,\%.$$

D. Experimentenformel.

Ebenso hat man zu multiplizieren, wenn es sich um die Wiederholung eines und desselben Ereignisses handelt. Ist w die Wahrscheinlichkeit, daß ein Ereignis eintritt, also $1 - w$, daß es nicht eintritt, so ist w^2 die Wahrscheinlichkeit dafür, daß es zweimal eintritt, $(1 - w)^2$ dafür, daß es zweimal nicht eintritt. Ebenso erkennt man, daß, wenn ein Experiment mit der Wahrscheinlichkeit w gelingt, die Wahrscheinlichkeit, daß es dreimal gelingt und zweimal mißlingt, gleich:

$$w^3(1 - w)^2$$

ist. Hier ist aber die Reihenfolge der Fälle, in denen es gelingt, bzw. mißlingt, genau vorgeschrieben. Ist diese Reihenfolge nicht vorgeschrieben, sondern will man die Wahrscheinlichkeit dafür wissen, daß das Experiment unter fünf Malen irgendwelche drei Male gelingt, zwei Male mißlingt, so hat man das Produkt $w^3(1 - w)^2$ so oft zu setzen, wie sich fünf Dinge zu je dreien gruppieren lassen, oder, anders aufgefaßt, wie sich die Begriffe:

gelingen, gelingen, gelingen, mißlingen, mißlingen

permutieren lassen. Bei beiden Auffassungen erhält man übereinstimmend, daß

$$5_3 = \frac{5!}{3!\,2!}$$

der Faktor ist, mit dem $w^3(1 - w)^2$ zu multiplizieren ist. Genau so erhält man allgemein:

$$W = (a + b)_a \cdot w^a(1 - w)^b = \frac{(a + b)!\, w^a(1 - w)^b}{a!\, b!}$$

für die Wahrscheinlichkeit, daß bei $(a + b)$ Experimenten a gelingen, b mißlingen. Hierfür vier Beispiele:

1) Die Wahrscheinlichkeit, daß beim Werfen einer Münze die Bildseite nach oben fällt, ist $\frac{1}{2}$. Folglich ist die Wahrscheinlichkeit, daß unter sechs Malen, wo die Münze geworfen wird, dreimal die Bildseite, dreimal die Wappenseite nach oben fällt:

$$6_3 \cdot (\tfrac{1}{2})^3 \cdot (\tfrac{1}{2})^3 = \tfrac{20}{64} = 0{,}31 \quad \text{oder} \quad 31\,\% .$$

2) Für die Wahrscheinlichkeit, daß bei zehnmaligem Werfen einer Münze vier-, fünf- oder sechsmal die Bildseite nach oben fällt, ergibt sich:

$$10_4 \cdot \left(\frac{1}{2}\right)^4 \cdot \left(\frac{1}{2}\right)^6 + 10_5 \cdot \left(\frac{1}{2}\right)^5 \cdot \left(\frac{1}{2}\right)^5 + 10_6 \cdot \left(\frac{1}{2}\right)^6 \cdot \left(\frac{1}{2}\right)^4$$

$$= \frac{210 + 252 + 210}{1024} = \frac{21}{32} = 0{,}66 .$$

3) Die Wahrscheinlichkeit, mit einem Würfel die Vier zu werfen, ist $\frac{1}{6}$. Dann ist die Wahrscheinlichkeit, daß bei siebenmaligem Würfeln einmal die Vier fällt, sechsmal nicht:

$$7_1 \cdot \left(\frac{1}{6}\right)^1 \cdot \left(\frac{5}{6}\right)^6 = \frac{7 \cdot 5^6}{6^6} = \frac{109375}{279936} = 0{,}39 .$$

4) Die Wahrscheinlichkeit, aus einem Spiel Karten Treff zu ziehen, ist $\frac{1}{4}$. Deshalb ist die Wahrscheinlichkeit, bei fünfmaligem Ziehen **mindestens** einmal Treff zu ziehen:

$$5_1 \cdot \left(\frac{1}{4}\right)^1 \cdot \left(\frac{3}{4}\right)^4 + 5_2 \cdot \left(\frac{1}{4}\right)^2 \cdot \left(\frac{3}{4}\right)^3 + 5_3 \cdot \left(\frac{1}{4}\right)^3 \cdot \left(\frac{3}{4}\right)^2 + 5_4 \cdot \left(\frac{1}{4}\right)^4 \cdot \left(\frac{3}{4}\right)^1$$

$$+ 5_5 \cdot \left(\frac{1}{4}\right)^5 = \frac{5 \cdot 81 + 10 \cdot 27 + 10 \cdot 9 + 5 \cdot 3 + 1}{4^5} = \frac{781}{1024} = 0{,}76\,.$$

Diesen Bruch könnte man auch so berechnen, daß man die Wahrscheinlichkeit sucht, unter fünf Malen kein Treff zu ziehen, und den erhaltenen Bruch dann von 1 subtrahiert. In der Tat ergibt sich:

$$1 - (\tfrac{3}{4})^5 = 1 - \tfrac{243}{1024} = \tfrac{781}{1024}\,.$$

E. Gesetz der großen Zahlen.

Im obigen ist der Weg angezeigt, wie man die Wahrscheinlichkeit dafür finden kann, daß ein Ereignis, das mit der Wahrscheinlichkeit $\frac{1}{4}$ eintrifft, unter 100 Malen 25 mal eintrifft. Freilich ist die Berechnung der Kombinationszahlen auf elementarem Wege sehr mühsam, sobald $a + b$ eine große Zahl ist. Doch bietet die höhere Mathematik Mittel, um Ausdrücke bequem zu berechnen, welche Kombinationszahlen so enthalten, wie die Formel IV) der Überschrift vorschreibt. Mit Hilfe dieser Mittel erkennt man folgendes. Wenn ein Ereignis mit der Wahrscheinlichkeit $\frac{1}{4}$ eintrifft, so ist die Wahrscheinlichkeit, daß es unter 100 Malen genau 25 mal eintrifft, sehr klein; wohl aber ist die Wahrscheinlichkeit, daß es **etwa** 25 mal, also z. B. 20 bis 30 mal eintrifft, fast 1, also Gewißheit, und diese Annäherung an die Gewißheit wird um so größer, je größer die Anzahl der Male ist, in denen man das Ereignis eintreffen, bzw. nicht eintreffen läßt. Allgemein ergibt sich, daß, wenn ein Versuch mit der Wahrscheinlichkeit w gelingt, also mit der Wahrscheinlichkeit $1 - w$ mißlingt, es am wahrscheinlichsten ist, daß er bei n Versuchen genau

$w \cdot n$ mal gelingt, $(1 - w)\,n$ mal mißlingt.

Freilich ist der Wahrscheinlichkeitsbruch hierfür sehr klein, falls n sehr groß ist. Wenn man aber nicht verlangt, daß der Versuch genau $w \cdot n$ mal gelingt und $(1 - w)\,n$ mal mißlingt, sondern für $n = 6000$ etwa verlangt, daß er $6000\,w - 50$ mal bis $6000\,w + 50$ mal gelingt, so ergibt sich hierfür fast **Gewißheit**. Man nennt dieses Gesetz das **Gesetz der großen Zahlen**. Man kann also z. B. beim 6000 maligen Werfen eines Würfels zwar nicht sicher sein, daß jede der sechs Zahlen 1 bis 6 genau 1000 mal fällt, wohl aber sicher darüber sein, daß jede Zahl mindestens 950, höchstens 1050 mal fällt. Ja man wird, wenn etwa die Zahl der Male, wo eine bestimmte Zahl fällt, erheblich unter 1000 bleibt, zu dem Schlusse berechtigt sein, daß der Würfel nicht homogen gearbeitet ist, weil man annehmen muß, daß die Wahrscheinlichkeit, daß jene Zahl oben zu liegen kommt, kleiner als $\frac{1}{6}$ ist. Man benutzt das Gesetz der großen Zahlen, um in Fällen, wo es dem Menschen nicht möglich ist, die Wahrscheinlichkeit für das Eintreffen eines Ereignisses a priori zu berechnen, dies a posteriori zu tun, und zwar aus der Beobachtung, wie oft es eintrifft und wie oft nicht. So liefert die Statistik der Versicherungsmathematik*) die Wahrscheinlichkeitsbrüche, welche dieselbe braucht. Beispielsweise lehren die Sterblichkeitstafeln, daß unter 10000 geborenen Kindern 5404 das 30., 4031 das 50. Lebensjahr erreichen. Hieraus entnimmt die Versicherungsmathematik, daß jemand, der 30 Jahre alt, mit der Wahrscheinlichkeit $\frac{4031}{5404}$ das 50. Lebensjahr erreicht, also mit der Wahrscheinlichkeit $\frac{1373}{5404}$ vorher stirbt. Wenn also jemand, 30 Jahre alt, sich einkauft, um nach Vollendung des 50. Jahres 10000 ℳ zu erhalten, so hat er $10000 \cdot \frac{4031}{5404} \cdot \frac{1}{1{,}04^{20}}$ einzuzahlen, falls die Gesellschaft, bei der er sich einkauft, 4 % rechnet.

F. Ursachenprobleme.

In drei Urnen A, B, C befinden sich beziehungsweise a, b, c weiße Kugeln, überhaupt aber sind in jeder der drei Urnen n Kugeln. Dann ist die Wahrscheinlichkeit, aus der Urne A, B, C eine weiße Kugel zu ziehen, beziehungsweise:

$$\frac{a}{n}, \quad \frac{b}{n}, \quad \frac{c}{n}.$$

Nun entnimmt die Person P, in Abwesenheit der Person Q, aus einer der drei Urnen eine Kugel, die sich als eine weiße erweist. Es fragt sich nun, mit welcher Wahrscheinlichkeit Q nachher anzunehmen hat, daß die gezogene weiße Kugel der Urne A oder der Urne B oder der Urne C entnommen ist. Es ist klar, daß die gesuchten drei Wahrscheinlichkeitsbrüche sich verhalten müssen wie:

$$\frac{a}{n} : \frac{b}{n} : \frac{c}{n},$$

also auch wie:

$$a : b : c.$$

Andererseits ist klar, daß die gesuchten drei Wahrscheinlichkeitsbrüche die Summe 1 haben müssen. Wir haben also 1 im Verhältnis a : b : c zu teilen. Demnach erhalten wir:

$$\frac{a}{a+b+c}, \quad \frac{b}{a+b+c}, \quad \frac{c}{a+b+c}$$

für die gesuchten drei Brüche. Wenn man Zähler und Nenner bei jedem dieser drei Brüche durch n dividiert, so erhält man:

$$\frac{w_a}{w_a+w_b+w_c}, \quad \frac{w_b}{w_a+w_b+w_c}, \quad \frac{w_c}{w_a+w_b+w_c},$$

wo w_a, w_b, w_c die Wahrscheinlichkeiten dafür bedeuten, daß eine beziehungsweise aus den drei Urnen gezogene Kugel weiß ist.

*) Die Grundlagen für die Versicherungsmathematik findet man in Loewy, Versicherungsmathematik, Sammlung Göschen.

Dieses Beispiel läßt die Richtigkeit des folgenden allgemeinen Satzes erkennen:

Wenn ein eingetretenes Ereignis n verschiedene Ursachen:

$$U_1,\ U_2,\ U_3,\ \ldots,\ U_n$$

haben kann und das Ereignis durch die alleinige Wirkung der Ursache U_1 mit der Wahrscheinlichkeit w_1 eintritt, durch U_2 mit w_2 usw., so ist, wenn das Ereignis wirklich eingetreten ist, die Wahrscheinlichkeit u_i dafür, daß die Ursache U_i es bewirkt hat:

$$u_i = \frac{w_i}{w_1 + w_2 + w_3 + \ldots + w_n}.$$

Mit Hilfe dieses allgemeinen Satzes kann man zunächst das folgende Problem lösen. Angenommen, jemand wisse von den in einer Urne befindlichen Kugeln nur, daß ihre Anzahl n ist, aber nicht, welche Farbe sie haben. Er zieht eine Kugel heraus und sie erweist sich als weiß. Es fragt sich nun, wie groß die Wahrscheinlichkeit dafür sei, daß die Urne p ($\leqq$ n) weiße Kugeln enthalte. Das Ziehen der weißen Kugel kann n Ursachen haben, indem die Urne eine, zwei, drei usw. bis n weiße Kugeln enthalten haben kann. Diese n Ursachen bewirken das Ereignis mit den Wahrscheinlichkeiten:

$$\frac{1}{n},\ \frac{2}{n},\ \frac{3}{n},\ \frac{4}{n},\ \ldots,\ \frac{n}{n}.$$

Deshalb ist die Wahrscheinlichkeit u_i, daß die Urne, aus der die weiße Kugel gezogen ist, i weiße Kugeln enthalte:

$$u_i = \frac{\frac{i}{n}}{\frac{1}{n} + \frac{2}{n} + \frac{3}{n} + \ldots + \frac{n}{n}} = \frac{i}{1 + 2 + 3 + \ldots + n}.$$

Die Summe aller Zahlen von 1 bis n beträgt aber nach § 41: $\frac{1}{2}n(n+1)$. Daher ist die Wahrscheinlichkeit dafür, daß die Urne 1, 2, 3, ... bis n Kugeln enthalte:

$$\frac{1}{\frac{1}{2}n(n+1)},\ \frac{2}{\frac{1}{2}n(n+1)},\ \frac{3}{\frac{1}{2}n(n+1)},\ \ldots,\ \frac{n}{\frac{1}{2}n(n+1)}.$$

Diese Resultate lassen sich verwerten, um auch das folgende Problem zu lösen: Jemand weiß nur, daß in einer Urne n Kugeln sind, aber nicht, wieviel weiße sich darunter befinden. Er hat eine Kugel gezogen, die sich als weiß herausstellte. Wie groß ist ihm nun die Wahrscheinlichkeit dafür, daß, wenn er nochmal eine Kugel zieht, dieselbe wieder weiß ist? Um dieses Problem zu lösen, beachten wir, daß, wenn die Urne i weiße Kugeln enthält, die Wahrscheinlichkeit, eine weiße zu ziehen, $\frac{i}{n}$ wird, während die Wahrscheinlichkeit, daß das Ziehen der weißen Kugel davon herrührt, daß die Urne i weiße Kugeln enthält, nach dem Obigen gleich

$$\frac{i}{\frac{1}{2}n(n+1)}$$

war. Das Produkt aber ergibt:

$$\frac{i^2}{\frac{1}{2}n^2(n+1)}.$$

Wir haben nun hier für i nacheinander 1, 2, 3, ... bis n zu setzen und die erhaltenen Brüche zu addieren. So ergibt sich:

$$\frac{1^2+2^2+3^2+\ldots+n^2}{\frac{1}{2}n^2(n+1)} = \frac{\frac{1}{6}n(n+1)(2n+1)}{\frac{1}{2}n^2(n+1)} = \frac{2n+1}{3n},$$

wo die in § 4 abgeleitete Formel für die Summe der Quadratzahlen benutzt ist. Da der gefundene Bruch gleich $\frac{2}{3}+\frac{1}{3n}$ ist, so läßt sich unser Resultat so aussprechen:

Wenn aus einer Urne, von der man nicht weiß, wieviel Kugeln sie enthält, geschweige denn, wieviel weiße sie enthält, eine Kugel herausgezogen ist, so ist, nachdem dieselbe wieder hineingelegt ist, **mindestens** *2 ℳ gegen 1 ℳ zu wetten, daß beim nochmaligen Greifen in die Urne die Farbe der ergriffenen Kugel wieder weiß ist.*

Wir nehmen nunmehr an, daß die zuerst gezogene weiße Kugel *nicht* wieder in die Urne zurückgelegt ist. Dann erhalten wir durch dieselbe Überlegung:

$$\frac{a}{\frac{1}{2}n(n+1)}\cdot\frac{a-1}{n-1}$$

für die Wahrscheinlichkeit, daß a weiße Kugeln in der Urne waren und zugleich beim zweiten Griff wieder eine weiße Kugel gefaßt wird. Für dieses Produkt kann man aber schreiben:

$$\frac{4\cdot a_2}{(n-1)n(n+1)}.$$

Setzen wir dann für a die Zahlen von 1 bis n ein und addieren die erhaltenen Quotienten, so erhalten wir:

$$\frac{4(n+1)_3}{(n-1)n(n+1)} = \frac{2}{3}.$$

In diesem Falle ist also die Wahrscheinlichkeit, unabhängig von der Gesamtzahl der in der Urne befindlichen Kugeln, gleich $\frac{2}{3}$. Wenn man also von den Farben und der Anzahl der in einer Urne befindlichen Kugeln gar nichts weiß, so kann man, nachdem man eine weiße Kugel herausgegriffen und nicht wieder in die Urne zurückgelegt hat, genau 2 gegen 1 wetten, daß die nächste Kugel, die man greift, wieder weiß ist.

Wir nehmen nun an, daß, wenn die gezogenen Kugeln nicht wieder in die Urne zurückgelegt werden, v Kugeln gezogen sind, die sich sämtlich als weiß erwiesen haben. Nach unserm oben abgeleiteten allgemeinen Ursachensatz ergibt sich für die Wahrscheinlichkeit, daß die gezogenen v weißen Kugeln davon herrühren, daß die Urne a weiße Kugeln enthält:

$$\frac{\frac{a_v}{n_v}}{\frac{v_v}{n_v}+\frac{(v+1)_v}{n_v}+\ldots+\frac{n_v}{n_v}}=\frac{a_v}{(n+1)_{v+1}}.$$

Diese Wahrscheinlichkeit haben wir mit der Wahrscheinlichkeit zu multiplizieren, daß weitere w gezogene Kugeln auch weiß sind, wofür sich ergibt, da es hier offenbar gleichgültig ist, ob die Kugeln nacheinander oder mit einem Griff gezogen werden:

$$\frac{(a-v)_w}{(n-v)_w}.$$

Also ist das Produkt:

$$\frac{a_v\cdot(a-v)_w}{(n+1)_{v+1}\cdot(n-v)_w}=W_a$$

die Wahrscheinlichkeit dafür, daß, falls a Kugeln in der Urne waren, nach v gezogenen weißen Kugeln weitere w gezogene Kugeln auch weiß sein werden. Die vorkommenden Kombinationszahlen drücken wir nun durch Fakultäten aus und erhalten:

$$W_a=\frac{a!(a-v)!(v+1)!(n-v)!\,w!(n-v-w)!}{v!(a-v)!\,w!(a-v-w)!(n+1)!(n-v)!}=\frac{a!(n-v-w)!(v+1)}{(a-v-w)!(n+1)!}$$

$$=\frac{a!(n-v-w)!(v+1)\cdot(v+w+1)!}{(a-v-w)!(n+1)!(v+w+1)!}=\frac{v+1}{v+w+1}\cdot a_{v+w}\cdot\frac{1}{(n+1)_{v+w+1}}.$$

Aus W_a erhalten wir die gesuchte Wahrscheinlichkeit W dafür, daß, nachdem v gezogene Kugeln weiß waren, weitere w Kugeln, die gezogen werden, auch weiß sind, wenn wir für a nacheinander $v+w$, $v+w+1, \ldots$ bis n einsetzen und addieren. So ergibt sich:

$$W=\frac{v+1}{(v+w+1)(n+1)_{v+w+1}}\cdot(n+1)_{v+w+1}=\frac{v+1}{v+w+1}.$$

Unser Resultat lautet also:

Gleichviel, wie groß die Anzahl der in einer Urne befindlichen Kugeln ist, immer ist die Wahrscheinlichkeit, daß, nachdem v weiße Kugeln aus einer Urne gezogen sind, weitere w gezogene Kugeln auch weiß sind, gleich

$$\frac{v+1}{v+w+1}.$$

Dieser Bruch wird kleiner als $\frac{1}{2}$, wenn $w > v+1$ ist, gleich $\frac{1}{2}$, wenn $w = v+1$ ist, und größer als $\frac{1}{2}$, wenn $w < v+1$ ist.

Die voranstehenden Betrachtungen, bei welchen das Ziehen einer weißen Kugel als geschehenes oder zu erwartendes Ereignis gewählt ist, lassen sich natürlich auf alle Verhältnisse übertragen, deren Ursachen unbekannt sind.

G. Glaubwürdigkeitsprobleme.

In Dingen, wo es sich nur um ja oder nein handeln kann, sage A in zehn Fällen durchschnittlich 7 mal, B 8 mal die Wahrheit. Wenn dann N von A und von B den übereinstimmenden Bericht „ja!" hört, so hat N durchaus nicht, wie Anfänger vielleicht meinen, mit $\frac{7}{10} \cdot \frac{8}{10} = \frac{56}{100}$ dieses Ja zu glauben, sondern er hat sich zu sagen, daß der Bericht in zwei Fällen übereinstimmt: erstens, wenn A und B beide die Wahrheit sagen, zweitens, wenn beide lügen. Unter 10 mal 10 Fällen stimmt ihr Bericht also überein 7 mal 8 plus 3 mal 2, also 62 mal. Folglich hat N mit $\frac{56}{62}$ oder $\frac{28}{31}$ das Ja, das er hört, für wahr anzusehen. So erhält man allgemein, wenn w_1 die Glaubwürdigkeit von A_1, w_2 die von A_2 ausdrückt, daß der Bruch:

$$\frac{w_1 \cdot w_2}{w_1 \cdot w_2 + (1 - w_1)(1 - w_2)}$$

die Wahrscheinlichkeit ausdrückt, daß ein übereinstimmender Bericht von A_1 und von A_2 auf Wahrheit beruht. Wenn aber A_2 das Gegenteil von dem behauptet, was A_1 behauptet hat, so ist die Wahrscheinlichkeit, daß das, was A_1 gesagt hat, auch wahr sei, gleich dem folgenden Bruch:

$$\frac{w_1(1 - w_2)}{w_1(1 - w_2) + (1 - w_1) \cdot w_2}.$$

Wenn allgemein n Berichterstatter $A_1, A_2, \ldots A_n$ da sind, die beziehungsweise $w_1, w_2, w_3, \ldots w_p$ als Glaubwürdigkeit haben, so hat ein übereinstimmender Bericht aller n Berichterstatter die Glaubwürdigkeit:

$$W = \frac{w_1 \cdot w_2 \cdot w_3 \cdot \ldots \cdot w_n}{w_1 \cdot w_2 \cdot w_3 \cdot \ldots \cdot w_n + (1 - w_1)(1 - w_2)(1 - w_3) \ldots (1 - w_n)}.$$

Wenn insbesondere die n Berichterstatter dieselbe Glaubwürdigkeit w haben, so erhält man x:

$$W = \frac{w^n}{w^n + (1 - w)^n}.$$

Man beachte, daß $W > \frac{1}{2}$ wird, wenn $w > \frac{1}{2}$ ist, und bei wachsendem n sich der Gewißheit 1 nähert. Für $w < \frac{1}{2}$ wird $W < \frac{1}{2}$ und nähert sich bei wachsendem n der Zahl Null.

Wenn ferner p Berichterstatter, die die Glaubwürdigkeit w haben, übereinstimmend ja sagen, während q Berichterstatter mit der Glaubwürdigkeit w nein sagen, so ergibt sich für die Glaubwürdigkeit W der Aussage der ersten p Berichterstatter:

$$W = \frac{w^p (1 - w)^q}{w^p (1 - w)^q + (1 - w)^p w^q}.$$

Ist $p = q$, so ergibt sich $W = \frac{1}{2}$, gleichviel, wie groß w ist.

Bisher war immer vorausgesetzt, daß die Berichte der berichtenden Personen unabhängig voneinander waren. Wenn nun aber die erste Person A_1, die das Ja oder Nein zu sagen in der Lage ist, an A_2 weiter berichtet und A_2 dann an

N, so hat N den gehörten Bericht in zwei Fällen für wahr zu halten: erstens, wenn A_1 und A_2 beide die Wahrheit sagen, zweitens, wenn sie beide lügen. Bezeichnen also wieder w_1 und w_2 die Glaubwürdigkeiten von A_1 und A_2, so erhält man:

$$w_1 \cdot w_2 + (1 - w_1) \cdot (1 - w_2)$$

als Maß der Glaubwürdigkeit dessen, was A_2 an N berichtet. Auch dieses Problem einer Berichtkette läßt sich leicht auf n Personen ausdehnen. Es berichte also A_1 an A_2, A_2 an A_3 und sofort, bis A_n schließlich an N berichtet. Dann kommt die Wahrheit zu den Ohren von N in folgenden Fällen: erstens, wenn alle n Personen die Wahrheit sagen, zweitens, wenn 2 lügen und n — 2 die Wahrheit sagen, drittens, wenn 4 lügen und n — 4 die Wahrheit sagen usw. Also ist die Wahrscheinlichkeit, daß N von A_n die Wahrheit erfährt:

$$W = w^n + n_2 \cdot w^{n-2}(1 - w)^2 + n_4 w^{n-4}(1 - w)^4 + \ldots .$$

Dieser Ausdruck für W läßt sich bedeutend vereinfachen, wie man erkennt, wenn man die binomischen Entwicklungen von:

$$w + (1 - w) \quad \text{und} \quad w - (1 - w)$$

addiert. Es ergibt sich nämlich:

$$\begin{cases} [w + (1 - w)]^n = w^n + n_1 \cdot w^{n-1}(1 - w) + n_2 \cdot w^{n-2}(1 - w)^2 + \ldots \\ [w - (1 - w)]^n = w^n - n_1 \cdot w^{n-1}(1 - w) + n_2 \cdot w^{n-2}(1 - w)^2 - \ldots \end{cases}$$

Für die halbe Summe beider Gleichungen kommt:

$$W = \tfrac{1}{2}[1 + (2w - 1)^n] = w^n + n_2 \cdot w^{n-2}(1 - w)^2 + \ldots .$$

Für $w = \frac{1}{2}$ kommt $W = \frac{1}{2}$, gleichviel, wie groß n ist.

Z. B. sei $n = 4$, $w = \frac{9}{10}$; dann kommt $W = \frac{881}{1250} = 70\%$.

Aufgaben.

Unter 24 Personen wird für einen bestimmten Zweck eine Person ausgelost. Wie groß ist die Wahrscheinlichkeit, daß das Los trifft:

1) eine bestimmte Person?
2) einen von den drei Brüdern, die in der Gesellschaft sind?
3) einen von den acht dazugehörigen Ausländern?

In einer Urne befinden sich sechs weiße, sieben rote, elf schwarze Kugeln. Wie groß ist die Wahrscheinlichkeit, daß man beim Herausnehmen einer Kugel

4) eine weiße greift?
5) eine Kugel greift, die rot oder schwarz ist? 6) keine schwarze greift?
7) eine weiße, rote oder schwarze greift?

Aus einem Kartenspiel von 32 Karten, das von jeder der vier Arten Treff, Pik, Coeur, Karo acht Karten enthält, nämlich As, König, Dame, Bube, Zehn, Neun, Acht, Sieben, wird eine Karte gezogen. Wie groß ist die Wahrscheinlichkeit, daß die gezogene Karte ist:

8) ein Treff? 9) ein Treff oder Pik? 10) ein As?
11) kein Karo? 12) kein Bube? 13) ein Treff, aber nicht Treffbube?
14) ein As oder ein Bube?
15) Wie groß ist die Wahrscheinlichkeit, daß man mit einem Würfel eine gerade Zahl würfelt?

In einer Urne befinden sich sechs weiße und sechs schwarze Kugeln. Wie groß ist die Wahrscheinlichkeit, daß man beim Greifen von zwei Kugeln:

16) zwei weiße greift? 17) eine weiße und eine schwarze greift?

Jemand zieht aus einem Spiel von 32 Karten drei Karten heraus. Wie groß ist die Wahrscheinlichkeit, daß er findet:

18) drei Treff? 19) zwei Treff und ein Pik?
20) ein Treff, ein Pik und ein Coeur? 21) kein Treff?
22) ein Treff und zwei Nichttreff? 23) mindestens ein Treff?
24) Treffbube? 25) mindestens ein As und mindestens einen König?

Wie groß ist die Wahrscheinlichkeit, mit drei Würfeln so zu würfeln, daß:

26) alle drei Zahlen gleich werden?
27) zwei Zahlen gleich, die dritte von ihnen verschieden ist?
28) alle drei Zahlen verschieden werden?
29) einer von diesen drei Fällen eintrifft?
30) die Augensumme 3 ist? 31) die Augensumme 7 ist?
32) die Augensumme mehr als 12 beträgt?
33) die Augensumme weniger als 7 oder mehr als 14 beträgt?
34) Pasch oder Sequens ist? (Pasch sind drei gleiche Zahlen, Sequens drei aufeinanderfolgende Zahlen.)
35) jeder der drei Würfel eine gerade Zahl zeigt?

Wie groß ist die Wahrscheinlichkeit, mit vier Würfeln so zu würfeln, daß:

36) alle vier Zahlen gleich werden?
37) drei Zahlen gleich werden, die vierte von ihnen verschieden wird?
38) zwei gleiche Zahlen auf zwei Würfeln und zwei andere gleiche Zahlen auf den beiden anderen Würfeln erscheinen?
39) zwei Würfel zwei gleiche Zahlen zeigen, der dritte Würfel eine neue Zahl zeigt und der vierte Würfel eine neue, also dritte Zahl zeigt?
40) alle vier Würfel verschiedene Zahlen zeigen?
41) Wie groß ist die Wahrscheinlichkeit, mit sechs Würfeln so zu würfeln, daß alle sechs Zahlen verschieden werden?

Beim Skatspiel erhält von drei Spielern jeder zehn Karten und zwei Karten werden (in den Skat) zurückgelegt. Wie groß ist die Wahrscheinlichkeit, daß man beim Skatspielen in die Hand bekommt:

42) die vier Buben?
43) Treffbube, Pikbube, Coeurbube, nicht Karobube und irgendwelche vier von den übrigen sieben Treff?

44) Treffbube, Pikbube und dazu acht beliebige Karten, nur nicht Coeurbube und Karobube?

45) nur einen Buben und sonst beliebige neun Karten, die nicht Buben sind?

46) keinen Buben und kein As?

Wie oft kommt es in 100 Fällen durchschnittlich vor, daß beim Skatspiel im Skat liegen:

47) zwei Buben? 48) nur ein Bube? 49) kein Bube? 50) zwei As?

51) As und Zehn von derselben Art?

52) irgend ein As und irgend ein Bube?

53) Jemand findet beim Skatspiel (vgl. oben) unter seinen zehn Karten keinen Buben vor. Wie groß ist die Wahrscheinlichkeit, daß im Skat mindestens ein Bube liegt? (Beachte, daß er 22 Karten nicht erhalten hat.)

54) Jemand hat beim Skatspiel zwei Buben in die Hand bekommen. Er will gern Grand spielen, erkennt aber, daß er ihn nur gewinnen kann, wenn die anderen Buben nicht beide bei einem seiner Gegner sitzen. Wieviel Prozent beträgt die Wahrscheinlichkeit, daß dieser für den Spieler günstige Fall eintritt?

---

55) In einer Urne befinden sich a weiße, b schwarze, c rote Kugeln. Jemand nimmt $\alpha + \beta + \gamma$ Kugeln heraus. Wie groß ist die Wahrscheinlichkeit, daß dies α weiße, β schwarze, γ rote sind?

56) Aus einem Beutel, der sechs weiße und sechs schwarze Bohnen enthält, soll jemand beliebig viele, also 1 bis 12 herausgreifen. Wie groß ist die Wahrscheinlichkeit, daß er ebensoviel schwarze wie weiße Bohnen greift?

57) Jemand weiß, daß vier seiner Freunde Kajütspassagiere erster Klasse auf einem Hamburg-Amerikanischen Dampfer sind, und liest in der Zeitung, daß dieser Dampfer Havarie erlitten hat, und daß dabei von den 18 Kajütspassagieren erster Klasse fünf ertrunken sind. Wie groß ist die Wahrscheinlichkeit, daß keiner seiner vier Freunde ertrunken ist?

Wie groß ist die Wahrscheinlichkeit, daß das Produkt zweier Zahlen endigt:

58) mit einer Null? 59) mit einer Fünf?

60) mit Zwei, Vier, Sechs oder Acht?

61) mit einer Eins, Drei, Sieben oder Neun? 62) gerade ist?

63) ungerade ist?

64) Wie groß ist die Wahrscheinlichkeit, daß das Produkt dreier Zahlen gerade ist?

65) Wie groß ist die Wahrscheinlichkeit, mit einem Würfel erst sechs Augen und dann fünf Augen zu würfeln?

66) Jemand besitzt in zwei Lotterien je ein Los. In der ersten kommen auf 100000 Lose 25000 Gewinne, in der zweiten auf 80000 Lose 30000 Gewinne. Wie groß ist ihm die Wahrscheinlichkeit, mindestens in einer der beiden Lotterien zu gewinnen?

Ein Würfelspiel zwischen zwei Personen A und B besteht darin, daß derjenige gewinnt, der bei abwechselndem Würfeln zuerst die Sechs würfelt. A fängt an zu würfeln. Welche Wahrscheinlichkeit hat B, zu gewinnen, indem er die Sechs würfelt:

67) das erstemal, wo er zu würfeln hat?

68) das zweitemal, wo er zu würfeln hat?

69) das erste- oder zweitemal, wo er zu würfeln hat?

70) das drittemal, wo er zu würfeln hat?

71) ehe er zum vierten Male würfelt?

Fünf Ereignisse treffen beziehungsweise mit den Wahrscheinlichkeiten w_1, w_2, w_3, w_4, w_5 ein. Wie groß ist demnach die Wahrscheinlichkeit:

72) daß das erste und dritte Ereignis eintrifft, die übrigen nicht?

73) daß eins der Ereignisse eintrifft, die übrigen nicht?

74) daß irgendwelche zwei von den Ereignissen eintreffen, die übrigen nicht?

75) Für einen Kurier, der aus einer belagerten Festung eine wichtige Nachricht an die Entsatzarmee zu bringen hat, beträgt die Wahrscheinlichkeit, die Reihen der Belagerer unbehelligt zu passieren, $\frac{1}{3}$. Wieviel Kuriere müssen mindestens abgesandt werden, damit die Wahrscheinlichkeit, daß wenigstens ein Kurier unbehelligt durchkommt, um die Nachricht zu überbringen, $\frac{8}{9}$ erreicht oder übersteigt? (Exponentialgleichung.)

Wie groß ist die Wahrscheinlichkeit, daß bei viermaligem Werfen einer Münze nach oben fällt:

76) das erstemal die Schriftfläche, die drei anderen Male die Bildfläche?

77) die beiden ersten Male die Bildfläche, die beiden letzten Male die Schriftfläche?

78) irgendwelche zwei Male die Bildfläche?

79) Wie groß ist die Wahrscheinlichkeit, bei fünfmaligem Würfeln einmal die Drei, viermal nicht die Drei zu werfen?

80) Ein Versuch gelingt mit der Wahrscheinlichkeit $\frac{1}{3}$ und es werden neun Versuche angestellt. Dann ist anzunehmen, daß das Gelingen von drei Versuchen und das Mißlingen von sechs Versuchen wahrscheinlicher ist, als daß mehr oder weniger als drei Versuche gelingen. Wie wahrscheinlich nämlich?

81) Die Wahrscheinlichkeit, daß ein Experiment gelingt, beträgt $\frac{1}{2}$. Wie hoch kann man gegen 1 ℳ wetten, daß von 20 Malen, wo das Experiment gemacht wird, es 8, 9, 10, 11 oder 12 mal gelingt?

82) Von 10000 geborenen Kindern erleben das 19. Lebensjahr 6053, das 44. 4526, das 33. 5245, das 58. 3242. Wie groß ist hiernach die Wahrscheinlichkeit, daß ein Ehepaar, von dem bei der Verheiratung der Mann 33, die Frau 19 Jahre alt sind, seine silberne Hochzeit feiern kann?

---

83) Zwei Urnen enthalten vier bzw. sieben weiße Kugeln. Wie groß ist die Wahrscheinlichkeit, daß eine schon gezogene weiße Kugel aus der Urne mit vier Kugeln stammt?

84) Jemand weiß, daß von drei Spielern A, B, C: A vier Treff, B zwei Treff, C ein Treff in der Hand hatte. Er sieht, nachdem eben ausgespielt ist, ein Treff auf dem Spieltisch liegen. Er hat aber nicht gesehen, wer die Treffkarte ausgespielt hat. Wie groß ist ihm die Wahrscheinlichkeit, daß sie von A, von B, von C ausgespielt ist?

85) In den fünf Fächern eines Portemonnaies sind beziehungsweise 3, 4, 5, 6, 7 Markstücke. Wie groß ist die Wahrscheinlichkeit, daß ein dem Portemonnaie entnommenes Markstück von einem der Fächer herrührt, die 3, 4 und 5 ℳ enthielten?

86) In einer kleinen Stadt liegen vier Kompagnien in Garnison. Die erste enthält 10, die zweite 3, die dritte 2, die vierte 1 Einjährigen. Der Hauptmann, welcher die Kompagnie mit 10 Einjährigen kommandiert, liest, während er auf Urlaub ist, in der Zeitung, daß 1 Einjähriger seiner Garnisonstadt sich duelliert hat. Mit wieviel Wahrscheinlichkeit hat er anzunehmen, daß dieser Einjährige seiner Kompagnie angehört?

87) Aus einer Urne mit zehn Kugeln, deren Farben man nicht kennt, wird eine Kugel herausgenommen, die rot ist, und wieder zurückgelegt. Die Wahrscheinlichkeit, daß die Urne 7, 8, 9 oder 10 rote Kugeln enthält und daß zugleich eine neu gezogene Kugel wieder rot ist, beträgt $\frac{147}{275}$. Warum?

88) Eine aus einer Urne mit zwölf Kugeln herausgenommene Kugel ist schwarz. Wie groß ist die Wahrscheinlichkeit, daß, nachdem die Kugel wieder zurückgelegt ist, eine neu gezogene Kugel wieder schwarz ist?

89) Ein Knabe hat in einem Säckchen weiße und schwarze Bohnen, weiß aber nicht, wieviel Bohnen es sind, geschweige denn, wieviel weiß und wieviel schwarz sind. Er nimmt eine heraus. Dieselbe ist weiß. Er steckt sie nun nicht zurück in das Säckchen, sondern zieht eine neue Bohne. Wie groß ist die Wahrscheinlichkeit, daß sie wieder weiß ist?

90) Aus einem Päckchen von 20 Karten ist eine Treffkarte herausgenommen und wieder in das Päckchen hineingemischt. Eine zweite gezogene Karte ist von neuem Treff. Auch diese wird wieder hineingemischt. Wie groß ist die Wahrscheinlichkeit, daß auch eine dritte gezogene Karte Treff ist?

91) Jemand bemerkt, daß drei Kinder, die einen Kindergarten verlassen, Mädchen sind. Wie groß ist ihm die Wahrscheinlichkeit, daß das vierte den Kindergarten verlassende Kind ein Mädchen ist?

92) Unter der Annahme, daß der in der ersten Hälfte des Mai in Deutschland meist beobachtete Kälterückschlag ganz unbekannte Ursachen habe, soll die Wahrscheinlichkeit dafür berechnet werden, daß er im nächsten Jahre eintreffe, vorausgesetzt, daß er 20 Jahre lang nacheinander beobachtet ist.

---

93) A lügt durchschnittlich unter fünf Malen, wo er ein Urteil abzugeben hat, einmal, B aber unter fünf Malen zweimal. Nun berichten A und B übereinstimmend. Welche Glaubwürdigkeit hat der Bericht?

94) A hat die Glaubwürdigkeit $\frac{8}{11}$, B $\frac{9}{11}$. Nun berichtet A im bejahenden Sinne, B im verneinenden Sinne. Mit welcher Wahrscheinlichkeit entspricht der Bericht von A der Wahrheit?

95) Drei Zeugen A_1, A_2, A_3, deren Glaubwürdigkeit w_1, w_2, w_3 beträgt, machen vor Gericht eine Aussage. Die Aussagen von A_1 und von A_2 stimmen überein. A_3 aber behauptet das Gegenteil. Welche Glaubwürdigkeit hat die übereinstimmende Aussage von A_1 und A_2?

96) Drei Zeugen, deren Glaubwürdigkeit $\frac{4}{5}$ beträgt, sagen etwas aus, drei andere Zeugen, deren Glaubwürdigkeit nur $\frac{3}{5}$ beträgt, sagen genau das Gegenteil aus. Wie groß ist die Wahrscheinlichkeit, daß die Aussage der ersten drei Zeugen wahr ist?

97) n Personen berichten übereinstimmend, andere n Personen auch, aber das Gegenteil von dem, was die ersten n Personen berichtet haben. Nun ist die Glaubwürdigkeit aller 2 n Personen dieselbe. Wie groß ist die Wahrscheinlichkeit, daß die Aussage der ersten n Personen wahr ist?

98) A sagt in sieben Fällen viermal, B fünfmal die Wahrheit. Von einem Ereignis, das ebensogut eingetroffen sein kann, wie nicht, berichtet A an B, B an N. N hört von B, daß das Ereignis eingetroffen sei. Mit welcher Wahrscheinlichkeit hört er die Wahrheit?

99) A, B, C, D, E haben sämtlich die Glaubwürdigkeit $\frac{5}{6}$. A hat ein wichtiges kaufmännisches Telegramm erhalten, bei dem es sich nur um ja oder nein handelt. Er berichtet über den Inhalt an B, B an C, C an D, D an E, E an N. N hört von E „ja". Welche Glaubwürdigkeit hat er diesem Ja beizumessen?

100) Vier Berichterstatter haben sämtlich die Glaubwürdigkeit $\frac{3}{5}$. Um wieviel sinkt die Glaubwürdigkeit dadurch, daß N einen Bericht nicht direkt von A, B, C oder D hört, sondern dadurch, daß A an B, B an C, C an D, D an N berichtet?

Historisches zu Abschnitt VII.

Die im Abschnitt VII enthaltenen Begriffe und Methoden wurden größtenteils erst im 17. und 18. Jahrhundert ausgebildet. Doch bildeten die Dreieckszahlen und Tetraedralzahlen (§ 41, B) eine Lieblingsbeschäftigung der griechischen Arithmetiker. Auch die Summe der Quadratzahlen war schon dem Archimedes und die der Kubikzahlen (§ 41, C) dem Nikomachos bekannt.

Die Lehre von den Permutationen, Kombinationen und Variationen, sowie auch die Wahrscheinlichkeitsrechnung wurden von Fermat und Pascal um 1650 begründet, und dann namentlich von Jakob Bernoulli (Ars conjectandi, 1713) ausgebildet. Vor Bernoulli schrieb über Kombinatorik namentlich Leibniz (De arte combinatoria, 1666), über Wahrscheinlichkeitsrechnung Huygens (De ratiociniis in ludo aleae, 1657). Von späteren Mathematikern hat um die Wahrscheinlichkeitsrechnung besonders Laplace (Théorie analytique des probabilités, 1812) große Verdienste.

Die Formeln, welche die einzelnen Binomialkoeffizienten der nten Potenz durch n ausdrücken, gab zuerst Newton (1676), während die Koeffizienten der polynomischen Entwicklung von Leibniz (1695) herrühren.

Achter Abschnitt.

Funktionen und Potenzreihen.

§ 45.

Funktionen.

Theorie.

Schon in § 14 K und § 27 K haben wir die Veränderlichkeit einer Zahl kennen gelernt und erfahren, daß man veränderliche Zahlen mit den letzten Buchstaben des Alphabets x, y, z zu bezeichnen pflegt. Meist denkt man sich die Zahl x alle denkbaren rationalen und irrationalen Werte durchlaufend und die Zahl y davon abhängig. Man nennt dann x die unabhängige Veränderliche, y die abhängige Veränderliche. Um die Abhängigkeit der Zahl y von der Zahl x auszudrücken, nennt man y eine Funktion von x. Wenn in der Gleichung, welche die Abhängigkeit der Variabeln y von der Variabeln x ausdrückt, die eine Seite y heißt, während die andere Seite nur x enthält, so nennt man y eine entwickelte Funktion von x. Wenn aber die Gleichung zwischen x und y nicht nach y aufgelöst ist, so heißt die Funktion unentwickelt. Es entsteht dann die Aufgabe, zu der entwickelten Funktion zu gelangen, welche y abhängig von x darstellt. So folgt z. B. aus der unentwickelten Funktion:

$$y^2 - 8xy + 4ya + 9x^2 = b^x$$

die entwickelte:

$$y = 4x - 2a \pm \sqrt{7x^2 - 16ax + 4a^2 + b^x}$$

oder aus:

$$y^x + x^5 = \operatorname{tg} x$$

die entwickelte Funktion:

$$y = \sqrt[x]{\operatorname{tg} x - x^5}.$$

Eine entwickelte Funktion heißt algebraisch, wenn in ihr x und konstante Zahlen nur durch die Operationen erster und zweiter Stufe sowie durch Potenzierung und Radizierung mit unveränderlichen Exponenten verknüpft sind. Wenn dies nicht der Fall ist, heißt die Funktion transzendent.

Algebraische Funktionen sind z. B.:

$$y = \left(x^4 + \sqrt[3]{x} - 7\,x\sqrt{x}\right) : \sqrt[5]{x^4}$$

$$y = \frac{x^4 - 4}{x - 1} - 9\,x$$

$$y = \sqrt[5]{x^5 + \sqrt{x} - \frac{1}{x}}.$$

Transzendent dagegen sind:

$$y = \cos x;\quad y = \sqrt[3]{\operatorname{tg} x};\quad y = a^x;\quad y = x^{\sin x};\quad y = \sqrt[x]{a} + \sqrt[x]{b};$$

$$y = a \sin x + b \cos x;\qquad y = a^{\sqrt{x}} - x^4 + \sin x - \operatorname{tg}^3 x.$$

Unter den algebraischen Funktionen sind besonders wichtig die rationalen Funktionen, die entweder gebrochene oder noch spezieller ganze Funktionen sein können. Eine ganze Funktion hat immer die Form:

$$a_0\,x^n + a_1\,x^{n-1} + a_2\,x^{n-2} + \ \ldots\ + a_{n-1}\,x + a_n,$$

wo n eine ganze Zahl ist und wo a_0, a_1, a_2, ... a_n konstante Zahlen sind. Eine rationale Funktion heißt gebrochen, wenn sie als Quotient zweier ganzer Funktionen darstellbar ist.

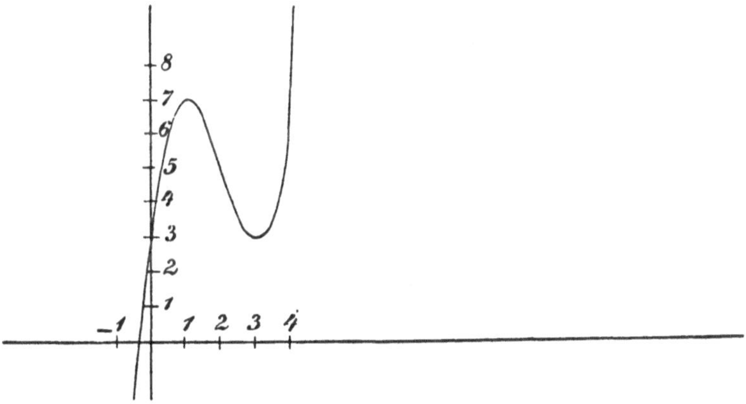

Fig. 3.

Wenn man bei einer Funktion der unabhängigen Variabeln x viele Werte erteilt und für jeden Wert von x den zugehörigen Wert der abhängigen Variabeln y hinzusetzt, so erhält man eine Tabelle der betreffenden Funktion. Für Funktionen, die mühsam zu berechnen sind, hat man solche Funktionstabellen übersichtlich zusammengestellt, wie z. B. die Logarithmentabellen, aus denen für die Basis 10 die Logarithmen aller Zahlen von 1 bis 10^4 oder weiter auf vier, fünf oder sieben Dezimalstellen entnommen werden können.

Außer durch eine solche Funktionstabelle kann man auch durch graphische Abbildung sich ein Bild von dem Verlauf einer Funktion verschaffen. Man nimmt auf einer horizontalen Achse beliebig viele Punkte an, die den Werten der Variabeln x entsprechen. In diesen Punkten errichtet man auf der Achse Lote, auf welche man Strecken abträgt, die den zugehörigen Funktionswerten entsprechen, nach oben bei positiven Werten, nach unten bei negativen Werten. Auf solche Weise ist die Fig. 3 entstanden, welche die Funktion

$$y = x^3 - 6x^2 + 9x + 3$$

abbildet. Für $x = 0$ kommt $y = 3$, für $x = 1$ kommt $y = 7$, für $x = 2$ kommt $y = 5$, für $x = 3$ kommt $y = 3$ usw. Um den Lauf der Funktion zwischen zwei aufeinanderfolgenden ganzzahligen Werten von x möglichst genau zu erkennen, wird man auch gern für x dazwischenliegende rationale oder auch irrationale wählen.

So erkennt man, daß die abgebildete Funktion zwischen $x = -1$ und $x = 0$ Null wird, nachdem sie vor $x = -1$ negativ war, daß sie dann von $x = 0$ bis $x = +1$ weiter zunimmt, bei $x = +1$ ein Maximum von $y = 7$ erreicht, weiterhin aber zwischen $x = +1$ und $x = +3$ abnimmt, um bei $x = +3$ ein Minimum von $y = +3$ zu erreichen, und daß sie endlich von $x = +3$ an bei wachsendem x andauernd zunimmt.

Wenn, wie bisher immer, y als Funktion von x dargestellt ist, so ist auch umgekehrt x eine Funktion von y, nur daß es nicht immer leicht ist, diese Funktion in entwickelter Form anzugeben. Bei den direkten Operationen erster bis dritter Stufe ist dies aber möglich, denn:

1) aus $y = x + b$ folgt $x = y - b$,
2) aus $y = x \cdot p$ folgt $x = y : p$,
3) aus $y = x^n$ folgt $x = \sqrt[n]{y}$,
4) aus $y = b^x$ folgt $x = \log y$ zur Basis b.

Was die von der Trigonometrie gelieferten Funktionen $\sin x$, $\cos x$, $\operatorname{tg} x$, $\operatorname{cotg} x$ anbetrifft, so stellt man sich unter x nicht, wie in der elementaren Trigonometrie, einen in Graden, Minuten, Sekunden gegebenen Winkel vor, sondern das Verhältnis des Kreisbogens, dessen Zentriwinkel der gegebene Winkel ist, zum Radius dieses Kreisbogens. Man sagt also:

$$\frac{2r\pi}{r} = 2\pi \text{ statt } 360^0$$

$$\pi \text{ statt } 180^0$$

$$1 \text{ statt } \frac{180^0}{\pi}.$$

Z. B.:

$$\sin\frac{\pi}{6} = \frac{1}{2}, \quad \cos\pi = -1, \quad \operatorname{tg}\frac{\pi}{4} = +1, \quad \operatorname{cotg}\frac{\pi}{3} = \frac{1}{3}\sqrt{3}.$$

Für die Umkehrungen der trigonometrischen Funktionen:

$$y = \sin x, \quad y = \cos x, \quad y = \operatorname{tg} x, \quad y = \operatorname{cotg} x$$

sind beziehungsweise die Bezeichnungen üblich:

$$x = \operatorname{arc}\sin y\,, \quad x = \operatorname{arc}\cos y\,, \quad x = \operatorname{arc}\operatorname{tg} y\,, \quad x = \operatorname{arc}\operatorname{cotg} y\,.$$

Es bedeutet z. B. $x = \operatorname{arc}\sin y$, gelesen: „x gleich arcus sinus y", daß x der Bogen ist, dessen Sinus y ist. Wenn x von 0 bis 2π wächst, so erhält jede der trigonometrischen Funktionen zweimal einen und denselben Wert, und wenn x weiterhin um beliebige Vielfache von 2π wächst, so erhält y immer wieder dieselben Werte. Also müssen einem und demselben Werte von y beliebig viele Werte von x zugehören. Man meint jedoch, wenn nicht das Gegenteil ausdrücklich gesagt ist, immer nur einen einzigen Wert von x und zwar denjenigen, der zwischen 0 und $\frac{\pi}{2}$ liegt, also der kleinste aller positiven Werte ist, z. B.:

$$\operatorname{arc}\sin 1 = \frac{\pi}{2}\,, \quad \operatorname{arc}\cos \frac{1}{2}\sqrt{2} = \frac{\pi}{4}\,, \quad \operatorname{arc}\operatorname{tg}\sqrt{3} = \frac{\pi}{3}\,,$$

$$\operatorname{arc}\operatorname{tg} 1 = \frac{\pi}{4}\,, \quad \operatorname{arc}\operatorname{cotg}(2+\sqrt{3}) = \frac{\pi}{12}\,.$$

Aufgaben.

Stelle aus den folgenden Gleichungen y als Funktion von x her:

1) $x^3 + y x^2 - 7x + y = 0$ 2) $x^x + y x^2 = 100$
3) $5x + 8 - x^2 = y^2$ 4) $\sin x - a^x y + \log x = 0$
5) $y^x = 100$ 6) $y \cos x - 3^x \sin x = 0$.

Welche von den folgenden Funktionen sind transzendent:

7) $y = \sqrt[3]{x^3 + 27}$ 8) $y = a^x + b^x + c^x$ 9) $y = \frac{7x^5 - 1}{x^9 + 1} + x^4$?

Verwandle in den Quotienten zweier ganzer Funktionen:

10) $\frac{1}{x-3} - \frac{1}{x+3} + \frac{x}{x^2-9}$ 11) $\frac{\frac{1}{x} - \frac{1}{x-5}}{\frac{x^2}{x^4-1} + \frac{1}{x^2-1}}$.

Stelle eine Tabelle der folgenden Funktionen so her, daß x gleich einer der ganzen Zahlen von 1 bis 10 ist:

12) $\frac{1}{x}$ 13) $\sqrt{x}$ 14) $\overset{10}{\log} x$ 15) 2^x 16) $x^3 - 3x$
17) $\sqrt[x]{2}$. 18) $\sqrt[x]{x}$.

Bilde die folgenden Funktionen graphisch ab:

19) $y = x^3 - 5x$ 20) $y = \sqrt[3]{x}$ 21) $y = \overset{10}{\log} x$ 22) $y^2 = 2px$.

22_1) Beweise, daß die Verknüpfung von rationalen Funktionen durch Addition, Subtraktion, Multiplikation, Division, Potenzierung und Radizierung mit ganzzahligen Exponenten wieder zu rationalen Funktionen führt.

Verwandle in ganze Funktionen von x:

23) $(x - a)^6$ 24) $\frac{16x^4 - 1}{2x + 1}$ 25) $\frac{x^4 + 4x + 4}{x + 2} + \frac{x^6 + 1}{x^2 + 1}$.

26) Beweise, daß man durch Addition, Subtraktion, Multiplikation aus ganzen Funktionen wieder ganze Funktionen gewinnt.

Stelle durch eine Kurve dar:

27) $y = \sin x$ 28) $y = \operatorname{tg} x$ 29) $y = \frac{\operatorname{tg} x}{x}$ 30) $y = \frac{1}{\cos x}$.

Beweise:

31) $\operatorname{arc} \sin x = \frac{\pi}{2} - \operatorname{arc} \cos x$ 32) $\operatorname{arc} \operatorname{cotg} x + \operatorname{arc} \operatorname{tg} x = \frac{\pi}{2}$.

Berechne:

33) $\operatorname{arc} \cos \frac{1}{2}$ 34) $\operatorname{arc} \sin \frac{1}{2}\sqrt{3}$ 35) $\operatorname{arc} \operatorname{tg} 1$ 36) $\operatorname{arc} \operatorname{tg}(-1)$.

37) Welches ist die unabhängige Variable bei den Barometerkurven, wie sie in den Schaufenstern der Optiker stehen?

§ 46.

Grenzwerte.

Theorie.

I) $\lim\limits_{x=\infty} a^x = 0$, falls $a < 1$ ist.

II) $\lim\limits_{n=0} \frac{(1+n)^m - 1}{n} = m$.

III) $\lim\limits_{x=0} \frac{\sin x}{x} = 1$.

IV) $\lim\limits_{x=0} \frac{\operatorname{arc} \operatorname{tg} x}{x} = 1$.

V) $\lim\limits_{n=\infty} \left(1 + \frac{1}{n}\right)^n = e$.

A. a^x.

Eine Zahl wird größer, wenn man sie mit einem Faktor multipliziert, der größer als 1 ist. Demnach wird a^x, falls $a > 1$ ist, immer größer, wenn x positiv immer weiter wächst, so daß $\lim\limits_{x=\infty} a^x = \infty$, falls $a > 1$ ist. Ist aber $a < 1$, $\frac{1}{a} > 1$, so ist:

$$a^x = \left(1 : \frac{1}{a}\right)^x = 1 : \left(\frac{1}{a}\right)^x,$$

woraus, da nach der vorigen Überlegung $\left(\frac{1}{a}\right)^x$ bei wachsendem x jede noch so große Zahl überschreitet, geschlossen werden kann, daß a^x, falls $a < 1$ ist, sich bei wachsendem x der Null nähert.

Dieses Resultat gestattet es uns, die in § 37 behandelte geometrische Reihe, falls $a < 1$ ist, auf unzählig viele Glieder auszudehnen. Denn dort wurde gelehrt, daß

$$a + a\,q + a\,q^2 + \ldots + a\,q^n = a \cdot \frac{1 - q^n}{1 - q}$$

ist. Wenn nun $a = 1$ und $q < 1$ ist, so muß bei wachsendem n nach dem Vorigen q^n sich der Null nähern, so daß wir erhalten, daß

$$1 + a + a^2 + a^3 + \ldots,$$

falls $a < 1$ ist, sich einer endlichen Grenze nähern muß, nämlich dem Grenzwert:

$$1 \cdot \frac{1 - 0}{1 - a} = \frac{1}{1 - a}.$$

Hiernach nähert sich z. B. die Summe der Reihe:

$$1 + \tfrac{1}{2} + \tfrac{1}{4} + \tfrac{1}{8} + \ldots$$

mehr und mehr der Zahl Zwei, je mehr Glieder man zur Summierung verwendet, ferner die Summe:

$$1 + \tfrac{2}{3} + \tfrac{4}{9} + \tfrac{8}{27} + \ldots$$

mehr und mehr dem Grenzwert:

$$\frac{1}{1 - \frac{2}{3}} = 3,$$

je mehr Glieder man addiert.

B. Grenzwert von $\dfrac{x^p - y^p}{x^q - y^q}$ für $y = x$.

Nach § 12 ist:

$$\frac{x^p - y^p}{x^q - y^q} = \frac{(x - y)(x^{p-1} + x^{p-2}y + \ldots + y^{p-1})}{(x - y)(x^{q-1} + x^{q-2}y + \ldots + y^{q-1})}.$$

Wenn man nun, nachdem man durch $x - y$ gehoben hat, $y = x$ setzt, erhält man im Zähler p Glieder, die sämtlich x^{p-1} werden, im Nenner q Glieder, die sämtlich x^{q-1} werden, so daß wir erhalten:

$$\lim_{y=x} \frac{x^p - y^p}{x^q - y^q} = \frac{p}{q} \cdot x^{p-q} = \frac{p}{q}\, y^{p-q}.$$

Ist z. B. $p = 3$, $q = 2$, $y = 4$, so kommt

$$\lim_{x=4} \frac{x^3 - 64}{x^2 - 16} = 6.$$

In der Tat erhält man

für $x = 5$: $\dfrac{125 - 64}{25 - 16} = 6\tfrac{7}{9}$, für $x = 4\tfrac{1}{10}$: $\dfrac{68{,}921 - 64}{16{,}819 - 16} = 6{,}075$.

Man nähert sich also mehr und mehr dem Werte 6, je mehr x sich der Zahl 4 nähert. Dem soeben behandelten Grenzwert kann man eine andere Form geben, wenn man $x = \sqrt[q]{v} = v^{\frac{1}{q}}$ und $y = \sqrt[q]{w} = w^{\frac{1}{q}}$ setzt. Dadurch kommt:

$$\lim \frac{v^{\frac{p}{q}} - w^{\frac{p}{q}}}{v - w} = \frac{p}{q} \cdot w^{\frac{p}{q} - 1} .$$

Setzt man endlich $v = 1 + u$, $w = 1$, so daß $v = w$ für $u = 0$ wird, so erhält man:

$$\lim_{u=0} \frac{(1+u)^{\frac{p}{q}} - 1}{u} = \frac{p}{q} .$$

Da zwei irrationale Zahlen nur eine und dieselbe Zahl darstellen, wenn sie immer zwischen denselben rationalen Grenzen bleiben, auch wenn deren Unterschied beliebig klein wird, und da ferner $\frac{p}{q}$ jede beliebige positive rationale Zahl darstellt, so ergibt unser Grenzwert auch:

$$\lim_{u=0} \frac{(1+u)^m - 1}{u} = m ,$$

wo m eine beliebige positive rationale oder irrationale Zahl bedeutet. Hiermit ist auch die Richtigkeit der Formel II) der Überschrift erkannt.

Auch wenn m eine negative Zahl bedeutet, ist dieser Grenzwert richtig. Denn

$$\lim_{u=0} \frac{(1+u)^{-m} - 1}{u} = \frac{\frac{1}{(1+u)^m} - 1}{u} = \frac{1 - (1+u)^m}{u(1+u)^m}$$
$$= -\frac{(1+u)^m - 1}{u} \cdot \frac{1}{(1+u)^m} ,$$

woraus sich für $u = 0$ nach dem Vorigen der Wert $-m$ ergibt. Es ist also:

$$\lim \frac{(1+u)^m - 1}{u} \text{ immer gleich } m ,$$

gleichviel, ob m positiv oder negativ, rational oder irrational ist.

C. $\lim\limits_{x=0} \frac{\sin x}{x} = 1 , \quad \lim\limits_{x=0} \frac{\operatorname{arc\,tg} x}{x} = 1 .$

Wie schon in § 45 erwähnt ist, ist unter x der Bogen zu verstehen, der zu dem Zentriwinkel gehört, dessen Sinus hier sin x genannt ist, falls der Radius des zugehörigen Kreises gleich 1 ist. Um die Formel III) der Überschrift einzusehen, beachte man Fig. 4 auf folgender Seite.

Hier ist, falls $x < \frac{\pi}{2}$ ist:

$$\triangle\, OCB \leqq \text{Sektor } AOB \leqq \triangle\, OBD\,,$$

wo das Gleichheitszeichen nur dann zu nehmen ist, wenn der Bogen AB gleich Null wird. Macht man den Halbmesser des Kreises um O gleich 1, so ist:

$$2 \text{ mal } \triangle\, OCB = CB \cdot CO = \sin x \cos x$$

$$2 \text{ mal Sektor } AOB = (\text{Bogen } AB) \text{ mal } AO = x$$

$$2 \text{ mal } OBD = OB \cdot BD = \operatorname{tg} x = \frac{\sin x}{\cos x}\,.$$

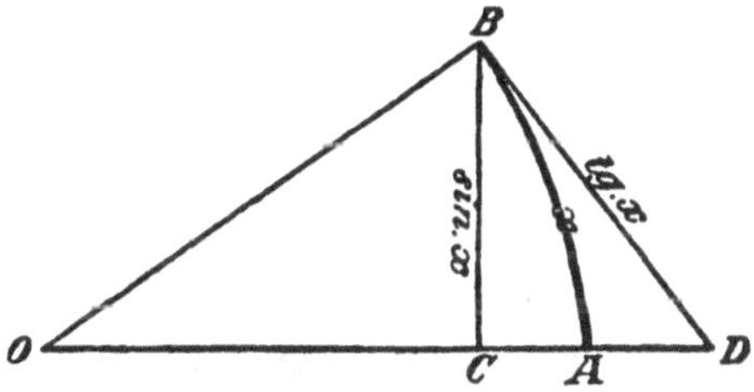

Fig. 4.

Folglich geht die obige Vergleichung über in:

$$\sin x \cos x \leqq x \leqq \frac{\sin x}{\cos x}\,.$$

Dividiert man nun durch $\sin x$, so erhält man:

$$\cos x \leqq \frac{x}{\sin x} \leqq \frac{1}{\cos x}\,.$$

Nimmt man in dieser Ungleichung überall die reziproken Werte, so erhält man:

$$\frac{1}{\cos x} \geqq \frac{\sin x}{x} \geqq \cos x\,,$$

d. h. $\frac{\sin x}{x}$ liegt immer zwischen $\cos x$ und $\frac{1}{\cos x}$. Da nun aber $\lim\limits_{x=0} \cos x$ gleich 1 wird, so muß auch $\lim\limits_{x=0} \frac{\sin x}{x}$ gleich 1 werden.

Dividiert man die soeben bewiesene Vergleichung durch $\cos x$, so erhält man:

$$\frac{1}{\cos^2 x} \geqq \frac{\operatorname{tg} x}{x} \geqq 1\,.$$

Wenn man nun $\operatorname{tg} x = y$ setzt, so hat man, wie schon in § 1 erörtert ist, $x = \operatorname{arc\,tg} y$ zu setzen, so daß man das Resultat erkennt, daß $\frac{y}{\operatorname{arc\,tg} y}$ für $x = 0$, also auch für $y = 0$ den Grenzwert 1 erhält.

Dies ist der Inhalt des in der Überschrift mit IV) bezeichneten Grenzwertes.

D. $$\lim \left(1 + \frac{1}{n}\right)^n = 1 + \frac{1}{1!} + \frac{1}{2!} + \cdots = e\,.$$

Nach dem in VII) § 42 bewiesenen binomischen Lehrsatz erhält man für jedes positiv-ganzzahlige n:

$$\left(1+\frac{1}{n}\right)^n = 1 + n_1 \cdot \frac{1}{n} + \frac{n(n-1)}{1\cdot 2}\cdot\frac{1}{n^2} + \frac{n(n-1)(n-2)}{1\cdot 2\cdot 3}\cdot\frac{1}{n^3} + \dots$$

$$= 1 + \frac{n}{1}\cdot\frac{1}{n} + \frac{1}{1\cdot 2}\cdot 1\cdot\left(1-\frac{1}{n}\right) + \frac{1}{1\cdot 2\cdot 3}\cdot 1\cdot\left(1-\frac{1}{n}\right)\left(1-\frac{2}{n}\right) + \dots$$

$$= 1 + \frac{1}{1!} + \frac{1}{2!}\left(1-\frac{1}{n}\right) + \frac{1}{3!}\left(1-\frac{1}{n}\right)\left(1-\frac{2}{n}\right)$$

$$+ \frac{1}{4!}\left(1-\frac{1}{n}\right)\left(1-\frac{2}{n}\right)\left(1-\frac{3}{n}\right) + \dots .$$

Man erkennt nun, daß, wenn n immer größer wird, die rechts stehende Reihe einem bestimmten Grenzwert zustrebt, der größer als $1 + \frac{1}{1!} = 2$ ist. Daß dieser Grenzwert aber kleiner als 3 ist, erkennt man daraus, daß $1 - \frac{1}{n} < 1$, $1 - \frac{2}{n} < 1 - \frac{1}{n}$ usw. ist, so daß man schreiben kann:

$$\lim_{n=\infty}\left(1+\frac{1}{n}\right)^n < 2 + \frac{1}{2!}\left[1 + \frac{1}{3} + \frac{1}{3\cdot 4} + \frac{1}{3\cdot 4\cdot 5} + \dots\right].$$

Die hier in der eckigen Klammer stehende Reihe ist nun aber kleiner als:

$$1 + \frac{1}{2} + \frac{1}{2^2} + \frac{1}{2^3} + \dots,$$

wie man erkennt, wenn man die einzelnen Glieder vergleicht. Von der eben genannten Reihe haben wir aber in A erkannt, daß sie den Grenzwert 2 hat. Demnach ist:

$$\lim_{n=\infty}\left(1+\frac{1}{n}\right)^n < 2 + \frac{1}{2!}2, \quad \text{also} \quad < 3 .$$

Der zwischen 2 und 3 liegende Grenzwert von $\left(1+\frac{1}{n}\right)^n$ für immer größer werdende n spielt in der Analysis dieselbe fundamentale Rolle, wie etwa in der Geometrie das Verhältnis des Umfangs eines Kreises zu seinem Durchmesser, und hat deshalb auch einen festen Buchstaben als Bezeichnung erhalten, nämlich e. Rechnet man aus, so erhält man:

$$e = 2{,}718281828 \dots .$$

Aufgaben.

Berechne:

1) $(\frac{3}{4})^x$, wenn x größer wird als jede noch so große Zahl.
2) $1 + \frac{1}{3} + \frac{1}{9} + \frac{1}{27} + \dots$ ad inf.
3) $11 + \frac{11}{4} + \frac{11}{16} + \frac{11}{64} + \dots$ ad inf.
4) $4 + 3 + \frac{9}{4} + \dots$ ad. inf.
5) $1 + \frac{1}{2}\sqrt{2} + \frac{1}{2} + \frac{1}{4}\sqrt{2} + \dots$ ad inf.
6) $\lim\limits_{n=\infty} 1 + \frac{3}{4} + \frac{9}{16} + \dots$
7) $7 + 1 + \frac{1}{7} + \frac{1}{49} + \dots$

8) Berechne die Glieder der folgenden Reihe so weit, daß die Summe nur um $\frac{1}{100}$ oder noch weniger kleiner bleibt als $\frac{1}{1-\frac{2}{3}} = 3$:

$$1 + \tfrac{2}{3} + \tfrac{4}{9} + \ldots \text{ ad inf.}$$

9) Wieviel Glieder der folgenden Reihe muß man mindestens berücksichtigen, um zu erreichen, daß ihre Summe um weniger als $\frac{1}{50}$ von ihrem Grenzwerte abweicht:

$$4 + \tfrac{2}{3} + \tfrac{1}{9} + \ldots \text{ ad inf.?}$$

Summiere:

10) $1 - \frac{1}{3} + \frac{1}{9} - \frac{1}{27} + \ldots$ 11) $1 - \frac{3}{4} + \frac{9}{16} - \ldots$

12) $16 - 8 + 4 - 2 + \ldots$

Prüfe, ob der Grenzwert jeder der folgenden Reihen zwischen der Summe der ersten fünf und der Summe der ersten sechs Glieder liegt:

13) $4 - \frac{4}{3} + \ldots$ 14) $1 - \frac{1}{\sqrt{3}} + \frac{1}{3} \ldots$

15) $1 - (\sqrt{2} - 1) + (3 - 2\sqrt{2}) - \ldots$

16) Begründe das im Rechenunterricht gelernte Verfahren, um einen rein periodischen Dezimalbruch in einen gewöhnlichen Bruch zu verwandeln, durch Summierung der unendlichen Reihe:

$$\frac{a}{10^m} + \frac{a}{10^{2m}} + \ldots,$$

wo a die Periode und m die Anzahl ihrer Ziffern ist.

17) Warum hat es keinen Sinn, von der Summe der geometrischen Reihe:

$$1 + x + x^2 + x^3 + \ldots \text{ ad inf.},$$

falls $x > 1$ ist, zu sprechen?

---

18) Welches ist der Grenzwert von $\frac{x^7 - y^7}{x^4 - y^4}$ für $x = y$?

Berechne:

19) $\lim\limits_{x=3} \frac{x^4 - 81}{x^3 - 27}$ 20) $\lim\limits_{x=\frac{1}{2}} \frac{16x^4 - 1}{8x^3 - 1}$ 21) $\lim\limits_{y=\frac{2}{3}x} \frac{64x^6 - 729y^6}{16x^4 - 81y^4} \cdot \frac{4}{x^2}$

22) $\lim\limits_{a=b} \frac{a^{\frac{1}{4}} - b^{\frac{1}{4}}}{a - b}$ 23) $\frac{(1+u)^{\frac{7}{9}} - 1}{u}$ für $u = 0$ 24) $\lim\limits_{u=0} \frac{(1+u)^{\sqrt{2}} - 1}{u}$

25) $\lim\limits_{x=y} \frac{x^{-\frac{2}{3}} - y^{-\frac{2}{3}}}{x - y}$ 26) $\lim\limits_{u=0} \frac{(1+u)^{-\frac{4}{7}} - 1}{u}$.

27) Was wird aus 3^x, wenn x unbegrenzt wächst?

28) Was wird aus $(\frac{1}{3})^x$, wenn x unbegrenzt wächst?

---

29) Welchem Grenzwerte nähert sich $\frac{\cos^2 x \operatorname{tg} x}{x}$, wenn x verschwindend klein wird?

30) Es ist $\frac{1-\cos x}{x^2} = \frac{2\sin^2\frac{x}{2}}{x^2} = \frac{1}{2}\left(\frac{\sin\frac{x}{2}}{\frac{x}{2}}\right)^2$. Welchem Grenzwerte nähert sich daher $\frac{1-\cos x}{x^2}$?

31) Welchem Grenzwerte nähert sich $\operatorname{cotg} x - \frac{1}{\sin x}$ für verschwindend kleines x?

32) Was wird aus $\operatorname{tg} x - \frac{1}{\cos x}$, wenn x sich der Zahl $\frac{\pi}{2}$ nähert?

33) Was wird aus $\operatorname{tg} x \cdot \cos x$, wenn x sich der Zahl $\frac{\pi}{2}$ nähert?

34) Was ist $\lim\limits_{x=0} \frac{\operatorname{arc}\sin x}{x}$?

35) $\lim\limits_{x=0} \frac{\operatorname{arc}\operatorname{tg} x}{\operatorname{arc}\sin x}$ soll berechnet werden.

36) Was wird aus $\frac{\operatorname{tg}(x-y)}{\operatorname{tg} x - \operatorname{tg} y}$, wenn $x - y$ verschwindend klein wird?

37) Was wird aus $\operatorname{arc}\operatorname{tg}\frac{\sin x}{x}$, wenn x unendlich klein wird?

---

38) Wieviel Glieder der Reihe für e muß man mindestens addieren, um zu erkennen, daß $e > 2{,}7$ ist?

39) Wie erkennt man am kürzesten, daß $e < 2 + \frac{17}{24}$ ist?

40) Da $\left(1+\frac{1}{n}\right)^{2n}$ das Quadrat von $\left(1+\frac{1}{n}\right)^n$ ist, so muß man als Grenzwert der binomischen Entwicklung von $\left(1+\frac{1}{n}\right)^{2n}$ das Quadrat von e erhalten. Berechne hiernach e^2 auf vier Stellen.

41) Berechne $\lim\limits_{n=\infty}\left(1-\frac{1}{n}\right)^n$.

§ 47.

Maxima und Minima.

Theorie.

A. Veränderungsverhältnis.

Veränderungsverhältnis einer Funktion y von x zwischen zwei Werten x_1 und x_2 von x, wo $x_1 < x_2$ ist, soll das Verhältnis

$$\frac{y_2 - y_1}{x_2 - x_1}$$

heißen, wo y_2 und y_1 diejenigen Werte von y sind, die man erhält, wenn man in der Funktion $x = x_2$ bzw. $x = x_1$ setzt. Beispielsweise beträgt 6 das Veränderungsverhältnis der in § 45 besprochenen Funktion:

$$y = x^3 - 6x^2 + 9x + 3$$

zwischen den beiden Werten 2 und 5 von x. Denn:

$$\frac{(5^3 - 6 \cdot 5^2 + 9 \cdot 5 + 3) - (2^3 - 6 \cdot 2^2 + 9 \cdot 2 + 3)}{5 - 2} = \frac{23 - 5}{3} = 6 .$$

Aus der graphischen Abbildung (§ 45) geht hervor, daß das Veränderungsverhältnis zwischen zwei Werten von x gleich dem Verhältnisse des Zuwachses der Funktion von x zu dem Zuwachs von x selbst ist, oder, was dasselbe ist, gleich dem Tangens des Winkels, der die Verbindungslinie der beiden den Werten von x zugehörigen Punkte mit der positiven Richtung von links nach rechts bildet. Das Veränderungsverhältnis ist also ein Maß für das Ansteigen der Kurve, welche die Funktion darstellt, zwischen denjenigen beiden Punkten der Kurve, welche den gewählten Werten von x entsprechen. Ein negatives Veränderungsverhältnis bedeutet, daß, wenn $x_1 < x_2$ ist, der x_1 zugehörige Funktionswert y_1 größer ist als der x_2 zugehörige Wert y_2. Bei einem negativen Veränderungsverhältnis zwischen zwei Punkten der Kurve hat also nicht ein Ansteigen, sondern ein Absteigen, ein Sinken der Kurve stattgefunden.

B. Differentialquotient.

Wenn man bei dem Veränderungsverhältnis zwischen zwei Werten x_1 und x_2 von x den Unterschied von x_2 und x_1 unendlich klein werden läßt, so daß auch der Unterschied zwischen den zugehörigen Funktionswerten unendlich klein wird, so stellt der Grenzwert von

$$\frac{y_2 - y_1}{x_2 - x_1}$$

das Veränderungsverhältnis für den Wert x_1 von x oder, wie man sagt, den Differentialquotienten von x an der Stelle x_1 dar. In der graphischen Abbildung der Funktion wird dabei aus der Verbindungslinie getrennt liegender Punkte der Kurve, die man Sehne nennt, die Verbindungslinie aufeinanderfolgender Punkte, die man Tangente nennt, und das Veränderungsverhältnis für den Wert x_1 wird zum Tangens des Winkels, den die Tangente in dem zu x_1 gehörigen Kurvenpunkte mit der positiven Richtung bildet. Wenn wir z. B. das Veränderungsverhältnis der schon oben und in § 45 als Beispiel gewählten Funktion

$$y = x^3 - 6x^2 + 9x + 3$$

allgemein berechnen wollen, so haben wir anzusetzen:

$$\frac{y_2 - y_1}{x_2 - x_1} = \frac{(x_2^3 - 6x_2^2 + 9x_2 + 3) - (x_1^3 - 6x_1^2 + 9x_1 + 3)}{x_2 - x_1}$$

$$= \frac{x_2^3 - x_1^3}{x_2 - x_1} - 6 \cdot \frac{x_2^2 - x_1^2}{x_2 - x_1} + 9 \cdot \frac{x_2 - x_1}{x_2 - x_1} + \frac{3 - 3}{x_2 - x_1},$$

also

$$\lim_{x_2 - x_1 = 0} \frac{y_2 - y_1}{x_2 - x_1} = (x_2^2 + x_2 x_1 + x_1^2) - 6(x_2 + x_1) + 9 = 3x_1^2 - 12x_1 + 9.$$

Es ist also $3x^2 - 12x + 9$ der Differentialquotient der Funktion

$$y = x^3 - 6x^2 + 9x + 3.$$

Was schon aus dem Anblick der Kurve in § 1 hervorgeht, wird uns durch die Berechnung der Veränderungsverhältnisse bestätigt. Für $x = 1$ ist die Lage der Tangente horizontal, der Funktionswert ist 7, und nun sinkt die Kurve bei wachsendem x, weil das Veränderungsverhältnis negativ wird oder, was dasselbe ist, der Tangens des Winkels, der die Tangente mit der positiven Richtung bildet, negativ wird, der Winkel selbst also stumpf wird. Für $x = 3$ aber wird der Differentialquotient wieder Null, die Funktion selbst wird $y = 3$, um bei wachsendem x wieder größer zu werden. Der Differentialquotient gibt uns also Aufschluß darüber, ob bei wachsendem x die Funktionswerte größer oder kleiner werden. Wenn insbesondere der Differentialquotient für einen bestimmten Wert von x Null wird, indem derselbe für kleinere Werte von x positiv war, für größere negativ wird, so sagt man von der Funktion, daß sie in diesem bestimmten Werte von x ein Maximum erreicht habe. Der Funktionswert muß dann größer sein, als der für kleinere oder größere Werte von x. Es kann aber auch das Umgekehrte stattfinden, indem der Differentialquotient Null wird, nachdem der Funktionswert negativ war und nun positiv wird. Dann sagt man von der Funktion, daß sie ein Minimum erreicht habe. Man kann also die Maxima und Minima einer Funktion finden, indem man ihren Differentialquotienten aufsucht, denselben gleich Null setzt und die entstandene Gleichung für x löst. Bei dem obigen Beispiel hat man also

$$3x^2 - 12x + 9$$

gleich Null zu setzen und die entstehende Gleichung zu lösen. So erhält man $x_1 = 3$ und $x_2 = 1$. In der Tat fanden wir schon oben, daß die Funktion für $x = 1$ das Maximum 7 und für $x = 3$ das Minimum 3 hat.

Für die Berechnung derjenigen Werte von x, bei denen eine Funktion ein Maximum oder ein Minimum erreicht, sowie der Maximalwerte und der Minimalwerte selbst mögen die beiden folgenden Beispiele dienen:

1) Für die Funktion $y = x^2 - 4x + 3$ erhält man den Differentialquotienten $2x - 4$, woraus durch Nullsetzen $x = 2$ folgt. In der Tat zeigt sich, daß y für $x = 2$ das Minimum -1 hat.

2) Für die Funktion:

$$y = x^4 - 8x^3 + 16x^2 + 500$$

erhält man den Differentialquotienten:

$$4x^3 - 24x^2 + 32x = 4x(x^2 - 6x + 8),$$

woraus durch Nullsetzen folgt, daß $x = 0$, $x = 2$ und $x = 4$ die Stellen ergeben, wo Maxima oder Minima stattfinden. Bei $x = 0$ kommt das Minimum 500. Bei $x = 2$ findet das Maximum 516 statt und bei $x = 4$ ein neues Minimum von 500.

C. Weitere Beispiele für Maxima und Minima.

Namentlich wird die im obigen geschilderte Aufsuchung der Maxima und Minima einer Funktion in der Planimetrie und Stereometrie angewendet, wie die folgenden Beispiele zeigen:

1) Aus der Schar aller Rechtecke von einem und demselben Umfange u dasjenige herauszusuchen, das den größten Inhalt hat. Man bezeichne eine Seite eines beliebigen von den unzählig vielen Rechtecken mit x. Dann ist die andere Rechtecksseite $\frac{u}{2} - x$. Also soll ein Maximum werden:

$$x\left(\frac{u}{2} - x\right) = \frac{u\,x}{2} - x^2.$$

Demnach setzen wir an:

$$y_2 - y_1 = \frac{u}{2}(x_2 - x_1) - (x_2^2 - x_1^2)$$

oder:

$$\frac{y_2 - y_1}{x_2 - x_1} = \frac{u}{2} - (x_2 + x_1).$$

Indem wir nun $x_2 = x_1$ setzen, erhalten wir durch Nullsetzen der rechten Seite

$$\frac{u}{2} - 2\,x_1 = 0,$$

d. h. $x_1 = \frac{u}{4}$. Demnach ist eine Rechtecksseite, also auch die andere, der vierte Teil des gegebenen Umfangs, das Rechteck vom größten Inhalt ist also ein Quadrat.

2) Einer Kugel denjenigen geraden Kegel einzubeschreiben, dessen Volumen am größten ist. Der Radius der Kugel sei r, die Höhe des veränderlich gedachten Kegels sei x, der Radius seines Grundkreises sei ϱ. Dann folgt aus dem Sehnensatze der Planimetrie:

$$\varrho^2 = x(2\,r - x).$$

Für das Volumen V des Kegels ergibt die Stereometrie:

$$V = \frac{\pi x}{3}\varrho^2 = \frac{\pi}{3}x^2(2\,r - x).$$

Da $\frac{\pi}{3}$ eine Konstante ist, also bei der Aufsuchung des Maximums keine Rolle spielen kann, so haben wir nur zu untersuchen, für welchen Wert von x die Funktion

$$y = x^2(2\,r - x) = 2\,r\,x^2 - x^3$$

ein Maximum erreicht. Demgemäß setzen wir an:

$$y_2 - y_1 = 2\,r(x_2^2 - x_1^2) - (x_2^3 - x_1^3),$$

dann:

$$\frac{y_2 - y_1}{x_2 - x_1} = 2\,r(x_2 + x_1) - (x_2^2 + x_2\,x_1 + x_1^2).$$

Wenn wir nun in der rechten Seite $x_2 = x_1$ setzen und den dann erhaltenen Ausdruck gleich Null setzen, erhalten wir:

$$4 r x_1 = 3 x_1^2,$$

woraus $x_1 = 0$ und $= \frac{4}{3} r$ folgt. Da die Lösung $x_1 = 0$ das gewünschte Maximum nicht liefert, so erkennen wir, daß der gewünschte Maximalkegel $\frac{4}{3}$ vom Radius der Kugel als Höhe haben muß. Man hat also nur denjenigen Durchmesser in drei gleiche Teile zu teilen, dessen einer Endpunkt die Spitze des Kegels ist, und darauf senkrecht zu diesem Durchmesser durch denjenigen Dreiteilungspunkt eine Ebene zu legen, der der Kegelspitze am fernsten liegt.

3) Im Endpunkt A des Durchmessers AB eines Kreises ist eine Tangente gezogen. Es soll die kürzeste unter den Strecken CD konstruiert werden, wo C der Schnittpunkt der Verlängerung von AB über B hinaus mit einer beliebigen Tangente und D der Schnittpunkt dieser Tangente mit der in A berührenden Tangente ist.

Wir bezeichnen den Radius des Kreises mit r, die Strecke AD mit x, CD mit y, CA mit z. Ferner heiße E der auf CD liegende Berührungspunkt und M das Zentrum des Kreises. Aus der Ähnlichkeit der Dreiecke CEM und CAD, sowie aus der Gleichheit von DA und DE folgt:

$$x : z = r : (y - x)$$

oder:

$$z = \frac{x(y - x)}{r}.$$

Deshalb folgt aus dem Pythagoras:

$$y^2 - x^2 = \frac{x^2 (y - x)^2}{r^2}.$$

Daraus erhält man dadurch, daß man durch $y - x$ hebt:

$$y + x = \frac{x^2 (y - x)}{r^2},$$

woraus folgt:

$$y = \frac{x^3 + x r^2}{x^2 - r^2}.$$

Demgemäß setzen wir an:

$$y_2 - y_1 = \frac{x_2^3}{x_2^2 - r^2} - \frac{x_1^3}{x_1^2 - r^2} + \frac{x_2 r^2}{x_2^2 - r^2} - \frac{x_1 r^2}{x_1^2 - r^2}$$

oder:

$$y_2 - y_1 = \frac{x_2^2 x_1^2 (x_2 - x_1) - r^2 (x_2^3 - x_1^3) + r^2 x_2 x_1 (x_1 - x_2) - r^4 (x_2 - x_1)}{(x_2^2 - r^2)(x_1^2 - r^2)},$$

also:

$$\frac{y_2 - y_1}{x_2 - x_1} = \frac{x_2^2 x_1^2 - r^2 (x_2^2 + x_2 x_1 + x_1^2) - r^2 x_2 x_1 - r^4}{(x_2^2 - r^2)(x_1^2 - r^2)}.$$

Wenn wir nun $x_2 - x_1$ sich der Null nähern lassen, gelangen wir zu dem Grenzwert:

$$\frac{x_1^4 - 3r^2x_1^2 - r^2x_1^2 - r^4}{(x_1^2 - r^2)^2},$$

der Null wird, wenn

$$x_1^4 - 3r^2x_1^2 - r^2x_1^2 - r^4$$

Null wird. Demnach haben wir die Gleichung zu lösen:

$$x_1^4 - 4r^2x_1^2 - r^4 = 0,$$

woraus folgt:

$$\frac{x_1^2}{r^2} = 2 \pm \sqrt{5}.$$

Da $+2 - \sqrt{5}$ negativ ist, also keinem Quadrate gleich sein kann, so folgt:

$$x_1 = r\sqrt{2 + \sqrt{5}}.$$

Hierdurch erhalten wir:

$$y_1 = x_1 \frac{x_1^2 + r^2}{x_1^2 - r^2} = r\sqrt{2 + \sqrt{5}} \cdot \frac{3 + \sqrt{5}}{\sqrt{5} + 1} = r\sqrt{2 + \sqrt{5}}\, \frac{\sqrt{5} + 1}{2}$$

$$= \frac{r}{2}\sqrt{2 + \sqrt{5}}\sqrt{6 + 2\sqrt{5}} = \frac{r}{2}\sqrt{22 + 10\sqrt{5}}.$$

Deshalb ist:

$$z_1^2 = y_1^2 - x_1^2 = \frac{r^2}{4}(22 + 10\sqrt{5}) - \frac{r^2}{4}(8 + 4\sqrt{5}) = \frac{r^2}{4}(3 + \sqrt{5})^2$$

oder:

$$z_1 = \frac{r}{2}(3 + \sqrt{5}).$$

Aus diesem Werte von z_1 kann man eine einfache Konstruktion der gesuchten geraden Linien entnehmen. Fällt man nämlich von E das Lot EF auf AB, so ist nach den Sätzen vom rechtwinkligen Dreieck:

$$MC : ME = ME : MF$$

oder:

$$(z - r) : r = r : MF,$$

woraus folgt:

$$MF = \frac{r^2}{z - r} = \frac{r^2}{\frac{r}{2}(3 + \sqrt{5}) - r} = \frac{2r}{\sqrt{5} + 1} = \frac{r}{2}(\sqrt{5} - 1),$$

wodurch erkannt ist, daß MF der größere Abschnitt des nach dem Goldenen Schnitt geteilten Radius ist. Um die gesuchte gerade Linie zu konstruieren, hat man daher nur MB nach dem Goldenen Schnitt so zu teilen, daß der größere Abschnitt nach M hin liegt, im Teilungspunkte F auf MB das Lot zu errichten, das der Kreis in E trifft. Die in E gelegte Tangente ist die gesuchte kürzeste Tangente.

Aufgaben.

Berechne das Veränderungsverhältnis der folgenden Funktionen zwischen $x = 1$ und $x = 3$:

1) $4x^2 - 5x + 8$ 2) $x^3 - 4x$ 3) $\frac{1}{x}$ 4) $\frac{4x - 3}{3x - 2}$ 5) $\overset{10}{\log} x$ 6) 2^x.

Berechne den Differentialquotienten für $x = 1$ bei:

7) x^4 8) $x^3 - x$ 9) $x^5 - 2x^3 + 4x$ 10) $\frac{3}{x}$ 11) $\sqrt{x}$.

Berechne den Differentialquotienten abhängig von x bei:

12) $\sqrt[3]{x}$ 13) $\sin x$ 14) $\frac{1}{x^4}$ 15) $\operatorname{tg} x$.

Entscheide, ob die folgenden Funktionen für $x = 2$ im Zunehmen oder Abnehmen begriffen sind, falls x wächst:

16) $x^4 - 3x^3$ 17) $\frac{1}{x^3}$ 18) $\sqrt{x - 1}$ 19) $\sin\left(\frac{\pi}{6} + x - 2\right)$.

Berechne die Werte von x, bei denen die folgenden Funktionen ein Maximum oder Minimum haben:

20) $y = x^3 - 12x^2 + 45x - 6$ 21) $y = \frac{x^4}{4} + \frac{x^3}{3} - \frac{x^2}{2} + \frac{5}{12}$

22) $\sin x + \cos x$ 23) $x - \sqrt{x}$ 24) $\frac{1}{x^3} - \frac{1}{x}$.

25) Welches ist das größte unter allen Rechtecken, die einem Quadrate so einbeschreibbar sind, daß ihre Seiten den Diagonalen des Quadrats parallel werden?

26) Welches ist das größte unter allen Dreiecken, die ihre Spitzen im Zentrum eines Kreises haben und deren Gegenseiten parallele Sehnen sind?

27) Welcher unter allen einer Kugel einbeschreibbaren geraden Kegeln hat den größten Mantel?

28) Welcher von den geraden Kegeln, die einer Kugel umbeschrieben werden können, hat den kleinsten Mantel?

29) Über einer horizontalen Strecke als Basis ein in einer vertikalen Ebene aufsteigendes gleichschenkliges Dreieck so zu errichten, daß eine Kugel, die längs eines Schenkels herabrollt, möglichst schnell die Basis erreiche.

30) Wie ist bei einer Konservenbüchse das Verhältnis der Höhe zum Durchmesser einzurichten, damit bei vorgeschriebenem Volumen möglichst wenig Blech zu ihrer Herstellung gehöre?

31) Aus einem quadratischen Stück Pappe, dessen Seite a Zentimeter mißt, hat man ein offenes Kästchen von möglichst großem Volumen dadurch hergestellt, daß man an den vier Ecken vier gleich große Quadrate abschnitt und um die vier Seiten des innen entstandenen Quadrats die außerdem entstandenen vier Rechtecke rechtwinklig umbog. Welchen Inhalt hat das Kästchen?

32) Jemand geht auf dem Bürgersteig einer Straße und will möglichst schnell nach einem jenseits des 10 *m* breiten Fahrdamms in direkter

Richtung 26 *m* entfernten Punkte gelangen. Wieviel Meter hat er noch auf dem Bürgersteig zu gehen, ehe er den Fahrdamm in schräger Richtung überschreitet, wenn angenommen wird, daß er in einer Sekunde auf dem Bürgersteig $1\frac{1}{4}$ *m*, auf dem Fahrdamm aber, des Schmutzes wegen, nur 1 *m* zurücklegt?

33) Die zweite Potenz eines echten Bruches ist größer als seine vierte Potenz; um wieviel aber höchstens?

§ 48.

Konvergenz der Reihen.

Theorie.

Schon in § 46 haben wir mit einer unendlichen Reihe zu tun gehabt, deren Summe sich einem ganz bestimmten Grenzwert nähert, so daß der Unterschied zwischen der Summe der ersten n Glieder und diesem Grenzwert um so kleiner wird, je größer n wird. Allgemeiner seien:

$$g_1, g_2, g_3, \ldots, g_n$$

die n ersten Glieder einer „gesetzmäßigen" Reihe von Zahlen, wo unter gesetzmäßig zu verstehen ist, daß jedes Glied g_i von seiner Nummer i in erkennbarer Weise abhängt. So zeigt die Reihe:

$$x, x^2, x^3, \ldots, x^n$$

das Gesetz, daß das i te Glied g_i die i te Potenz von x ist. So zeigt ferner die auch in § 46 abgeleitete Reihe für $e - 1$:

$$\frac{1}{1!}, \quad \frac{1}{2!}, \quad \frac{1}{3!}, \quad \frac{1}{4!}, \quad \ldots, \quad \frac{1}{n!}$$

das Gesetz, daß das i te Glied der reziproke Wert von i! ist. Man kann dann bei einer solchen gesetzmäßigen Reihe von der Summe s_n der ersten n Glieder sprechen. Wenn dann die positive ganze Zahl n unbegrenzt wächst, so wird aus der endlichen Reihe eine unendliche Reihe. Dabei kann es vorkommen, daß sich s_n mit unbegrenzt wachsendem n einer bestimmten endlichen Grenze s nähert, daß also

$$\lim_{n=\infty} s_n = s$$

werde. In diesem Falle heißt die Reihe konvergent. So hat die Summe:

$$s_n = x + x^2 + \ldots + x^n$$

den Grenzwert:

$$s = \frac{1}{1-x} - 1 = \frac{x}{1-x}, \quad \text{falls} \quad x < 1 \quad \text{ist.}$$

Ferner hat, wie aus § 46 hervorgeht, die Summe:

$$s_n = \frac{1}{1!} + \frac{1}{2!} + \frac{1}{3!} + \ldots + \frac{1}{n!}$$

den Grenzwert $e - 1 = 1{,}718281828$. Der Grenzwert, dem sich die Summe der n ersten Glieder einer unendlichen konvergenten Reihe bei unbegrenzt wachsendem n mehr und mehr nähert, heißt kurz Summe der unendlichen Reihe. Da der Unterschied zwischen der Summe s_n der n ersten Glieder und der Summe der Reihe selbst immer kleiner wird, wenn n wächst, so muß auch der Unterschied zwischen der Summe s_n der ersten n Glieder und der Summe s_{n-1} der ersten $n-1$ Glieder, d. h. aber das $n$te Glied g_n bei unbegrenzt wachsendem n unendlich klein werden. Also:

Die Glieder einer konvergenten Reihe müssen von einer bestimmten Stelle ab immer kleiner und schließlich unendlich klein werden.

Man darf aber diesen Satz nicht umkehren, d. h. man darf nicht daraus, daß die Glieder einer Reihe schließlich unendlich klein werden, folgern, daß die Reihe konvergent ist. Das beste Beispiel hierfür zeigt die harmonische Reihe, d. h. die Summe der reziproken Werte der natürlichen Zahlen, also:

$$1 + \tfrac{1}{2} + \tfrac{1}{3} + \tfrac{1}{4} + \tfrac{1}{5} + \ldots \text{ ad inf.}$$

Bei dieser Reihe werden, sogar schon von Anfang an, die Glieder immer kleiner und bei unbegrenzt wachsendem n unendlich klein. Trotzdem ist diese Reihe divergent, indem ihre Summe bei unbegrenzt wachsendem n größer wird als jede noch so große Zahl. Dies kann man auf folgende Weise einsehen. Man denke sich $\frac{1}{2}$, dann $\frac{1}{3} + \frac{1}{4}$, dann $\frac{1}{5} + \frac{1}{6} + \frac{1}{7} + \frac{1}{8}$ usw. je in eine eckige Klammer eingeschlossen, dann erkennt man, daß in jeder eckigen Klammer $\frac{1}{2}$ oder mehr als $\frac{1}{2}$ steht, so daß die Summe bis zur $p$ten Klammer einschließlich größer wird als $1 + \frac{1}{2} \cdot p$. Die Summe s wird also bei unbegrenzt wachsendem p, also auch bei unbegrenzt wachsendem n größer als jede noch so große Zahl. Die harmonische Reihe der reziproken Werte der natürlichen Zahlen ist also divergent, obwohl ihre einzelnen Glieder immer kleiner werden und Null als Grenzwert haben.

Bisher hatten wir immer vorausgesetzt, daß alle Glieder der Reihe positiv sind und daß deshalb immer $s_{n+1} > s_n$ sei. Aber schon in § 46 haben wir unendliche Reihen kennen gelernt, bei denen die Glieder abwechselnde Vorzeichen hatten, nämlich:

$$1 - x + x^2 - x^3 + x^4 - \ldots \text{ ad inf.},$$

bei welcher Reihe, falls $x < 1$ ist, die Summe dem Grenzwert $\dfrac{1}{1+x}$ um so näher kommt, je größer n wird. Bei einer solchen Reihe mit abwechselnden Vorzeichen kann es aber auch vorkommen, daß sie nicht konvergent ist, indem die Summe der n ersten Glieder bei unbegrenzt wachsendem n keinen bestimmten Grenzwert besitzt, sondern den einen oder den andern von zwei Grenzwerten hat, je nachdem die Reihe bis zu einem positiven oder bis zu einem negativen Gliede berechnet ist. Das einfachste Beispiel hierfür ist:

$$1 - 1 + 1 - 1 + 1 - 1 \ldots.$$

Hier erscheint 0 als Summe der Reihe, falls die Anzahl der Glieder gerade ist, aber $+1$, falls sie ungerade ist. Eine derartige Reihe nennt man oszillierend. Oszillierende Reihen sind nicht konvergent, weil ihre Summen keinen bestimmten endlichen Grenzwert haben, sondern zwei Grenzwerte. Weitere oszillierende Reihen ergeben sich aus der obigen dadurch, daß man zu ihren Gliedern die Glieder einer konvergenten Reihe, z. B. einer geometrischen Reihe, einzeln addiert. Z. B. addiere man einzeln die Glieder der geometrischen Reihe:

$$1 + \tfrac{3}{4} + \tfrac{9}{16} + \tfrac{27}{64} + \cdots.$$

Dann erhält man:

$$2 - \tfrac{1}{4} + 1\tfrac{9}{16} - \tfrac{37}{64} + 1\tfrac{81}{256} \cdots.$$

Je nachdem man hier mit einem positiven oder negativen Gliede schließt, nähert man sich dem Grenzwert:

$$1 + 4 = 5 \quad \text{oder} \quad 0 + 4 = 4\,.$$

Zur schnelleren Entscheidung darüber, ob eine Reihe konvergiert, dienen die Konvergenzregeln, von denen die wichtigsten hier folgen.

Erste Konvergenzregel. Wenn m eine endliche Zahl ist und eine Reihe vom m ten Gliede an konvergent ist, so ist sie überhaupt konvergent. Bezeichnet nämlich t den Grenzwert, dem die Summen aller unendlich vielen Glieder, vom m ten an, zustreben, und a die Summe der $m - 1$ ersten Glieder, so ist die bestimmte endliche Zahl $a + t$ der Grenzwert, dem die Summe der ganzen Reihe zustrebt.

Zweite Konvergenzregel (Leibnizsches Kriterium). Wenn der absolute Betrag der Glieder einer Reihe mit abwechselnden Vorzeichen immer kleiner und schließlich unendlich klein wird, so ist die Reihe konvergent. Die Reihe heiße:

$$u_0 - u_1 + u_2 - u_3 + \cdots,$$

dann soll sein:

$$u_{n+1} < u_n \quad \text{und} \quad \lim_{n=\infty} u_n = 0\,.$$

Wenn man nun in folgender Weise je zwei Glieder zusammenfaßt:

$$s_{2m} = (u_0 - u_1) + (u_2 - u_3) + \cdots + (u_{2m-2} - u_{2m-1})$$

und

$$s_{2m+1} = s_{2m} + u_{2m} = u_0 - (u_1 - u_2) - (u_3 - u_4) - \cdots - (u_{2m-1} - u_{2m}),$$

so sind die in Klammern eingeschlossenen Differenzen sämtlich positiv, wegen des ersten Teils der Voraussetzung. Also ist

$$s_{2m} > 0 \quad \text{und} \quad s_{2m+1} = s_{2m} + u_{2m} < u_0\,,$$

also:

$$0 < s_{2m} < s_{2m+1} < u_0\,.$$

Demnach besitzt die unendliche Reihe, deren erstes Glied $u_0 - u_1$, deren zweites $(u_2 - u_3)$ usw. heißt, lediglich positive Glieder und die Summe ihrer ersten m Glieder bleibt kleiner als die endliche Größe u_0. Demnach hat s_{2m} bei unbegrenzt wachsendem m denselben endlichen Grenzwert, der s heiße. Aus

$$s_{2m+1} = s_{2m} + u_{2m}$$

folgt aber dann, weil $\lim_{m=\infty} u_{2m} = 0$ sein soll, daß die unendliche Reihe:

$$u_0 - u_1 + u_2 - u_3 + \dots \text{ ad inf.},$$

gleichviel, ob die Anzahl der Glieder gerade oder ungerade ist, einen einzigen bestimmten endlichen Grenzwert besitzt. Damit ist unsere zweite Konvergenzregel bewiesen. Ein Beispiel hierfür bildet die Reihe:

$$1 - \tfrac{1}{2} + \tfrac{1}{3} - \tfrac{1}{4} + \tfrac{1}{5} - \tfrac{1}{6} \dots,$$

deren Grenzwert log 2 uns in § 52 begegnen wird.

Dritte Konvergenzregel. Wenn eine Reihe mit lauter positiven Vorzeichen konvergiert, so muß auch die Reihe konvergieren, die man erhält, wenn man den Gliedern gerader Nummer das negative statt des positiven Vorzeichens gibt. Denn, wenn die Reihe

$$s = u_1 + u_2 + u_3 + u_4 + \dots,$$

wo $u_1, u_2, u_3, \dots$ sämtlich positiv sind, eine bestimmte endliche Summe besitzt, so muß dies auch bei $u_2 + u_4 + u_6 + \dots$ der Fall sein, also auch bei:

$$2(u_2 + u_4 + u_6 + \dots).$$

Durch Subtraktion aber erhält man, daß nun auch:

$$u_1 - u_2 + u_3 - u_4 + u_5 - u_6$$

eine bestimmte endliche Summe hat. Z. B. kann man daraus, daß die in § 2 abgeleitete Reihe:

$$1 + \frac{1}{1!} + \frac{1}{2!} + \frac{1}{3!} + \dots$$

konvergent ist, schließen, daß auch

$$1 - \frac{1}{1!} + \frac{1}{2!} - \frac{1}{3!} + \frac{1}{4!} - \frac{1}{5!} + \dots$$

konvergent sein muß. Später werden wir erkennen, daß diese Reihe mit abwechselnden Vorzeichen

$$= \frac{1}{e} = 0{,}3678794 \text{ ist.}$$

Vierte Konvergenzregel (Cauchysches Kriterium). Wenn bei einer Reihe mit lauter positiven Gliedern der Quotient, dessen Dividendus das $(n+1)$te Glied und dessen Divisor das $n$te Glied ist, kleiner als 1 ist und auch bei unbegrenzt wachsendem n einen von n unabhängigen Grenzwert hat, der kleiner als 1 ist, so ist die Reihe konvergent. Denn, wenn bei der Reihe:

$$u_1 + u_2 + u_3 + \dots \text{ ad inf.}$$

p eine Zahl ist, die zwar kleiner als 1, aber doch größer ist als der größte unter allen Quotienten:

$$\frac{u_2}{u_1}, \quad \frac{u_3}{u_2}, \quad \frac{u_4}{u_3} \text{ ad inf.},$$

so muß sein:

$$u_2 < u_1 p, \quad u_3 < u_2 p, \quad \text{also} \quad < u_1 p^2,$$

$$u_4 < u_3 p, \quad \text{also} \quad < u_1 p^3, \quad u_5 < u_4 p, \quad \text{also} \quad u_1 p^4 \quad \text{usw.}$$

Also muß die Summe

$$u_1 + u_2 + u_3 + \ldots \text{ ad inf.} < u_1 (1 + p + p^2 + p^3 + \ldots)$$

sein, wo $p < 1$ ist. Nun hat aber die geometrische Reihe, die in Klammern steht, da $p < 1$ ist, die Summe $\frac{1}{1-p}$. Die Reihe $u_1 + u_2 + u_3 + \ldots$ ist also konvergent, da ihre Summe kleiner ist als die endliche Zahl $\frac{u_1}{1-p}$. Beispielsweise ist die Reihe:

$$1 + \frac{1}{3!} + \frac{1}{5!} + \frac{1}{7!} + \ldots \text{ ad inf.}$$

konvergent, weil

$$\frac{u_2}{u_1} = \frac{1}{2 \cdot 3}, \quad \frac{u_3}{u_2} = \frac{1}{4 \cdot 5} \quad \text{usw.}$$

ist, und weil

$$\frac{u_{n+1}}{u_n} = \frac{1}{(2n+1)\,2n}$$

kleiner als 1 ist, auch wenn n unendlich groß wird.

Aufgaben.

1) Zeige, warum die Summe der Reihe $1 + \frac{1}{3} + \frac{1}{5} + \frac{1}{7} + \ldots$ ad inf. größer wird, als jede noch so große Zahl.

Gib an, welche Summen die folgenden Reihen haben:

2) $\frac{1}{2} + \frac{1}{4} + \frac{1}{8} + \ldots$ ad inf. 3) $1 + \frac{3}{4} + \frac{9}{16} + \ldots$ ad inf.
4) $1 - \frac{1}{3} + \frac{1}{9} - \frac{1}{27} + \ldots$ ad inf.
5) $1 + x + x^2 + x^3 + \ldots$ ad inf.
6) $1 - x + x^2 - x^3 + \ldots$ 7) $1 + \frac{x}{2} + \frac{x^2}{4} + \frac{x^3}{8} + \ldots$ ad inf.

8) Berechne, zwischen welchen zwei Werten die Summe der folgenden Reihe oszilliert: $2 - \frac{2}{3} + \frac{10}{9} - \frac{26}{27} + \frac{82}{81} - \frac{242}{243} + \ldots$

9) Warum ist für $x < 1$ konvergent die Reihe

$$x^4 + x^3 + \frac{1}{x^3} + \frac{1}{x^4} + \frac{1}{x^5} + \ldots ?$$

10) Beweise die Konvergenz der Reihe: $1 - \frac{1}{3} + \frac{1}{5} - \frac{1}{7} + \frac{1}{9} - \dots$.

11) Stelle den Konvergenzbereich der folgenden Reihe fest, gib also den kleinsten und den größten Wert von x an, für den die Reihe konvergiert:

$$x - \frac{x^2}{2} + \frac{x^3}{3} - \frac{x^4}{4} + \dots .$$

12) Man weiß, daß konvergent ist:

$$\frac{1 \cdot 2}{2} + \frac{2 \cdot 3}{2^2} + \frac{3 \cdot 4}{2^3} + \frac{4 \cdot 5}{2^4} + \dots .$$

Warum ist nun auch konvergent:

$$\frac{1 \cdot 2}{2} - \frac{2 \cdot 3}{2^2} + \frac{3 \cdot 4}{2^3} - \frac{4 \cdot 5}{2^4} + \dots ?$$

Beweise nach dem Konvergenzkriterium von Cauchy die Konvergenz der folgenden Reihen:

13) $1 + \frac{3}{2} + \frac{5}{2^2} + \frac{7}{2^3} + \frac{9}{2^4} + \dots$

14) $\frac{1}{3} + \frac{2}{9} + \frac{3}{27} + \frac{4}{81} + \frac{5}{243} + \dots$

15) $1 + \frac{1}{2^2} + \frac{1}{3^3} + \frac{1}{4^4} + \dots$

16) $1 + \frac{1}{3!} + \frac{1}{5!} + \frac{1}{7!} + \dots .$

Stelle den Konvergenzbereich der folgenden Reihen fest:

17) $x + \frac{x^3}{3!} + \frac{x^5}{5!} + \dots$

18) $x - \frac{x^3}{3!} + \frac{x^5}{5!} - \frac{x^7}{7!} + \dots$

19) $x + \frac{x^3}{3} + \frac{x^5}{5} + \frac{x^7}{7} + \dots$

20) $\frac{x^4}{4} + \frac{x^5}{5} + \frac{x^6}{6} + \dots .$

§ 49.

Die Methode der noch unbestimmten Koeffizienten.

Theorie.

Unter den unendlichen Reihen sind besonders diejenigen wichtig, bei denen die einzelnen zu summierenden Glieder von der Form:

$$a_i \cdot x^i$$

sind, wo a_i eine Konstante und x^i die ite Potenz der Variabeln x ist. Die allgemeine Form einer solchen Reihe, die man Potenzreihe nennt, ist demgemäß:

$$a_0 + a_1 x + a_2 x^2 + a^3 x^3 + \dots .$$

Die in § 45 besprochenen ganzen Funktionen von x sind Sonderfälle der Potenzreihen, weil, wenn eine solche Funktion $n$ten Grades ist, sie als Potenzreihe angesehen werden kann, in der alle Koeffizienten

$$a_{n+1}, \quad a_{n+2}, \quad a_{n+3}$$

unaufhörlich den Wert Null haben. Wenn eine unendliche Potenzreihe konvergent ist, so hat sie eine bestimmte endliche Summe y, die von x abhängt und deshalb irgend eine Funktion von x ist. Man nennt diese Funktion dann in eine Potenzreihe entwickelt. Daß eine und dieselbe Funktion nicht in zwei verschiedene Potenzreihen entwickelt werden kann, ist aus der folgenden Überlegung evident. Es müßte einerseits sein:

$$y = a_0 + a_1 x + a_2 x^2 + a_3 x^3 + \dots,$$

andrerseits auch:

$$y = b_0 + b_1 x + b_2 x^2 + b_3 x^3 + \dots.$$

Durch Subtraktion folgte:

$$0 = (a_0 - b_0) + x(a_1 - b_1) + x^2(a_2 - b_2) + \dots.$$

Da diese Gleichung auch für $x = 0$ richtig sein muß, so folgt durch $x = 0$ zunächst, daß $a_0 - b_0 = 0$, also $a_0 = b_0$ ist. Dann aber erhält man:

$$0 = x(a_1 - b_1) + x^2(a_2 - b_2) + \dots.$$

Da diese Gleichung nicht allein für $x = 0$, sondern auch für Werte von x, die von Null verschieden sind, richtig sein muß, so kann man durch x dividieren und erhält:

$$0 = (a_1 - b_1) + x(a_2 - b_2) + x^2(a_3 - b_3) + \dots,$$

woraus für $x = 0$ folgt, daß $a_1 = b_1$ ist. Nun erhält man:

$$0 = x(a_2 - b_2) + x^2(a_3 - b_3) + \dots,$$

darf wieder durch x dividieren, erhält aus der dadurch entstandenen Reihe $a_2 = b_2$ und so fort. Unser Resultat lautet also:

Wenn zwei Potenzreihen für $x = 0$ und für Werte von x, die von Null verschieden sind, einander gleich sind, so dürfen die Koeffizienten a_i und b_i jeder Potenz x^i einander gleich gesetzt werden.

Hieraus folgt auch als Zusatz:

Wenn eine Potenzreihe für $x = 0$ und für Werte von x, die von Null verschieden sind, immer Null ist, so muß jeder Koeffizient dieser Potenzreihe einzeln gleich Null sein.

Diese Sätze liefern ein vorzügliches Mittel, um eine Funktion in eine Potenzreihe zu verwandeln; nur muß immer eine Konvergenzuntersuchung stattfinden, um den Konvergenzbereich festzustellen, d. h. dasjenige den Wert Null mit enthaltende Intervall $x = c$ bis $x = d$, das alle Zahlen enthält, welche für x gesetzt werden dürfen, damit der resultierende Funktionswert gleich dem Werte ist, der sich aus der Potenzreihe durch Summierung ihrer Glieder ergibt.

Als Beispiel wählen wir die Funktion:

$$y = \frac{1}{1 - 2x + x^2}.$$

Wir setzen an:

$$\frac{1}{1 - 2x + x^2} = a_0 + a_1 x + a_2 x^2 + \ldots,$$

woraus folgt:

$$1 = (1 - 2x + x^2)(a_0 + a_1 x + a_2 x^2 + \ldots)$$
$$= a_0 + (a_1 - 2a_0)x + (a_2 - 2a_1 + a_0)x^2 + (a_3 - 2a_2 + a_1)x^3 + \ldots.$$

Wenn wir also die Koeffizienten gleich hoher Potenzen von x einander gleich setzen, erhalten wir:

$$1 = a_0, \quad 0 = a_1 - 2a_0, \quad 0 = a_2 - 2a_1 + a_0, \quad 0 = a_3 - 2a_2 + a_1,$$
$$0 = a_4 - 2a_3 + a_2 \quad \text{usw.}$$

Nun ergibt sich nacheinander:

$$a_0 = 1, \quad a_1 = 2, \quad a_2 = 3, \quad a_3 = 4, \quad a_4 = 5 \quad \text{usw.}$$

Man erkennt leicht das Koeffizientengesetz:

$$a_i = i + 1.$$

Wir dürfen also für gewisse Werte von x, die durch die Konvergenzuntersuchung noch festzustellen sind,

$$\frac{1}{1 - 2x + x^2} = 1 + 2x + 3x^2 + 4x^3 + \ldots \text{ ad inf.}$$

setzen. Um die vierte Konvergenzregel benutzen zu können, setzen wir:

$$u_{n+1} = (n+1)x^n, \quad u_n = n x^{n-1},$$

woraus folgt:

$$\frac{u_{n+1}}{u_n} = \frac{n+1}{n} x.$$

Es fragt sich also, was für x gesetzt werden muß, damit:

$$\frac{n+1}{n} \cdot x$$

< 1 werde, selbst wenn n unendlich groß ist. Die Bedingung ist immer erfüllbar, sobald man $x < 1$ wählt. Ist z. B. $x = \frac{9}{10}$, so muß von der zehnten Stelle an $\frac{n+1}{n} \cdot x$ kleiner als 1 werden, nämlich $\frac{11}{10} \cdot \frac{9}{10} = \frac{99}{100}$. Der Konvergenzbereich der Potenzreihe:

$$1 + 2x + 3x^2 + 4x^3 + 5x^4 + \ldots$$

ist also:

$$0 \gtreqless x < 1.$$

Aufgaben.

1) Was folgt daraus, daß sich für $\sin^2\frac{x}{2}$ dieselbe Potenzreihe ergibt, wie für: $\frac{1}{2}(1 - \cos x)$?
2) Was folgt daraus, daß für $-1 < x < +1$ stets die folgende Gleichung richtig ist:
$$c_0 + c_1 x + c_2 x^2 + \ldots = d_0 + d_1 x + d_2 x^2 + \ldots ?$$
3) Was folgt daraus, daß für jedes x die folgende Gleichung richtig ist:
$$0 = (a_0 - 1) x + (a_1 - 2) x^2 + (a_2 - 3) x^3 + \ldots ?$$
4) Wenn für jedes x richtig ist:
$$1 + a_1 x + a_2 x^2 + a_3 x^3 + \ldots = a_1 + 2 a_2 x + 3 a_3 x^2 + \ldots,$$
welche Werte haben dann die Koeffizienten $a_1, a_2, a_3, \ldots$?
5) Bestimme $a_0, a_1, a_2, a_3, \ldots$ aus der für $x < 1$ richtigen Gleichung:
$$1 = (1 + 2x + x^2)(a_0 + a_1 x + a_2 x^2 + \ldots).$$
6) Entwickle $\frac{1}{1 + x + x^2}$ in eine Potenzreihe und gib den Konvergenzbereich der entstandenen Reihe an.
7) Entwickle $\sqrt[3]{1 + x}$ in eine Potenzreihe.
8) Entwickle $\frac{1}{\sqrt[3]{1 + x}}$ in eine Potenzreihe.

§ 50.

Die Exponentialreihen.

Theorie.

$$\text{I)}\quad b^x = 1 + \frac{x}{1!}\frac{\log b}{\log e} + \frac{x^2}{2!}\left(\frac{\log b}{\log e}\right)^2 + \ldots .$$

$$\text{II)}\quad e^x = 1 + \frac{x}{1!} + \frac{x^2}{2!} + \frac{x^3}{3!} + \ldots .$$

A. Ableitung.

Wenn wir ansetzen:
$$b^x = a_0 + a_1 x + a_2 x^2 + a_3 x^3 + \ldots,$$
wo $a_0, a_1, a_2, a_3, \ldots$ zu bestimmende (§ 49) Koeffizienten sind, so erkennen wir zunächst, daß $a_0 = 1$ sein muß, weil für $x = 0$ links 1, rechts a_0 kommt. Um auch die übrigen Koeffizienten zu bestimmen, benutzen wir eine fundamentale Eigenschaft der Funktion b^x, nämlich daß
$$b^x \cdot b^y = b^{x+y}$$

ist. Wir erhalten dadurch:

$$(1 + a_1 x + a_2 x^2 + \ldots)(1 + a_1 y + a_2 y^2 + \ldots)$$
$$= 1 + a_1 (x + y) + a_2 (x + y)^2 + \ldots .$$

Nun setzen wir den sich links ergebenden Koeffizienten von y gleich dem Koeffizienten, der sich rechts ergibt. Dadurch kommt:

$$a_1 (1 + a_1 x + a_2 x^2 + \ldots) = a_1 + 2 a_2 x + 3 a_3 x^2 + \ldots ,$$

wo rechts der in § 42 bewiesene binomische Lehrsatz für ganzzahlige Exponenten anzuwenden war. Indem wir nun die Koeffizienten gleich hoher Potenzen von x einander gleich setzen, erhalten wir die Gleichungskette:

$$a_1 = a_1 , \quad a_1^2 = 2 a_2 , \quad a_1 a_2 = 3 a_3 , \quad a_1 a_3 = 4 a_4 \quad \text{usw.},$$

so daß wir erhalten:

$$a_2 = \frac{a_1^2}{2} , \qquad a_3 = \frac{a_1^3}{2 \cdot 3} , \qquad a_4 = \frac{a_1^4}{2 \cdot 3 \cdot 4} , \qquad a_5 = \frac{a_1^5}{2 \cdot 3 \cdot 4 \cdot 5} \quad \text{usw.}$$

Demnach erhalten wir:

$$b^x = 1 + \frac{a_1 x}{1!} + \frac{(a_1 x)^2}{2!} + \frac{(a_1 x)^3}{3!} + \frac{(a_1 x)^4}{4!} + \ldots .$$

Die gefundene Potenzreihe enthält einen Koeffizienten a_1, dessen Wert noch nicht bestimmt werden konnte. Dies lag daran, weil bisher in keiner Weise über die Konstante b der entwickelten Funktion b^x etwas ausgesagt ist. Um die Abhängigkeit des noch zu bestimmenden Koeffizienten a_1 von der Konstanten b zu finden, ist es am einfachsten, $a_1 x = 1$, d. h.:

$$x = \frac{1}{a_1}$$

zu setzen. Dadurch kommt:

$$b^{\frac{1}{a_1}} = 1 + \frac{1}{1!} + \frac{1}{2!} + \frac{1}{3!} + \frac{1}{4!} + \frac{1}{5!} + \ldots \text{ ad inf.}$$

Nun ist aber rechts eine Summe erschienen, von der wir in § 46 erkannt haben, daß sie der Grenzwert von $\left(1 + \frac{1}{m}\right)^m$ für unbegrenzt wachsende m ist und einer berechenbaren Konstanten gleich ist, für die dort der Buchstabe $e = 2{,}71\,828$ eingeführt ist. Also haben wir:

$$b^{\frac{1}{a_1}} = e \quad \text{oder} \quad \frac{1}{a_1} \cdot \log b = \log e$$

oder:

$$a_1 = \frac{\log b}{\log e} ,$$

wo die Basis des Logarithmensystems, das bei log b und log e zu denken ist, beliebig, aber übereinstimmend ist. Wir erhalten demnach:

$$b^x = 1 + \frac{x}{1!}\,\frac{\log b}{\log e} + \frac{x^2}{2!}\left(\frac{\log b}{\log e}\right)^2 + \frac{x^3}{3!}\left(\frac{\log b}{\log e}\right)^3 + \dots \quad \text{(Formel I).}$$

Diese Reihe wird besonders einfach, wenn $b = e$ ist. Dann erhalten wir nämlich:

$$e^x = 1 + \frac{x}{1!} + \frac{x^2}{2!} + \frac{x^3}{3!} + \frac{x^4}{4!} + \dots \quad \text{(Formel II).}$$

B. Andere Basen.

Für $x = 1$ ergibt sich aus Formel II) die Reihe, die zur Definition von e führte. Weil die Exponentialreihe ebenso wie die in § 52 zu behandelnden logarithmischen Reihen sich besonders einfach gestalten, wenn die Zahl e Basis der Logarithmen wird, so denkt man sich in der höheren Mathematik die Zahl e als Basis der Logarithmen und nennt die Gesamtheit der Logarithmen aller Zahlen zur Basis e das „natürliche" Logarithmensystem. Natürliche Logarithmen bezeichnet man mit dem Buchstaben „l". Schon in Abschnitt VI ist gezeigt, wie man aus den Logarithmen eines Systems die jedes anderen Systems finden kann. Um nämlich $\overset{c}{\log}\, a$ zu finden, hat man daran zu denken, daß $\overset{c}{\log}\, a$ der Exponent y ist, mit dem c zu potenzieren ist, damit sich a ergibt, also:

$$c^y = a \quad \text{oder} \quad y \cdot \overset{b}{\log}\, c = \overset{b}{\log}\, a \quad \text{oder} \quad y = \frac{\overset{b}{\log}\, a}{\overset{b}{\log}\, c},$$

also:

$$\overset{c}{\log}\, a = \frac{\overset{b}{\log}\, a}{\overset{b}{\log}\, c}.$$

Folglich gelangt man aus dem dekadischen Logarithmus von a mit der Basis 10 zu dem natürlichen, indem man ihn durch den dekadischen Logarithmus der Zahl e, also durch $\log e = 0{,}434$ dividiert. Setzen wir in der zuletzt erhaltenen Gleichung a statt b, so erhalten wir insbesondere:

$$\overset{c}{\log}\, a = \frac{1}{\overset{a}{\log}\, c}.$$

Insbesondere ist:

$$\overset{e}{\log}\, 10 = l\,10 = \frac{1}{\overset{10}{\log}\, e} = 2{,}2\,.$$

Um den Konvergenzbereich der oben gefundenen Exponentialreihe festzustellen, wenden wir das Cauchysche Konvergenzkriterium an. Es ist:

$$u_{n+1} = \frac{x^n}{n!}\left(\frac{\log b}{\log e}\right)^n$$

und

$$u_n = \frac{x^{n-1}}{(n-1)!}\left(\frac{\log b}{\log e}\right)^{n-1},$$

also: $\frac{u_{n+1}}{u_n} = \frac{x}{n}\,\frac{\log b}{\log e}$. Dieser Ausdruck wird also kleiner als 1, sobald n größer wird als $\frac{x \log b}{\log e}$. Von einer bestimmten Stelle an ist also die erste Bedingung des Kriteriums erfüllt, aber auch die zweite Bedingung, weil

$$\lim_{n=\infty} \frac{u_{n+1}}{u_n} = \lim_{n=\infty} \frac{x}{n}\,\frac{\log b}{\log e}$$

den Grenzwert Null hat, also kleiner als 1 bleibt. Die Exponentialreihen konvergieren also unbedingt, d. h. für jeden Wert von x.

C. Natürliche Verzinsung.

Wenn in der Zinseszinsrechnung die Verzinsung nicht alle Jahre, sondern an jedem Tage geschehen soll, so hat man sich $\frac{p}{365}$ statt p und dafür $365 \cdot n$ statt n zu denken. Dann hat man also:

$$a\left(1 + \frac{p}{100 \cdot 365}\right)^{365\,n}$$

für das, was aus a Mark durch Zinseszins in einem Tage wird. Genau so erhält man die Verzinsung für jeden Moment, wenn man $\frac{p}{100}$ durch x dividiert, dafür n mit x multipliziert und dann x unendlich groß werden läßt. Nun ist aber:

$$\lim_{x=\infty}\left(1 + \frac{p}{100\,x}\right)^x = e^{\frac{p}{100}}$$

nach dem in § 46 unter IV) behandelten Grenzwert, so daß sich für das Endkapital z, zu dem a bei p Prozent in n Jahren wird, ergibt:

$$z = a\,e^{n\,p:100}.$$

Beispielsweise berechnen wir, wieviel Prozent gerechnet werden müssen, damit sich ein Kapital bei natürlicher Verzinsung in 14 Jahren verdoppelt. Man erhält:

$$2\,a = a \cdot e^{14\,p:100}$$

oder:

$$p = \frac{100 \log 2}{14 \log e} = \frac{30{,}103}{14 \cdot 0{,}434} = \frac{30{,}103}{6{,}076} = 4{,}9.$$

Aufgaben.

Entwickle in eine Potenzreihe:

1) $\sqrt{b^x}$ 2) $\sqrt[3]{b^x}$ 3) $\sqrt[4]{1 : b^x}$ 4) $(b^x)^m$.

Berechne:

5) e^2 6) $\sqrt{e}$ 7) $\frac{1}{e}$ 8) $\frac{1}{e^2}$ 9) $\frac{1}{\sqrt{e}}$.

Berechne mit Benutzung der dekadischen Logarithmen:

10) $\overset{e}{\log} 10$ 11) $\log 10$ zur Basis $\sqrt{e}$ 12) $l\sqrt{2}$.

Entwickele in eine Potenzreihe:

13) $\frac{1}{2}(e^x + e^{-x})$ 14) $e^{3x} - e^{-3x}$.

Wie heißt für unbegrenzt wachsende n der Grenzwert von

15) $\left(1 + \frac{2}{n}\right)^n$ 16) $\left(1 - \frac{1}{n}\right)^n$?

17) Ein Wald wird gegenwärtig auf 100000 *cbm* geschätzt. Sein jährlicher Zuwachs beträgt $2\frac{1}{2}$ Prozent. Wieviel *cbm* hat er nach zehn Jahren, wenn nichts abgeholzt wird?

18) Wieviel Prozent beträgt die jährliche Zunahme einer Bevölkerung, die in 20 Jahren von 40000 Einwohnern auf 80000 gestiegen ist, wenn die Formel für die natürliche Verzinsung angewandt wird?

§ 51.

Die trigonometrischen Reihen.

Theorie.

$$\text{I)}\ \sin x = \frac{x}{1!} - \frac{x^3}{3!} + \frac{x^5}{5!} - \frac{x^7}{7!} + \cdots$$

$$\text{II)}\ \cos x = 1 - \frac{x^2}{2!} + \frac{x^4}{4!} - \frac{x^6}{6!} + \cdots$$

Um zugleich Potenzreihen für $\sin x$ und für $\cos x$ zu gewinnen, setzen wir an:

$$\sin x = a_0 + a_1 x + a_2 x^2 + a_3 x^3 + \cdots$$

und

$$\cos x = b_0 + b_1 x + b_2 x^2 + b_3 x^3 + \cdots$$

Hierbei erinnern wir uns (§ 45), daß x die Zahl ist, welche angibt, wievielmal so groß der zugehörige Bogen als der Radius ist, falls der Winkel Zentriwinkel eines Kreises ist. Wenn ein solcher Winkel α ist, so ist $x = \operatorname{arc}\alpha$, $\sin x = \sin\alpha$, $\cos x = \cos\alpha$ zu setzen. Die in der elementaren Trigonometrie gelernten Formeln, welche den Sinus und den Kosinus der Summe zweier Winkel durch den Sinus und den Kosinus der einzelnen Winkel ausdrücken, gelten natürlich auch, wenn die Winkel in Arcus-Form gegeben sind, so daß wir haben:

$$\sin(x+y) = \sin x \cdot \cos y + \cos x \cdot \sin y$$
$$\cos(x+y) = \cos x \cdot \cos y - \sin x \cdot \sin y\,.$$

Da nun $\sin 0 = 0$, $\cos 0 = 1$, ferner $\lim\limits_{x=0} \frac{\sin x}{x} = 1$ ist, so wird aus unserm obigen Ansatz:

$$\sin x = x + a_2 x^2 + a_3 x^3 + \ldots$$
$$\cos x = 1 + b_1 x + b_2 x^2 + b_3 x^3 + \ldots$$

Wenn wir weiter x in $-x$ verwandeln und beachten, daß $\sin(-x) = -\sin x$ ist, erhalten wir:

$$-\sin x = -x + a_2 x^2 - a_3 x^3 + \ldots,$$

also kommt durch Subtraktion und Halbierung:

$$\sin x = x + a_3 x^3 + a_5 x^5 + \ldots$$

Ebenso erhalten wir:

$$\cos x = 1 - b_1 x + b_2 x^2 - b_3 x^3 + \ldots,$$

also kommt durch Addition und Halbierung:

$$\cos x = 1 + b_2 x^2 + b_4 x^4 + \ldots$$

Wenn wir jetzt die für $\sin x$ und $\cos x$ gefundenen Reihen einsetzen, erhalten wir:

$$\begin{aligned}&(x+y) + a_3(x+y)^3 + a_5(x+y)^5 + \ldots\\ &= (x + a_3 x^3 + a_5 x^5 + \ldots)(1 + b_2 y^2 + b_4 y^4 + \ldots)\\ &+ (1 + b_2 x^2 + b_4 x^4 + \ldots)(y + a_3 y^3 + a_5 y^5 + \ldots)\end{aligned}$$

oder, wenn man nach y ordnet:

$$\begin{aligned}&(x + a_3 x^3 + a_5 x^5 + \ldots)\\ &+ y(1 + 3a_3 x^2 + 5a_5 x^4 + \ldots)\\ &+ y^2(\ldots) + y^3(\ldots) + \ldots\\ &= (x + a_3 x^3 + a_5 x^5 + \ldots)\\ &+ y[1 + b_2 x^2 + b_4 x^4 + \ldots]\\ &+ y^2[\ldots] + y^3[\ldots] + \ldots\end{aligned}$$

Wenn wir zweitens die Formel für $\cos(x+y)$ benutzen, erhalten wir:

$$\begin{aligned}&1 + b_2(x+y)^2 + b_4(x+y)^4 + \ldots\\ &= (1 + b_2 x^2 + b_4 x^4 + \ldots)(1 + b_2 y^2 + b_4 y^4 + \ldots)\\ &- (x + a_3 x^3 + a_5 x^5 + \ldots)(y + a_3 y^3 + a_5 y^5 + \ldots)\end{aligned}$$

oder:

$$\begin{aligned}&(1 + b_2 x^2 + b_4 x^4 + b_6 x^6 + \ldots)\\ &+ y(2 b_2 x + 4 b_4 x^3 + 6 b_6 x^5 + \ldots)\\ &+ y^2(\ldots) + y^3(\ldots) + \ldots\\ &= (1 + b_2 x^2 + b_4 x^4 + \ldots)\\ &+ y(- x - a_3 x^3 - a_5 x^5 - \ldots)\\ &+ y^2(\ldots) + y^3(\ldots) + \ldots\end{aligned}$$

Während der von y freie Koeffizient in beiden Fällen zu Identitäten führt, erhält man durch Vergleichung der Koeffizienten von y:

erstens: $1 + 3 a_3 x^2 + 5 a_5 x^4 + \ldots = 1 + b_2 x^2 + b_4 x^4 + \ldots$

zweitens: $2 b_2 x + 4 b_4 x^3 + 6 b_6 x^5 + \ldots = -x - a_3 x^3 - a_5 x^5 - \ldots$

Wenn wir nun die Koeffizienten gleich hoher Potenzen von x aus beiden Vergleichungen einander gleich setzen, erhalten wir:

$$2 b_2 = -1, \quad 3 a_3 = b_2, \quad 4 b_4 = -a_3, \quad 5 a_5 = b_4$$
$$6 b_6 = -a_5, \quad 7 a_7 = b_6 \text{ usw.},$$

demnach nacheinander:

$$b_2 = -\frac{1}{2}, \quad a_3 = -\frac{1}{2 \cdot 3}, \quad b_4 = +\frac{1}{2 \cdot 3 \cdot 4}, \quad a_5 = +\frac{1}{2 \cdot 3 \cdot 4 \cdot 5}$$
$$b_6 = -\frac{1}{2 \cdot 3 \cdot 4 \cdot 5 \cdot 6}, \quad a_7 = -\frac{1}{2 \cdot 3 \cdot 4 \cdot 5 \cdot 6 \cdot 7} \quad \text{usw.}$$

So erhalten wir:

$$\sin x = x - \frac{x^3}{3!} + \frac{x^5}{5!} - \frac{x^7}{7!} + \ldots$$
$$\cos x = 1 - \frac{x^2}{2!} + \frac{x^4}{4!} - \frac{x^6}{6!} + \ldots.$$

Die unbedingte Konvergenz der beiden Reihen ergibt sich ebenso wie die in § 49 bewiesene Konvergenz der Exponentialreihen.

Wenn α in Graden gegeben ist und $\sin \alpha$ bzw. $\cos \alpha$ mit Benutzung der obigen Reihen zu berechnen ist, so ist zu setzen:

$$x = \frac{\alpha \pi}{180} = \frac{\pi}{2} \cdot \frac{\alpha}{90},$$

demnach:

$$\sin \alpha = \frac{\pi}{2} \cdot \frac{\alpha}{90} - \frac{1}{3!} \cdot \left(\frac{\pi}{2}\right)^3 \cdot \left(\frac{\alpha}{90}\right)^3 + \frac{1}{5!}\left(\frac{\pi}{2}\right)^5 \cdot \left(\frac{\alpha}{90}\right)^5 - \ldots$$
$$\cos \alpha = 1 - \frac{1}{2!}\left(\frac{\pi}{2}\right)^2 \cdot \left(\frac{\alpha}{90}\right)^2 + \frac{1}{4!}\left(\frac{\pi}{2}\right)^4 \cdot \left(\frac{\alpha}{90}\right)^4 \ldots.$$

Wenn eine nach der Größe des Winkels α geordnete Tafel zu berechnen ist, so wird man die Werte von

$$\frac{1}{m!}\left(\frac{\pi}{2}\right)^m$$

von $m = 1$ an ein für allemal berechnen und dann die Potenzen von $\left(\frac{\alpha}{90}\right)^m$, wobei $\alpha < 45$ vorausgesetzt werden darf. Als Beispiel nehmen wir 18 Grad, so daß $\frac{\alpha}{90} = 0{,}2$ zu setzen ist. Man erhält:

$$\frac{\pi}{2} = 1{,}570796\text{, multipliziert mit } 0{,}2 \text{ gibt: } \quad 0{,}314159$$

$$\frac{1}{3!}\left(\frac{\pi}{2}\right)^3 = 0{,}645964\text{, multipliziert mit } (0{,}2)^3 \text{ gibt: } 0{,}005168$$

$$\frac{1}{5!}\left(\frac{\pi}{2}\right)^5 = 0{,}079693\text{, multipliziert mit } (0{,}2)^5 \text{ gibt: } 0{,}000026$$

$$\frac{1}{7!}\left(\frac{\pi}{2}\right)^7 = 0{,}004682\text{, multipliziert mit } (0{,}2)^7 \text{ gibt: } 0{,}000000\,.$$

Wir sehen, daß vier Glieder der Sinusreihe ausreichen, um $\sin 18^0$ auf sechs Stellen zu berechnen. Wir erhalten:

$$\sin 18^0 = 0{,}309017\,.$$

Ebenso erhält man aus II) der Überschrift:

$$\begin{aligned}\cos 18^0 &= 1{,}000000 - 0{,}049348 \\ &\quad + 0{,}000406 - 0{,}000001 \\ &= 0{,}951057\,.\end{aligned}$$

Aufgaben.

Berechne in ähnlicher Weise wie im Text $\sin 18^0$ und $\cos 18^0$ den Sinus und Kosinus von:

1) 30^0 2) 60^0 3) 36^0 4) 40^0 5) 45^0 6) 3^0.

7) Beweise, daß $\lim\limits_{x=y} \frac{\operatorname{tg} x - \operatorname{tg} y}{x - y} = \frac{1}{\cos^2 x}$ ist, und benutze dann allein die Kosinusreihe, um die ersten drei Koeffizienten der Tangensreihe zu berechnen.

8) Setzt man in die in § 50 abgeleitete Exponentialreihe $i\,x$ statt x, so erhält man eine komplexe Zahl $A + i\,B$, wo A mit der hier abgeleiteten Reihe für $\cos x$, B mit der Reihe für $\sin x$ identisch ist. Man darf daher e^{ix} mit $\cos x + i \sin x$ identifizieren. Zeige dies.

9) Benutze die in 8) angedeutete Identität, um die auch elementarer beweisbare Identität:

$$(\cos\varphi + i\sin\varphi)^m = \cos m\varphi + i\sin m\varphi$$

zu beweisen.

10) Benutze die in 9) angegebene Identität, um $\cos 3\alpha$ und $\sin 3\alpha$ durch $\cos\alpha$ und $\sin\alpha$ auszudrücken.

§ 52.

Die logarithmischen Reihen.

Theorie.

I) $\log(1+x) = M\left(x - \frac{x^2}{2} + \frac{x^3}{3} - \frac{x^4}{4} + \dots\right)$ für $x \lesseqgtr 1$.

II) $\log(1-x) = -M\left(x + \frac{x^2}{2} + \frac{x^3}{3} + \frac{x^4}{4} + \dots\right)$ für $x < 1$.

III) $\log\frac{1+x}{1-x} = 2M\left(x + \frac{x^3}{3} + \frac{x^5}{5} + \dots\right)$ für $x < 1$.

IV) $\log(y+1) - \log y = 2M\left[\frac{1}{2y+1} + \frac{1}{3\cdot(2y+1)^3} + \frac{1}{5\cdot(2y+1)^5} + \dots\right]$ für $y > 0$.

V) $2\log z - \log(z+1) - \log(z-1) = 2M\left[\frac{1}{2z^2-1} + \frac{1}{3\cdot(2z^2-1)^3} + \dots\right]$ für $z > 1$.

$$M = {}^{10}\log e = \frac{1}{l10} = 0{,}4342945 .$$

A. Ableitung der grundlegenden Reihe.

Da log 1 Null ist, so setzen wir an:

$$\log(1+x) = a_1 x + a_2 x^2 + a_3 x^3 + \dots$$
$$\log(1+y) = a_1 y + a_2 y^2 + a_3 y^3 + \dots .$$

Da nun $\log p + \log q = \log(p\cdot q)$ ist, so ist auch:

$$\log(1+x) + \log(1+y) = \log[1 + x + y(1+x)]$$
$$= a_1[x + y(1+x)] + a_2[x + y(1+x)]^2 + a_3[x + y(1+x)]^3 + \dots$$
$$= a_1 x + a_2 x^2 + a_3 x^3 + \dots$$
$$+ y[a_1(1+x) + 2a_2 x(1+x) + 3a_3 x^2(1+x) + \dots]$$
$$+ y^2[\dots] + y^3[\dots] + \dots$$

Da nun für $y = 0$ sich $\log(1 + x)$ mit $a_1 x + a_2 x^2 + a_3 x^3 + \ldots$ aufhebt, so erhalten wir:

$$\begin{aligned} & a_1 y + a_2 y^2 + a_3 y^3 + \ldots \\ & = y\,[a_1 + (a_1 + 2\,a_2)\,x + (2\,a_2 + 3\,a_3)\,x^2 + (3\,a_3 + 4\,a_4)\,x^3 + \ldots] \\ & + y^2[\ldots] + y^3[\ldots]\,. \end{aligned}$$

Wir erhalten also durch Vergleichung der Koeffizienten gleich hoher Potenzen von y:

$$a_1 = a_1\,,\quad 0 = a_1 + 2\,a_2\,,\quad 0 = 2\,a_2 + 3\,a_3\,,\quad 0 = 3\,a_3 + 4\,a_4\,,$$
$$0 = 4\,a_4 + 5\,a_5\,,\quad 0 = 5\,a_5 + 6\,a_6 \quad \text{usw.}$$

oder:

$$a_2 = -\tfrac{1}{2}\,a_1\,,\quad a_3 = +\tfrac{1}{3}\,a_1\,,\quad a_4 = -\tfrac{1}{4}\,a_1\,,\quad a_5 = +\tfrac{1}{5}\,a_1 \quad \text{usw.,}$$

so erhalten wir:

$$\log(1 + x) = a_1\left[x - \frac{x^2}{2} + \frac{x^3}{3} - \frac{x^4}{4} + \ldots\right].$$

Der Koeffizient a_1 konnte sich noch nicht ergeben, da bisher noch nichts über die dem Logarithmus zugrunde gelegte Basis ausgesagt war. Um dies zu tun, beachten wir den in § 46 gefundenen Grenzwert:

$$\lim_{n=\infty}\left(1 + \frac{1}{n}\right)^n = e\,,$$

woraus wir folgern:

$$\lim_{n=\infty} n \cdot \overset{f}{\log}\left(1 + \frac{1}{n}\right) = \overset{f}{\log} e\,,$$

wo wir nun $\frac{1}{n} = x$ zu setzen haben, so daß kommt:

$$\lim_{x=0} \frac{1}{x} \log(1 + x) = \overset{f}{\log} e\,.$$

Wir dividieren deshalb die oben für $\log(1 + x)$ erhaltene Gleichung durch x, und setzen dann $x = 0$. Dadurch erhalten wir:

$$\overset{f}{\log} e = a_1\left[1 - \frac{x}{2} + \frac{x^2}{3} + \ldots\right] \text{ für } x = 0$$

oder:

$$a_1 = \overset{f}{\log} e\,.$$

So kommt schließlich:

$$\overset{f}{\log}(1 + x) = \overset{f}{\log} e\left[x - \frac{x^2}{2} + \frac{x^3}{3} - \ldots\right].$$

Den Koeffizienten $\overset{f}{\log} e$ der gefundenen Potenzreihe nennt man den Modulus des zugrunde gelegten Logarithmensystems.

Der Modulus des auf der Basis 10 beruhenden dekadischen Logarithmensystems, das fast allein im praktischen Gebrauch ist, wird mit M bezeichnet. Es ist also:

$$M = \overset{10}{\log} e = 0{,}4342945\ .$$

Die Ausrechnung dieser Zahl geschieht später. Da es für das Rechnen mit Logarithmen gleichgültig ist, welches die zugrunde gelegte Basis ist, so erscheint es am einfachsten, die Basis so zu wählen, daß $\overset{f}{\log} e = 1$ ist, also $f = e$ zu setzen. Das Logarithmensystem, das die Basis $e = 2{,}7182818$ hat, heißt „natürliches", seine Logarithmen natürliche Logarithmen. Meint man natürliche Logarithmen, so schreibt man ein bloßes l statt $\overset{e}{\log}$, also:

$$l\,e = 1\,,\quad l(e^2) = 2\,,\quad l\sqrt{e} = \tfrac{1}{2}\ .$$

In der höheren Mathematik treten fast allein natürliche Logarithmen auf. Hiernach ist also:

$$l(1+x) = x - \frac{x^2}{2} + \frac{x^3}{3} - \frac{x^4}{4} + \dots .$$

Nach § 50 ist:

$$M = \overset{10}{\log} e = \frac{\overset{e}{\log} e}{\overset{e}{\log} 10} = \frac{1}{l\,10}\ .$$

Es bleibt übrig, die Konvergenz der in der Überschrift mit I) bezeichneten Reihe festzustellen. Diese Reihe enthält abwechselnde Vorzeichen, und wir wenden die Leibnizsche Konvergenzregel an:

$$u_{n+1} = \frac{x^{n+1}}{n+1}\,,\qquad u_n = \frac{x^n}{n}\ .$$

Da nun $\frac{x^{n+1}}{n+1}$ für $x > n$ größer als $\frac{x^n}{n}$ wird und nur für $x \leqq 1$ immer kleiner als $\frac{x^n}{n}$ bleibt, und da auch:

$$\lim_{n=\infty} \frac{x^n}{n} = 0 \text{ wird, falls } x \leqq 1 \text{ ist,}$$

so ist die Reihe

$$x - \frac{x^2}{2} + \frac{x^3}{3} - \frac{x^4}{4} + \dots$$

immer konvergent, falls $x \leqq 1$ ist. Für $x = 1$ erhält man z. B.:

$$l\,2 = 1 - \tfrac{1}{2} + \tfrac{1}{3} - \tfrac{1}{4} + \tfrac{1}{5} - \dots .$$

B. Ableitung weiterer logarithmischer Reihen.

Wenn wir bei der in A abgeleiteten Reihe x in $-x$ verwandeln, so erhalten wir:

$$\overset{f}{\log}(1-x) = -\overset{f}{\log} e \left(x + \frac{x^2}{2} + \frac{x^3}{3} + \frac{x^4}{4} + \ldots\right).$$

Daß diese Reihe für $x = 1$ nicht konvergiert, haben wir schon in § 4 gesehen, wo gezeigt ist, daß

$$1 + \tfrac{1}{2} + \tfrac{1}{3} + \tfrac{1}{4} + \ldots$$

größer wird als jede noch so große Zahl. Daß die Reihe aber für $x < 1$ konvergiert, folgt aus dem Cauchyschen Konvergenzkriterium. Denn:

$$\frac{u_{n+1}}{u_n} = \frac{x^{n+1}\cdot n}{(n+1)\cdot x^n} = x\cdot\frac{n}{n+1} = x\cdot\frac{1}{1+\frac{1}{n}};$$

also ist $\frac{u_{n+1}}{u_n}$, falls $x < 1$ ist, immer < 1 und auch:

$$\lim_{n=\infty}\frac{u_{n+1}}{u_n} < 1 \text{ für } x < 1.$$

Da die beiden Reihen für $\log(1+x)$ und für $\log(1-x)$, weil zu langsam konvergierend, für die praktische Ausrechnung von Logarithmen noch sehr ungeeignet sind, so suchen wir noch weitere Reihen auf, die für den genannten Zweck geeigneter sind. Zunächst subtrahieren wir die Reihe für $\log(1-x)$ von der für $\log(1+x)$, wodurch kommt:

$$\overset{f}{\log}\frac{1+x}{1-x} = 2\overset{f}{\log} e\left(x + \frac{x^3}{3} + \frac{x^5}{5} + \ldots\right).$$

Hieraus folgt für $x = \frac{1}{2y+1}$:

$$\overset{f}{\log}\frac{y+1}{y} = 2\overset{f}{\log} e\left[\frac{1}{2y+1} + \frac{1}{3\cdot(2y+1)^3} + \ldots\right].$$

Ferner setzen wir $x = \frac{1}{2z^2-1}$, so daß $1 + x = \frac{2z^2}{2z^2-1}$ und $1 - x = \frac{2z^2-2}{2z^2-1}$ zu setzen ist.

Dadurch erhalten wir die Reihe:

$$\overset{b}{\log}\frac{2z^2}{2z^2-2} = 2\overset{f}{\log} e\cdot\left[\frac{1}{2z^2-1} + \frac{1}{3\cdot(2z^2-1)^3} + \frac{1}{5\cdot(2z^2-1)^5} + \ldots\right].$$

Diese Reihe ist, da obige Reihe für x zwischen 0 und 1 konvergent war, für $z > 1$ konvergent. Aus dieser Reihe folgt noch:

$$\log z = \tfrac{1}{2}\log(z+1) + \tfrac{1}{2}\log(z-1) + M\left[\frac{1}{2z^2-1} + \frac{1}{3\cdot(2z^2-1)^3} + \ldots\right].$$

Diese Gleichung ist zur Berechnung der Logarithmen besonders geeignet, sie bietet den Vorteil dar, daß sie die Logarithmen dreier aufeinanderfolgender Zahlen verbindet, also den Logarithmus einer Primzahl in seiner Abhängigkeit von den Logarithmen der beiden benachbarten zusammengesetzten Zahlen darstellt. Sie hat ferner den Vorteil, daß man bei einer Berechnung fünfstelliger Logarithmen nur das allererste Glied der in der eckigen Klammer stehenden Reihe zu berücksichtigen braucht, falls $z \geqq 10$ ist, also mehr als eine Ziffer hat; denn es ist:

$$\frac{M}{3\,(2 \cdot 10^2 - 1)^3} < \frac{1}{10^7},$$

wie sich leicht erkennen läßt.

C. Berechnung der Logarithmen.

Jede zusammengesetzte Zahl ist ein Produkt von Potenzen von Primzahlen, so daß der Logarithmus jeder zusammengesetzten Zahl Summe von Vielfachen der Logarithmen kleinerer Primzahlen ist, denn:

$$\log(2^\alpha \cdot 3^\beta \cdot 5^\gamma \cdot 7^\delta \cdot \ldots) = \alpha \cdot \log 2 + \beta \cdot \log 3 + \gamma \cdot \log 5 + \ldots .$$

Es handelt sich also bei einer planmäßigen Berechnung der Logarithmen nur darum, die Logarithmen der Primzahlen zu berechnen. Es läßt sich dann aber auch so einrichten, daß man von der als Koeffizient von M in der Gleichung für $\log z$ auftretenden Reihe nur das erste Glied zu berücksichtigen braucht. Wenn $2\,u^2 - 1$ eine vierziffrige Zahl ist, also:

$$2\,u^2 - 1 > 10^3,$$

so folgt, daß

$$\frac{1}{3 \cdot (2\,u^2 - 1)^3} < \frac{1}{3 \cdot 10^9}.$$

Um aber zu erreichen, daß $2\,u^2 - 1$ vierziffrig wird, muß $u > 22$ sein. Wenn also M, der Modulus des dekadischen Logarithmensystems, sowie die Logarithmen der Primzahlen, die < 22 sind, berechnet vorliegen, kann man die Logarithmen der größeren Primzahlen ohne weiteres aus der Gleichung entnehmen, die in B abgeleitet ist und nunmehr lautet:

$$\log z = \tfrac{1}{2}\log(z-1) + \tfrac{1}{2}\log(z+1) + \frac{M}{2\,z^2 - 1};$$

z. B.:

$$\log 23 = \tfrac{1}{2}(\log 2 + \log 11) + \tfrac{1}{2}(3\log 2 + \log 3) + \frac{M}{1057}$$

$$\log 29 = \tfrac{1}{2}(2\log 2 + \log 7) + \tfrac{1}{2}(1 + \log 3) + \frac{M}{1681}.$$

Unsere grundlegende Gleichung verbindet die Logarithmen dreier aufeinanderfolgender Zahlen miteinander, nämlich

$$\log(z-1), \quad \log z, \quad \log(z+1).$$

Es handelt sich also darum, Tripel von Zahlen zu finden, die, außer den kleinsten Primfaktoren, vielleicht 2 und 3, nur noch eine einzige Primzahl enthalten, deren Logarithmus noch nicht berechnet ist oder als unbekannt vorausgesetzt werden kann. Hiernach wird man M, log 2 und log 3 zunächst als unbekannt betrachten. Dann kann man die Logarithmen der Primzahlen unter 22, also die von:

$$2,\ 3,\ 5,\ 7,\ 11,\ 13,\ 17,\ 19,$$

durch solche Tripel finden. Hier kann noch 5 ausgelassen werden, weil

$$\log 5 = \log 10 - \log 2 = 1 - \log 2$$

ist. Man findet nämlich:

log 7	aus dem Tripel	48, 49, 50
log 11	„ „ „	98, 99, 100
log 13	„ „ „	63, 64, 65
log 17	„ „ „	34, 35, 36
log 19	„ „ „	75, 76, 77.

Zwischen den drei als unbekannt betrachteten Größen M, log 2, log 3 stellen wir nun vermittels unserer grundlegenden Gleichung drei Gleichungen auf. Wir benutzen den Umstand, daß $1024 = 2^{10}$ ist und $1025 = 5^2 \cdot 41 = 10^2 \cdot 41 : 2^2$ ist, und setzen zunächst $y = 1024$ in der obigen Gleichung für $\overset{\mathfrak{f}}{\log}\frac{y+1}{y}$.

Aus:

$$\overset{\mathfrak{f}}{\log}\frac{y+1}{y} = 2\,M\left[\frac{1}{2\,y+1} + \frac{1}{3\,(2\,y+1)^3} + \cdots\right]$$

erhält man:

$$\overset{\mathfrak{f}}{\log}1025 - \overset{\mathfrak{f}}{\log}1024 = 2\,M\left[\tfrac{1}{2049} + \cdots\right]$$

oder:

$$\log 41 + 2 - 2\log 2 - 10\log 2 = \frac{2\,M}{2049} + \cdots$$

Ferner erhält man aus dem Tripel 80, 81, 82:

$$8\log 3 - (3\log 2 + 1) - (\log 2 + \log 41) = \frac{2\,M}{13121}.$$

Aus diesen beiden Gleichungen folgt durch Elimination von log 41 die erste der gesuchten drei Gleichungen, nämlich

$$8\log 3 - 16\log 2 + 1 = \frac{2\,M}{2049} + \frac{2\,M}{13121}.$$

Um die zweite der drei Gleichungen zu erhalten, schließen wir aus dem Tripel 24, 25, 26:

$$4 - 4\log 2 - (3\log 2 + \log 3) - (\log 2 + \log 13) = \frac{2\,M}{1249}$$

und aus dem Tripel 25, 26, 27:

$$2\log 13 + 2\log 2 - (2 - 2\log 2) - 3\log 3 = \frac{2\,\mathrm{M}}{1351}.$$

Durch Elimination von log 13 kommt die zweite der gesuchten drei Gleichungen, nämlich:

$$6 - 12\log 2 - 5\log 3 = \frac{2\,\mathrm{M}}{1351} + 2\cdot\frac{2\,\mathrm{M}}{1249}.$$

Die dritte der gesuchten drei Gleichungen folgt durch Elimination von log 7 und log 13 aus den Gleichungen, die sich aus den Tripeln 25, 26, 27; 48, 49, 50; 63, 64, 65 ergeben, und lautet:

$$81\log 2 - 5\log 3 - 22 = \frac{2\,\mathrm{M}}{4801} + 4\cdot\frac{2\,\mathrm{M}}{8191} - 4\cdot\frac{2\,\mathrm{M}}{1249}.$$

Unsere drei Gleichungen lauten also, wenn wir noch $\frac{2\,\mathrm{M}}{\mathrm{a}}$, der Kürze wegen, mit (a) bezeichnen:

$$\left\{\begin{array}{r} 8\log 3 - 16\log 2 + 1 = (2049) + (13121) \\ -5\log 3 - 12\log 2 + 6 = (1351) + 2\cdot(1249) \\ +5\log 3 - 81\log 2 + 22 = 4\cdot(1249) - (4801) - 4\cdot(8191) \end{array}\right\},$$

welche drei Gleichungen zwischen den drei Unbekannten log 2 und log 3 und 2 M bestehen. Eliminiert man zunächst log 3, so erhält man:

$$\left\{\begin{array}{r} -93\log 2 + 28 = 6\cdot(1249) + (1351) - (4801) + 4\cdot(8191) \\ -176\log 2 + 53 = 16\cdot(1249) + 8\cdot(1351) + 5\cdot(2049) + 5\cdot(13121) \end{array}\right\}.$$

Die in Klammern gesetzten Zahlen bedeuten nach dem Obigen Quotienten, deren Divisor diese Zahl ist und deren Dividendus 2 M ist. Durch Division der beiden zuletzt erhaltenen Gleichungen eliminiert man 2 M und erhält log 2 als einen Bruch, in dessen Zähler und in dessen Nenner je eine Summe von sechs Brüchen steht, nämlich:

$$\log 2 = \frac{\frac{130}{1249} + \frac{171}{1351} + \frac{140}{2049} + \frac{53}{4801} + \frac{212}{8191} + \frac{140}{13121}}{\frac{432}{1249} + \frac{568}{1351} + \frac{465}{2049} + \frac{176}{4801} + \frac{704}{8191} + \frac{465}{13121}}$$

$$= \frac{0{,}34657355}{1{,}15129236} = 0{,}3010300,$$

welcher Dezimalbruch sicherlich auf sieben Stellen genau sein muß. Hiernach findet man nun aus den beiden Gleichungen:

$$\mathrm{M} = 0{,}43429 \quad \text{und} \quad \log 3 = 0{,}4771213.$$

Hat man so M, log 2, log 3 festgestellt, so findet man die Logarithmen aller übrigen Primzahlen am besten aus der in B abgeleiteten Formel.

D. Interpolation.

Mit Benutzung der in der Überschrift mit I) bezeichneten Formel kann man auch das Verfahren der Interpolation beweisen. Setzt man nämlich in I) $x = \frac{1}{z}$, so erhält man:

$$\log(z+1) - \log z = M\left[\frac{1}{z} - \frac{1}{2z^2} + \frac{1}{3z^3} - \ldots\right].$$

Die in der eckigen Klammer stehende Reihe ist für $z > 1$ konvergent, weil es die Reihe in I) ist, wenn $x < 1$ ist. Ebenso erhält man, wenn d eine der einziffrigen Zahlen von 1 bis 9 ist:

$$\log\left(z + \frac{d}{10}\right) - \log z = M\left[\frac{d}{10\,z} - \frac{d^2}{2\cdot(10\,z)^2} + \ldots\right].$$

Wenn nun z gegenüber der Zahl 1 oder dem Bruche $\frac{d}{10}$ so groß ist, daß $\frac{1}{2\,z^2}$ ohne merklichen Fehler als verschwindend klein angesehen werden kann, so erhalten wir aus unsern beiden Gleichungen:

$$\log(z+1) - \log z = \frac{M}{z}$$

und

$$\log\left(z + \frac{d}{10}\right) - \log z = \frac{M\cdot d}{10\cdot z}.$$

Aus beiden folgt durch Division:

$$\frac{\log(z+1) - \log z}{\log\left(z + \frac{d}{10}\right) - \log z} = \frac{10}{d}$$

oder:

$$\log\left(z + \frac{d}{10}\right) = \log z + \frac{d}{10}\left[\log(z+1) - \log z\right].$$

Man findet hiernach den Logarithmus einer Zahl, die um $\frac{d}{10}$ größer ist als eine vierziffrige Zahl z, indem man von dem Logarithmus der um 1 größeren vierziffrigen Zahl den $\log z$ subtrahiert und die erhaltene Differenz mit $\frac{d}{10}$ multipliziert, wo d eine der Zahlen von 1 bis 9 ist. So ist z. B.:

$$\log 132{,}4 = \log 132 + \tfrac{4}{10}(\log 133 - \log 132) = \log 132 + \tfrac{4}{10}(0{,}0033)$$
$$= 2{,}1206 + 0{,}00132 = 2{,}1219.$$

Aufgaben.

Bestimme durch die Reihe für $\log(1+x)$, mit welcher Reihe $M = \overset{10}{\log} e = 0{,}43429$ zu multiplizieren ist, um den dekadischen Logarithmus der folgenden Zahl zu ergeben:

1) $\frac{5}{4}$ 2) $\frac{11}{9}$ 3) $\frac{101}{100}$.

4) Beweise, daß $111 - 110$ zwischen $\frac{10}{100}$ und $\frac{20}{100}$ liegen muß.

5) Beweise durch Benutzung der Reihe für $\log(y+1) - \log y$ und durch Elimination von $1\,2$:

$$1\,3 = 6\left[\frac{1}{5} + \frac{1}{3 \cdot 5^3} + \cdots\right] - 2\left[\frac{1}{17} + \frac{1}{3 \cdot 17^3} + \cdots\right].$$

6) Beweise durch Elimination von $1\,3$:

$$1\,2 = 4\left[\frac{1}{5} + \frac{1}{3 \cdot 5^3} + \cdots\right] - 2\left[\frac{1}{17} + \frac{1}{3 \cdot 17^3} + \cdots\right].$$

7) Man benutze die Reihe für $\log(y+1) - \log y$, um drei Gleichungen zwischen M, $\log 2$ und $\log 3$ aufzustellen, indem man $y = 15$, $y = 24$ und $y = 80$ setzt.

8) Benutze 7), um M, $\log 2$, $\log 3$ auf drei Stellen zu berechnen.

9) Man benutze die grundlegende Gleichung, welche $\log z$, $\log(z+1)$, $\log(z-1)$ und eine Reihe miteinander verbindet, um $\log 41$ durch M, $\log 2$ und $\log 3$ auszudrücken, indem man $z = 81$ setzt.

10) Wenn d und g gegenüber z klein sind, so verhält sich: $\log\left(z + \frac{d}{10}\right) - \log z$ zu $\log\left(z + \frac{g}{10}\right) - \log z$ wie d zu g. Beweise dies. (Interpolation.)

11) Die Unterschiede zweier Paare von Logarithmen verhalten sich wie die Unterschiede der zugehörigen Zahlen selbst, falls die Unterschiede gegenüber den Zahlen selbst klein sind. Beweise dies.

Jemand kennt die Logarithmen von 2 und 3. Wie kann er dann die Logarithmen der folgenden Zahlen berechnen:

12) 108? 13) 250? 14) 720? 15) 729? 16) 3072?

Wende die im Texte abgeleitete Formel für $\log z$ an, um die Logarithmen der folgenden Primzahlen durch eine Reihe und die Logarithmen kleiner Primzahlen auszudrücken:

17) 29 18) 37 19) 43 20) 89 21) 101 22) 239.

Wenn der Modulus M auf fünf und die Logarithmen der Zahlen 2, 3 und 7 auf sieben Stellen berechnet vorliegen, so können die Logarithmen der größeren Primzahlen aus Tripeln aufeinanderfolgender Zahlen auf mindestens sechs Stellen berechnet werden. Gib solche Tripel an, falls berechnet werden soll:

23) $\log 11$ 24) $\log 13$ 25) $\log 17$ 26) $\log 19$ 27) $\log 31$.

Es ist $\log 147 = 2{,}1673$ und $\log 148 = 2{,}1703$. Bestimme durch Interpolation:

28) $\log 147{,}3$ 29) $\log 147{,}5$ 30) $\log 147{,}7$.

Es ist $\log 5330 = 3{,}7267$ und $\log 5331 = 3{,}7268$. Bestimme durch Interpolation:

31) $\log 5330{,}3$ 32) $\log 53303$ 33) $\log 53307$.

§ 53.

Die Arcustangensreihe und die Berechnung der Zahl π.

Theorie.

I) $\operatorname{arc\,tg} x = x - \frac{x^3}{3} + \frac{x^5}{5} - \frac{x^7}{7} + \ldots$

II) $\operatorname{arc\,tg} a + \operatorname{arc\,tg} b = \operatorname{arc\,tg} \frac{a+b}{1-ab}$.

III) $\operatorname{arc\,tg} a - \operatorname{arc\,tg} b = \operatorname{arc\,tg} \frac{a-b}{1+ab}$.

IV) $\frac{\pi}{4} = \operatorname{arc\,tg} 1 = 4 \cdot \operatorname{arc\,tg} \frac{1}{5} - \operatorname{arc\,tg} \frac{1}{239}$ (Machin).

V) $\frac{\pi}{4} = \operatorname{arc\,tg} \frac{1}{2} + \operatorname{arc\,tg} \frac{1}{5} + \operatorname{arc\,tg} \frac{1}{8}$ (Zacharias Dase, Hamburg).

Ableitung der Reihe für Arcustangens.

Wir erinnern uns (§ 45), daß, wenn wir $\operatorname{tg} \alpha = a$ setzen, wir α als $\operatorname{arc\,tg} a$ bezeichnen wollten. Dabei sollte, damit arc tg eindeutig sei, $\alpha \leqq \frac{\pi}{2}$ gedacht werden. Z. B.:

$$\operatorname{arc\,tg} 0 = 0; \quad \operatorname{arc\,tg} \frac{1}{3}\sqrt{3} = \frac{\pi}{6}; \quad \operatorname{arc\,tg} 1 = \frac{\pi}{4}; \quad \operatorname{arc\,tg} \sqrt{3} = \frac{\pi}{3}.$$

Nach Feststellung des Begriffs Arcustangens kann man eine in der Trigonometrie abgeleitete bekannte Formel so schreiben:

$$\operatorname{arc\,tg} a + \operatorname{arc\,tg} b = \operatorname{arc\,tg} \frac{a+b}{1-ab} \quad \text{(Formel II)},$$

eine ähnliche so:

$$\operatorname{arc\,tg} a - \operatorname{arc\,tg} b = \operatorname{arc\,tg} \frac{a-b}{1+ab} \quad \text{(Formel III)}.$$

Man erinnere sich, daß:

$$\operatorname{arc\,tg} (-x) = -\operatorname{arc\,tg} x$$

ist. Wenn wir also ansetzen:

$$\operatorname{arc\,tg} x = a_0 + a_1 x + a_2 x^2 + a_3 x^3 + \ldots,$$

haben wir auch:

$$-\operatorname{arc\,tg} x = a_0 - a_1 x + a_2 x^2 - a_3 x^3 + \ldots;$$

durch Subtraktion der beiden Gleichungen und Halbierung folgt:

$$\operatorname{arc\,tg} x = a_1 x + a_3 x^3 + a_5 x^5 + \ldots$$

Aus einem der in § 46 besprochenen Grenzwerte kann man auch den Koeffizienten a_1 ableiten. Denn, da $\frac{\operatorname{arc\,tg} x}{x}$ hiernach für verschwindende x gleich 1 wird, und da:

$$\frac{\operatorname{arc\,tg} x}{x} = a_1 + a_3 x^2 + \ldots$$

ist, so muß $a_1 = 1$ sein. Wir haben also:

$$\operatorname{arc\,tg} x = x + a_3 x^3 + a_5 x^5 + \ldots$$

Nun ist:

$$\begin{aligned}\operatorname{arc\,tg} \frac{x+y}{1-xy} &= \operatorname{arc\,tg} [(x+y)(1-xy)^{-1}] \\ &= \operatorname{arc\,tg} [(x+y)(1+xy+x^2y^2+\ldots)] \\ &= \operatorname{arc\,tg} [x+y(1+x^2)+y^2x(1+x^2)+\ldots] \\ &= \,[x+y(1+x^2)+y^2x(1+x^2)+\ldots] \\ &\quad + a_3 [x+y(1+x^2)+y^2x(1+x^2)+\ldots]^3 \\ &\quad + \ldots\ldots\ldots\ldots\end{aligned}$$

Da nun $\operatorname{arc\,tg} \frac{x+y}{1-xy}$, wie oben besprochen ist, $= \operatorname{arc\,tg} x + \operatorname{arc\,tg} y$ ist, so erhalten wir, da die Koeffizienten gleich hoher Potenzen von y gleich sein müssen und rechts der Koeffizient 1 bei der ersten Potenz von y erscheint:

$$1 = 1 + x^2 + 3 a_3 x^2 (1+x^2) + 5 a_5 x^4 (1+x^2) + 7 a_7 x^6 (1+x^2) + \ldots$$

oder:

$$0 = x^2 (1 + 3 a_3) + x^4 (3 a_3 + 5 a_5) + x^6 (5 a_5 + 7 a_7) + \ldots$$

Da nun links 0 der Koeffizient aller Potenzen von x ist, so erhalten wir die Gleichungskette:

$$1 + 3 a_3 = 0; \quad 3 a_3 + 5 a_5 = 0; \quad 5 a_5 + 7 a_7 = 0 \text{ usw.}$$

oder:

$$a_3 = -\tfrac{1}{3}; \quad a_5 = +\tfrac{1}{5}; \quad a_7 = -\tfrac{1}{7}; \quad a_9 = +\tfrac{1}{9} \text{ usw.}$$

Die gesuchte Reihe für arc tg x lautet also:

$$\operatorname{arc\,tg} x = x - \frac{x^3}{3} + \frac{x^5}{5} - \frac{x^7}{7} + \ldots$$

Nach dem Leibnizschen Konvergenzkriterium haben wir zu untersuchen, ob von einer bestimmten Stelle an die Glieder kleiner werden und ob $\lim_{n=\infty} u_n = 0$ wird. Da:

$$u_n = \frac{x^{2n-1}}{2n-1},$$

so sind beide Bedingungen erfüllt, falls x nicht größer als 1 ist. Die Reihe ist also auch noch für $x = 1$ konvergent. Für $x = 1$ erhält man die berühmte Leibnizsche Reihe, nämlich:

$$\frac{\pi}{4} = 1 - \frac{1}{3} + \frac{1}{5} - \frac{1}{7} + \frac{1}{9} - \dots$$

Diese Leibnizsche Reihe ist, auch bei naheliegenden Umformungen derselben, nicht geeignet, um zur Berechnung der Zahl π als Grundlage zu dienen, wohl aber die Reihe für arc tg in Verbindung mit der schon obenerwähnten Gleichung:

$$\operatorname{arc\,tg} a - \operatorname{arc\,tg} b = \operatorname{arc\,tg} \frac{a - b}{1 + a b}.$$

Setzt man nämlich hier $a = 1$, $b = \frac{1}{2}$, dann $a = \frac{1}{3}$, $b = \frac{1}{5}$, so erhält man:

$$\operatorname{arc\,tg} 1 - \operatorname{arc\,tg} \tfrac{1}{2} = \operatorname{arc\,tg} \tfrac{1}{3},$$
$$\operatorname{arc\,tg} \tfrac{1}{3} - \operatorname{arc\,tg} \tfrac{1}{5} = \operatorname{arc\,tg} \tfrac{1}{8}.$$

Durch Addition dieser beiden Gleichungen erhält man:

$$\frac{\pi}{4} = \operatorname{arc\,tg} \frac{1}{2} + \operatorname{arc\,tg} \frac{1}{5} + \operatorname{arc\,tg} \frac{1}{8}$$
$$= \left[\frac{1}{2} - \frac{1}{3 \cdot 2^3} + \frac{1}{5 \cdot 2^5} - \dots\right] + \left[\frac{1}{5} - \frac{1}{3 \cdot 5^3} + \frac{1}{5 \cdot 5^5} - \dots\right]$$
$$+ \left[\frac{1}{8} - \frac{1}{3 \cdot 8^3} + \frac{1}{5 \cdot 8^5} - \dots\right].$$

Da $\frac{1}{2}$, $\frac{1}{5}$, $\frac{1}{8}$ geschlossene Dezimalbrüche liefern, so läßt sich die Berechnung von π auf dem hierdurch angedeuteten Wege in unserer Ziffernschrift leicht bewerkstelligen. Zacharias Dase, der berühmte Hamburger Rechenkünstler, hat auf Veranlassung von Gauß auf diesem Wege mehr als 100 Stellen von π berechnet,

Noch schneller konvergent sind die Reihen, die sich nach Machin ergeben. wenn man nacheinander $b = \frac{1}{5}$ setzt. Man erhält nacheinander:

$$\frac{\pi}{4} - \operatorname{arc\,tg} \frac{1}{5} = \operatorname{arc\,tg} \frac{2}{3}$$
$$\operatorname{arc\,tg} \tfrac{2}{3} - \operatorname{arc\,tg} \tfrac{1}{5} = \operatorname{arc\,tg} \tfrac{7}{17}$$
$$\operatorname{arc\,tg} \tfrac{7}{17} - \operatorname{arc\,tg} \tfrac{1}{5} = \operatorname{arc\,tg} \tfrac{9}{46}$$
$$\operatorname{arc\,tg} \tfrac{9}{46} - \operatorname{arc\,tg} \tfrac{1}{5} = -\operatorname{arc\,tg} \tfrac{1}{239}.$$

Auf diesem Wege erhält man:

$$\frac{\pi}{4} = 4 \cdot \operatorname{arc\,tg} \frac{1}{5} - \operatorname{arc\,tg} \frac{1}{239}.$$

Nach dieser Machinschen Methode kann man ohne Mühe π auf sieben Stellen berechnen. Man erhält:

$$4 \operatorname{arc} \operatorname{tg} \tfrac{1}{5} = 0{,}78958224$$
$$\operatorname{arc} \operatorname{tg} \tfrac{1}{239} = 0{,}00418408$$
$$\frac{\pi}{4} = 0{,}78539816\,,$$

also:

$$\pi = 3{,}14159264\,.$$

Eine Vorstellung von dem Grade der Genauigkeit, die man erhält, wenn man π auf 100 Dezimalstellen berechnet, gibt das in § 4 des ersten Bandes von Schuberts Math. Mußestunden unter Nr. 9 besprochene Beispiel. Die ersten 30 Dezimalstellen der Zahl π kann man leicht durch einen französischen Merkvers behalten, in welchem die aufeinanderfolgenden Worte durch die Zahl der in ihnen enthaltenen Buchstaben die Dezimalstellen von π angeben. Dieser Merkvers lautet:

3 1 4 1 5 9
Que j'aime à faire apprendre

2 6 5 3 5
Un nombre utile aux sages!

8 9 7 9
Immortel Archimède, artiste ingénieux!

3 2 3 8 4 6 2 6
Qui de ton jugement peut priser la valeur?

4 3 3 8 3 2 7 9
Pour moi ton problème eut de pareils avantages!

Aufgaben.

1) Entwickle $\operatorname{arc} \operatorname{tg} \frac{x}{2}$ nach Potenzen von x.

2) Berechne π aus $\frac{\pi}{6} = \operatorname{arc} \operatorname{tg} \frac{1}{3}\sqrt{3}$.

Aus den folgenden Gleichungen soll die Zahl p berechnet werden:

3) $\frac{\pi}{4} = \operatorname{arc} \operatorname{tg} \frac{4}{5} + \operatorname{arc} \operatorname{tg} p$.

4) $\frac{\pi}{3} = \operatorname{arc} \operatorname{tg} 1 + \operatorname{arc} \operatorname{tg} p$.

5) $\operatorname{arc} \operatorname{tg} \sqrt{3} = \operatorname{arc} \operatorname{tg} 3 - \operatorname{arc} \operatorname{tg} p$.

6) $\operatorname{arc} \operatorname{tg} 1 - 2 \cdot \operatorname{arc} \operatorname{tg} \frac{1}{3} + \operatorname{arc} \operatorname{tg} \frac{1}{4} + \operatorname{arc} \operatorname{tg} p$.

7) Der Radius eines Kreises beträgt eine Million Kilometer. Wieviel Millimeter beträgt der Umfang? Die gewünschte ganze Zahl soll so angegeben werden, daß sie selbst zu klein ist, die um 1 größere Zahl schon zu groß ist.

8) Der Radius einer Kugel beträgt 1 *km*. Das Volumen ist so anzugeben, daß der Fehler kleiner als 1 *cbmm* wird.

§ 54.

Der binomische Lehrsatz für beliebige reelle Exponenten.

Theorie.

$(1+x)^m = 1 + mx + \frac{m(m-1)}{1 \cdot 2} x^2 + \frac{m(m-1)(m-2)}{1 \cdot 2 \cdot 3} \cdot x^3 + \ldots$ addiert, falls $x < 1$ ist, auch wenn m eine positive oder negative gebrochene Zahl ist.

Im Abschnitt VII ist die mte Potenz einer zweigliedrigen Summe für den Fall, daß m eine positive ganze Zahl ist, in eine Summe von $m+1$ Addenden verwandelt. Hier soll die Entwicklung der mten Potenz von $(1+x)$ dahin erweitert werden, daß m eine ganz beliebige reelle Zahl ist. Es ergibt sich dann aber eine Summe von unzählig vielen Gliedern, die eine Potenzreihe darstellt, wenn diese Summe $1+x$ ist. Aus der Entwicklung von $(1+x)^m$ kann man aber auch die von $(a+b)^m$ schließen, dadurch, daß man $x = \frac{b}{a}$ setzt und dann die Gleichung beiderseits mit a^m multipliziert.

Um $(1+x)^m$, wo m beliebig ist, in eine Potenzreihe zu entwickeln, benutzen wir die in § 49 besprochene Methode der noch unbestimmten Koeffizienten. Demgemäß setzen wir an:

$$(1+x)^m = a_0 + a_1 x + a_2 x^2 + a_3 x^3 + \ldots .$$

Durch Setzen von $x = 0$ erkennen wir, daß $a_0 = 1$ ist. Durch den in § 46 bestimmten Grenzwert:

$$\lim_{x=0} \frac{(1+x)^m - 1}{x} = m$$

erkennt man dann weiter, daß $a_1 = m$ ist. Da nun $(1+x)(1+y) = 1 + x + y(1+x)$ ist, so erhalten wir weiter:

$$\begin{aligned} &1 + m[x + y(1+x)] + a_2[x + y(1+x)]^2 + \ldots \\ &= (1 + mx + a_2 x^2 + a_3 x^3 + \ldots)(1 + my + a_2 y^2 + \ldots) . \end{aligned}$$

Nach dem binomischen Lehrsatz für positiv-ganzzahlige Exponenten erhalten wir weiter:

$$\begin{aligned} &[1 + mx + a_2 x^2 + a_3 x^3 + \ldots] \\ &+ y[m(1+x) + a_2 \cdot 2x(1+x) + a_3 \cdot 3x^2(1+x) + a_4 \cdot 4x^3(1+x) + \ldots] \\ &+ y^2[\ldots] + y^3[\ldots] \\ &= [1 + mx + a_2 x^2 + a_3 x^3 + \ldots] \\ &+ y[m + m^2 x + m a_2 x^2 + m a_3 x^3 + \ldots] \\ &+ y^2 \cdot [\ldots] + y^3 \cdot [\ldots] . \end{aligned}$$

Nach der Methode der noch unbestimmten Koeffizienten dürfen wir jetzt die Koeffizienten gleich hoher Potenzen von y einander gleich setzen, also auch die von y. Nun erscheinen aber als Koeffizient von y rechts und links Reihen, die nach Potenzen von x fortschreiten, nämlich zunächst ist:

$$m(1+x) + a_2 \cdot 2x(1+x) + a_3 \cdot 3x^2(1+x) + a_4 \cdot 4x^3(1+x) + \dots$$
$$= m + m^2 x + m a_2 x^2 + m a_3 x^3 + m a_4 x^4 + \dots$$

oder, wenn wir links die Klammern auflösen und dann nach steigenden Potenzen von x ordnen:

$$m + (m + 2a_2)x + (2a_2 + 3a_3)x^2 + (3a_3 + 4a_4)x^3 + \dots$$
$$= m + m^2 x + m a_2 x^2 + m a_3 x^3 + \dots,$$

woraus nun folgt:

$$m + 2a_2 = m^2, \qquad 2a_2 + 3a_3 = m a_2, \qquad 3a_3 + 4a_4 = m a_3 \quad \text{usw.}$$

Aus dieser Gleichsetzungskette aber folgt nacheinander:

$$a_2 = \frac{m(m-1)}{1 \cdot 2}, \qquad a_3 = \frac{m(m-1)(m-2)}{1 \cdot 2 \cdot 3},$$
$$a_4 = \frac{m(m-1)(m-2)(m-3)}{1 \cdot 2 \cdot 3 \cdot 4} \quad \text{usw.}$$

Hiermit wäre die in der Überschrift stehende Gleichung bewiesen, freilich nur für solche Werte von x, bei denen die Konvergenz der Potenzreihe feststeht. Wir ziehen es vor, die Konvergenz in jedem einzelnen Falle der Anwendung festzustellen.

1) Wenn $m = -2$ und x negativ ist, ergibt sich:

$$(1-x)^{-2} = 1 + 2x + \frac{(-2)(-3)}{1 \cdot 2} x^2 - \frac{(-2)(-3)(-4)}{1 \cdot 2 \cdot 3} x^3 + \dots$$
$$= 1 + 2x + 3x^2 + 4x^3 + \dots,$$

eine Reihe, von der man leicht erkennt, daß sie für $x < 1$ konvergent ist.

2) Für $m = \frac{1}{2}$ ergibt sich:

$$(1+x)^{\frac{1}{2}} = \sqrt{1+x}$$
$$= 1 + \tfrac{1}{2}x - x^2 \cdot \frac{1}{2 \cdot 4} + x^3 \cdot \frac{1 \cdot 3}{2 \cdot 4 \cdot 6} - x^4 \cdot \frac{1 \cdot 3 \cdot 5}{2 \cdot 4 \cdot 6 \cdot 8} + \dots.$$

Diese Reihe ist für $x < 1$ konvergent, da sie vom zweiten Gliede an abwechselnde Vorzeichen hat, und da

$$u_n = x^n \cdot \frac{1}{2} \cdot \frac{1}{4} \cdot \frac{3}{6} \cdot \frac{5}{8} \cdot \dots \cdot \frac{2 - \frac{3}{n}}{2}$$

bei unbegrenzt wachsendem n, falls $x < 1$ ist, den Grenzwert Null hat.

Man kann diese Reihe auch benutzen, um Quadratwurzeln aus Zahlen, die größer als 1 sind, numerisch bequem auszurechnen, da man bei geschickter

Wahl von x nur wenige Glieder zu berücksichtigen hat, um doch schon fünf oder mehr richtige Dezimalstellen zu erhalten. Z. B.:

$$\sqrt{2} = \sqrt{\tfrac{50}{25}} = \tfrac{7}{5}\sqrt{1 + \tfrac{1}{49}} = \tfrac{7}{5}[1 + \tfrac{1}{98} - \tfrac{1}{19208} + \ldots]$$
$$= \tfrac{7}{5}[1 + 0{,}010200 - 0{,}000052] = \tfrac{7}{5} \cdot 1{,}010148 = 1{,}41421\,.$$

3) Für $m = \frac{1}{3}$ ergibt sich:

$$(1 + x)^{\frac{1}{3}} = 1 + \frac{1}{3}x - x^2 \cdot \frac{2}{3 \cdot 6} + x^3 \cdot \frac{2 \cdot 5}{3 \cdot 6 \cdot 9} - x^4 \cdot \frac{2 \cdot 5 \cdot 8}{3 \cdot 6 \cdot 9 \cdot 12}\,.$$

Auch von dieser Reihe kann man leicht zeigen, daß sie für $x < 1$ konvergent ist. Als Beispiel gelte:

$$\sqrt[3]{0{,}2} = \sqrt[3]{\tfrac{1}{5}} = \sqrt[3]{\tfrac{343}{1715}} = \tfrac{7}{12} \cdot \sqrt[3]{\tfrac{1728}{1715}} = \tfrac{7}{12} \cdot \sqrt[3]{1 + \tfrac{13}{1715}}$$
$$= \tfrac{7}{12}[1 + \tfrac{13}{5145} - \tfrac{338}{26471025} + \ldots]\,.$$

4) Für $m = -\frac{1}{2}$ ergibt sich:

$$(1 + x)^{-\frac{1}{2}} = 1 - \frac{1}{2}x + \frac{1 \cdot 3}{2 \cdot 4}x^2 - \frac{1 \cdot 3 \cdot 5}{2 \cdot 4 \cdot 6}x^3 + \ldots\,.$$

Z. B.:

$$\sqrt{30} = 6 \cdot \sqrt{\tfrac{5}{6}} = 6 \cdot (\tfrac{6}{5})^{-\frac{1}{2}}, \quad \text{also} \quad x = \tfrac{1}{5},$$

deshalb:

$$\sqrt{30} = 6[1 - \tfrac{1}{10} + \tfrac{3}{2} \cdot \tfrac{1}{100} - \tfrac{5}{2} \cdot \tfrac{1}{1000} + \tfrac{35}{8} \cdot \tfrac{1}{10000} \ldots]\,.$$

5) Wenn $m = -\frac{1}{2}$ ist und x in $-x$ verwandelt wird, ergibt sich:

$$(1 - x)^{-\frac{1}{2}} = 1 + \frac{1}{2}x + \frac{1 \cdot 3}{2 \cdot 4} \cdot x^2 + \frac{1 \cdot 3 \cdot 5}{2 \cdot 4 \cdot 6}x^3 + \ldots,$$

eine Reihe mit lauter positiven Gliedern, deren Konvergenz nach dem Cauchyschen Konvergenzkriterium leicht nachweisbar ist. Z. B.:

$$\sqrt{10} = 3\sqrt{\tfrac{10}{9}} = 3 \cdot (1 - \tfrac{1}{10})^{-\frac{1}{2}}$$
$$= 3 \cdot [1 + \tfrac{1}{2} \cdot \tfrac{1}{10} + \tfrac{3}{8} \cdot \tfrac{1}{100} + \tfrac{5}{16} \cdot \tfrac{1}{1000} + \tfrac{35}{128} \cdot \tfrac{1}{10000} + \ldots]$$
$$= 3{,}162\,.$$

6) Wenn $m = \sqrt{2}$ ist, so ergibt sich:

$$(1 + x)^{\sqrt{2}} = 1 + \sqrt{2} \cdot x + \frac{\sqrt{2}(\sqrt{2} - 1)}{1 \cdot 2}x^2 + \frac{\sqrt{2}(\sqrt{2} - 1)(\sqrt{2} - 2)}{1 \cdot 2 \cdot 3}x^3 + \ldots$$
$$= 1 + \frac{x^2}{1 \cdot 2} \cdot 2 - \frac{x^3}{1 \cdot 2 \cdot 3} \cdot 6 + \frac{x^4}{1 \cdot 2 \cdot 3 \cdot 4} \cdot 26 \ldots$$
$$+ \sqrt{2}\left[x - \frac{x^2}{1 \cdot 2} + \frac{4x^3}{1 \cdot 2 \cdot 3} - \frac{18x^4}{1 \cdot 2 \cdot 3 \cdot 4} + \ldots\right].$$

Aufgaben.

Entwickle nach Potenzen von x:

1) $\sqrt[3]{(1+x^2)}$ 2) $\sqrt[4]{1-x}$ 3) $(1+x)^{-2}$ 4) $(1+2x)^{\frac{1}{5}}$

5) $(1-x)^{\frac{3}{4}}$ 6) $(1-3x)^{\frac{3}{2}}$ 7) $\sqrt{2+x}\left[=\sqrt{2}\sqrt{1+\frac{x}{2}}\right]$

8) $(1+x)^{-\frac{4}{5}}$.

Berechne durch Binomialreihen auf fünf Dezimalstellen:

9) $\sqrt{2}=\frac{7}{5}\sqrt{1+\frac{1}{49}}$ 10) $\sqrt{2}=\frac{17}{12}\sqrt{1-\frac{1}{289}}$ 11) $\sqrt{3}=\frac{26}{15}\sqrt{1-\frac{1}{676}}$

12) $\sqrt[3]{2}=\frac{5}{4}\sqrt[3]{1+0{,}024}$ 13) $\sqrt[5]{33}$.

14) Bestimme durch binomische Entwicklung den Grenzwert von $\frac{1-\sqrt[n]{1-x}}{x}$ für verschwindend kleine x.

Historisches zu Abschnitt VIII.

Die Theorie der **Funktionen**, welche seit fast zwei Jahrhunderten das Arbeitsfeld vieler bedeutender Mathematiker bildet (Jakob Bernoulli, Johann Bernoulli, Euler, Lagrange, Legendre, Fourier, Cauchy, Gauß, Abel, Jacobi, Dirichlet, Riemann, Hankel, Clebsch, Gordan, Schellbach, Schlömilch, Hermite, Weierstraß, F. Klein, Poincaré), wurde gleichzeitig von **Leibniz** und **Newton** begründet. Sie waren es, welche durch die Entdeckung der auf dem Begriff des Differentialquotienten einer Funktion beruhenden Differentialrechnung das fruchtbarste Gebiet der neueren Mathematik aufschlossen.

Unendliche Reihen zur Darstellung von Funktionen wandte zuerst Newton an, der auch schon fast alle in Abschnitt VIII behandelten Potenzreihen entwickelt hat (Brief an Leibniz 1676). Die Arcustangensreihe hatte schon vorher (1670) Jakob Gregory gefunden, aber nicht veröffentlicht. Auch Leibniz hatte 1676, ehe er von Newtons Entdeckung Kenntnis erhielt, die Reihe selbständig entwickelt.

Den **Zusammenhang zwischen der Exponentialreihe und den trigonometrischen Reihen** (d. h. die Formel $e^{ix}=\cos x+i\sin x$) entdeckte Euler 1746. Letzterer führte dann auch, im Anschluß an seine Entdeckung, imaginäre Exponenten usw. ein. Schon vorher (1730) hatte Moivre die mit der Formel $e^{i\varphi}=\cos\varphi+i\sin\varphi$ zusammenhängende Formel $[r(\cos\varphi+i\sin\varphi)]^n=r^n(\cos n\varphi+i\sin n\varphi)$ gefunden, welche durch Einsetzung von $n\varphi+k\cdot 360^0$ an die Stelle von $n\varphi$ zur Lösung der binomischen Gleichung $x^n=a+ib$ führt.

Die erste Berechnung von π durch unendliche Reihen und auf eine große Anzahl von Dezimalstellen rührt von Sharp her, der um 1700 72 Stellen bestimmte. Im Jahre 1706 fand Machin die Formel IV) des § 53 und berechnete daraus π auf 100 Stellen. In neuerer Zeit hat man π sogar bis auf 600 und noch mehr Stellen berechnet.

Daß die Zahlen $e = 2{,}718281828\ldots$ und $\pi = 3{,}14159265\ldots$ irrational sind, wurde zuerst von Lambert (1761) bewiesen. Nachdem dann auch (Juni 1882) von Lindemann bewiesen war, daß π nicht Wurzel einer algebraischen Gleichung irgendwelchen Grades mit rationalen Koeffizienten sein kann, und daß es deshalb unmöglich sein muß, bloß mit Hilfe von Zirkel und Lineal einen Kreis in ein ihm flächengleiches Quadrat zu verwandeln, war das antike Problem der Quadratur des Zirkels, das mehr als zweitausend Jahre hindurch berufene und unberufene Köpfe beschäftigt hatte, als unlösbar bewiesen.

Anhang.

Diophantische Gleichungen.

§ 55.

Diophantische Gleichungen ersten Grades.

Theorie.

A. Eine Gleichung zwischen zwei Unbekannten.

Wenn eine Gleichung zwei Unbekannte verbindet, so kann man immer eine Unbekannte durch die andere ausdrücken, so daß zu jedem rationalen Werte dieser Unbekannten ein rationaler Wert der anderen Unbekannten zugehört, also unzählig viele Wertepaare der beiden Unbekannten die gegebene Gleichung erfüllen. Man nennt eine solche Gleichung diophantisch, wenn es darauf ankommt, aus diesen unzählig vielen Wertepaaren die ganzzahligen oder gar nur die positiv-ganzzahligen methodisch herauszuschälen. Bei der Lösung macht man nur von dem Satze Gebrauch, daß die Additon und Subtraktion von ganzen Zahlen wieder zu ganzen Zahlen führt, und ferner, daß bei einem Divisionsexempel der Rest kleiner als der Divisor ist, wie das folgende Beispiel zeigt.

Um $23x + 13y = 755$ zu lösen, drücke man, da y den kleineren Koeffizienten hat, y durch x aus. Dadurch erhält man:

$$y = \frac{755 - 23x}{13} = 58 - 2x + \frac{1 + 3x}{13}$$

Hier wurde mit 13 in $23x$ dividiert und, da sich 23 von 2 mal 13 weniger unterscheidet, als von 1 mal 13, $2x$ als Quotient gewählt, so daß

$$-\frac{23x}{13} = -2x + \frac{3x}{13}$$

gesetzt ist. Man schließt nun daraus, daß y und $58 - 2x$ ganze Zahlen sein sollen, daß $\frac{1 + 3x}{13}$ eine ganze Zahl sein muß. Nennt man dieselbe a, so erhält man:

$$1 + 3x = 13 \cdot a$$

oder:

$$x = \frac{13a - 1}{3} = 4a + \frac{a - 1}{3}.$$

Da nun x und 4a ganze Zahlen sind, so muß $\frac{a-1}{3}$ eine ganze Zahl sein, die b heißen möge, so daß man $a - 1 = 3b$ oder $a = 3b + 1$ erhält. So muß man schließlich, da bei jeder Division der Rest kleiner als der Divisor werden muß, auf immer kleinere Divisoren, also endlich auf den Divisor 1 kommen, so daß nun der Bruchstrich ganz verschwunden ist. Man hat bei unserm Beispiel nacheinander die drei Gleichungen erhalten:

$$y = 58 - 2x + a, \quad x = 4a + b, \quad a = 3b + 1.$$

Durch Substitution rückwärts erhält man nun x und y beide durch den zuletzt eingeführten Buchstaben b ausgedrückt, nämlich:

$$x = 4(3b + 1) + b = \mathbf{13b + 4}$$
$$y = 58 - 2(13b + 4) + 3b + 1 = \mathbf{51 - 23b}.$$

Für jeden ganzzahligen Wert von b erhält man nun ein zugehöriges ganzzahliges Wertepaar für x und y. Um aus diesen ganzzahligen Wertepaaren diejenigen herauszufinden, die auch positiv sind, wie es meist verlangt wird, beachte man, daß b nicht größer als 2 sein darf, weil sonst y negativ würde, und daß b zwar Null, aber nicht negativ sein darf, weil sonst x negativ würde. Die drei zulässigen Werte von b, nämlich 0, 1, 2, führen deshalb zu zwei positiv-ganzzahligen Wertepaaren für x und y, nämlich:

b = 0	b = 1	b = 2
x = 4	x = 17	x = 30
y = 51	y = 28	y = 5

So ist man nicht allein zu den drei Wertepaaren 1) $x = 4$, $y = 51$; 2) $x = 17$, $y = 28$; 3) $x = 30$, $y = 5$ gelangt, sondern auch zu der Einsicht, daß es sonst keine positiv-ganzzahligen Wertepaare geben kann, die auch die ursprünglich gegebene Gleichung erfüllen. Eine Probe erhält man erstens durch Einsetzen der drei gefundenen Wertepaare, zweitens auch dadurch, daß man die für x und y erhaltenen und b enthaltenden Werte einsetzt, nämlich:

$$23(13b + 4) + 13(51 - 23b) = 759.$$

Soeben hatte die ursprüngliche Gleichung in der eingerichteten Form:

$$ax + by = c,$$

wo c positiv ist, eine endliche Zahl von Lösungen, weil a und b beide positiv waren. Wenn aber von den beiden Buchstaben a und b der eine positiv, der andere negativ ist, so muß es unzählig viele Wertepaare geben, die die Gleichung erfüllen, wie das folgende Beispiel zeigt.

Um die diophantische Gleichung

$$69x - 31y = 39$$

zu lösen, erhält man nacheinander:

$$y = \frac{69x - 39}{31} = 2x - 1 + \frac{7x - 8}{31} = 2x - 1 + a,$$

also $7x - 8 = 31a$ oder:

$$x = \frac{31a + 8}{7} = 4a + 1 + \frac{3a + 1}{7} = 4a + 1 + b,$$

also $3a + 1 = 7b$ oder:

$$a = \frac{7b - 1}{3} = 2b + \frac{b - 1}{3} = 2b + c,$$

also $b - 1 = 3c$ oder:

$b = 3c + 1$, und nun rückwärts weiter:

$$a = 2(3c + 1) + c = 7c + 2$$
$$x = 4(7c + 2) + 1 + (3c + 1) = \mathbf{31c + 10}$$
$$y = 2(31c + 10) - 1 + (7c + 2) = \mathbf{69c + 21}.$$

In der Tat ist:

$$69(31c + 10) - 31(69c + 21) = 690 - 651 = 39.$$

Setzt man nun in $x = 31c + 10$ und $y = 69c + 21$ für c Null oder jede positive ganze Zahl, so kommen unzählig viele positiv-ganzzahlige Lösungen, deren kleinste sind:

$x =$ 10	41	72	103	...
$y =$ 21	90	159	228	...

B. Zwei Gleichungen zwischen drei Unbekannten usw.

Wenn bei einem System von zwei Gleichungen ersten Grades mit den drei Unbekannten x, y, z es sich darum handelt, alle ganzzahligen Lösungen zu bestimmen, so kann man zunächst eine der Unbekannten, etwa z, eliminieren. Dann kann man nach A die ganzzahligen Lösungen der erhaltenen zwischen x und y bestehenden Gleichung finden. Hierdurch erhält man x und y durch einen Buchstaben, etwa m, ganzzahlig ausgedrückt, d. h. so, daß jeder ganzen Zahl m auch ein ganzzahliges Wertepaar von x und von y entspricht. Es ist aber dann nicht nötig, daß sich z ganzzahlig durch m ausgedrückt ergibt, weil z Koeffizienten haben könnte, die größer als 1 sind. Man hat dann die zwischen z und m bestehende Gleichung wiederum als eine aufzulösende diophantische Gleichung zu betrachten und erreicht durch die Auflösung der letzteren das gesteckte Ziel, jede der Unbekannten x, y, z durch einen und denselben Buchstaben ganzzahlig ausgedrückt zu sehen. Dies zeigt das folgende Beispiel.

$$\left\{\begin{array}{r} 7x + 9y - 15z = 27 \\ 14x - 8y + 17z = 44 \end{array}\right\}$$

sei das vorliegende System. Es liegt hier nahe, x zu eliminieren. Man erhält dadurch:

$$26y - 47z = 10$$

und dann:

$$y = \frac{47z + 10}{26} = 2z + \frac{10 - 5z}{26} = 2z + a,$$

wo $10 - 5z = 26a$ ist. Dann kommt:

$$z = \frac{10 - 26a}{5} = 2 - 5a - \frac{a}{5} = 2 - 5a - b,$$

wo $a = 5b$ ist. Dann erhält man rückwärts gehend:

$$z = 2 - 26b, \quad y = 4 - 47b.$$

Setzt man nun diese Gleichungen, welche z und y durch b ausdrücken, in eine der beiden gegebenen Gleichungen ein, so erhält man übereinstimmend:

$$7x - 33b = 21.$$

Jetzt hat man noch diese diophantische Gleichung zwischen x und b zu lösen. Man erhält:

$$x = \frac{21 + 33b}{7} = 3 + 5b - \frac{2b}{7} = 3 + 5b - c,$$

wo $2b = 7c$ ist, also:

$$b = 3c + \frac{c}{2} = 3c + d,$$

wo $c = 2d$ ist. So erhält man nacheinander:

$$b = 7d, \quad x = 3 + 33d.$$

Durch Einsetzen von $b = 7d$ in $z = 2 - 26b$ und in $y = 4 - 47d$ erhält man dann die erstrebte Lösung:

$$\begin{aligned} x &= 3 + 33d \\ y &= 4 - 329d \\ z &= 2 - 182d. \end{aligned}$$

Man erkennt, daß nur für $d = 0$ alle drei Unbekannte positiv-ganzzahlig werden. Es ist also $x = 3$, $y = 4$, $z = 2$ das einzige Tripel von positiven ganzen Zahlen, das die vorgelegten beiden Gleichungen erfüllt.

In ähnlicher Weise findet man die Lösung, wenn drei Gleichungen und vier Unbekannte gegeben sind, wie das folgende Beispiel zeigt.

$$\left\{\begin{aligned} x + y + 7z + 4u &= 300 \\ 2x - 3y + 5z + 3u &= 200 \\ x + y + 2z + u &= 100 \end{aligned}\right\}.$$

Man eliminiere x aus der ersten und dritten Gleichung, ebenso auch aus der ersten und zweiten Gleichung. Dadurch erhält man drei Unbekannte, die durch zwei Gleichungen verbunden sind, nämlich:

$$\left\{\begin{aligned} 5z + 3u &= 200 \\ 5y + 9z + 5u &= 400 \end{aligned}\right\}.$$

Da zufällig die erste dieser beiden Gleichungen nur zwei Unbekannte z und u enthält, so wird man diesen Vorteil benutzen und zunächst z und u ganzzahlig ausdrücken. Man erhält:

$$z = 3a + 1 \quad \text{und} \quad u = 65 - 5a\,.$$

Die Ausdrücke, die z und u durch a ausdrücken, wird man nun in die zweite der beiden Gleichungen zwischen y, z, u einsetzen. So kommt:

$$5y + 9(3a + 1) + 5(65 - 5a) = 400$$

oder:

$$5y + 2a = 66\,.$$

Aus dieser Gleichung zwischen y und a erhält man:

$$y = 2b \quad \text{und} \quad a = 33 - 5b\,.$$

Endlich erhält man durch Einsetzen das vorläufige Resultat:

$$z = 100 - 15b \quad \text{und} \quad u = 25b - 100\,.$$

Nun ist nur noch x durch b auszudrücken. Man erhält aus der ersten und der dritten der ursprünglichen Gleichungen:

$$x = 3b\,.$$

Die allgemeine ganzzahlige Lösung unserer Aufgabe lautet also:

$$x = 3b,\ y = 2b;\ z = 100 - 15b;\ u = 25b - 100\,.$$

Man beachte, daß auch jede Lösung als richtig zu bezeichnen ist, die aus der gefundenen hervorgeht, wenn man in derselben b durch $b + m$ ersetzt, wo m eine beliebige positive oder negative Zahl ist.

Da x, y, z, u durch b ganzzahlig ausgedrückt erscheinen, so hat man jetzt, um alle positiv-ganzzahligen Quadrupel zu erhalten, daran zu denken, daß b positiv sein muß wegen x und y, $b < 7$ wegen des Ausdrucks für z und $b > 4$ wegen des Ausdrucks für u, so daß nur $b = 5$ und $b = 6$ je ein ganzzahliges Quadrupel ergeben, nämlich:

$$b = 5;\ x = 15,\ y = 10,\ z = 25,\ u = 25$$
$$b = 6;\ x = 18,\ y = 12,\ z = 10,\ u = 50\,.$$

Andere als diese positiv-ganzzahligen Werte können das gegebene Gleichungssystem nicht erfüllen.

Oft dient die Benutzung von Rechenvorteilen zur Abkürzung. So konnte beispielsweise oben bei

$$5y + 9z + 5u = 400$$

erkannt werden, daß z durch 5 teilbar sein muß, weil es sichtlich 5y, 5u, 400 sind, so daß man, da man durch 5 heben kann, durch die Substitution $z = 5z'$ zu kleineren Koeffizienten gelangt, nämlich zu:

$$y + 9z' + u = 80\,.$$

Der Fall, daß immer alle Koeffizienten, außer zweien, Null sind, und daß man deshalb weniger zu eliminieren, als zu substituieren hat, tritt bei allen

Aufgaben ein, bei denen eine Zahl gesucht wird, die durch m geteilt den Rest r läßt, durch m′ geteilt den Rest r′ läßt usw. Die Lösung einer solchen Aufgabe folgt hier noch:

Es sei eine Zahl zu bestimmen, die durch 7 teilbar ist, durch 11 geteilt den Rest 7 läßt, durch 12 geteilt den Rest 4 läßt und endlich durch 30 geteilt den Rest 10 läßt.

Wir nennen die gesuchte Zahl N und setzen gemäß den Angaben der Aufgabe zunächst an:

$$N = 7x = 11y + 7,$$

woraus man findet:

$$y = 7b, \quad x = 11b + 1,$$

also $N = 77b + 7$. Wir legen nun N die dritte Eigenschaft, durch 12 geteilt den Rest 4 zu lassen, zu, indem wir ansetzen:

$$N = 77b + 7 = 12z + 4,$$

woraus man findet:

$$b = 12e - 3, \quad z = 77e - 19.$$

Demnach ist:

$$N = 77b + 7 = 77(12e - 3) + 7 = 12(77e - 19) + 4,$$

also auf zwei Wegen:

$$N = 924e - 224.$$

Endlich haben wir noch die letzte der gesuchten Zahl N auferlegte Bedingung zu berücksichtigen, wonach dieselbe bei der Teilung durch 30 den Rest 10 lassen soll. Aus dem Ansatz:

$$N = 924e - 224 = 30u + 10$$

folgt schließlich:

$$N = 924(5f + 1) - 224 = 4620f + 700$$

und:

$$N = 30(154f + 23) + 10 = 4620f + 700.$$

Demnach muß jede Zahl, welche die gestellten vier Bedingungen erfüllt, von der Form:

$$4620f + 700$$

sein. Die kleinste positive dieser unzählig vielen Zahlen ist also 700, die nächstgrößere ist 5320, die folgende 9940 usw. Die Zahlen bilden also eine arithmetische Reihe erster Ordnung mit der konstanten Differenz 4620, weil 7, 11, 12, 30, die vier Divisoren, das kleinste gemeinschaftliche Vielfache 4620 haben.

C. Eine Gleichung zwischen drei Unbekannten usw.

Wenn zwischen drei Unbekannten x, y, z eine einzige Gleichung besteht und es sich darum handelt, aus den unzählig vielen Werttripeln, welche dieselbe erfüllen, diejenigen herauszusuchen, welche ganzzahlig sind, so verfährt man nach derselben Methode wie in A und B. Während man jedoch dort dazu gelangte, jede der Unbekannten durch einen einzigen Buchstaben ganzzahlig auszudrücken, findet man hier, daß jede der Unbekannten im allgemeinen erst durch zwei Buchstaben ganzzahlig auszudrücken ist. Beispiel:

Wenn $7x - 6y + 19z = 1$ die vorgelegte Gleichung ist, so erkennt man von vornherein, daß es unzählig viele positiv-ganzzahlige Werttripel geben muß, welche diese Gleichung erfüllen, weil, während die rechte Seite positiv ist, die links vorhandenen Koeffizienten nicht sämtlich positiv sind. Man erhält:

$$x = 6a + 1 - z$$
$$y = 7a + 1 + 2z.$$

Hier ist eine der gesuchten Unbekannten zugleich eine der beiden Größen, durch welche die Unbekannten sich ganzzahlig ausdrücken lassen. Es kann daher z jede beliebige positive ganze Zahl sein und man erhält aus den beiden Gleichungen, die hier voranstehen, die zugehörigen Werte von x und von y. Dabei kann a gleich jeder beliebigen positiven ganzen Zahl sein. Für $z = 10$ erhält man z. B. $x = 6a - 9$ und $y = 7a + 21$. Jeder Wert von a, der größer als 1 ist, führt dann zu zwei zugehörigen positiv-ganzzahligen Werttripeln. Weiß man z. B. von anderswoher, daß y eine Zahl nahe an 100 sein muß, so findet man leicht, daß $a = 11$, also $y = 98$, $x = 57$ sein muß.

Oft ist es wünschenswert, daß man bezüglich der beiden Buchstaben, durch welche die Unbekannten sich ganzzahlig ausdrücken lassen, obere und untere Grenzen berechnet, um dadurch unnötige Versuche beim Herausfinden der positiv-ganzzahligen Werttripel zu vermeiden. Dies verdeutlicht das folgende Beispiel, das zugleich dazu dienen soll, zu zeigen, wie man bei zwei Gleichungen mit vier Unbekannten zu verfahren hat. Es sollen alle positiv-ganzzahligen Lösungen des folgenden Systems von zwei Gleichungen mit vier Unbekannten bestimmt werden:

$$\left\{\begin{array}{l} 9x + 13y + 18z + 7u = 103 \\ 4x + 7y - 6z + 10u = 63 \end{array}\right\}.$$

Man tut am besten, z zu eliminieren. Dadurch erhält man:

$$21x + 34y + 37u = 292.$$

Man kann nun u und x durch y und einen anderen Buchstaben b ausdrücken Man erhält:

$$u = 21b - 8 - 10y \quad \text{und} \quad x = 28 + 16y - 37b.$$

Durch Einsetzen in die zweite der gegebenen Gleichungen kommt:

$$6z = -31 - 29y + 62b.$$

Hieraus erhält man:

$$y = -2b + 6c + 1 \quad \text{und} \quad z = +20b - 29c - 10.$$

Substituiert man in die für u und x gefundenen Ausdrücke, so erhält man jede der vier Unbekannten x, y, z, u durch b und c ausgedrückt, und zwar folgendermaßen:

$$x = -69b + 96c + 44$$
$$y = -2b + 6c + 1$$
$$z = +20b - 29c - 10$$
$$u = +41b - 60c - 18.$$

Um aus dieser allgemeinen ganzzahligen Lösung die positiven Wertquadrupel herauszufinden, kann man nun von vornherein erkennen, daß b zwischen zwei Grenzen liegen muß. Man findet diese Grenzen, indem man c aus zwei Gleichungen eliminiert, in denen die Koeffizienten verschiedene Vorzeichen haben. Denn dann müssen die linken Seiten addiert werden, wodurch man, weil die Unbekannten x, y, z, u mindestens 1 sein müssen, eine Grenze erhält. Wir wählen die Gleichungen für y und für u, um c zu eliminieren. Dadurch erhalten wir:

$$10y + u = 21b - 8.$$

Nun muß doch y und u mindestens 1 sein. Dann käme links 11, also, da $10y + u$ dem Ausdruck $21b - 8$ gleich gesetzt ist, so können wir schließen, daß $21b - 8$ mindestens 11 sein muß oder:

$$21b - 8 \geqq 11,$$

oder:

$$b \geqq \tfrac{19}{21},$$

d. h. aber, da b ganzzahlig sein muß, $b \geqq 1$. Eine obere Grenze für b erhält man, wenn man c aus den Gleichungen für x und für u eliminiert. Dadurch erhält man:

$$5x + 8u = 76 - 17b.$$

Da nun x und u mindestens 1 sein müssen, so kommt links mindestens 13, woraus dann folgt:

$$76 - 17b \geqq 13$$

oder:

$$b \leqq \tfrac{63}{17},$$

also $b \leqq 3$. Demnach kann man sicher sein, daß $b = 1$, $b = 2$, $b = 3$ die einzigen Werte sind, die für b gesetzt zu werden brauchen. Diesen drei Fällen entspricht nun:

$b = 1$	$b = 2$	$b = 3$
$x = 96c - 25$	$x = 96c - 94$	$x = 96c - 163$
$y = 6c - 1$	$y = 6c - 3$	$y = 6c - 5$
$z = 10 - 29c$	$z = 30 - 29c$	$z = 50 - 29c$
$u = 23 - 60c$	$u = 64 - 60c$	$u = 105 - 60c$

In der ersten Lösung müßte, damit z und u positiv würden, c Null oder negativ sein. Dadurch würde aber x und y negativ. Deshalb führt $b = 1$ auf keine brauchbare Wertgruppe für x, y, z, u. Aus der zweiten Lösung, für $b = 2$, erkennt man, daß x und y nur positiv werden, wenn c positiv ist. Aus den für z und u gefundenen Resultaten erkennt man sofort, daß c nicht 2 oder größer sein darf, damit z und u positiv würden. Also ergibt die zweite Lösung $b = 2$ für $c = 1$ die brauchbare Wertgruppe:

$$x = 2, \quad y = 3, \quad z = 1, \quad u = 4.$$

Die dritte Lösung zeigt, daß, damit u positiv wird, $c < 2$ ist. Wenn aber $c = 1$ oder kleiner als 1 gesetzt würde, würde x negativ. Also führt $b = 3$

zu keiner positiven Wertgruppe. Demnach hat unsere Grenzuntersuchung das Ergebnis, daß sicher $x = 2$, $y = 3$, $z = 1$, $u = 4$ die einzige Wertgruppe ist, die das gegebene Gleichungssystem erfüllt.

Aufgaben.

Stelle aus den folgenden Gleichungen zwischen x und y y abhängig von x dar:

1) $4x + 5y = 100$ 2) $7x + 9y = 200$ 3) $10x - 11y = a$.

Welche positive ganze Zahlen genügen den Gleichungen:

4) $7x + 5y = 38$? 5) $6x + 11y = 125$? 6) $2x + 17y = 70$?

Gib die Paare von positiven ganzen Zahlen an, welche den folgenden Gleichungen genügen:

7) $\frac{3}{2}x + \frac{5}{3}y = 36$ 8) $\frac{3x-1}{5} + \frac{4y+2}{10} = 7$ 9) $\frac{9x+1}{7} = \frac{80-7y}{4}$

10) $\frac{4x + 7y + 45}{20} - \frac{9x + 4y + 10}{15} = \frac{5(x+1) - 6y}{10}$.

11) Zwei Zahlen zu bestimmen, welche mit 6 und mit 7 multipliziert zwei Produkte geben, deren Summe 97 beträgt.

12) Die Zahl 100 in zwei Summanden zu zerlegen, von denen der eine durch 11 teilbar ist und der andere durch 8 geteilt den Rest 7 läßt.

13) Welche zwei zweiziffrige Zahlen sind um 4 größer als das Sechsfache ihrer Quersumme?

14) Die kleinste unter den Zahlen zu finden, welche durch 7 dividiert den Rest 5 lassen und durch 6 geteilt den Rest 2 lassen.

15) Welches ist die arithmetische Reihe aller Werte von x, wenn 7 x durch 11 geteilt den Rest 6 liefern soll?

16) Zwei Primaner rechneten dieselbe diophantische Gleichung. Der eine fand als allgemeine Lösung $x = 7f + 3$ und $y = 9 - 11f$, der andere aber fand $x = 10 - 7f$, $y = 11f - 2$. Inwiefern können beide Lösungen richtig sein?

17) Ein Gartenbesitzer kauft in einer Baumschule Rosenstöcke, und zwar solche zu 7 ℳ und solche zu 5 ℳ. Im ganzen hat er 43 ℳ zu zahlen. Wieviel kaufte er von jeder Art?

18) Jemand verwendet zu einer Maibowle Moselwein, wovon ihm die Flasche 1 ℳ 20 ₰ kostet, und schweren Rheinwein, wovon ihm die Flasche 2 ℳ 25 ₰ kostet. Außerdem braucht er noch für 50 ₰ Zucker und für 30 ₰ Maikräuter. So kostet ihm die Bowle 13 ℳ 70 ₰. Wieviel Flaschen Moselwein und wieviel Rheinwein waren in der Bowle?

19) Jemand bezahlt eine Rechnung von 97 ℳ in Zwanzigmarkstücken und in Dreimarkstücken. Wieviel Stück gab er von jeder Münzsorte?

20) Nach einem Ausfluge wurden die Kosten über alle Herren und alle Damen verteilt. Jeder Herr zahlte 4 ℳ 30 ₰, jede Dame 3 ℳ 10 ₰. Wieviel Herren und wieviel Damen nahmen teil, da der Ausflug im ganzen 85 ℳ 70 ₰ kostete?

21) Zwischen zwei Stationen kostet die Fahrkarte dritter Klasse 1 ℳ 10 ₰, die zweiter Klasse 1 ℳ 60 ₰. Am Schalter waren 88 ℳ 60 ₰ eingenommen, eine Fahrkarte erster Klasse war gar nicht gelöst. Wieviel Personen fuhren zweiter Klasse und wieviel dritter Klasse?

22) Die Gleichung $4x + 7y = c$ wird durch $x = 23$ und $y = 3$ erfüllt. Wie kann man, ohne c zu berechnen, die anderen die Gleichung erfüllenden ganzzahligen Wertepaare finden?

23) Wie lautet die diophantische Gleichung, deren allgemeine Lösung $x = 8 + 5m, \; y = 19 - 3m$ heißt?

24) Warum kann die Gleichung $27x + 45y = 1000$ keine ganzzahlige Lösung haben?

Suche die allgemeine ganzzahlige Lösung und diejenige Wertgruppe, bei welcher x positiv und möglichst klein ist, für die folgenden diophantischen Gleichungssysteme:

25) $\left\{\begin{aligned} x + 5y + 3z &= 20 \\ 3y + 7z &= 27 \end{aligned}\right\}$ 26) $\left\{\begin{aligned} 4x - y + 5z &= 27 \\ x + 3y + 7z &= 33 \end{aligned}\right\}$

27) $\left\{\begin{aligned} 9x - y - z &= 25 \\ 4x + 3y + 5z &= 20 \end{aligned}\right\}$ 28) $\left\{\begin{aligned} 13x + 19y + 23z &= 126 \\ 103x - 5y - 7z &= 498 \end{aligned}\right\}$

29) $\left\{\begin{aligned} x + y + z &= 15 \\ 4x + 5y + 6z &= 77 \end{aligned}\right\}$ 30) $\left\{\begin{aligned} 2x + 5y + 7z &= 80 \\ x + y + z &= 13 \end{aligned}\right\}$.

---

31) Die Kosten eines größeren Ausflugs, an welchem mehr Männer als Frauen teilnahmen, beliefen sich auf 229 ℳ, von denen jeder Mann 10 ℳ, jede Frau 7 ℳ, jedes Kind 3 ℳ zu zahlen hatte. Wieviel Männer, Frauen und Kinder nahmen an dem Ausflug teil, da es insgesamt 39 Personen waren?

32) Scheidet man von einer Kompagnie 7 Soldaten aus, so können die übrigen so marschieren, daß genau 19 in jeder Reihe gehen; scheidet man aber 8 aus, so können die übrigen zu 21 in jeder Reihe marschieren. Wie stark war die Kompagnie?

33) Eine Schule, die etwas über 500 Schüler hat, macht einen Ausflug und die Schüler marschieren deshalb morgens zum Bahnhof. Der Direktor läßt sie zuerst zu 15 in jeder Reihe marschieren, da blieb einer übrig. Auch als er sie zu 17 in jeder Reihe gehen ließ, blieb einer übrig. Als er sie aber zu je 7 marschieren ließ, blieb keiner übrig. Wieviel Schüler nahmen an dem Ausflug teil?

34) Wie heißt die kleinste positive ganze Zahl, die, durch 13, durch 19, durch 25, durch 36 geteilt, beziehungsweise die Reste 12, 12, 0, 28 läßt?

35) Die allgemeine Form für alle Zahlen zu finden, welche zugleich von der Form $5a$, $8b$, $13c + 4$, $15d$, $21e + 12$ sind.

---

36) Die Zahl 100 in drei Summanden zu zerlegen, welche beziehungsweise durch 5, durch 9 und durch 24 teilbar sind.

37) Ein Bauer brachte Geflügel, im ganzen 8 Stück, zur Stadt. Er bekam für jede Gans 5 ℳ, für jede Ente 2 ℳ, für jedes Huhn 1 ℳ 20 ₰ und für jede Taube 50 ₰. So nahm er 15 ℳ 90 ₰ ein. Wieviel Stück von jeder Geflügelart verkaufte er?

§ 56.

Die pythagoreische Gleichung.

Theorie.

A. Ableitung aller ursprünglichen Tripel.

Wenn ein Dreieck ein rechtwinkliges ist und seine drei Seiten beziehungsweise x, y, z Maßeinheiten lang sind, so muß, wenn x die Hypotenusenzahl ist, nach dem Lehrsatz des Pythagoras:

$$x^2 = y^2 + z^2$$

sein. Darum nennt man diese Gleichung die pythagoreische diophantische Gleichung, falls man verlangt, daß x, y, z ganze Zahlen sein sollen. Wir dürfen dabei voraussetzen, daß y und z keinen gemeinsamen Teiler haben. Wäre nämlich t ihr größter gemeinsamer Teiler, so müßte $y^2 + z^2$ durch t^2 teilbar sein, also auch x^2. Daher könnte man $x^2 = y^2 + z^2$ durch t^2 beiderseits dividieren. Wir wollen daher nur solche Werttripel von x, y, z finden, welche ursprünglich sind, d. h. keinen gemeinsamen Teiler haben. Multipliziert man ein ursprüngliches Tripel mit einer beliebigen Zahl, so erhält man ein abgeleitetes Tripel. Ist diese Zahl eine ganze, so ist das abgeleitete Tripel ganzzahlig; ist sie rational, so ist das abgeleitete Tripel rational. Ehe wir zur Auffindung aller ursprünglichen Tripel schreiten, schicken wir einige Sätze über Quadratzahlen voran. Da $(2n)^2 = 4n^2$ und $(2n + 1)^2 = 4(n^2 + n) + 1$ ist, so hat jede Quadratzahl die Eigenschaft, bei der Teilung durch 4 den Rest 0 oder 1 zu lassen, kann also nie den Rest 2 oder 3 lassen. Folglich kann $y^2 + z^2$ nur den Rest 0, 1 oder 2 lassen, nicht aber 3, wenn man durch 4 dividiert. Nun soll aber, falls x, y, z ein ursprüngliches Tripel pythagoreischer Zahlen bedeutet, $y^2 + z^2$ eine Quadratzahl x^2 darstellen, d. h. x^2 müßte bei der Teilung durch 4 den Rest 0 oder 1 lassen. Nun dürfen aber y und z nicht beide gerade sein, da sie sonst den gemeinsamen Teiler 2 hätten und abgeleitete Tripel ausgeschlossen werden sollten. Folglich muß von den beiden Kathetenzahlen y und z die eine ungerade, die andere gerade sein, so daß die Hypotenusenzahl x eines ursprünglichen Tripels stets ungerade sein muß. y sei die ungerade Kathetenzahl, z die gerade. Wir transponieren nun die ungerade Kathetenzahl, zerlegen $x^2 - y^2$ in $(x + y)$ mal $(x - y)$ und erhalten, nachdem wir durch 4 dividiert haben:

$$\frac{x + y}{2} \cdot \frac{x - y}{2} = \left(\frac{z}{2}\right)^2.$$

Hierbei müssen $\frac{x+y}{2}$, $\frac{x-y}{2}$, $\frac{z}{2}$ ganze Zahlen sein. Ehe wir nun in der Analyse der pythagoreischen Gleichung fortfahren, beweisen wir den folgenden Satz:

Wenn zwei Zahlen keinen gemeinsamen Teiler haben und ihr Produkt eine Quadratzahl ist, so muß jede der beiden Zahlen selbst eine Quadratzahl sein. Jede Zahl ist nämlich das Produkt von Potenzen von Primzahlen. Darum muß eine Quadratzahl jede Primzahl gar nicht oder eine gerade Anzahl mal als Faktor enthalten. Wenn ferner zwei Zahlen keinen gemeinsamen Teiler haben, so kann eine Primzahl nicht in beiden Zahlen als Faktor stecken. Wenn also das Produkt zweier solcher Zahlen eine Quadratzahl ist, so muß jede Primzahl in jeder dieser Zahlen entweder gar nicht oder eine gerade Anzahl mal stecken. Also muß jede dieser Zahlen als Quadrat einer andern Zahl dargestellt werden können, womit unser Satz als richtig erkannt ist. Um diesen Satz auf die oben abgeleitete Gleichung anwenden zu können, muß nachgewiesen werden, daß $\frac{x+y}{2}$ und $\frac{x-y}{2}$ keinen gemeinsamen Teiler haben. Hätten sie nämlich einen solchen, so hätte ihn auch ihre Summe x und ihre Differenz y, also x und y. Dann wäre aber x, y, z ein abgeleitetes Tripel und nicht, wie wir wollen, ein ursprüngliches. Demnach ist erkannt, daß jede der Zahlen $\frac{x+y}{2}$ und $\frac{x-y}{2}$, deren Produkt die Quadratzahl $\left(\frac{z}{2}\right)^2$ sein sollte, selbst eine Quadratzahl sein muß. Demgemäß setzen wir:

$$\frac{x+y}{2} = v^2 \quad \text{und} \quad \frac{x-y}{2} = w^2,$$

wo v und w beliebige ganze Zahlen sind. So erhalten wir durch Addition, Subtraktion, Multiplikation das Resultat:

$$\begin{cases} x = v^2 + w^2 \\ y = v^2 - w^2 \\ z = 2vw. \end{cases}$$

Damit nun x, y, z auch positiv und ohne gemeinsamen Teiler erscheinen, müssen v und w die folgenden drei Bedingungen erfüllen: erstens, es muß $v > w$ sein, zweitens, v und w dürfen keinen gemeinsamen Teiler haben, drittens, v und w dürfen nicht beide ungerade sein. Hiernach erhält man alle denkbaren ursprünglichen Tripel pythagoreischer Zahlen aus der folgenden Tabelle, die beliebig weit fortgesetzt werden kann:

v =	2	3	4	4	5	5	6	6	7	7	7
w =	1	2	1	3	2	4	1	5	2	4	6
x =	5	13	17	25	29	41	37	61	53	65	85
y =	3	5	15	7	21	9	35	11	45	33	13
z =	4	12	8	24	20	40	12	60	28	56	84

v =	8	8	8	8	9	9	9	10	10	10	10
w =	1	3	5	7	2	4	8	1	3	7	9
x =	65	73	89	113	85	97	145	101	109	149	181
y =	63	55	39	15	77	65	17	99	91	51	19
z =	16	48	80	112	36	72	144	20	60	140	180

B. Heronische Dreiecke.

Die rationalen Tripel, welche die pythagoreische Gleichung erfüllen, kann man auch benutzen, um in beliebiger Menge rationale heronische Tripel zu erhalten. Hero von Alexandria hat nämlich zuerst gelehrt, wie man aus den drei Seiten eines Dreiecks dessen Inhalt berechnen kann. In der Theorie der diophantischen Gleichungen nennt man deshalb heronisch drei Zahlen, die, als Maßzahlen der drei Seiten des Dreiecks aufgefaßt, bewirken, daß auch der Inhalt eine rationale Zahl wird. Es läßt sich nun zunächst erkennen, daß ein solches heronisches Dreieck mit rationalen Zahlen als Seiten und einer rationalen Zahl als Inhalt durch jede Höhe in zwei rechtwinklige Dreiecke zerlegt wird, von denen jedes Seiten hat, die durch rationale Zahlen ausgedrückt werden können. Denn wegen der Formel:

$$a^2 = b^2 + c^2 \pm 2b \cdot q\,,$$

wo q die Projektion der Seite c auf die Seite b ist, muß, wenn a, b, c rational sind, auch q rational sein, und wegen:

$$J = \tfrac{1}{2} \cdot a \cdot h\,,$$

wo J den Inhalt, h die Höhe zu a bedeutet, muß auch jede Höhe eines solchen Dreiecks rational werden. Man hat daher, um immer zwei heronische Dreiecke zu erhalten, nur zwei pythagoreische Dreiecke additiv und subtraktiv zusammenzusetzen, wobei man nur durch passende Multiplikation dafür zu sorgen hat, daß in beiden Dreiecken eine und dieselbe Zahl als Kathetenzahl erscheint, damit die zugehörige Kathete Höhe des heronischen Dreiecks werde. Wenn man z. B. das pythagoreische Tripel 5, 3, 4 mit dem pythagoreischen Tripel 13, 5, 12 zusammensetzen will, so leitet man aus 5, 3, 4 durch Multiplikation mit 3 das Tripel 15, 9, 12 ab. Da nun 12 den Tripeln 13, 5, 12 und 15, 9, 12 gemeinsam ist, so erhält man die beiden Hypotenusenzahlen 13, 15 als zwei Seiten des heronischen Dreiecks, während dessen dritte Seite $9 + 5$ oder $9 - 5$ ist. Also sind 13, 14, 15 ebenso wie 13, 4, 15 heronische Tripel. Aus der aus der Geometrie bekannten Formel:

$$J = \sqrt{s(s-a)(s-b)(s-c)}\,, \quad \text{wo} \quad s = \tfrac{1}{2}(a+b+c)\,,$$

folgt dann im ersten Falle $J = 84$, im zweiten $J = 24$.

Aus zwei verschiedenen pythagoreischen Zahlentripeln kann man auf achtfache Weise ein heronisches Tripel zusammensetzen, wie das folgende Beispiel zeigt, wo 4, 3, 5 und 12, 5, 13 die beiden pythagoreischen Tripel sind, von denen man ausgeht.

1) Aus (12, 5, 13) und (12, 9, 15) folgt durch Addition (14, 13, 15) und durch Subtraktion (4, 13, 15) mit den Inhalten 84 und 24;
2) (12, 5, 13) und (12, 16, 20) ergeben (20, 13, 21) und (20, 11, 13) mit den Inhalten 126 und 66;
3) (20, 48, 52) und (20, 15, 25) ergeben (25, 52, 63) und (25, 52, 33) mit den Inhalten 630 und 330.
4) (15, 36, 39) und (15, 20, 25) ergeben (25, 39, 56) und (25, 39, 16) mit den Inhalten 420 und 120.

Auch kann man ein pythagoreisches Tripel mit sich selbst zusammensetzen. So ergibt 3, 4, 5 zunächst (9, 12, 15) und (12, 16, 20), woraus durch subtraktive Zusammensetzung das heronische Tripel (15, 20, 7) mit dem Inhalt 42 folgt.

Aufgaben.

1) Warum muß die Summe zweier ungerader Quadratzahlen von der Form $8n + 2$ sein?
2) Zerlege die Zahl 441 in zwei Faktoren ohne gemeinsamen Teiler.
3) Die Hypotenusenzahl eines pythagoreischen ursprünglichen Tripels ist 125. Wie heißen die beiden Kathetenzahlen?
4) Warum muß die gerade Kathetenzahl eines ursprünglichen Tripels immer durch 4 teilbar sein?
5) Warum muß bei einem ursprünglichen pythagoreischen Tripel die Summe der Hypotenusenzahl und der geraden Kathetenzahl stets eine Quadratzahl sein?

Setze aus den folgenden Paaren von ursprünglich pythagoreischen Tripeln auf alle mögliche Weise ein heronisches Tripel zusammen:

6) (17, 15, 8) und (37, 35, 12);
7) (41, 9, 40) und (29, 21, 20);
8) (61, 11, 60) und (65, 33, 56).

FSC
www.fsc.org
MIX
Papier | Fördert
gute Waldnutzung
FSC® C083411

Zeitfracht Medien GmbH
Ferdinand-Jühlke-Straße 7
99095 Erfurt, Deutschland
produktsicherheit@kolibri360.de